新工科建设之路·数据科学与大数据系列

Python 程序设计方法

姚普选　编著

电子工业出版社

Publishing House of Electronics Industry

北京·BEIJING

内 容 简 介

本书以 Python 语言为载体，系统讲解了算法的概念、程序设计的基本思想及常用的程序设计方法。本书的主要内容包括：程序设计基础知识与 Python 程序设计的一般方法，算法的概念、常用算法及其应用，数据类型的概念及 Python 中的常用数据类型，类和对象的概念及应用，用户界面设计的一般方法和技能，数据文件、数据库的概念及应用。

本书将理论知识、程序实例与实验指导整合为一体，尽力为各教学环节的融会贯通创造条件。本书注重程序设计理念的先进性、程序设计方法的实用性及学习过程中思维的连贯性，对于主要概念、常用方法及具有递进关系的系列内容，都根据教学活动中的实际需求精心地进行编排和讲解。

本书可作为高等院校理工科程序设计课程的教材，也可作为程序设计工作者的参考书。

图书在版编目（CIP）数据

Python 程序设计方法/姚普选编著. —北京：电子工业出版社，2020.9
ISBN 978-7-121-39501-7

Ⅰ．①P⋯ Ⅱ．①姚⋯ Ⅲ．①软件工具－程序设计－高等学校－教材 Ⅳ．①TP311.561

中国版本图书馆 CIP 数据核字（2020）第 164906 号

责任编辑：孟　宇
印　　刷：北京七彩京通数码快印有限公司
装　　订：北京七彩京通数码快印有限公司
出版发行：电子工业出版社
　　　　　北京市海淀区万寿路 173 信箱　　邮编：100036
开　　本：787×1 092　1/16　印张：21.75　字数：536 千字
版　　次：2020 年 9 月第 1 版
印　　次：2024 年 8 月第 5 次印刷
定　　价：59.00 元

凡所购买电子工业出版社图书有缺损问题，请向购买书店调换。若书店售缺，请与本社发行部联系，联系及邮购电话：（010）88254888，88258888。

质量投诉请发邮件至 zlts@phei.com.cn，盗版侵权举报请发邮件至 dbqq@phei.com.cn。

本书咨询联系方式：mengyu@phei.com.cn。

前言

"计算机程序设计"是一门逻辑性强且需要通过实践环节来学习的课程。学生必须由浅入深地研习其内在逻辑，循序渐进地阅读足够数量的程序，独立自主地编辑、调试和运行这些程序，并且完成课堂上或教科书上指定的其他程序设计任务，才能在学习和实践中逐步理解程序设计的基础知识，掌握通过特定工具（程序设计语言、软件开发环境等）进行程序设计的基本技能，同时将渐次而来的对于程序设计本质的感悟内化为自己的科学素养。有鉴于此，笔者在以前自编的多本程序设计教材的基础上，根据全国高等院校计算机教学指导委员会的相关文件及计算机基础教育的实际需求，以 Python 程序设计语言为载体，编写了这本教材。

1．本书内容

本书涵盖高等院校理工科程序设计课程的必要教学内容，分门别类地编排在 9 章之中。各章的主要内容如下。

第 1 章：程序设计的基本概念及 Python 程序设计的一般过程。

第 2 章：数据类型的概念，Python 的主要数据类型：数字、字符串、序列和字典及其相关表达式的概念与使用方法。

第 3 章：算法的概念，算法的三种基本结构及其 Python 程序实现，递推法与迭代法的一般形式及其 Python 程序实现。

第 4 章：函数的概念及其定义和调用方式，函数嵌套与递归调用方式，函数式程序设计的概念、方法及 Python 函数式程序设计方法。

第 5 章：类和对象的概念，类的定义、实例化及其使用方法，模块与包的概念以及常用模块与包的使用方法。

第 6 章：异常处理的概念及 Python 异常处理的一般方法，程序测试与调试的概念及 Python 程序测试与调试的一般方法。

第 7 章：GUI（Graphical User Interface，图形用户界面）程序的一般形式及工作方式，Python GUI 程序设计的方法，Python 绘图程序设计的方法。

第 8 章：文字的计算机表示法，正则表达式的概念、构造和使用方法，数据文件的概念及其存取方法，简单爬虫程序（调用 urllib 库）设计的一般方法。

第 9 章：数据库及关系数据库的概念和工作方式，Python 数据库应用程序设计方法。

2．本书特色

本书的特色主要体现在以下三个方面。

（1）在选取教学内容时，注重程序设计理念的先进性和程序设计方法的实用性。

相对于 C、C++和 Java 等传统程序设计语言而言，Python 具有灵活、方便、功能强、入手快及适应多种现实需求等突出特点。例如，在 Python 程序中，简单地导入某种内嵌模块，就可以轻松地完成绘制图形、获取网页数据、操纵各种不同文档等复杂任务；而使用传统程序设计语言和工具则往往要麻烦得多。本书依托完整的程序实例介绍了编写这些程序的一般方式，并在实验指导中给出详实的操作步骤，引导学生编写和运行这样的程序。

为了加深学生对于重要知识和技能的认知，本书以灵活多样的方式引入了一些实用的程序设计技巧。例如，在讲解递归调用的方法时，简明扼要地介绍了行之有效的尾递归技术。

（2）在编排教学内容时，注重学习过程中的思维连贯性。

Python 程序设计技术及相关联的基础知识与传统程序设计语言有较大差别。例如，Python 提供了既丰富多彩又有别于传统程序设计语言的存储和处理数据的方式。本书在编排这部分内容时，尽可能照顾学生在学习过程中的思维连贯性，先就最基本的数据类型给予必要的说明，然后在其他章节中按内容递进的需求自然地引入各种常用的数据类型，并在学生具备了必要的基础知识后，详细地介绍数据类型的意义、类别及 Python 中各种类型数据的特殊操纵方式。这样，既可以分散难点，减少学生在学习过程中的困难，又可以加深学生对知识的理解。

（3）在确定编写程序所依据的算法时，尽量采用那些可以从相应概念或工作原理出发而自行构拟的算法。当需要采用某种传统或者经典算法时，尽力讲清楚其内在逻辑、适用范围、优点和局限及既合理又高效的应用方式。

例如，在确定求解某个问题的迭代法时，首先从给定的形如 $f(x)=0$ 的方程式推导出形如 $x=g(x)$ 的迭代式，然后构拟通过这种自行推导出来的迭代式来逐步求得 x 值的算法；在需要使用某种经典的迭代法时，除给出其一般形式的迭代式及使用方法外，还从其几何意义或者实际意义入手，讲解构拟这种方法的依据。

3．本书体例

本书兼顾各教学环节的实际需求，每章都编排了三部分内容。

（1）基本知识：讲解程序设计基础知识、基本技能及其 Python 程序的实现方式。

这些内容都是经过反复推敲而筛选出来的主要教学内容，按照教学过程中的实际需求循序渐进地编排在前 2～4 节之中，并尽力依托易于理解和模仿的实例讲清楚其来龙去脉。

（2）程序解析：讲解相关程序设计任务、解决问题的思路、编写程序所依据的算法、程序的运行结果及修改或扩充程序的思路等。

丰富多彩的程序解析内容是本书的一大特色。这些程序都经过了精心的选编、归并和讲解，作为相应章节的程序设计理念和方法的例证，可供学生研读、模仿或者改进和扩充。

（3）实验指导：包括验证某种概念和方法的基本实验、运用多种概念和方法的综合性实验及可能会引起思考或研究兴趣的启发性实验。

每章的实验指导也都是按照教学活动中的实际需求精心编排的。每章中均安排 2～3 个实验，每个实验均需要编写并运行多个程序。这些实验中的几个程序往往自成一个由浅入深、循序渐进的体系；几个实验之间构成一个紧扣相关学习内容的完整体系；每章的实验又与前、后各章内容互相照应，成为本书构拟的实验体系中不可或缺的环节。一般来说，按部就班地完成本书规定的实验任务，就可以基本掌握相应的知识和技能了。

4．教学建议

本书可以作为高等院校理工科程序设计课程的教材。采用本书作为教材以 56～64（包括上机时数）学时为宜。学时较少时，可以少讲或不讲后两章的某些内容，还可以少讲或不讲传统程序设计课程中不太涉及的某些算法、绘图程序及函数式程序设计等内容；学时较多时，要求学生在完成实验指导中规定的实验后调试例题和程序解析中大部分程序或者全部程序。

另外，本书的内容选编及讲解方式也照顾到了非在校的程序设计工作人员的需求，可以作为他们在工作或自学时的参考书。

5．作者愿望

程序设计技术博大精深，涉及计算机科学、数学、工程及社会文化等各个方面的知识和技术，而且仍处于快速发展变化之中，受篇幅、时间、读者定位、程序设计语言与环境及作者的认识水平等种种限制，本书所涵盖的内容及所表达的思想可能会有所局限。因而，笔者希望传达给读者的信息是否正确或者是否得体，还要经过读者的检验。望广大读者批评指正。

姚普选

2020 年 6 月

目录

第 1 章
程序及程序的运行

计算机的基本工作方式是运行预先存放在计算机内部的程序来控制其中各个部件协同工作，完成用户期望的任务。使用计算机求解实际问题的基本方法是：

- 根据某种思想方法，编排求解问题的一系列操作步骤，形成算法。
- 使用某种程序设计语言(如 Python)将整套操作步骤转写为计算机能够执行的程序。
- 将程序输入到计算机中，然后启动计算机运行程序，得到期望的结果。

这种将预定任务用程序表现出来的过程称为程序设计。

Python 是一种程序设计语言。一个 Python 程序是由一系列语句构成的。每个语句分别完成各自的任务，所有语句一起完成用户交给计算机的任务。

1.1 程序及程序运行的一般方式

程序可看作计算机用户为了完成某种信息处理任务而要求计算机执行的操作序列。用户使用某种程序设计语言预先编制好程序，存入计算机中，必要时启动计算机执行程序，即可完成指定的任务。

每个程序都是使用某种程序设计语言编写出来的。程序设计语言种类繁多，其形式、应用范围、对计算机硬件和软件环境的适应性等各个方面都各有侧重，但大体上可归结为三种：机器语言、汇编语言和高级语言。其中高级语言中描述数据和操作步骤的方式接近于人们日常所用的数学表达式或者自然语言，具有使用方便、通用性强等多种优点。Python 就是一种高级程序设计语言。

1.1.1 程序的一般结构

人们在日常生产生活中，需要面对各种各样的问题，尽管问题的内容和形式多种多样，解决问题的方法千差万别，但一般来说，其基本过程可大致归结为以下几步。

第一步，接收原始信息，即通过眼、耳等感知相关的原始信息，记忆在大脑中的相应功能区，或者通过手、口等记录在纸张或录音、录像设备上。

第二步，分析处理信息，即通过大脑并借助于其他手段对已获取的信息进行综合分析处理，主要包括以下几点。

- 综合分析相关信息，建立信息之间的总体联系，如数量关系、逻辑关系等，并记忆在大脑、纸或录音、录像设备上。

- 运用某些基本信息，主要是指解决问题之前大脑中已有的经验、方法、技巧、知识等，对信息之间的总体联系进行数学推演或逻辑推理，得出中间结果和最终结果，并记忆在大脑、纸或录音、录像设备上。

- 根据原始信息、相关信息和基本信息核验所得结果信息，特别是最终结果的可靠性、合理性和正确性。必要时，还可借助于各种设备来进行。

第三步，表达出最终答案，即通过感官输出那些经过核验准确无误的最终结果。例如，通过报表向有关部门汇报，通过讲演向有关人员宣传，或者通过书籍、网络、电子文档等形式提供给公众。

上述人们处理问题的基本方式可形象地表现出来，如图 1-1 所示。

电子计算机是人设计制造出来的用于信息处理（即信息的收集、存储、加工处理和传输）的工具，可看作人类头脑功能的延伸。计算机的信息处理能力是通过运行程序来实现的。程序的基本工作方式与人们处理问题的方式十分相似。

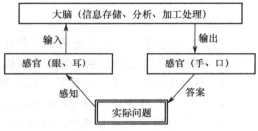

图 1-1　人们处理问题的基本方式

可将程序看作一个函数 $f(x)$，将程序及其运行时所需的数据一并输入计算机系统，然后启动计算机运行程序，它便会接收原始数据 x（原始数据集 X 的子集），经过计算机系统的运算处理，产生结果数据 y（可能结果集 Y 的子集），即 $y=f(x)$，程序的工作方式如图 1-2 所示。

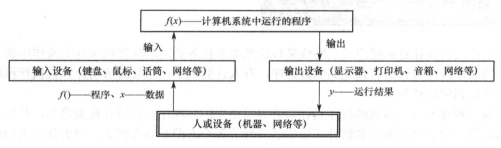

图 1-2　程序的工作方式

例 1-1　根据下面的函数，由已知的 x 值计算 y 值。

$$y = \begin{cases} 2x+1, & x \geq 0 \\ -x, & x < 0 \end{cases}$$

程序要完成的任务是：

- 接收用户输入（使用键盘或其他设备）的 x 值。
- 根据该值所属范围，调用相应的数学算式计算 y 值。
- 输出 y 值。

该程序可以用各种程序设计语言编写。利用 Python 语言编写的程序如下：

```
x=float(input("自变量 x=? "))
if x>=0:
```

```
    y=2*x+1
else:
    y=-x
print("函数值 y= ",y)
```

💡注：Python 编译器区分英文字母大小写，即将大写英文字母与相应小写英文字母当作不同的字符。

这段程序代码由三个 Python 语句组成，分别用于输入数据、计算和输出结果。

（1）输入数据——为变量 x 赋值

语句

```
x=float(input("自变量 x=? "))
```

称为赋值语句，用于输入程序中要用到的原始数据。该语句的功能为：等待用户从标准输入设备（键盘）上输入一个数据，并将其转换为实型数然后赋值给变量 x。

💡注：使用其他程序设计语言（如 C 语言）编写程序时，所用到的变量都必须先定义，然后才能使用。故在赋值语句前，先要用数据定义语句来定义变量（如这里的 x 及后面用到的 y）。而在 Python 语言程序中，可以直接给变量赋值，Python 系统自动完成数据定义操作。

（2）计算——求 y 值

以"if"开头的语句

```
if x>=0:
    y=2*x+1
else:
    y=-x
```

称为条件（或选择）语句，用于完成计算任务。该语句的功能为：判断 x 值的范围，当 $x \geq 0$ 时，按 $y=2x+1$ 计算 y 值，否则（即当 $x<0$ 时）按 $y=-x$ 计算 y 值。

在这个语句中，嵌入了两个赋值语句：

```
y=2*x+1
y=-x
```

其功能均为：计算等号右边表达式的值，并将计算结果赋予等号左边的变量。

Python 语言规定，程序中的 if 语句要按照上述格式书写，即嵌入语句比 if 行或 else 行向右缩进而不能左侧对齐；而且，最好同一级别的嵌入语句之前都用 Tab 键缩进同样的深度，使得同一级别的多个语句左侧对齐。

（3）输出结果——y 的值

输出语句

```
print("y= ",y)
```

用于输出程序执行结果，即输出按照给定的分段函数和已知的 x 值计算得到的 y 值。该语句的功能为：将 y 值按默认的格式输出到标准输出设备（显示器）上。

该程序在执行后，屏幕显示

```
自变量 x=?
```

以及输入提示符（一个闪烁的短画线），等待用户输入。当用户输入一个数字并按回车键后，屏幕显示运算结果。例如，当输入 9 时，屏幕显示

```
y=19
```

其中，19 为计算结果，前面字符串"y="是原样显示出来的 print 语句中指定的字符串。

程序再次运行后，在输入提示符后输入另外一个数字并按回车键，屏幕也会显示相应

的运算结果。例如，当输入-3 时，屏幕显示

```
y=3
```

1.1.2 程序语言设计

程序描述了计算机处理数据、解决问题的过程，这是程序的本质。但程序对数据和问题的描述方式却是多种多样的。随着计算机技术的不断进步，程序设计语言的形式和种类也在不断地发展变化。按照程序设计语言发展的先后，大体上可将其分为三种：机器语言、汇编语言和高级语言。

1. 机器语言

能被计算机直接理解和执行的指令称为机器指令，它在形式上是由"0"和"1"构成的一串二进制代码，每种计算机都有自己的一套机器指令。机器指令的集合就是机器语言。

机器语言是计算机诞生和发展初期使用的语言，它和人们习惯使用的语言（如自然语言、数学语言等）差别很大，直接使用机器语言来编写程序是一种十分复杂的手工劳动。例如，下面给出的一条机器指令的功能是：从指定的内存单元取出数据，并装入指定的寄存器。

10001011 00000101 00000000 01111001 10001111 10101101

可以看出，这种机器指令难以理解，编写出来的程序不易修改，也无法从一种计算机环境移植到另一种计算机环境中去。因此机器语言很难用来开发实用的程序。

2. 汇编语言

为了克服机器语言的缺点，人们采用了一些特定符号（称为助记符）来取代原机器指令中的二进制指令代码，如用 ADD 表示加法，用 SUB 表示减法等。同时又用变量取代各类地址，如用 A 取代地址码等。这样构成的计算机符号语言，称为汇编语言。用汇编语言编写的程序称为汇编语言源程序。例如，汇编语言语句

```
MOV AX, DATA1
```

的功能与前面的机器指令相当，用于从 DATA1 变量所占用的内存单元中取出数据（称为 DATA1 变量的值），并装入 AX 寄存器（CPU 或者运算器中暂存少量数据的器件）。

汇编语言程序必须经过翻译（称为汇编）变为机器语言程序后才能被计算机识别和执行。

汇编语言在一定程度上克服了机器语言难于辨认和难于记忆的缺点，但汇编语言程序的大部分语句还是和机器指令一一对应的，更接近于机器语言而不是人们使用的自然语言。而且汇编语言都是针对特定的计算机而设计的，对机器的依赖性仍然很强。因而，对大多数用户来说，仍然是不便理解和使用的。

只适用于某种特定类型的计算机的程序设计语言称为面向机器的语言，机器语言和汇编语言都是这种语言，这两类语言也称为"低级"语言。

3. 高级语言

为了克服低级语言的缺点，出现了高级语言，这是一种类似于"数学表达式"、接近自然语言（如英文）、又能为机器所接受的程序设计语言。高级语言具有学习容易、使用方便、通用性强、移植性好的特点，便于各类人员学习、掌握和应用。例如，使用 Python 语言，按照给定的数学式 $y=5\times\sqrt{x+1}$ 编写的、根据 x 值计算 y 值的语句为

```
y=5*math.sqrt(x + 1)
```

用高级语言编写的程序（称为源程序）不能直接在计算机上执行，必须经过相应的翻译程序翻译成机器指令表示的目标代码，然后才能在计算机中执行。

使用高级语言编写程序时，用户不必记忆计算机指令繁杂的格式和写法，不必考虑数据在存储器中的具体存放位置和顺序，而可以在更高的层次上考虑解决问题的算法。因而，目前绝大部分程序设计任务都是通过高级语言来完成的。但机器语言和汇编语言并未因此而销声匿迹。在某些程序的关键部分，如操作系统的内核等，仍需要用汇编语言甚至是机器语言来编写。而且由汇编语言编写的程序的代码质量较高，这一点是高级语言无法比拟的。

1.1.3　程序运行的一般方式

计算机的全名是"通用电子数字计算机"。顾名思义，计算机有两个本质的属性："数字化"和"通用性"。"数字化"是指计算机在处理信息时完全采用数字方式，其他非数字形式的信息（如文字、图像等）都要转换成数字形式才能由计算机来处理。"通用性"是指采用"内存程序控制"原理的数字计算机能够解决一切具有"可解算法"的问题。

当今流行的 PC（personal computer，个人计算机）就是通用型计算机，即这种计算机本身并无特定应用目的，而是提供硬件必要的硬件资源（电子、机械与光电元件所组成的各种物理装置的总称）和软件资源给用户使用。能够解决什么问题取决于用户执行什么程序：执行浏览器即可上网，执行文字编辑器即可编写文书，执行统计软件即可分析处理大量统计数据并给出结果。

早期计算机中的程序是采用机器语言编写的，在冯·诺依曼（Von Neumann）计算机上运行，其基本结构如图 1-3 所示。一个程序中包含若干条计算机能够直接执行的机器指令，每条指令都规定了计算机应该执行的操作（加法、减法、数据传送、转移、停机等）以及执行时所需要的数据。例如，从存储器读出一个数送到运算器就是一条指令，从存储器读出一个数并和运算器中原有的数相加也是一条指令。

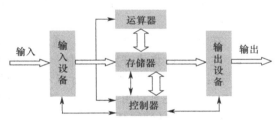

图 1-3　冯·诺依曼计算机的基本结构

💡注：美籍匈牙利数学家冯·诺依曼于 1946 年提出了数字计算机设计的基本思想，概括起来有三点：采用二进制形式表示数据和指令；存储程序的工作方式；由运算器、控制器、存储器、输入设备和输出设备五大部件构成。早期计算机是以运算器为中心的。运算器和控制器通常制作在一个集成电路芯片上，称为 CPU（Central Processing Unit，中央处理器）芯片。

使用计算机求解实际问题时，按以下方式编写和运行程序。

第一步，设法将求解过程分解为一个个便于计算机执行的操作步骤，并将每个步骤都用一条或多条指令编写出来，构成解决指定问题的程序。再将编好的程序以及必要的数据通过输入设备送入计算机，以二进制代码形式存放在存储器中。

第二步，程序被"启动"后，控制器从存储器中逐条取出指令，分析指令规定的操作种类和性质，并根据分析的结果向其他部件（运算器、存储器、输入设备、输出设备或控制器本身）发出操作信号，如命令运算器做加法的信号、命令存储器存取或者输入设备输入操作数的信号等，从而控制各个部件协同工作，完成指令所规定的操作。若执行的是输出指令，则会控制输出设备输出操作结果（打印显示出来）。

因此，计算机自动工作的过程，实际上是自动执行程序的过程。将程序存入计算机并启动它，计算机就可以独立地工作，以电子速度一条条地执行指令。虽然每条指令所做的工作都很简单，但通过程序中一系列指令的连续执行甚至程序与程序之间的协同工作，计算机就能够完成极其繁重的任务。实际上，计算机中所有部件的运行都需要不同层级的程序，计算机执行的每项任务都是通过执行专业人员编写的程序去完成的。

可见，除五大类部件这样的"硬件"外，"软件"也是计算机的重要组成部分。软件是程序及其配套文档（使用说明等）的统称，在整个计算机系统中发挥着越来越重要的作用。例如，现在每台计算机都要安装像 Microsoft Windows 这样的操作系统，这是一套管理整个计算机系统的软件，所有硬件都在它的控制下工作，且所有软件都要在它运行之后才能运行，各类用户与计算机的交互界面也都是由它提供的。

1.2 Python 程序设计的一般过程

Python 是一种开放源代码的、解释性高级语言（见第 1.2.3 节），相对于 C 语言等其他高级语言来说，其中的关键字、表达式以及语句的一般形式和使用方法都更接近人们惯用的自然语言或数学语言。而且，支持 Python 程序设计的 Python 解释器提供了灵活多样的使用方法。在 Windows 平台上，可以采用以下几种方法编写并运行 Python 程序。

- 像 C 语言那样，先使用文本编辑器编辑源程序文件，再调用 Python 解释器来解释执行该程序。
- 在 Python 解释器环境中，通过命令行方式逐个执行 Python 语句来完成既定任务。
- 在 Python 集成开发环境中一次性地完成从编辑、保存到运行的一系列工作。

💡注：根据所选用的 Python 版本的不同，Python 解释器本身可以用 C 语言程序实现，称为 CPython。还可以用一些 Java 语言的类或者其他形式实现。

Python 虽然是解释执行的高级语言，但其程序的实际执行过程借鉴了编译方式的某些做法，而且支持真正的编译执行方式。

1.2.1 使用 Python 解释器执行程序

Python 解释器是用于 Python 语言程序设计的软件包，将其安装到计算机上，然后启动运行，就可以使用它与它所支持的库了。

使用某种文本编辑器，如 Sublime Text（免费使用，但不付费会弹出提示框）、Notepad++（免费使用，有中文界面）等，编辑好 Python 语言源程序并保存在扩展名为.py 的文本文件中，即可调用 Python 解释器中的该文件并进行解释执行。

另外，Python 语言的语句还可以作为命令，在 Python Shell 窗口或者 Windows 的命令提示符窗口中逐个输入并解释执行。

1. 启动 Python 解释器

以下三种方式都可以启动 Python 解释器，进入 Python 交互式环境。

（1）双击 Python 解释器图标。默认情况下，Python 解释器自动安装在 C 盘的 Windows 文件夹中，打开该文件夹，如图 1-4(a)所示。双击其中的"py（或 python）"应用程序图标。

（2）在 Windows 命令提示符窗口打开。

• 打开 Windows 命令提示符窗口，在命令提示符"＞"后输入几次"cd.."命令或者一次"cd\"命令，退到 C 盘根目录下。

• 在命令提示符"＞"后输入"cd Windows"命令，进入 Python 解释器所在的文件夹。

• 在命令提示符"＞"后输入 Python 解释器程序的文件名"py（或 python）"。

（3）使用某种集成开发环境（如 IDLE）的相应命令。Python 解释器启动后，进入交互运行模式，在 Windows 命令提示符窗口中显示 Python 解释器的命令提示符"＞＞＞"，如图 1-4(b)所示。

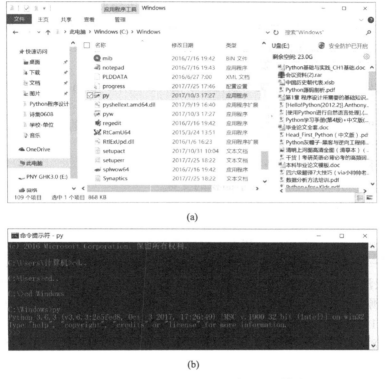

(a)

(b)

图 1-4　Python 解释器文件及交互运行模式

在命令提示符"＞＞＞"后输入"exit()"命令并按回车键，就退出了 Python 交互模式，回到 Windows 命令行模式。

2．在交互式环境中执行 Python 语句

在 Python 命令提示符"＞＞＞"后输入 Python 语言的语句，然后按回车键，该语句就会立即执行。

例 1-2　计算理财产品的本息金额。

本例中，在 Python 命令提示符"＞＞＞"后输入几个 Python 语句，先分别为表示本金和利率的两个变量赋值；然后计算应得的本息金额，最后输出本息金额，如图 1-5 所示。

图 1-5　Python 解释器文件及交互式运行窗口

7

可以看出，这几个语句构成了一个操作序列，Python 解释器逐个执行其中每个语句，就完成了人交给计算机的"计算本息金额"任务。这种完成某种任务的操作序列称为"算法"。算法可以用自然语言、带有约定格式的专门语言或者其他方式（流程图等）表述出来，作为程序设计的依据。

💡注：Python 命令行方式与 Windows 命令行方式一样，可以使用键盘上的向上和向下的箭头键翻查已经输入并运行过的命令，然后重新运行或者修改后再运行。

3．一次性执行 Python 程序

在 Python 交互式环境中，通过逐个执行 Python 语句来完成即定任务，可以立即得到结果，但因不保存语句而只能使用一次。实际编程时，可以使用一个文本编辑器输入并编辑完整的程序代码，然后保存为一个文件，这个程序就可以反复运行了。

例 1-3 计算圆的周长和面积。

本例中，按以下步骤，先在文本编辑器中编辑并保存 Python 源程序文件，然后直接运行该文件。

（1）打开 Windows 记事本，在其中依次输入具有以下功能的几个语句。

- 为表示半径的变量赋值。
- 求圆的周长并将其值赋予表示周长的变量。
- 求圆的面积并将其值赋予表示面积的变量。
- 输出圆的周长。
- 输出圆的面积。

按照这个操作序列（算法）编辑好的程序如图 1-6 所示。

其中最后一个语句是输入语句，其功能为：暂停程序运行，等待键盘输入数据（当作字符串）。如果没有这个语句，程序运行的窗口只一闪就关闭了，无法看清楚运行结果。

（2）保存源程序文件。单击"文件"选项卡，选择"另存为"选项，打开"另存为"对话框，如图 1-7 所示。在其中选择保存位置为 D 盘的"Python 程序"文件夹；选择"编码"为"UTF-8"；输入文件名为"求圆的周长和面积.py"，然后单击"保存"按钮。

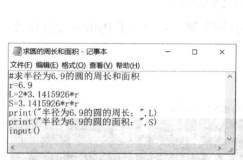

图 1-6 在文本编辑器中输入并编辑 Python 程序　　　图 1-7 "另存为"对话框

默认情况下，另存为对话框中的"保存类型"为"*.txt"，"编码"为"ANSI（American National Standards Institute，美国国家标准学会）"，改变文件扩展名或者编码方式时，要注意以下两个问题。

● 从技术上讲，Python 源程序文档仅当被"导入（后面介绍）"时才需要扩展名".py"。但方便起见，多数 Python 源程序文档都这样统一命名。

● ANSI 编码在不同语种的 Windows 操作系统中代表不同的编码方案，如简体中文 Windows 中代表 GBK 编码方案，日文 Windows 中代表 Shift_Jis 编码方案，因而造成了国际间信息交流的困难。若改成 UTF-8 编码，则 Windows 记事本所保存的文件将会在起始处自动添加几个特殊字符"UTF-8 BOM"，此后在 Python Shell 窗口中运行时，就会出现语法错误。这就是本节开始时建议使用 Sublime Text 或者 Notepad++等文本编辑器的原因。

（3）运行程序。打开 D 盘的"Python 程序"文件夹，双击其中"求圆的周长和面积.py"图标，程序即可运行。运行情况如图 1-8(a)所示。

也可以在 Python 命令提示符">>>"后输入完整的源程序文件的路径名来运行程序，但该程序若是 Windows 记事本编辑且保存的，则会因首行有 Python 解释器而不能辨认的字符而出错，如图 1-8(b)所示。

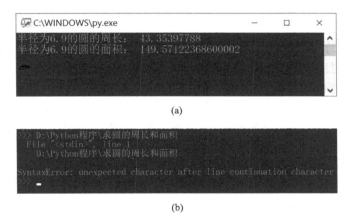

(a)

(b)

图 1-8　求圆的周长和面积程序的运行结果

1.2.2　使用集成开发环境编写 Python 程序

Python 集成开发环境是一种支持 Python 语言程序设计的综合性工具软件。它将整个程序设计过程中涉及的各种必要的功能有机地结合起来，构成一个图形化操作界面，为进行程序设计的用户提供高效且便利的服务。

这里使用的是 Python 官方网站上发布的 IDLE 编程环境。IDLE 是一个能够编辑、运行、浏览和调试 Python 语言程序的 GUI 软件，可以在微软 Windows、X Windows（Linux、Unix 类平台）及 Max OS X（苹果电脑的操作系统）等平台上运行。IDLE 是开放源代码的自由软件，它不仅容易得到，而且构造它的源程序代码也可以直接阅读或修改。

在 Windows 平台上安装 IDLE 后，开始菜单便会出现如图 1-9 所示的开始菜单及 Python 选项。

图 1-9　开始菜单及 Python 选项

例 1-4 按商品的数量和单价计算应付货款金额。

可按以下步骤操作，完成从启动 IDLE、输入并编辑 Python 源程序文件，直到运行且输出运算结果的程序设计任务。

1. 启动 IDLE

打开"开始"菜单，选择"Python ***"菜单项中的 IDLE 子项，打开 IDLE 主窗口。IDLE 主窗口名为 Python 3.6.3 Shell，如图 1-10 所示。

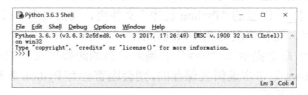

图 1-10　Python 3.6.3 Shell 主窗口

2. 编辑源程序

（1）打开源程序编辑器窗口。依次选择"File"→"New Window"菜单项，然后打开编辑器窗口，在刚打开编辑器窗口时将其命名为 Untitled（未命名）。

（2）在编辑器窗口中输入具有以下功能的 Python 语句。

- 输入一个数字，赋值给表示商品数量的变量。语句中的 input 函数将键盘输入的数字当作字符串，要用 float 函数转换成浮点数（带小数点的数）才能赋值给数字型变量。
- 求圆的周长并将其值赋予表示周长的变量。其中 input 函数接收的数字字符串同样要用 float 函数转换成浮点数之后再赋值。
- 判断是否有折扣：当数量大于等于 10 时，减价 10%，表示折扣的变量赋值为 0.1；否则不减价，将折扣变量赋值为 0。
- 计算货款金额：money=number*unitPrice*(1−discount)，赋值给表示金额的变量。
- 输出货款金额。

输入了按照这个算法给出的 Python 源程序代码的编辑器窗口如图 1-11 所示。

（3）保存源程序。依次选择"File"→"Save"菜单项，然后打开"另存为"对话框。在其中选择保存位置"D:\Python 程序"，输入文件名"求货款"，如图 1-12 所示，然后单击"保存"按钮。

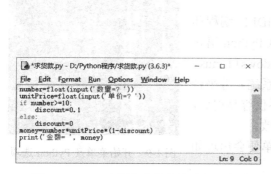

图 1-11　Python 源程序代码的编辑器窗口

图 1-12　"另存为"对话框

打开编辑器窗口，刚打开编辑器窗口时将其命名为 Untitled（未命名）。

3．运行程序

（1）依次选择"Run"→"Run Module"菜单项或按 F5 键，运行"求货款"程序。

（2）输入数据、察看运行结果：程序运行后，显示 input 函数中指定的询问单价和数量的字符串，在其后输入相应数字，即可看到计算得到的金额，如图 1-13 所示。

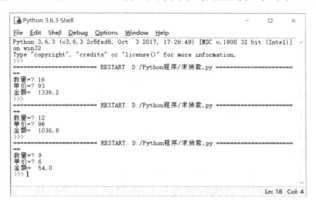

图 1-13　求货款程序运行的结果

程序运行时，若其中有语法上的错误，则会显示相应的提示信息。需要回到编辑器中，修改代码并重新保存，然后再次运行。

1.2.3　Python 程序的执行方式

在特定计算机系统上实现某种语言处理系统时，先要确定如何在该计算机上表示该语言的语义，按专业术语来说，是要确定表示该语言语义解释的虚拟计算机。其中一个关键问题是：程序执行时的基本表示采用的是实际计算机上的机器语言还是特定虚拟机的机器语言。解决这个问题的不同方式决定了语言的实现方式，可据此将程序设计语言划分为两大类：编译型语言和解释型语言。

1．编译型语言

编译型语言程序需要在运行之前翻译成机器语言程序。例如，C 语言按以下方式完成编译和连接操作。

（1）编译器读取源程序（字符流），将 C 语言代码转换为功能等效的机器指令代码。源文件的编译过程包含以下两个主要阶段。

- 编译阶段：通过编译器对 C 语言代码进行词法和语法分析，将其转换为功能等效的汇编指令代码。
- 汇编阶段：通过汇编器将汇编语言代码转换成相应的机器可执行的目标代码，编译后可生成多个目标代码模块。

（2）汇编器生成的目标文件并不能立即执行，其中可能还有许多未解决的问题。例如，程序中可能调用了某个库文件中的函数；某个源文件中的函数可能引用了另一个源文件中定义的符号等。链接程序的主要工作就是将有关目标文件彼此连接，也就是说，将当前程序与库文件中的函数连接起来，将一个文件中引用的符号同该符号在另外一个文件中的定义连接起来，使得所有目标文件成为一个能够被操作系统装入执行的统一整体。

由于编译型语言程序在运行前已经一次性地翻译成了机器语言程序，且执行时不再翻译，因此执行效率较高。

2．解释型语言

解释型语言（如 Basic 语言）程序是在执行时才由解释器逐行动态翻译和执行的。

解释器一般都有两个主要模块：解释模块和运行模块。前者负责按源程序的动态执行顺序逐个输入语句，并对单个语句进行分析和解释，包括检验语法和语义的正确性、生成等价的中间代码和机器语言代码、提供错误信息等。后者负责运行语句的翻译代码，并输出中间结果或最终结果。

由于解释程序的设计思想不同，因此运行模块的执行方式也不同。

- 一种方式是由解释模块直接生成等价于源程序语句的机器语言代码。通常一个语句生成多条机器指令的代码段，运行模块负责控制这段代码的执行并保存或输出中间结果。
- 另一种方式是由解释模块生成一种等价于语句但不同于机器语言代码的中间代码，运行模块负责选择相应功能部分、控制中间代码的执行，并处理相关运行结果。

一般来说，解释型语言程序的执行速度比编译型语言程序的执行速度慢，但也不能一概而论，某些解释型语言通过解释器的优化而在翻译程序时优化整个程序，从而在效率上接近甚至超过编译型语言。

随着 Java 等基于虚拟机的语言的兴起，如今多种高级语言已经不能简单地划分成解释型和编译型了。Java 语言程序是需要编译的，但并不直接编译成机器语言代码，而是编译成字节码，然后在 Java 虚拟机上用解释的方式执行字节码。

3．Python 程序的编译

Python 语言程序是解释执行的，但为了提高效率，提供了一种编译方法。

Python 程序执行时，先将源代码编译成字节码形式。编译只是简单的翻译，字节码也是源代码底层且与平台无关的表现形式。简而言之，Python 将每个源语句分解为单一步骤，从而将所有源语句翻译成一组字节码指令。编译之后得到字节码的.pyc 文件，保存在源代码文件所在文件夹中。

Python 程序再次运行时，若该程序自上次保存字节码以来尚未修改过，则会自动加载.pyc 文件并跳过编译步骤。因为字节码的执行速度要比文本文件中源代码语句的执行速度快得多，所以总体上提高了执行效率。

若再次保存了程序源代码，则当下次执行该程序时，将会重建相应的字节码文件。

因为 Python 是解释型语言，所以将其程序编译成字节码不是强制性操作。实际上，Python 程序的编译是隐蔽且自动进行的。即使无法在计算机上写入字节码，程序仍然可以工作，当然，内存中生成的字节码也只能丢弃了。

💡注：交互提示模式下录入的代码不会保存为字节码。

4．Python 虚拟机

一旦程序编译成字节码，或者字节码从已有.pyc 文件装载到内存后，Python 即将字节码发送给 Python 虚拟机 PVM（Python Virtual Machine）执行。PVM 不是一个独立的软件，不必专门安装。

　　PVM 是实际运行程序的组件，运行方式与操作系统加载运行可执行文件的方式相似。PVM 加载并运行字节码文件，并一条条执行字节码指令，从而完成程序的执行。从技术上讲，PVM 完成的是 Python 解释器的最后一项任务。Python 程序的运行模式如图 1-14 所示。

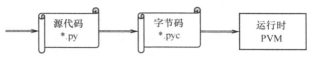

图 1-14　Python 程序的运行模式

　　需要注意的是：Python 程序执行时的复杂性对用户是透明（不可见）的，即字节码的编译是自动完成的；PVM 是安装在机器上的 Python 系统的一部分。用户只需编写好源程序代码并发出执行命令，程序就可以运行了。

5．Python 的性能

　　Python 程序是编译执行的，其执行速度自然不如 C 语言等编译型语言程序的执行速度快。即便是编译生成的字节码，也不是计算机可直接执行的机器指令，因此，PVM 解释执行字节码的速度仍然比不上 C 语言可执行程序的运行速度。

　　但是，与其他经典解释器不同，Python 程序内含编译操作，不需要在每次执行时都重新分析和分解每行语句，因而执行速度比传统解释型语言程序的执行速度快。实际效果是：Python 程序的运行速度介于传统的编译型语言和解释型语言之间。而且，将源代码编译成字节码的形式也增加了反向工程的难度，一定程度上起到了保护源代码的作用。

　　Python 执行模块的另一个特点是：编译程序的系统和执行程序的系统同为一体，编译器总是在运行时出现，并且是运行程序系统的一部分，这使得程序设计周期大大缩短。程序执行期间不必编译和链接，只需要简单地输入运行代码即可，这也使 Python 具有较强的动态语言特征，即一个 Python 程序在运行时，可以转而构建并执行另一个 Python 程序。

　　对 C 语言等静态语言来说，程序中所有的引用（符号、变量、函数的定义，链接的库、模块等）都必须在编译时有效，以便整合成目标代码。但 Python 程序不存在显式的编译阶段，所有的引用执行时有效即可，这为程序设计带来了方便，是动态程序设计的一大优点。

　　另外，与 C 语言等多数高级语言比较，Python 语言代码离机器底层更远了，因而 Python 程序更易于移植，基本上无须改动就能在多个平台上运行。

程序解析 1

　　本章中解析的三个程序的功能分别为：求解数学表达式的值、求解线性方程组以及排序并输出三个整数。阅读和理解这三个程序可以帮助读者理解 Python 程序的一般结构，帮助读者学会编写最常用的具有赋值、输入和输出等功能的 Python 程序。

程序 1-1　计算并联电阻

　　程序的功能为：根据以下物理学中的公式

$$r = \frac{r_1 r_2}{r_1 + r_2}, \quad i = \frac{u}{r}, \quad i_1 = \frac{u_1}{r_1}, \quad i_2 = \frac{u_2}{r_2}$$

计算包含了多个并联电阻的电路中的电阻值和电流值。

1. 编写程序依据的算法

程序按顺序执行以下操作：

（1）输入电阻 r1 和 r2。

（2）计算电阻 r1 和电阻 r2 的并联电阻值：r=(r1*r2)/(r1+r2)。

（3）计算总电流和经过每个电阻的电流值：i=u/r，i1=u1/r1，i2=u2/r2。

（4）输出总电阻 r、总电流 i、流经电阻 r1 和电阻 r2 的电流 i1 和电流 i2。

提示：程序中变量名不能用下标，因此 r_1 写成 r1，依此类推；公式也要按 Python 语言的语法规则来写，因此求并联电阻的公式写成 r=(r1*r2)/(r1+r2)，依此类推。

2. 程序源代码

程序运行通过后，源代码文件 Program.cs 中的内容如下。

```
#程序 1-1_计算并联电阻
#输入电阻值、电压值
r1=float(input('电阻 r1=? '))
r2=float(input('电阻 r2=? '))
u=float(input('电压 u=? '))
#计算电阻和电流
r=(r1*r2)/(r1+r2)   #计算总（并联）电阻
i=u/r      #计算总电流
i1=u/r1    #计算流过电阻 r1 的电流
i2=u/r2    #计算流过电阻 r2 的电流
#输出计算结果
print('电阻',r1,'和',r2,'的并联电阻=',r)
print('电路中的总电流 i=', i)
print('流过电阻 r1 的电流 i1=',i1)
print('流过电阻 r2 的电流 i2=',i2)
```

程序中的几个输出变量实际上可以省略。例如，若没有定义表示总电阻的 r 变量，则可使用语句

```
print('电阻',r1,'和',r2,'的并联电阻=', (r1*r2)/(r1+r2))
```

代替两个语句

```
r=(r1*r2)/(r1+r2)   #计算总（并联）电阻
print('电阻',r1,'和',r2,'的并联电阻=',r)
```

来计算并输出总电阻 r 的值。这样做的后果是：因为 r 的值没有保存下来，所以此后再次计算总电流而需要用到总电阻时，就需要重新计算该值了。

3. 程序的运行结果

本程序的一次运行结果如图 1-15 所示。可以看到，当用户按程序的提示输入了三个数 239、326 和 220 后，程序便会根据这三个已知数计算并输出并联电阻、总电流及流经两个电阻的电流。

```
>>>
电阻 r1=? 239
电阻 r2=? 326
电压 u=? 220
电阻 239.0 和 326.0 的并联电阻= 137.90088495575222
电路中的总电流 i= 1.5953487178170802
流过电阻 r1 的电流 i1= 0.9205020920502092
流过电阻 r1 的电流 i2= 0.6748466257668712
>>>
```

图 1-15 程序 1-1 的一次运行结果

程序 1-2 求解二元一次方程组

程序的功能为：求解二元一次方程组

$$\begin{cases} 2x - 3y = 12 \\ 3x + 7y = -5 \end{cases}$$

1. 编写程序依据的算法

假定二元一次方程的一般形式为

$$\begin{cases} a_1 x - b_1 y = c_1 \\ a_2 x + b_2 y = c_2 \end{cases}$$

先计算三个行列式的值为

$$d = \begin{vmatrix} a_1 & b_1 \\ a_2 & b_2 \end{vmatrix} = a_1 b_2 - a_2 b_1, \quad d_x = \begin{vmatrix} c_1 & b_1 \\ c_2 & b_2 \end{vmatrix} = c_1 b_2 - c_2 b_1, \quad d_y = \begin{vmatrix} a_1 & c_1 \\ a_2 & c_2 \end{vmatrix} = a_1 c_2 - a_2 c_1$$

再计算方程组的解

$$x = \frac{d_x}{d}, \quad y = \frac{d_y}{d}$$

据此，本程序将按顺序执行以下操作：
（1）输入 a1、a2、b1、b2、c1、c2 的值。
（2）计算三个行列式的值 d=a1*b2−a2*b1，dx=c1*b2−c2*b1，dy=a1*c2−a2*c1。
（3）计算方程组的解 x=dx/d，dy=dy/d。
（4）输出方程组的解 x 和 y。

2. 程序源代码

```
#程序 1-2_求解二元一次方程组
#输入：方程 1 系数 a1、b1、c1；方程 2 系数 a2、b2、c2
a1,b1,c1=map(float, input('方程 1 的系数 a1=? b1=? c1=?（空格隔开数字）').split())
a2,b2,c2=map(float, input('方程 2 的系数 a2=? b2=? c2=?（空格隔开数字）').split())
#计算三个行列式的值
d=a1*b2-a2*b1
dx=c1*b2-c2*b1
dy=a1*c2-a2*c1
#计算并输出方程的根
print('二元一次方程组的解：x=',dx/d,'; y=',dy/d)
```

本程序中的语句

```
a1,b1,c1=map(float, input('方程 1 的系数 a1=? b1=? c1=?（空格隔开数字）').split())
```

代替了分别输入 a1、b1 和 c1 三个变量的输入语句。该语句的功能为：通过 split()函数，将 input()函数输入的由三个数字和两个空格组成的字符串以空格为界划分为三个数字型字符串；再通过 map()函数，将三个数字型字符串分别转换成三个浮点数，然后分别赋值给 a1、b1 和 c1 三个变量。

💡注：这里的三个数字或三个数字字符串分别构成一个列表（见第 2 章）

本程序中未使用表示计算结果（方程的根）的变量，而是直接在输出语句

```
print('二元一次方程组的解：x=',dx/d,'; y=',dy/d)
```

中计算并输出方程的解（两个自变量的值）。

3. 程序的运行结果

按照给定的一元二次方程组，本程序的运行结果如图 1-16 所示。

```
>>>
方程1的系数a1=? b1=? c1=?（空格隔开数字） 2 -3 12
方程2的系数a2=? b2=? c2=?（空格隔开数字） 3 7 -5
二元一次方程组的解: x= 3.0 ; y= -2.0
>>>
```

图 1-16　程序 1-2 的运行结果

15

程序 1-3　三个数排序

本程序所完成的功能为：将用户输入的三个整数排成从小到大的"升序"，并按升序输出这三个数。

1. 编写程序依据的算法

本程序按顺序完成以下操作：

（1）输入三个整数 n1、n2、n3。

（2）按以下步骤将三个整数排成升序：

- 判断：n1>n2？若是则 n1 和 n2 互换其值。
- 判断：n1>n3？若是则 n1 和 n3 互换其值。
- 判断：n2>n3？若是则 n2 和 n3 互换其值。

（3）输出三个整数 n1、n2、n3。

提示：在第（2）步中，先找出三个数中的最小数放在最前面；再找出剩余两个数中的最小数紧随其后；最后剩余的一个数放在最后面。这样，三个数就排成了升序。若将这种方法运用到 n 个数的排序操作，则成为常用的"选择排序法"。

2. 程序源代码

本程序中编写的代码存放在按钮的单击事件方法中，其内容如下：

```
#程序 1-3_三个整数排序
#输入三个整数
n1,n2,n3=map(float, input('待排序整数n1=? n1=? n1=? （空格隔开数字） ').split())
#三个整数排序
if n1>n2:
    t=n1
    n1=n2
    n2=t
if n1>n3:
    t=n1
    n1=n3
    n3=t
if n2>n3:
    t=n2
    n2=n3
    n3=t
#显示排成了升序的三个数
print('排成了升序的三个数: ',n1,n2,n3)
```

3. 程序的运行结果

本程序的运行结果如图 1-17 所示。

```
>>>
待排序整数n1=? n1=? n1=? （空格隔开数字） 10 9 -1
排成了升序的三个数:  -1.0 9.0 10.0
>>>
```

图 1-17　程序 1-3 的运行结果

实验指导 1

本章安排两个实验：

（1）安装并试用 Python IDLE 集成开发环境。

（2）使用文本编辑器+Python 解释器，或者使用 Python IDLE 环境，编写并运行 Python 语言程序。

通过本章实验，了解 Python 软件的获取和安装方法；了解 Python 解释器以及 Python IDLE 集成开发环境的性能和使用方法；体验 Python 程序设计的一般方法。

实验 1-1　安装并试用 Python IDLE 软件

本实验中，先上网查找 Python 软件，找到后安装到计算机上。再通过命令行方式试用 Python 解释器，并在 Python IDLE 环境中编辑、保存并运行程序，从而体验 Python 程序设计的一般方法。

1．上网查找 Python 软件

（1）上网搜索，当看到如图 1-18(a)所示网址时，单击该网址进入 Python 官网，其主页如图 1-18(b)所示。

图 1-18　下载 Python 软件时的网址和网页

（2）依次单击"Downloads"→"Windows"菜单项，然后单击"Python3.6.3"或者"Python 2.7.14"按钮。即可弹出如图 1-19 所示的"新建下载任务"对话框，可以开始下载相应版本的 Python 软件。

需要其他版本时，单击网页上的"View the full list of downloads"选项，即可看到所有版本，在其中选择合适的版本，单击"Download"按钮，即可打开安装向导。

💡注：Python 官网上同时提供 Python 2 和 Python 3 两种版本的 Python 软件，而且 Python 2 仍在不断更新。Python 软件还有 64 位和 32 位之分。64 位提供更大的内存空间，可在 64 位的平台上运行，但不能在 32 位平台上运行。

2．安装 Python 软件

在安装向导的指引下，按以下步骤安装 Python 软件。

（1）在安装向导的第 1 个对话框中，单击"Customize installation"选项并勾选"Add Python 3.6 to PATH"复选框，如图 1-20 所示。

图 1-19 "新建下载任务"对话框   图 1-20 安装向导的第 1 个对话框

（2）在如图 1-21 所示的"Optional Features"对话框中，默认勾选所有选项，即安装 Python 软件的全部组件，然后单击"Next"按钮即可进入下一步。

（3）在如图 1-22 所示的"Advanced Options"对话框中，单击"Browse"按钮，打开文件夹窗口。在其中选择合适的安装目录，或者直接输入文件夹的路径名，如 D:\Python36，即将 Python 软件安装到 D 盘的 Python36 文件夹中。然后单击 Install 按钮。

（4）稍等一段时间，当安装向导弹出"Setup was successful（安装成功）"对话框时，单击"Close"按钮，完成安装操作。

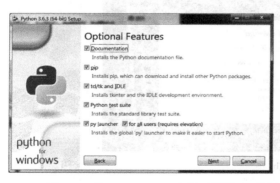

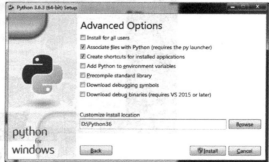

图 1-21 "Optional Features"对话框   图 1-22 "Advanced Options"对话框

3．设置环境变量

将 Python 软件安装到计算机后，按以下步骤进行系统设置。

（1）选中在桌面或者开始菜单表示当前电脑的图标（此电脑、我的电脑、我的计算机等），单击鼠标右键，选择"属性"菜单项，弹出"属性"对话框。

（2）选择右侧导航栏中的"高级系统设置"选项，打开"系统属性"对话框。

（3）切换到"高级"标签页，单击"环境变量"按钮，打开"环境变量"对话框，如图 1-23 所示。

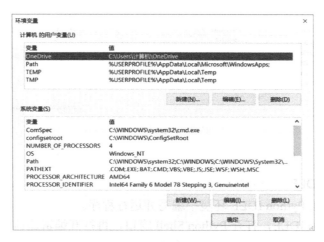

图 1-23　"环境变量"对话框

（4）单击"新建"按钮，打开"新建系统变量"对话框，在其中设置变量名为 python、变量值为 python 应用程序所在文件夹的路径名，如 D:\Python36 等，如图 1-24(a)所示。

这里设置时，可单击"浏览目录"按钮，打开"打开"对话框，在其中查找 python 应用程序所在文件夹；还可单击"浏览文件"按钮，打开"打开"对话框，在其中查找 python 应用程序。如图 1-24(a)所示。

找到相关文件夹和应用程序后，单击"打开"按钮，所选择的文件名及所在文件夹就会自动显示在变量名和变量值两个文本框中。如图 1-24(a)所示，其中显示了 Python 软件默认的安装路径名。

（5）单击"确定"按钮，完成系统变量的设置工作。

环境变量设置成功后，就可以在命令行直接使用 python 命令，或者执行"python *.py"命令来运行 Python 脚本了。

4．在命令提示符窗口执行 Python 语句

打开 Windows 命令提示符窗口，启动 Python 解释器，以命令行方式输入并执行完成以下几组任务的程序。

（1）输出字符串"hello world!"。

（2）先为变量 x 赋值为 10.9，再输出 $3x-1$ 的值。

（3）先为变量 x 赋值为 -3.1，然后计算 $y=2x+1$，最后输出 y 的值。

(a)

(b)

图 1-24 "新建系统变量"对话框与"打开"对话框

5．在 Python IDLE 环境中编写并运行程序

按以下步骤，在 Python IDLE 环境中编写并运行程序。

（1）启动 Python IDLE，打开 Python Shell 窗口，再打开编辑器窗口。

（2）在编辑器窗口中输入并编辑好具有以下功能的程序（每行对应一个语句）。

- 输入变量 x 的正整数值。
- 判断：$x<30$？，若是则 $y=0.95x$；否则 $y=0.8x$。
- 输出 y 的值。

（3）保存程序为"求 y 值.py"文件，并运行程序。

6．在 Python IDLE 环境中运行并分析程序

按以下步骤，在 Python IDLE 环境中编写指定内容的程序，运行程序，然后给该程序添加说明其功能的注释。

（1）启动 Python IDLE，打开 Python Shell 窗口，再打开编辑器窗口。

（2）在编辑器窗口输入并编辑好以下程序。

```
x=input('一个三位以上的整数：x=? ')
y=int(x)
y=y//100        //表示整除
if y==0:
    print(x,'不是三位以上的整数！')
else:
    print(y)
```

其中，第三个语句中的"//"为整除运算符，该语句的功能为：y 变量的值除以 100，取整数位，再赋值给 y 变量。

（3）保存程序为"三位以上整数.py"文件。

（4）三次运行该程序，分别输入 33、333 和 33333，观察程序的运行结果。

（5）分析程序及其运行结果，并在程序最前面加上以"#"号开始的注释行，说明该程序的功能。

（6）重新以一个能说明其功能的文件名保存该程序，然后再次运行该程序。

【问题及提示】

（1）除法运算符不止一个？

考虑下式

65 秒=？ 分=？ 分？ 秒

为了计算这三个值，需要三种不同的除法运算符（除法、整除、求余数），Python 语言提供了这三种运算符，其中求余数运算符将在第 2 章中介绍。

（2）在 if 语句中，将表达式"y==0"放入一对圆括号中，重新运行该程序，观察运算结果，然后给出结论。

答案涉及 Python 语言中关于圆括号的语法规定，将在后续章节中介绍并反复使用。

实验 1-2　编写并运行 Python 程序

本实验中，通过 Python 解释器、文本编辑器+Python 解释器或者 Python IDLE 环境，编写并运行三个 Python 语言程序。

💡注：开始本章实验前，先要按照前面讲解的内容和方法输入并运行所有的程序实例。以后各章也要这么做。

1．按指定格式显示字符串

【实验任务 1-2-1】

在 Windows 命令提示符窗口，启动 Python 解释器。然后逐个输入 Python 语句，显示如图 1-25 所示的图案。

【操作方法建议】

本程序中，只需将所要输出的图案中的每一行均看成一个字符串，然后多次输出一个一个的字符串，即可拼凑成这个图案。例如，语句

图 1-25　实验任务 1-2-1 的运行结果

```
print('******************************')
```

可用于输出第 1 行，语句

```
print('   Ji ShangHe')
```

可用于输出第 2 行。按照这种方式，不难编写出整个程序。

完成这个实验任务时，需要注意以下三个问题。

● 考虑到已完成"环境变量"的相关设置，故应尽量采用简便的方式启动 Python 解释器。

● 数清楚每行中空格的位置和数目。

● 充分利用键盘上的上移箭头和下移箭头，重新运行或者修改并运行已有的语句。

【操作方法改进的建议】

本程序中，一个显示字符串的 Print 语句也可以变为两个语句：第一个语句用于将一个字符串赋值给一个变量；第二个语句用于输出这个字符串变量的值。例如，语句

```
print('******************************')
```

可以用以下两个语句代替：

```
    s1='****************************')
Print(s1)
```

而且，由于定义了 s1 字符串，因此以后可以多次输出其值。

2．计算两个学生的成绩

【实验任务 1-2-2】

使用 Windows 记事本+Python 解释器，编辑并运行具有以下功能的程序。

- 输入学生 jingZhang 的百分制的考试成绩和平时成绩。
- 按公式计算 jingZhang 的成绩：成绩=考试成绩*0.7+平时成绩*0.3
- 判断：成绩<60？若是则输出"不及格"字符串；否则输出 jingZhang 的成绩。
- 输入学生 yengWang 的百分制的考试成绩和平时成绩。
- 按同一个公式计算 yengWang 的成绩：
- 判断：成绩<60？若是则输出"不及格"字符串；否则输出 yengWang 的成绩。

💡注：除两个变量名 jingZhang 和 yengWang 外，程序中用到的其他变量名自拟。可使用汉语拼音或英文字母命名，也可尝试用汉字命名。

【操作步骤】

（1）打开 Windows 记事本，在其中输入并编辑好程序，保存为"张王成绩.py"文件。

（2）双击"张王成绩.py"图标，运行该程序。

（3）在 Python 解释器的命令行状态下，重新运行该程序，观察可能发生的问题，分析出现这种问题的原因。

（4）启动 Python IDLE 集成开发环境，依次选择"File"→"Open"菜单项，在"打开"对话框中查找并打开"张王成绩.py"文件。

（5）在编辑器窗口中，查看或编辑程序的内容。然后依次选择"File"→"Save"菜单项，再次保存文件（不改变文件所在的位置和文件名）。

（6）在编辑器窗口中，依次选择"Run"→"Run Module"菜单项，运行该程序。

【问题及提示】

（1）什么情况下可以使用汉字命名变量？

答案主要涉及两个方面：文字的计算机表示；Python 软件的功能。

（2）输入、计算并输出两个人成绩的语句大体相同，如何少写语句？

答案主要涉及两个方面：程序的控制结构；程序的通用性。

3．求一元二次方程的实根

【实验任务 1-2-3】

在 Python IDLE 环境中，编辑并运行求解一元二次方程 $ax^2+bx+c=0$ 的实根的程序。

- 输入方程的三个系数 a、b 和 c。
- 计算 delta，语句中写成 delta = b*b–4*a*c
- 判断：成绩 delta<0？若是则输出"无实根"字符串；否则计算两个根 x1 和 x2。
- 输出两个根 x1 和 x2。

【操作步骤】

（1）启动 Python IDLE 集成开发环境，依次选择"File"→"New Window"菜单项，打开初始名为"Untitled"的编辑器窗口。

（2）在编辑器窗口中，输入并编辑求解一元二次方程实根的程序。程序中计算两个根 x1 和 x2 的语句要写成

```
x1=(-b+ math.sqrt(delta))/ 2/a
x2=(-b- math.sqrt(delta))/ 2/a
```

而且在这两个语句之前要用语句

```
import math
```

引入求平方根函数定义所在的 math 模块。

（3）在编辑器窗口中，依次选择"File"→"Save"菜单项。然后在"另存为"对话框中，选择 D 盘的 Python 程序文件夹，并以"求解一元二次方程.py"为文件名保存程序。

（4）在编辑器窗口中，依次选择"Run"→"Run Module"菜单项，运行该程序。

（5）在编辑器窗口中，将程序中先计算 x1 再输出其值的两个语句改为计算并输出 x1 的一个语句；将先计算 x2 再输出其值的两个语句改为计算并输出 x2 的一个语句，然后再次保存该程序。

（6）再次运行该程序。

【问题及提示】

（1）表示式 math.sqrt(delta)的意义？

这是计算 delta 平方根的表达式，其意义将在第 2 章中讲解。

（2）如何计算一元二次方程的所有根？

这涉及程序中两重以上判断的表示方法，将在后续章节中讲解并反复使用。

第2章

数据的计算机表示与操作

数据是程序中参与运算（计算或其他操作）的对象。程序中每个数据都归属于某种特定的数据类型。不同种类的数据在计算机中的存储方式和访问方式不同，能够参与的运算种类也各不相同。

在 Python 程序中，既可以直接使用表示单个数据的内置数据类型，如数值型和逻辑型；又可以定义并使用较为复杂的数据结构，如字符串、列表、元组和字典等，以便成批保存数据并方便地访问其中的每个数据。

程序对数据的处理主要体现在表达式的求值运算上。Python 语言提供了多种不同形式的运算符，如用于数值计算的四则运算符、用于逻辑运算的比较运算符和逻辑运算符等，以便用户构造合适的表达式来实现各种运算。

2.1 数值型数据和逻辑型数据

程序中处理的数据大体上可分为常量和变量两大类：常量是直接写出来的数字、布尔值和字符串等各种数据；变量则是通过变量名引用其值的数据，程序中可按需要为变量赋值或改变其值。Python 语言中，变量的值占据一块内存空间，称为对象，通过变量名来引用值对象。

💡注：对象的概念及使用方法将在后面讲解，这里简单地理解为数据以及专用于该数据的操作集合。

在 Python 程序中，可以直接使用整数、浮点数和布尔值等常量，以及引用这些常量的变量，它们都是 Python 语言的内置数据类型。Python 语言还内置了许多具有各种特定功能的函数，可用于数据的求值、获取以及类型确认等各种不同种类的操作。

2.1.1 标识符和名字

程序中所处理的数据包括常量、变量、函数以及函数中的参数等，它们都需要用一种能够反映其性质的、有助于记忆的名字来表示和引用，标识符就是满足这种需求的符号。例如，在赋值语句

```
yNumber=9.3
```

中，等式左边的变量名 "yNumber" 就是符合 Python 语法的标识符。标识符还可以标识函数名、类名等运算对象。

1．标识符

标识符是由英文字母或下画线开头，由英文字母、数字或下画线组成的字符序列，各种不同的程序设计语言对于标识符都有不同的规定。Python 语言中的标识符有以下规定。

- 标识符由英文字母、数字、下画线组成。
- 标识符不能以数字开头。
- 标识符是"英文字母大小写敏感的"。也就是说，程序中同一个字母的大写形式和小写形式被当成不同的字符。例如，xBox、XBOX 和 Xbox 是三个标识符。

💡注：某些以单下画线或双下画线开头的标识符是专用于类的定义和调用的特殊名字，将在第 6 章中讲解。

在标识符中适当地运用下画线、混用大/小写英文字母及使用较长的名字等，都有助于提高程序的可读性。例如，在一个处理学生登记表的程序中，使用变量名 studentCount（学生人数）、函数名 read_student_file（读学生档案）就比使用变量名 n 和函数名 f 要清楚得多。许多程序设计人员采用的一个格式上的约定是：给标识符加上能够表示该标识符数据类型的一个标志性的前缀。例如，所有表示整数的标识符都以"i"开头，所有表示浮点数的标识符都以"f"开头。

2．名字

在程序设计语言中，名字和标识符在形式上往往难于区分，但两者的概念还是有区别的。标识符本身是没有意义的字符序列，但名字却有明确的意义和属性。标识符只有在源程序中给出定义或说明之后才具有特定的意义，这就是名字。

可将每个名字看成计算机中一个抽象的存储区域，而这个区域的内容则是该名字的值、该区域中所存储的内容发生变化，就是名字的值发生了变化。

💡注：在多数情况下，人们将名字和标识符混为一谈，这是不严谨的。

Python 程序中的名字可分为两大类：专用名字和普通名字。Python 中的保留字就是专用名字，对这些保留字不允许再赋予其他含义，即不能作为一般名字来使用。

普通名字通常是用户根据标识符构造规则自己定义的标识符。因此，也可称为用户标识符。用户标识符的定义虽然是自由的，但是所定义的名字应尽可能使程序易于阅读和理解，且尽量避免使用易于混淆的字符，如字母 O 和数字 0 等，以减少在输入、修改程序时因误操作而出错的可能性。

3．保留字

Python 语言的保留字是专用于表示特定语法成分的关键字，不能再用于表示变量名、函数名和模块名等普通名字。

例 2-1 查看 Python 的所有保留字。

Python 系统的 keyword 模块中包含了 Python 语言的保留字列表及判断字符串是否为保留字的函数。导入 keyword 模块，即可查看所有保留字并使用这个函数。如图 2-1 所示。

从图中可以看出，Python 语言的保留字都是由小写字母构成的；而字符串 "'abc'" 不是 Python 语言的保留字。

```
>>> import keyword
>>> keyword.kwlist
['False', 'None', 'True', 'and', 'as', 'assert', 'break',
'class', 'continue', 'def', 'del', 'elif', 'else', 'except
', 'finally', 'for', 'from', 'global', 'if', 'import', 'in
', 'is', 'lambda', 'nonlocal', 'not', 'or', 'pass', 'raise
', 'return', 'try', 'while', 'with', 'yield']
>>> keyword.iskeyword('abc')
False
>>>
```

图 2-1 查看 Python 保留字

2.1.2 数字与布尔值

常量是具体的数据，在程序执行过程中其值不会改变。Python 语言中的常量主要指的是字面量，即书写形式直接反映其值和意义的数据。例如，数字 2、1.823 和 10.25E−3 等，都是按照固定不变的字面意义上的值来使用的常量。

1．常量的使用

常量的用法比较简单，通过本身的书写格式即可判断所属的数据类型。Python 语言的常量有整数（int）、浮点数（float）、复数（complex）和布尔值等。它们都属于 Python 语言内置的数据类型，可按特定的语法生成。

例如，执行语句

```
>>> 293.56
```

时，实际上是正在运行一个常量表达式，这个表达式生成并返回一个新的浮点数对象。这就是 Python 语言生成这个对象的特定语法。

💡注：常量是指一旦初始化后就不能修改的固定值。有些语言（如 C 语言）中，可以定义"符号常量"，例如，定义 PI 为 3.14159265 的常量。这种常量可以简单地理解为定义后不允许变值的变量。

一旦创建了一个对象，该对象就占据一块内存空间且绑定一个特定的操作集合。例如，创建了一个整数对象后，就可以用它来进行加、减、乘、除四则运算了。

2．整数

Python 中有 3 种类型的数字：整数（int）、浮点数（float）和复数（complex）。

整数写成十进制数字字符串的形式。例如，10、−1 和 33 都是整数。

还有二进制（0bxxxxxxxx）、八进制（0oxxxxxxxx）和十六进制（0xxxxxxxxx）整数。例如，0xE8C6 是一个十六进制整数。

💡注：Python 2 中，整数还分为一般整数（32 位）和长整数（精度不限制），长整数以字母 l 结尾。Python 3 中整数只有一种形式，精度不限制。

3．浮点数

浮点数是带小数点的实数，如−0.5 和 5.63 等。也可以使用科学记数法来表示浮点数。例如，19.3E−5 也是浮点数，其中字母 E 表示 10 的幂，表示数字 19.3×10^{-5}。执行语句

```
>>> print('5.63+19.3E-5=', 5.63+19.3E-5)
```

后，输出

```
5.63+19.3E-5= 5.630193
```

4．复数

形式上，复数由实部和虚部构成，都是以 Python 语言的浮点数表示出来的。虚数是–1 的平方根的倍数，用 j 表示。例如，(–5+4j)和(8.2–3.9j)都是复数。执行语句

```
>>> print('(-5+4j)+(8.2-3.9j)=', (-5+4j)+(8.2-3.9j))
```

后，输出

```
(-5+4j)+(8.2-3.9j)= (3.1999999999999993+0.10000000000000009j)
```

5．布尔值

布尔值也称为逻辑值，分为两种：True 和 False，分别表示"真"值和"假"值。True 和 False 虽然是保留字，但分别对应的值却是数值 1 和 0，而且可以和其他数值一起进行算术运算。例如，执行语句

```
>>> print((2+1)>3)
```

后，输出

```
False
```

执行语句

```
>>> print('True+9=',True+9,'  3-False=',3-False)
```

后，输出

```
True+9= 10   3-False= 3
```

2.1.3　数值型变量与逻辑型变量

一个变量就是一个参与运算的数据，用一个变量名标识出来，其值保存在若干个内存单元中。每个变量都必须在使用之前赋值，这样变量赋值之后才会被创建。每个变量都属于某种特定的数据类型，Python 语言中变量的数据类型就是赋予它的值的类型。

若 Python 中需要整数值，则将整数赋值给相应变量（如 i=10）即可。在后台，Python 将创建一个整数对象，并将这个新对象的引用（内存空间地址）赋值给变量。

值得注意的是，Python 语言允许使用汉字字符作为变量名。

1．变量赋值

很多种程序设计语言（如 C 语言中）规定变量必须先定义后使用，即先为变量名指定数据类型，再赋予其值，然后才能使用。Python 是一种动态类型化语言，变量的用法非常简便，只需要为某个变量赋值，即可使用该变量。而且可以对同一个变量多次赋予不同数据类型的值，从而定义为不同类型的对象、参与不同种类的运算。

例如，语句

```
x=10
```

创建一个整数对象，其值为 10，并将该对象分配给变量 x，即将其占用的内存空间的首地址赋值给变量 x。语句

```
x=20
```

创建另一个整数对象，其值为 20，并将该对象分配给变量 x。这样，变量 x 就丢弃原有对象，转而成为当前对象的引用。语句

```
y=x+13
```

则计算算术表达式 x+13，生成一个新的整数对象，并将该对象分配给变量 y。

例 2-2　变量赋值及运算。

本程序中，多次将两个变量赋值为不同类型的数字或者布尔值，进行简单的计算，并

输出变量的值或者计算的结果。

```
# -- coding: utf-8 --
#例 2-2_ 变量赋值及运算
a=10;              b=True+9.3j
print('a =',a,'  b =',b)
a=a+0j;           print('a+0j =',a)
a=a+b;            print('a+b =',a)
b=a.real+3.5+a.imag+6.9j
print('b = a.real+3.5+a.imag+6.9j =',b)
a=b-(5>10);       print('a = b-(5>10) =',a)
```

分析这个程序时，要注意以下几点。

（1）第一行的注释是为了通知 Python 解释器，要按照 UTF-8 编码读取源代码，否则，输出源代码中的中文字符时可能会有乱码。

（2）用分号";"将同行中的两个语句隔开。

（3）用 a.real 提取复数实部，用 a.imag 提取复数虚部。

（4）布尔值可以参与数值计算。

（5）比较运算符的运算结果为布尔值。

程序运行后，输出如图 2-2 所示的运行结果。

```
>>>
a = 10    b = (1+9.3j)
a+0j = (10+0j)
a+b = (11+9.3j)
b = a.real+3.5+a.imag+6.9j = (23.8+6.9j)
a = b-(5>10) = (23.8+6.9j)
>>>
```

图 2-2　例 2-2 程序的运行结果

2．多重赋值

Python 语言允许同时为多个变量分配单个值。例如，利用语句

```
x1=x2=x3=15
```

创建一个整数对象，其值为 15，并给三个变量都分配相同的内存位置。

Python 语言还允许将多个对象分配给多个变量。例如，语句

```
x,y,z=20, 32, "Zhang"
```

将两个值为 20 和 32 的整数对象分别分配给变量 x 和变量 y，并将一个值为"Zhang"的字符串对象分配给变量 z。

3．变量的删除

变量是否存在取决于其是否占据大小适用的内存空间。定义变量时，操作系统为其分配内存空间，这就有了该变量。

Python 语言有垃圾回收机制，即当一个对象所占用的内存空间不再使用（计数为 0）时，就会被自动释放。也就是说，Python 的垃圾空间回收是自动完成的。

可以使用 del 命令删除已有变量，被删变量所占用的内存空间由操作系统释放，该变量就不存在了。这相当于程序主动释放空间，将其归还给操作系统。

2.1.4　内存组织与变量引用

Python 程序的变量中存放的并不是它的值，而是指向占据了大小适用的内存空间的引用。也就是说，Python 变量中保存的是值对象所在的内存空间的位置信息而不是值本身。这是 Python 语言与 C 语言等传统程序设计语言的变量的本质区别。

1．内存的组织方式

内存分成一个个存储单元，每个单元存放一定位数的二进制数据。现在的计算机内存

多采用每个内存单元存储 1 字节（8 位二进制代码）的结构模式。这样，有多少个内存单元就能存储多少字节。存储器容量也常用字节多少来表示。

内存单元采用顺序的线性方式组织，所有单元排成一队，排在最前面的单元定为 0 号单元，即其"地址"（单元编号）为零，其余单元的地址顺序排列。由于地址的唯一性，因此它可以作为内存单元的标识，对内存单元的使用都通过地址进行。

内存单元的地址码是用二进制数表示的,若地址码有 10 位,则可编码范围为 $0\sim2^{10}-1$,即 1K（1024 个）地址；若地址码有 20 位，则可编码范围为 $0\sim2^{20}-1$，即 1M（1024K 个）地址。

实际工作（书写）时，常用十六进制数和十进制数来表示地址，例如，地址 0111 1111 1111 1111 1111　1111 可写成 7FFFFFH 或 8388608。

2．变量引用

在内存中，系统为一个数据分配包含若干个存储单元的内存空间，将称为对象的数据放入其中。若放入的是整数，则成为 int 类型对象；若放入的是字符串，则属于 str 类型对象。将对象赋予一个变量名后，该变量随即成为指向所赋对象的指示器，同时获得该对象的数据类型。这种通过地址间接访问对象数据的方式称为引用。

例 2-3　变量与两个引用对象之间的关系。

执行语句

```
x=35.69
```

后，Python 创建一个其值为 35.69 的浮点数对象，并将该对象分配给变量 x，使得 x 成为引用该浮点数的指示器，如图 2-3(a)所示。可以简单地想象一下，所谓将其值为 35.69 的浮点数对象分配给变量 x，其实就是将浮点数 35.69 的首地址（假定为 1000）赋值给变量 x，如图 2-3(a)和图 2-3(c)所示。也就是说，变量中存放的是值对象所在的内存空间的地址。

再执行语句

```
x=33
```

后，Python 创建一个其值为 33 的整数对象，并将该对象分配给变量 x。此后，又可用变量名 x 来引用这个整数对象了。

值得注意的是：当变量 x 引用的对象从浮点数 35.69 变为整数 33 时，实际操作是另外开辟一个存储空间，存入其值为 33 的整数，并将这个整数对象的首地址（假定为 2000）赋值给变量 x，如图 2-3(b)和图 2-3(c)所示。

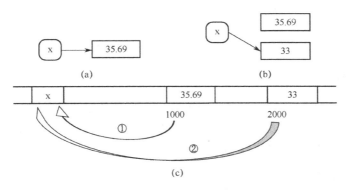

图 2-3　变量引用示意

3．变量的指向

Python 语言程序中变量本身的数据类型不固定，称之为动态语言，与之对应的是静态语言。静态语言定义变量时必须指定其数据类型，而且只能将同类型的常量赋值给变量，若赋值时类型不匹配，系统就会报错。C 语言就是典型的静态语言。

例 2-4 两个变量与其引用对象之间的关系。

本程序中，先给两个变量赋值并测试变量的数据类型，再将一个变量的值赋予另一个变量，并测试后一个变量的类型。

```
# -- coding: utf-8 --
#例2-4_ 变量与其引用对象的关系
s='Hello Python'
x=s
print('  s<──字符串: \t\t    x<──s: ')
print('type(s)=',type(s),'   type(x)=',type(x))
print('id(s)=',id(s),' \t  id(x)=',id(x))
print('s=',s,' \t  x=',x)
s=567.89
print('  s<──浮点数:  \t\t    x 不变: ')
print('type(s)=',type(s),' type(x)=',type(x))
print('id(s)=',id(s),' \t  id(x)=',id(x))
print('s=',s,' \t\t   x=',x)
```

其中，函数 type()测试变量的数据类型；函数 id()测试变量引用的内存地址；转义符 "\t" 用于控制输出格式，使相应输出内容右移一个 Tab 键（几个空格）的宽度。

两个变量 s 和 x 引用的对象如图 2-4(a)所示。其中的序号①、②和③分别表示三个赋值语句执行的结果。

程序运行后，输出如图 2-4(b)所示的运行结果。

图 2-4　例 2-4 程序的运行结果

2.1.5　常用内置函数

为了完成数据输入、计算及其他各种操作，常需要使用各种函数。Python 语言内置了许多函数，可通过函数名以及相应的参数（自变量）来调用它们，从而实现必要的功能。例如，可以调用 input()进行键盘输入，可以调用 print()实现输出等。

1．数字工厂函数

某种特定的运算需要使用相应的运算对象，否则，这种运算将会无法进行或得出错误的结果。例如，下面两个语句

```
x=input("请输入一个整数：")
print(x+1)
```
在运行时发生了错误，显示如图 2-5 所示的错误信息。

```
>>>
请输入一个整数：10
Traceback (most recent call last):
  File "J:/20120111大基实验指导书/实验指导_程序/字典.py", line 2, in <module>
    print(x+1)
TypeError: Can't convert 'int' object to str implicitly
>>>
```

图 2-5　程序运行时产生的错误信息

可以看到，错误类型为：int 对象和 str 对象混用。原因是：input()接收了键盘输入的数字并把它作为一个字符串赋给 x 变量，使得 print()中的表达式 x+1 因为数据类型不匹配（试图将字符串与数字相加）而发生错误。

使用数据工厂函数可以解决这一类问题，下面是调用这类函数的几个例子。

```
type(<表达式>)       #获得表达式的数据类型
int('56')            #转换为整数
int('1101', 2)       #将二进制字符串转换为十进制整数
float('43.5')        #转换为浮点数
str(93)              #转换为字符串
bin(33)             #将十进制整数转换为二进制数
```

💡注：这类函数在 C 语言等大多数语言中称为数据类型转换函数，Python 语言中改用现名的原因是：函数执行的结果并未真正改变自变量的数据类型，而只是在该对象的基础上返回一个新的对象。例如，int(56.78)会创建一个新的值为 56 的整数对象。

实际上，函数和表达式都是通过施加于运算对象之上的特定操作而得到运算结果的。它们的形式和使用方式虽有差别，但有时却可以互相替代。例如，Python 表达式
```
10 % 9
```
可以求得 10 除以 9 的余数。但若不提供这种算符而是提供一个形式为
```
Mod(<被除数>,<除数>)
```
的预定义函数，则可通过 Mod(10,9)得到同样的结果。

2. 数学函数

为了进行求幂、三角函数等各种数学运算，需要调用 Python 标准库中的 math 模块。方法是：在使用数学函数前，先在程序中包含语句
```
import math
```
此后，便可使用该模块中提供的数学函数了。下面是调用数学函数的几个例子。

```
math.log10(10)        #以 10 为底的对数
math.sin(math.pi/2)   #正弦函数，单位弧度
math.pi              #常数 pi，3.141592653589793
math.exp(8)          #e 的 8 次幂
math.pow(32,4)       #32 的 4 次幂
math.sqrt(2)         #2 开平方
math.cos(math.pi /3) #余弦函数
math.fabs(-32.90)    #求绝对值
math.factorial(n)    #求 n 的阶乘
```

使用 math 函数时，先输入"math."，再将鼠标移到"."上稍停，则可弹出 math 菜单。

使用光标上移箭头或者下移箭头，选择合适的菜单项，然后按左移箭头或者右移箭头，所选择的函数名便会出现在"math."之后。

3．Python 标准库

安装 Python 软件时，会附带安装 Python 标准库，即一批内置模块，math 便是其中一个是常用的模块。除 math 外，Python 标准库中还有以下几种常用的标准模块。

- os 模块：提供了不少与操作系统相关联的函数。
- glob 模块：提供了一个函数用于从目录通配符搜索中生成文件列表。
- re 模块：为高级字符串处理提供了正则表达式工具。对于复杂的匹配和处理，正则表达式提供了简捷、优化的解决方案。
- random 模块：提供了生成随机数的工具。
- 有几个模块用于访问互联网以及处理网络通信协议。其中最简单的两个是用于处理从 urls 接收的数据的 urllib2 以及用于发送电子邮件的 smtplib。
- datetime 模块：为日期和时间处理同时提供简单或复杂的方法。支持日期和时间算法的同时，实现的重点放在更有效地处理和格式化输出上。该模块还支持时区处理。
- 以下模块直接支持通用的数据打包和压缩格式：zlib，gzip，bz2，zipfile 及 tarfile。

2.2 数据的运算及输入/输出

表达式求值运算是程序中处理数据的主要方式。Python 语言中，可以使用灵活多样的运算符构成丰富多彩的表达式，进行算术运算、关系和逻辑运算、二进制位运算，以及字符串的定位、连接、求子串等各种不同种类的运算。灵活运用表达式，既可使程序显得简捷，也可较为轻松地实现一些其他高级语言程序中颇费周章的功能。

2.2.1 运算符与表达式

运算是对数据进行处理的过程，运算的不同种类用运算符来描述，而参与运算的数据称为操作数，由运算符和操作数构成表达式。每个表达式在运算后都会产生唯一的值。最简单的表达式是单个的常量、变量和函数，复杂的表达式是将简单表达式用运算符组合起来构成的。Python 语言中，运算符种类很多，可以构成丰富多彩的表达式。表 2-1 中列出了 Python 语言中可以使用的运算符。

表 2-1　Python 语言的运算符

运算符	名称	说明	举例
+	加	两个对象相加	3 + 5 得 8 'a' + 'b' 得 'ab'
−	减	得到负数或是用一个数减去另一个数	−5.2 得一个负数 50 − 24 得 26
*	乘	两个数相乘或是返回一个被重复若干次的字符串	2 * 3 得 6 'la' * 3 得 'lalala'
**	幂	返回 x 的 y 次幂	3 ** 4 得 81（即 3 * 3 * 3 * 3）

（续表）

运算符	名称	说明	举例
/	除	x 除以 y	4/3 得 1（整数的除法得到整数结果）4.0/3 或 4/3.0 得 1.3333333333333333
//	取整除	返回商的整数部分	4 // 3.0 得 1.0
%	取模	返回除法的余数	8%3 得 2 −25.5%2.25 得 1.5
<<	左移	把一个数的位向左移一定数目（每个数在内存中都表示为位或二进制数，即 0 和 1）	2 << 2 得 8，因为 2 按位表示为 10，右移 2 次得 1000，即十进制数 8
>>	右移	把一个数的位向右移一定数目	11 >> 1 得 5，因为 11 按位表示为 1011，右移 1 位得 101，即十进制数 5
&	按位与	数的按位与	5 & 3 得 1
|	按位或	数的按位或	5 | 3 得 7
^	按位异或	数的按位异或	5 ^ 3 得 6
~	按位翻转	x 的按位翻转是 −(x+1)	~5 得 6
<	小于	返回 x 是否小于 y。比较运算符返回 1 即为真值，返回 0 即为假值。分别等价于 True 和 False	5 < 3 得 0（False） 3 < 5 得 1（True） 可任意连接，如 3 < 5 < 7 得 True
>	大于	返回 x 是否大于 y	5 > 3 得 True。两个数均为数字时，先转换为共同类型；否则得 False
<=	小于等于	返回 x 是否小于等于 y	x = 3; y = 6; x <= y 得 True
>=	大于等于	返回 x 是否大于等于 y	x = 4; y = 3; x >= y 得 True
==	等于	比较两个对象是否相等	x = 2; y = 2; x == y 得 True x = 'str'; y = 'stR'; x == y 得 False x = 'str'; y = 'str'; x == y 得 True
!=	不等于	比较两个对象是否不等	x = 2; y = 3; x != y 得 True
not	逻辑非	若 x 为 True，则返回 False；若 x 为 False，则返回 True	x = True; not y 得 False
and	逻辑与	若 x 为 False，则 x and y 返回 False；否则返回 y 的计算值	x = False; y = True; x and y，得 False 短路计算：因为 x 为 False，所以无论 y 何值，x and y 都得 False，所以不再计算 y
Or	逻辑或	x 是 True，则返回 True；否则返回 y 的计算值	x = True; y = False; x or y，得 True 适用短路计算

使用表达式应注意以下几点。

（1）注意运算符的正确书写方法：有些运算符与通常在数学公式中见到的符号有所区别。例如，相等为"＝＝"，整除为"//"，求余数为"%"。

（2）注意运算符与运算对象的关系：Python 中的运算符可按其操作数（运算对象）个数分为单目运算符（负值、取地址等）、双目运算符（大多数运算）和涉及三个操作数的三目运算符（如有三个操作数的条件运算符）。

（3）注意运算符具有优先级和结合方向。

- 若一个操作数两边均有不同的运算符，则首先执行优先级别较高的运算。

- 若一个操作数两边的运算符级别相同，则应按自左而右的方向顺序执行。
- 若对运算符的优先顺序没有把握，则使用括号来明确其运算顺序。

例 2-5 有 4 个高为 10m、半径为 1m 的圆塔，圆心坐标分别为（2, 2）、（−2, 2）、（−2, −2）、（2, −2），如图 2-6(a)所示。对任意一个坐标点，求相应的高度（高度为 10 或 0）。

依题意，只要 x 和 y 的值满足下列不等式中的任何一个，则 $h=10$，否则 $h=0$。

$$(x-2)^2 + (y-2)^2 \leqslant 1$$
$$(x+2)^2 + (y-2)^2 \leqslant 1$$
$$(x+2)^2 + (y+2)^2 \leqslant 1$$
$$(x-2)^2 + (y+2)^2 \leqslant 1$$

```
#-- coding: utf-8 --
#例2-5_ 求指定坐标点高度
h=10
x0=2; y0=2
x=float(input("坐标点(x,y)中，x=? "))
y=float(input("坐标点(x,y)中，y=? "))
d1=(x-x0)*(x-x0)+(y-y0)*(y-y0);
d2=(x-x0)*(x-x0)+(y+y0)*(y+y0);
d3=(x+x0)*(x+x0)+(y-y0)*(y-y0);
d4=(x+x0)*(x+x0)+(y+y0)*(y+y0);
if d1>1 and d2>1 and d3>1 and d4>1:
    h=0
print("(",x,",",y,")点的高度为",h)}
```

其中，if 语句内嵌的逻辑表达式（布尔表达式）连用了 4 个 and（逻辑与）运算符，其运算顺序为从左到右。

值得注意的是，Python 解释器在处理含有 and 和 or 运算符的表达式时，常采用优化的算法——短路计算，即当能够确认结果的真、假时，计算立即结束。例如，计算逻辑表达式

```
a-a and b+c*d
```

时，只需计算 and 的第 1 个操作数即可确认为 False，就不再计算后面的表达式了。

本程序的三次运行结果如图 2-6(b)所示。

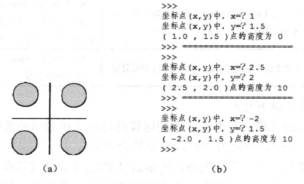

(a)   (b)

图 2-6 圆塔位置及例 2-5 程序的运行结果

2.2.2　运算顺序

Python 语言可以使用的运算符种类繁多，按大类分为算术运算符、关系运算符、逻辑运算符、字符串运算符，以及二进制的位运算符和移位操作运算符等，每个大类又包含多种各具特定功能的运算符。当一个表达式中出现多种运算符时，需要考虑运算顺序问题。

在一个复杂的表达式中，有可能既包含一个大类中的多种运算符，又包含不同大类中的运算符。例如，在一个逻辑表达式中，既可能包含逻辑运算符 not、and 或 or，又可能包含关系运算符<、==或>=，还可能包含用于算术运算的四则运算符或者用于字符串操作的各种运算符。这就造成了非常复杂的运算顺序问题。

表 2-2 列出了运算符的优先级，即从最低的优先级（最松散的结合）到最高的优先级（最紧密的结合）。这意味着若一个表达式中没有括号，则 Python 会首先计算表中较下面的运算符，然后计算列在表上部的运算符。建议使用括号来对运算符和操作数进行分组，以便明确地指出运算的先后顺序，以使程序易于阅读。

表 2-2　运算符的优先级

运算符	描述
lambda	Lambda 表达式
or	逻辑或
and	逻辑与
not x	逻辑非
in，not in	成员测试
is，is not	同一性测试
<, <=, >, >=, !=, ==	比较
|	按位或
^	按位异或
&	按位与
<<, >>	移位
+, -	加法与减法
*, /, %	乘法、除法与取余
+x, -x	正、负号
~x	按位翻转
**	指数
x.attribute	属性参考
x[index]	下标
x[index:index]	寻址段
f(arguments,…)	函数调用
(experession,…)	绑定或元组显示
[expression,…]	列表显示
{key:datum,…}	字典显示
'expression,…'	字符串转换

默认地，运算符优先级决定了哪个运算符在别的运算符之前计算，具有相同优先级的运算符按照从左向右的顺序计算。通常可以使用括号改变计算顺序。

例 2-6　混合多种运算符的逻辑表达式。

逻辑运算符的优先级低于单独的比较运算符的优先级。程序段

```
X=6
C1='A'
C2='B'
L=False
Result= X+1>10 or C1+C2>'AA' and not L
print(Result)
```

的运行结果为 True，其中表达式

```
X+1>10 or C1+C2>'AA' and not L
```

的运算过程大致如下：

（1）X+1 得 7，C1+C2 得'AB'。

（2）X+1>10 得 False，C1+C2>'AA'得 True。

（3）not L 得 True，True and True 得 True，False or True 得 True。

2.2.3 数据的输入/输出

Python 程序中，最常用的输入数据的方法是：通过 input()来接收标准输入设备（键盘）输入的字符串形式的数据，将其转换为某种数据类型，然后赋值给即定数据类型的变量。最常用的输出数据的方法是：通过 print()将表达式求值的结果呈现在输出设备（显示器）上。这里的表达式包括常量、变量及由运算符将常量、变量和表达式连接起来的复杂表达式。

1．数据的输入

从键盘输入数据的 input()的一般形式为

```
<变量名>=input(<提示信息>)
```

其中，"变量名"为符合 Python 语法的标识符，"提示信息"为由双引号、单引号括起来的字符串或由字符串运算符连接起来的字符串表达式。

例 2-7 input()及输入语句。

本程序中，三个输入语句分别输入一名学生的姓名、所在班级和年龄，分别赋值给相应变量，然后输出这几个变量的值。

```
#-- coding: utf-8 --
#例 2-7_ 输入函数与语句
姓名=input('学生姓名？')
班级=input(姓名+'同学所在班级？')
年龄=int(input(班级+姓名+'同学的年龄？'))
print("姓名","\t  班级","\t\t  年龄")
print(姓名,"\t",班级,"\t",年龄)
```

这个程序中有以下两点值得注意。

（1）使用汉字作为变量名，这是 Python 语言允许的。但若中、英文字符混用，则有时从形体上难以认清某些字符，尤其中间是否夹杂空格往往看不出来。

（2）使用字符串连接符"+"构成的字符串表达式。

- 第一个输入语句输入了学生的姓名。

- 第二个输入语句中，通过字符串表达式"姓名+'同学所在班级？'"将已有变量的值和现有提示字符串连接起来，形成一个新的提示字符串。

- 第三个输入语句中，通过字符串表达式"班级+姓名+'同学的年龄？'"将两个已有变量的值和现有提示字符串连接起来，形成一个新的提示字符串。

本程序的运行结果如图 2-7 所示。

```
>>>
学生姓名？欧阳敬业
欧阳敬业同学所在班级？物联网73
物联网73班的欧阳敬业同学的年龄？19
姓名          班级          年龄
欧阳敬业       物联网73        19
>>>
```

图 2-7 例 2-7 程序的运行结果

2．数据的输出

输出语句的一般形式为

```
print(<表达式列表>)
```

其中，"表达式列表"是用逗号隔开的各种表达式组成的。其一般形式为

```
表达式1, 表达式1, …, 表达式n, sep=',', end='\n'
```

输出语句通过 print 函数先将多个输出值转换为字符串，然后将其呈现在标准输出设备（显示器）上。这些值之间以 sep 指定的符号分隔，最后以 end 指定的符号结束。sep 字符默认为空格；end 字符默认为换行。

在表达式中，还可以使用格式化字符串来控制相应数据的输出格式。格式化字符串的一般形式为

```
格式化字符串 % 对象
```

其中，常用的格式化字符有%d（格式化整数）、%f（格式化浮点数）、%e（格式化浮点数为科学记数法格式）、%s（格式化字符串）和%x（格式化无符号十六进制数）等。

例 2-8 输出语句的使用。

本程序按顺序执行以下操作：

（1）5 个输入语句分别输入一个职员的姓名、职务、工资、津贴和性别，并分别赋值给相应的变量。

（2）输出这几个变量的值以及计算得到的月薪（工资+津贴）值。

（3）判断是否为女职工？若是，则确定补贴为工资的 1%；否则不补贴。

（4）输出计算得到的实薪（工资+津贴+补贴）。

```
#-- coding: utf-8 --
#例2-8_ 输出语句
职员=input('姓名? ')
职务=input('职务? ')
性别=input('性别（男/女）? ')
工资=int(input('工资（小于15000的整数）? '))
津贴=int(input('津贴（小于20000的整数）? '))
print(职务+职员,'月薪',sep=':',end='')
print('%d+%d=%d 元, '%(工资,津贴,工资+津贴),end='')
if 性别=="女":
    补贴=工资*0.01
else:
    补贴=0
print('实薪%d 元。' %(工资+津贴+补贴))
```

程序包含三个输出语句。

（1）第一个语句使用了"sep=':',"指定所有输出数据之间用":"号隔开，还使用了"end=''"，指定本语句输出所有数据之后不换行。

（2）第二个语句使用了格式化字符串"'%d+%d=%d 元, '%(工资,津贴,工资+津贴)"，以括号中的三个对象分别填充三个格式化字符%d指定的位置，构成一个长字符串。

（3）第三个语句使用了格式化字符串"'实薪%d 元。' % (工资+津贴+补贴)"，以括号中的一个对象填充格式化字符%d 指定的位置，构成一个长字符串。

程序运行后，显示如图 2-8 的运行结果。

```
>>>
姓名? 宋小小
职务? 会计
性别（男/女）? 女
工资（小于15000的整数）? 9000
津贴（小于20000的整数）? 6300
会计宋小小: 月薪9000+6300=15300元, 实薪15390元。
>>>
```

图 2-8 例 2-8 程序的运行结果

2.3　序列和字典

　　程序中经常需要处理成批数据，可用序列来组织和操作数据。一个序列可容纳有序排列并通过下标偏移量来访问的多个数据。字符串、列表和元组都是序列。字典或者集合也可用于组织和操作成批数据。

　　在 Python 语言程序中，有三种不同类别的数据，分别采用以下不同的数据访问方式。

　　（1）非容器类数据：如整数、浮点数、布尔值等，采用直接存取模式。

　　（2）序列类型：包括字符串、列表和元组，是顺序排列的多个数据的容器。容器内所有元素按顺序从 0 开始编号。序列中元素按索引号访问、可一次访问一个或者多个元素。

　　序列的两个主要特点是：可使用索引操作符，从序列中抓取一个特定数据；可使用切片操作符，获取序列中一部分数据。

　　（3）映射类型：其中元素无序存放，采用的索引和顺序的数字偏移量不同，通过唯一的键值访问。字典就是这种类型。

2.3.1　字符串的种类及运算

　　字符串是程序中经常使用的数据，由一个或者多个字符组成。字符串与数字一样，都是不可变对象，即不能原地修改对象的内容。

　　字符串的操作方法有很多种，主要有字符串的连接、重复、索引、切片（求子串），以及求字符串长度等；单个字符可以转换成数字；整数或者浮点数可与字符串互相转换；字符串中的英文字母或者其他文字的字母或可以进行大、小写转换。

1．字符串的种类

　　字符串是字符的序列，由英文的单引号、双引号或者三引号来标识。

　　（1）使用单引号的字符串：其中所有空白（空格或制表符）都按原样保留。例如，'Quote me on this' 就是一个字符串。

　　（2）使用双引号的字符串：与使用单引号的字符串用法相同，例如，"What's your name?" 也是一个字符串。

　　（3）使用三引号（'''或"""）的字符串：称为文档字符串。使用三引号可以指定一个多行的字符串；还可以在三引号中自由地使用单引号和双引号。

　　以三引号标识的文档字符串可用于保留文本中的换行信息，在代码中书写大段的说明很方便，故常用于块注释。例如：若一个字符串中包含一个单引号或者双引号，则需要使用转义符"\"来表示它。例如，在字符串'What\'s your name?'中，第 2 个单引号"'"前面的"\"符号表示这个字符是单引号而不是字符串的标识符。

　　例 2-9　文档字符串及其变量。

　　本程序中，分别给两个变量赋值为不同的文档字符串，然后输出两个字符串变量的值。第一个用空格控制输出格式；第二个用空格和嵌入字符串内部的转义符"\n"共同控制输出格式。

```
# -- coding: utf-8 --
#例 2-9  文档字符串及其变量
doc1="""\t 要想木头说话\n\t 至少三冬三夏"""
```

```
doc2="""\tI celebrate myself, and sing myself
\tAnd what I assume you shall assume,
\tFor every atom belonging to me as good belongs to you."""
print('len(doc1) =',len(doc1)); print(doc1)
print('len(doc2) =',len(doc2)); print(doc2)
```

可以看出，字符串长度的计算方法如下。

（1）无论中文字符还是英文字符，有多少个字符，字符串长度就是多少。

（2）编辑器中按回车键输入的换行符与字符串中夹杂的"\n"转义符等效，都起到了换行的作用。

（3）换行符和跳格符"\t"都算作一个字符。

💡注：按一次回车键实际上输入了两个字符：回车符"\r"和换行符"\n"。

程序运行后，输出如图 2-9 所示的运行结果。

```
>>>
len(doc1) = 15
        要想木头说话
        至少三冬三夏
len(doc2) = 129
        I celebrate myself, and sing myself
        And what I assume you shall assume,
        For every atom belonging to me as good belongs to you.
>>>
```

图 2-9 例 2-9 程序的运行结果

2．字符串连接和重复

通过加法运算符"+"可将两个字符串首尾相接，连接成一个长字符串。通过乘法运算符"*"可使一个字符串自身重复，拼接成一个长字符串。如语句

```
print( ( '离'*2 + '原上草' )*2 + '萋萋,' )
```

的运行结果为

离离原上草离离原上草萋萋,

💡注：Python 语言中，通过运算符重载使"+"算符用于字符串连接，同时使"*"算符用于字符串重复。

3．字符串索引

字符串中的字符是通过索引来提取的。索引从 0 开始，第一个元素的偏移量为 0，第二个元素的偏移量为 1，依此类推。

索引可取负值，表示从末尾提取，即从字符串结束处反向计数：最后一个为-1，倒数第二个为-2，依此类推。可见，对一个字符串来说，负偏移和字符串长度相加就是这个元素的正偏移量。也就是说，当 n 为大于零的正整数时，S[-n]与S[len(S)-n]是同一个元素。

例如，下面两个语句

```
s='一岁一枯复一荣, '
print( s[0]+s[6], s[-3]+s[-2] )
```

的运行结果为

一荣 一荣

4．字符串切片

字符串切片即从一个字符串中取出子字符串，使用冒号分隔偏移索引字符串中连续的

内容返回新的值。其一般形式为

<字符串名>[<起始位置> ： <终止位置> ： <步长>]

其功能为：得到从"起始位置"开始，间隔"步长"，直到"终止位置"前一个字符结束的字符串。其中，"起始位置"可省略，默认为起始位置为 0；"终止位置"可省略，默认为终止位置为末尾；"步长"可省略，默认为步长 1。

例如：下面两个语句

```
s='野火尽烧烧不尽，春风又吹吹又生。'
print( s[5], s[0:10:2], s[0:10], s[:10], s[10:], sep=' | ')
```

的运行结果为

不 | 野尽烧尽春 | 野火尽烧烧不尽，春风 | 野火尽烧烧不尽，春风 | 又吹吹又生。

5．字符串与数字的转换

单个字符和数字可以使用 ord()和 chr()相互转换。例如：

- ord('a')：返回"a"字符的 ASCII 值（十进制值）97。
- chr(97)：返回整数 97 对应的 ASCII 字符"a"。

整数和浮点数可以转换成字符串，数字构成的字符串也可以转换成数字。

2.3.2 列表的特点及运算

列表是一批对象的有序集合，其中每个对象（元素）都可以为数值型或逻辑型，也可以为序列或其他用户自定义类型。

列表与字符串的定义和操作方式类似，但列表（列表的内容、长度）是可变的，其中每个元素的数据类型都可以原地修改。列表的操作方法有很多种，主要有列表的连接、重复、索引、切片（求子串），以及求列表长度等。

1．列表的定义和访问

列表定义的一般形式为：

<列表名称>[<列表项>]

其中，多个列表项之间用逗号隔开，各列表项的数据类型可以相同也可以不同，还可以是其他列表。例如

```
Date=[2012, 8, 8, 9, 36]
```

定义了列表 Date。使用列表时，通过

<列表名>[索引号]

的形式来引用，索引号从 0 开始，也就是说，列表中的 0 号成员实际上是第 1 个数据项。例如，Date[0]的值是 2012，Date[2]的值是 8。列表也可以整体引用，如语句

```
print(Date)
```

按顺序输出 Date 列表中的所有元素。

2．列表的操作

列表与字符串、元组等其他序列一样，索引号可以是负值，也可以对其进行重复、连接和切片等运算。表 2-3 列举出了列表的常见运算。

表 2-3　列表的常见运算

运算格式/举例	说明/结果
L1=[]	空列表
L2=[2011, 2, 9, 19, 54]	5 项，整数列表，索引号 0~4
L3= ['sun',['mon','tue','wed']]	嵌套的列表
L2[i],L3[i][j]	索引，L2[1]的值为 2，L3[1][1]的值为'tue'
L2[i:j]	分片，取从 i 到 j−1 的项
Len(L2)	求列表的长度
L1+L2	合并
L2*3	重复，L2 重复 3 次
for x in L2	循环，x 取 L2 中的每个成员执行循环体
19 in L2	判断 19 是否为 L2 中成员
L2.append(4)	增加 4 作为其成员，即增加一项
L2.sort()	排序，L2 结果变为[2, 9, 19, 54, 2011]
L2.index(9)	得到 9 在列表中的索引号，结果为 2
L2.reverse()	逆序，L2 的结果为[2011, 54, 19, 9, 2]
Del L2[k]	删除索引号为 k 的项
L2[i:j]=[]	删除从 i 到 j−1 的项
L2[i]=1	修改索引号为 i 的项的值
L2[i:j]=[4,5,6]	修改从 i 到 j−1 的项的值，若项数多，则自动插入
L4=range(5,20,3)	生成整数列表 L4，实际为[5,8,11,14,17]

例 2-10　列表的定义及操作。

本程序中，定义和引用几个一维列表和一个二维列表，其中二维列表 Data 如图 2-10(a)所示。

```
# -- coding: utf-8 --
#例 2-10_ 列表运算
Date=[2012,8,8,9,36]                        #一批数字构成列表 Date
Day=['sun','mon','tue','wed','thi','fri','sat']   #一批字符串构成列表 Day
print(Date[0:3],end=",")                     #输出列表 Date 中的几个元素
print(Day[3])                                #输出列表 Day 中的一个元素
Data=[Date,Day]                              #两个列表构成二维列表 Data
print(Data[0][0:3],",",Data[1][3])           #输出二维列表 Data 中的两个元素
Today=[2012,8,8,'wed']                       #数字、字符串构成列表 Today
print(Today)                                 #输出 Today 列表
```

程序运行结果如 2-10(b)所示。

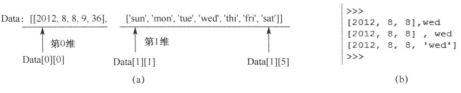

(a)　(b)

图 2-10　二维列表 Data 及程序运行结果

41

3．操作列表的函数和方法

操作列表的函数和方法有很多种。方法其实也是函数，只不过称为方法的函数与对象结合在一起，需要通过对象来调用。例如，假定有列表

```
a=[9,3,5,6,9,-1,10]
```

则当需要调用函数来求出列表中元素最大值时，写作 max(a)；需要通过调用方法来求出元素 9 在列表中的位置（索引号）时，写作 a.index(9)。

用于列表 list 操作的函数如下。

- len(list)：返回列表元素个数。
- max(list)：返回列表元素最大值。
- min(list)：返回列表元素最小值。
- list(seq)：将元组转换为列表。

列表 list 操作常用的方法如下。

- list.append(obj)：在列表末尾添加新的对象。
- list.count(obj)：统计某个元素在列表中出现的次数。
- list.extend(seq)：在列表末尾一次性追加另一个序列中的多个值。
- list.index(obj)：从列表中找出某个值第一个匹配项的索引位置。
- list.insert(index, obj)：将对象插入列表。
- list.pop(obj=list[-1])：移除列表中的一个元素（默认为末元素），并返回其值。
- list.remove(obj)：移除列表中某个值的第一个匹配项。
- list.reverse()：反向列表中的元素。
- list.sort([func])：对原列表进行排序。

2.3.3 元组的特点及运算

元组与列表的定义和操作方式类似。元组通过括号中以逗号分隔的项目来定义。但元组和字符串一样是不可变的，即定义后不能再修改。也就是说，元组与列表的不同之处在于：元组在定义时使用一对括号，而且不能删除、添加或修改其中的元素。例如，语句

```
garden=( "rose" ,"tulip", "lotus","olive", "Sunflower" )
```

定义了元组 garden，两个函数

```
print ( 'Number of flowers in the garden is', len(garden) )
print( 'flower', k, 'is', garden[k-1] )
```

中引用了该元组。

元组与列表、字符串等其他序列一样，索引号可以是负值，也可以进行重复、连接和切片等运算。表 2-4 列举出了元组的常见运算。

表 2-4　元组的常见运算

运算格式/举例	说明/结果
T1()	空元组
T2=(2011,)	有一项的元组
T3=(2011, 2, 9, 19, 54)	5 项，整数元组，索引号 0~4
T4= ('sun', ('mon','tue','wed'))	嵌套的元组
T3[i], T4[i][j]	索引，T3[1]的值为 2，T4[1][1]的值为'tue'

（续表）

运算格式/举例	说明/结果
T3[i:j]	分片，取从 i 到 j-1 的项
Len(T3)	求元组的长度
T3+T4	合并
T3*3	重复，T3 重复 3 次
for x in T3	循环，x 取 T3 中的每个成员执行循环体
19 in T3	19 是否为 L2 的成员

例 2-11　元组的定义及操作。

本程序中，先定义两个元组，然后输出其长度、内容及指定元素，再用两个元组构造二维元组，然后输出二维元组的长度、内容及指定元素。

```
# -- coding: utf-8 --
#例 2-11_ 元组运算
Stu=( '张军','王芳','李玲','赵珊','陈东','刘贤' )  #元组 Stu
print( "学生名单（共",len(Stu), "人）: \n", Stu )
print( "名单末尾（第",len(Stu),"名）的学生: ", Stu[-1] )
newStu=( '张明','王琳','李玉' )  #元组 newStu
print( "新来的学生: ", newStu )
allStu=( Stu,newStu )  #二维元组 allStu
print( "更新后的学生名单（共",len(Stu)+len(newStu), "人）: \n", allStu )
print( "名单末尾（第",len(Stu)+len(newStu),"名）的学生: ", allStu[-1][-1] )
```

程序的运行结果如图 2-11 所示。

```
>>>
学生名单（共 6 人）:
 ('张军', '王芳', '李玲', '赵珊', '陈东', '刘贤')
名单末尾（第 6 名）的学生: 刘贤
新来的学生: ('张明', '王琳', '李玉')
更新后的学生名单（共 9 人）:
 (('张军', '王芳', '李玲', '赵珊', '陈东', '刘贤'), ('张明', '王琳', '李玉'))
名单末尾（第 9 名）的学生: 李玉
>>>
```

图 2-11　例 2-11 的运行结果

2.3.4　字典的特点及运算

字典（dict）是无序的对象集合，通过键（key）对其进行操作。就像由一行一行的记录所构成的通讯录一样，可以通过姓名来查找所需要的记录。这时，姓名就成为能够代表记录的"键"。当然，若通讯录中有相同姓名的人，则姓名就不能作为键了。

字典是 Python 中唯一的映射类型。映射类型是一种关联式的容器类型，存储了对象与对象之间的映射关系。字典是存储了一个个键值对（由键映射到值）的关联容器。

1．字典的定义和访问

字典定义的一般形式为

```
<字典名>={ 键 1:值 1, 键 2:值 2, 键 3:值 3, … }
```

其中，键 1、键 2 和键 3 各不相同，其值可以是任何类型的数据，可以是列表或元组。字典中的项用逗号隔开，每个项有键部分和值部分，键和值之间用冒号隔开。只可使用简单的对象作为键，而且不能改变它，但可使用不可变或可变的对象作为字典的值。

43

可通过键来对字典进行索引，读取或者改变键所关联的值。字典的索引操作的语法与序列的索引操作的语法相似，但其中括号中放的是键而不是元素的相对位置。

例如，下面第一个语句定义字典 **Addr**，第二个语句以键值"王芳"访问指定元素。

```
Addr={ '张枫': 'zhang001@188.com',
       '王芳': 'wang010@128.com',
       '李令': 'li022@236.com',
       '赵冲': 'zhao333@hotmail.com'
     }
print( Addr['王芳'] )
```

这两个语句的执行结果为

```
wang010@128.com
```

2. 字典的概念

概念上，字典提供了一种抽象，即容器中的元素之间互相独立，故无先后顺序，而键是访问元素的唯一方式。在这种抽象层面上，字典是无序的。实际上，字典是由哈希表实现的。

哈希表的基本思想是：通过哈希函数，将键转换为索引，再使用索引去访问连续列表中的元素。这样，在哈希表中，元素本质上是存储在一个连续列表中的，因此这些元素是有序的。但是因为键与索引的映射关系是由哈希函数在内部指定的，用户只能使用键去访问元素，无法确定元素在连续列表中的实际位置，所以这些元素又是无序的。

可见，在实现层面上，字典同时具备了无序和有序的特点。

- 无序的体现：字典中元素的排列顺序与添加顺序无关。
- 有序的体现：若字典保持不变，则其中元素的排列顺序是固定的。

注：字典中，键必须是可哈希的 Python 对象，而值可以是任何 Python 对象。"可哈希"可以简单地理解为：可按指定公式计算元素的存储位置并按同一公式访问该元素。

3. 字典的运算

字典支持按键值访问元素、修改键或值、添加或删除新元素以及计算元素个数等很多种运算。另外，还有一些支持字典操作的内置函数和方法（简单地理解为对象内部调用的函数），如表 2-5 所示。

表 2-5 支持字典操作的内置函数和方法

函数名/方法名	功能
cmp(dict1, dict2)	比较两个字典元素
len(dict)	计算字典元素个数，即键的总数
str(dict)	输出字典可打印的字符串表示
type(变量名)	返回输入的变量类型，若变量为字典则返回字典类型
dict.clear()	删除字典内所有元素
dict.copy()	返回一个字典的浅拷贝
dict.fromkeys(seq[, val])	创建新字典，序列 seq 中元素为键，val 为相应初始值
dict.get(key, default=None)	返回指定键的值，若字典中无此值，则返回 default 值
dict.has_key(key)	若字典 dict 中有此键，则返回 true；否则返回 false
dict.items()	以列表返回可遍历的（键，值）元组

（续表）

函数名/方法名	功能
dict.keys()	以列表返回所有键
dict.setdefault(key, default=None)	类似 get()，但字典中无此键时，添加值为 default 的键
dict.update(dict2)	把字典 dict2 的键值对更新到 dict 中
dict.values()	以列表返回字典中所有值
pop(key[,default])	删除给定键 key 对应的值，返回值为被删除的值。key 值必须有，否则返回 default 值
popitem()	随机返回并删除字典中一对键和值

例 2-12　字典的定义、修改和访问。

本程序中，按顺序执行以下操作。

（1）定义三个字典：空字典 d1、包含两个项的字典 d2、二维字典（值也是字典）d3。

（2）计算并输出以下内容：

- 调用 len()，显示 d1、d2、d3 的长度（元素个数）。
- 显示 d2 中"Class"键值。
- 显示 d3 中"xjtu"键值内嵌的"Class"键值。
- 显示 d2 的键列表、值列表。

（3）给空字典 d1 赋值为二维字典 d3，并显示赋值后的 d1。

（4）修改 d2 的"Year"键值，并显示修改后的 d2。

（5）为 d2 添加"institute"键值对，并显示修改后的 d2。

（6）为 d1 添加"xjtlu"键值（其值为字典）对，并显示修改后的 d1。

```
# -- coding: utf-8 --
#例 2-12_ 字典的定义及运算
#定义三个字典 d1、d2、d3
d1={}
d2={ 'Class':'建筑学', 'Year':'2018' }
d3={ 'xjtu':{ 'Class':'土木工程', 'Year':'2018' } }
#计算 d1、d2、d3 的长度；显示 d2、d3 中指定的键值；显示 d2 的键列表、值列表
print( 'd1、d2、d3 长度：', len(d1), len(d2), len(d2), sep='、' )
print( 'd2 的 Class 键值：', d2['Class'] )
print( 'd3 的 xjtu 键值内嵌的 Class 键值：', d3['xjtu']['Class'] )
print( 'd2 的键列表：', d2.keys() )
print( 'd2 的值列表：', d2.values() )
#修改 d1、d2、d3 中的值或键值对；显示 d1、d2、d3
d1=d3
print( '赋值了 d3 后的 d1：\n ', d1 )
d2[ 'Year' ]=2017
print( '修改一个值后的 d2：\n ', d2 )
d2[ 'institute' ]= '人居学院'
print( '添加一个键值对后的 d2：\n ', d2 )
d1[ 'xjtlu' ]= { 'Class':'工商管理', 'Year':'2018' }
print( '添加一个键值对后的 d1：\n ', d1 )
```

程序运行后，显示如图 2-12 的运行结果。

```
>>>
d1、d2、d3长度：、0、2、2
d2的Class键值：建筑学
d3的xjtu键值内嵌的Class键值：土木工程
d2的键列表：dict_keys(['Class', 'Year'])
d2的值列表：dict_values(['建筑学', '2018'])
赋值了d3后的d1：
        {'xjtu': {'Class': '土木工程', 'Year': '2018'}}
修改一值后的d2：
        {'Class': '建筑学', 'Year': 2017}
添加一键值对后的d2：
        {'Class': '建筑学', 'Year': 2017, 'institute': '人居学院'}
添加一键值对后的d1：
        {'xjtlu': {'Class': '工商管理', 'Year': '2018'}, 'xjtu': {'Class': '土木工程', 'Year': '2018'}}
>>>
```

图 2-12　例 2-12 的运行结果

程序解析 2

本节解析 3 个程序，其功能和特点如下。

（1）输入一个 5 位或者 4 位整数，拆分各位上的数字，依据这些数字判定输入的数是否为回文数，并输出判定结果。

（2）输入某年某月某日，根据是否为闰年、每月天数及具体日期，判定这一天是当年的第几天，并输出判定结果。

（3）输出所购物品的品名和单价，根据品名、单价及是否有折扣，计算并输出应付购物金额。

理解和运行这 3 个（实际上有 5 个）程序，可以帮助读者理解和掌握数据类型的知识、Python 主要内置类型数据的用法及 Python 程序的一般特点。初步体验算法（初步理解为：解决问题的方法或步骤）在程序设计中的重要作用，为后面引入相应的算法或者程序设计思想打好基础。

程序 2-1　判定一个 5 位或者 4 位整数是否为回文数

本程序的任务是：输入一个 5 位或者 4 位整数，判定其是否为回文数并输出判定结果。

回文数的特点是：由该数各位上的数字反序构成的数与原数相同。例如，5 位整数 98089 就是一个回文数。

本程序的主要知识和技能点如下。

（1）判定 5 位或者 4 位整数是否为回文数的方法：只要最高位和最低位（个位）、次高位和次低位（十位）分别相等，就可以判定为回文数了。

（2）将要比较的各位数字从需要判定的整数中分离出来有以下两种方法。

• 按 C 语言等传统程序设计方法，先将用户输入的数字字符串转换为整数，再用整除或者求余数的方法分离出各位数字。

• Python 语言的字符串操作功能强，直接按索引号从数字字符串中取出需要的位就可以了。

（3）用户输入数字时有可能出错，如可能输入的是 3 位整数或 6 位整数，甚至不是数字。通常解决这个问题的方法是：反复提示用户输入，直到正确为止，这需要使用循环结构。本程序采用的办法是：当输入的数字出错时，结束程序的运行。

1．算法

本程序按顺序执行以下操作。

(1) 整型变量 n←输入一个 5 位或者 4 位整数

(2) 分离整数 n 前 4 位上的数字：

末位数 r1←整数 n 除以 10，取余数

次末位数 r2←整数 n 除以 10；取整，再除以 10，取余数

倒数第 3 数 r3←整数 n 除以 100，取整；再除以 10，取余数

倒数第 4 数 r4←整数 n 除以 1000，取整；再除以 10，取余数

(3) 判断：n 是 5 位整数？若是，则

次高位 f2←倒数第 4 位

最高位 f1←整数 n 除以 10000，取整

否则

次高位 f2←倒数第 3 位

最高位 f1←倒数第 4 位

(4) 判断：整数 n 的（最高位 f1=末位 r1）且（次高位 f2=次末位 r2）？若是，则

输出"n 是回文数"

否则

输出"n 非回文数"

(5) 算法结束

2．程序

按以上算法编写的程序如下。

```
#程序 2-1_ 判定 5 位或者 4 位整数是否为回文数
#获取用户输入的 5 位或者 4 位整数，若输入有误，则终止程序运行
import sys
n = int(input('5 位或者 4 位的整数 n=? '))
if n<1000 or n>=100000:
    print( '错误: ', n, '非 5 位或者 4 位整数！' )
    sys.exit()
#分离 5 位或者 4 位整数前 4 位上的数字：末位（个位）、次末位（十位）、倒数第 3 位、倒数第 4 位
r1 = n%10
r2 = n//10%10
r3 = n//100%10
r4 = n//1000%10
#按 5 位或 4 位的不同情况取得高位和次高位
if n>=10000 and n<100000:
    f2 = r4
    f1 = n//10000
else:
    f2 = r3
    f1 = r4
#判断该整数是否为回文数，并输出相应信息
if r1==f1 and r2==f2:
    print( n, '是回文数' )
else:
    print( n, '非回文数' )
```

Python 程序设计方法

本程序中，使用 sys 模块中的 exit()，在用户输入的数字有错误（非 5 位或者 4 位整数）时，终止程序的执行，为了使用这个函数，用语句

```
import sys
```

导入 sys 模块。

3. 程序的运行

本程序的 5 次运行结果如图 2-13 所示。

```
>>>
5位或者4位的整数n=? 789
错误： 789 非5位或者4位整数！
Traceback (most recent call last):
  File "D:/Python程序/程序2-1五位回文数.py", line 7, in <module>
    sys.exit()
SystemExit
>>> ========================= RESTART =========================
>>>
5位或者4位的整数n=? 123456
错误： 123456 非5位或者4位整数！
Traceback (most recent call last):
  File "D:/Python程序/程序2-1五位回文数.py", line 7, in <module>
    sys.exit()
SystemExit
>>> ========================= RESTART =========================
>>>
5位或者4位的整数n=? 65056
65056 是回文数
>>> ========================= RESTART =========================
>>>
5位或者4位的整数n=? 9889
9889 是回文数
>>> ========================= RESTART =========================
>>>
5位或者4位的整数n=? 34567
34567 非回文数
>>>
```

图 2-13　程序 2-1 的运行结果

可以看出，若输入的不是 5 位或者 4 位整数，则程序会自动终止执行，并且显示提示信息；若输入的是 5 位或者 4 位整数，则程序会按其是否为回文数而显示相应的信息。

4. 程序的改进

充分利用 Python 语言中字符串操作的特点，可以大大减少程序代码。按这种思路改写的程序如下。

```
#程序 2-1 改_ 判定 5 位或者 4 位整数是否为回文数
#获取用户输入的 5 位或者 4 位整数，若输入有误，则终止程序执行
import sys
n = input('5 位或者 4 位的整数 n=? ')
if len(n)<4 or len(n)>5:
    print( '错误： ', n, '非 5 位或者 4 位整数！ ' )
    sys.exit()
#按 5 位或 4 位的不同情况取出高位和次高位
if len(n)==5:
    f2 = n[3]
    f1 = n[4]
else:
    f2 = n[2]
    f1 = n[3]
```

48

```
#判断该整数是否为回文数，并输出相应信息
if n[0]==f1 and n[1]==f2:
    print( n, '是回文数' )
else:
    print( n, '非回文数' )
```

```
>>>
5位或者4位的整数n=? 9889
9889  是回文数
>>> ====================
5位或者4位的整数n=? 65056
65056  是回文数
>>>
5位或者4位的整数n=? 5678
5678  非回文数
>>>
```

5. 改进后程序的运行

改进后程序的运行结果如图 2-14 所示。

图 2-14　程序 2-1 改进后的运行结果

程序 2-2　判断某日是当年第几天

本程序的任务是：输入年、月、日，计算这一天是当年的第几天，并输出计算结果。

计算天数的方法是：先计算当月之前有多少天，再加上本月内天数。例如，计算 6 月 18 日是当年第几天时，先将前 5 个月的天数加起来，再加上本月内 18 天，就是 6 月 18 日到当年 1 月 1 日的总天数。

1. 算法

本程序按顺序执行以下操作。

(1) 整型变量 year、month、day←输入年、月、日

(2) 定义存放每月天数的列表

(3) 按正常年份计算：当日到年初（1 月 1 日）是多少天：

① 判断：月份在 1 到 12 之间？若是，则

　　　　　　按正常年份计算当月之前有多少天

　　否则

　　　　　　提示"输入的数字错误！"

② 总天数=当月前天数+当月内天数

(4) 若是闰年且当日在 2 月份之后，则总天数加 1：

① 判断：（年份可整除 400？）或（年份能整除 4，但不能整除 100？），若是，则

　　　　　　闰年标志 leap←1

② 判断：（是闰年？）且（在 2 月份后？），若是，则

　　　　　　天数+1

(5) 输出总天数

(6) 算法结束

2. 程序

按既定算法编写的程序如下。

```
#程序 2-2_ 判断某日是当年第几天
#输入年、月、日
year=int(input('年份？'))
month=int(input('月份？'))
day=int(input('日？'))
#定义列表，存放每月天数
days=[31,28,31,30,31,30,31,31,30,31,30,31]
#按正常年份计算该日是第几天
if 0<month<=12:
    Sum=sum(days[0:month-1])    #当月之前的天数
```

```
else:
    print('数字错！')
Sum+=day   #总天数=当月前天数+本月天数
#判断该年是否为闰年？若是，则修改天数
leap=0
if (year%400==0) or ((year%4==0) and (year%100!=0)):
    leap=1   #若是闰年，则 leap 置 1
if (leap==1) and (month>2):
    Sum+=1   #若是闰年，则天数加 1
print('%d年%d月%d日是%d年第%d天'%(year,month,day,year,Sum))
```

3. 程序的运行结果

本程序的运行结果如图 2-15(a)所示。

4. 程序的修改

Python 语言提供了丰富多彩的日期和时间计算的模块，使用语句

```
import time
```

导入 time 模块，然后调用该模块中的函数，可以大大减少程序代码。

按这种思路编写的程序如下：

```
#程序 2-2_改 判断某日是当年第几天
import time
#输入日期，并转化成时间格式
a=input('日期(yyyy-mm-dd)？')
b=time.strptime(a,'%Y-%m-%d')
#返回：当日在当年中天数、年份
dd=time.strftime('%j',b)
yy=time.strftime('%Y',b)
#输出判定结果
print('输入日期是%s年第%s天'%(yy,dd))
```

5. 修改后程序的运行结果

本程序修改后的运行结果如图 2-15(b)所示。

```
>>>
年份？2009
月份？10
日？23
2009年10月23日是2009年第296天
>>> ====================
>>>
年份？2010
月份？11
日？29
2010年11月29日是2010年第333天
>>>
        (a)
```
```
>>>
日期(yyyy-mm-dd)？2010-11-19
输入日期是2010年第323天
>>> ====================
>>>
日期(yyyy-mm-dd)？2018-9-8
输入日期是2018年第251天
>>>
        (b)
```

图 2-15　程序 2-2 和改进程序 2-2 的运行结果

程序2-3　计算购物金额

本程序的任务是：输入所购买物品的品名和数量，按这两个数字以及相应的折扣计算应付款金额。

本程序中，先将物品价目表和打折物品的最小购买量（折扣量）分别存入不同的字典；然后按照用户输入的品名，在价目字典中查找单价，在折扣量字典中查找是否有折扣；再按单价、数量和折扣计算应付款金额；最后输出购物金额。

1. 算法

本程序按顺序执行以下操作。

(1) 定义字典：

● "价目"字典：存放所有物品的价目。其中，键为"品名"，值为"计量单位"和"单价"构成的元组

● "折扣量"字典，存放打 9 折的商品以及最少购买量。其中，"品名"为键，"数量"（即最少购买量）为值

(2) 按品名查询计量单位和单价：

● 输入所购物品的"品名"

● 判断："品名"是"价目"字典中的一个键？若是则：

其值赋给"单位_单价"元组

元组的第 0 个元素赋值给"单位"

元组的第 1 个元素赋值给"单价"

(3) 按数量查询是否有折扣：

● 输入所购物品的"数量"

● 判断："品名"是"折扣量"字典中的一个键？且数量≥该键的值？若是则：

折扣=0.9

(4) 计算购物金额：金额=单价*数量*折扣

(5) 输出购物金额

(6) 算法结束

2. 程序

按既定算法编写的程序如下。

```
#程序 2-3_ 计算购物金额
#定义表示价目表的字典
价目 = { '肉':('每斤',19.5), '蛋':('每斤',5.1), '奶':('每箱',31), '茶':('每包',56), '鱼':('每斤',56) }
折扣量 = { '肉':10, '奶':2, '鱼':5 }
#输入品名，在价目（字典）中查询单价
单价 = 0
品名=input( '品名=? ' )
if 品名 in 价目:
    单位_单价 = 价目[品名]   #"品名"的值赋值给元组"单位_单价"
    单位 = 单位_单价[0]      #"品名"的值赋值给字典"单位_单价"
    单价 = 单位_单价[1]      #"品名"的值赋值给字典"单位_单价"
#输入数据，确定折扣
数量=float( input('数量=? ') )
折扣=1
if (品名 in 折扣量) and (数量>=折扣量[品名]):
    折扣 = 0.9
#计算并输出购物金额
金额=单价*数量*折扣
print( '您买的 ',品名, 单位, 单价, '元，应付', 金额, '元。' )
```

程序中用了两个 if 语句，其优点如下。

（1）执行第一个 if 语句时，按用户输入的"品名"逐个匹配字典中的"键"，匹配成功后，便可取出相应的值；因为取出的值是由"计量单位"和"单价"构成的元组，按元组的操作方法将第一个元素赋值给"单位"变量，第二个元素赋值给"单价"变量。

这里是在 5 种可能情况中做出选择。若采用 C 语言等传统高级语言，则需要多个选择语句或者由专门的多分支语句构造 5 个分支的选择结构。

（2）执行第二个 if 语句时，先按"品名"在"价目"表中找到键，再判断数量是否达到折扣所需最低购买量，若是则确定折扣=0.9。若采用 C 语言等传统高级语言，则需要构造三个分支的选择结构。

```
>>>
品名=?肉
数量=?10.5
您买的 肉 每斤 19.5 元，应付 184.275 元。
>>> ============================== RE
>>>
品名=?鱼
数量=?3
您买的 鱼 每斤 56 元，应付 168.0 元。
>>> ============================== RE
>>>
品名=?茶
数量=?2
您买的 茶 每包 56 元，应付 112.0 元。
>>>
```

图 2-16　程序 2-3 的运算结果

3．程序的运行结果

本程序的运行结果如图 2-16 所示。

实验指导 2

本节安排以下两个实验。

（1）计算并输出数值型和逻辑型表达式的值，编辑和运行所给程序段。

（2）编写和运行指定功能的程序。

通过本节实验加深对于数据类型概念的认知，基本理解常用的数值型、逻辑型及序列（字符串、列表、元组）和字典等各种数据的特点，掌握常用的运算和操作方法。

实验 2-1　表达式求值

本实验包括三部分训练内容：

- 以命令行方式计算并输出几组表达式的值，并分析计算结果。主要练习数值型表达式的运算。

- 以命令行方式或者源程序文件方式运行几个程序段，并分析计算结果。主要练习序列和字典的操作方法。

- 运行一个程序，观察并分析运行结果。主要练习时间日期型数据的操作方法。

1．计算表达式

【实验任务】

在 Python 提示符">>>"后，输入 print 语句，计算并输出以下指定式子的值，然后分析计算结果。

(1) '98765'+12345.67

(2) math.floor(5.5)+math.trunc(9.9)+int(1.8)

(3) (x%10)*10+x//10，其中 x=98

(4) $\frac{1}{3}\sqrt[3]{a^3+b^3+c^3}$，其中 $a=3$，$b=2$，$c=5$

(5) a*255　a*256-a　　(a<<8)-a

【提示】

编程过程中注意以下三点。

- 必要时，将一般数学式转换成 Python 表达式，或者按要求构造 Python 表达式。
- 若有错误，则需要给出解决办法或者说明出错的原因。
- 若几个表达式等值，则需要说明其原因。

2. 运行程序段

【实验任务】

运行给定的程序段，并分析运算结果。

以下程序段可编辑成源程序文件，然后保存并运行。也可在 Python 提示符"＞＞＞"后，逐个输入程序段中的语句并运行。

```
(1) x=0
    y=True
    print(x>y and 'A'<'B', 'AB'=='A'+'B', 'AB'>='AC')
(2) x={1:'1', 2:'2', 3:'3'}
    x={}
    print( len(x), type(x) )
(3) str=['abcdef', '12345', '上下左右来去', 'start 上北下南左东右西']
    print( str[-1][-1] + str[0][3] + str[3][9] )
(4) L=[1, 2, 3, 4, 5, 6]
    L.append( [7,8,9,10,11] )
    L1=L.pop()
    print( len(L), ' ', max(L1) )
(5) L=['Amir', '_Chales', 'Dao', '', 'Ceo']
    if L[1][1]+L[1][5]+L[2][2] in L:
        print(10==10 and 10)
    else:
        print(10>10 or -1)
```

【提示】

编程过程中注意以下三点。

- 整数、布尔值、字符和字符串的特点。
- 字符串、列表和元组的共性、个性和操作方法。
- 字典与序列的区别以及字典的操作方法。

【问题及提示】

（1）几种不同的序列有哪些共同之处？

可分别从它们的定义和主要操作两方面入手，分析其共性。

（2）列表和字典有哪些不同之处？

可分别从它们的定义、访问方式和主要操作入手，分析其各自的特性。

3. 日期格式应用练习

【预备知识】

（1）为了输出指定格式形式的日期。需要用语句

```
import datetime
```

导入 datetime 模块。这个模块重新封装了 time 模块，拥有更多的功能。

（2）一个 Python 的源程序文件有两种使用方法：一是直接作为脚本执行；二是导入其他 Python 源程序文件中，被调用执行（模块重用）。可以用代码

```
if __name__ == 'main':
```

来控制程序代码的执行。凡是嵌入该语句中的代码，只有在第一种情况（即直接执行时）下才会执行，而在第二程序情况（即导入其他文件时）下不会执行。

【实验任务】

运行下面的程序，并分析运行结果。

```
import datetime
if __name__=='__main__':
    #按 dd/mm/yyyy 格式输出今日日期
    print(datetime.date.today().strftime('%d/%m/%Y'))
    #创建一个日期对象
    date1 = datetime.date(2007,1,5)
    print(date1.strftime('%d/%m/%Y'))
    #日期算术运算
    date2 = date1 + datetime.timedelta(days=1)
    print( date2.strftime('%d/%m/%Y') )
    # 日期替换
    date3 = date1.replace(year=date1.year + 1)
    print(date3.strftime('%d/%m/%Y'))
```

实验 2-2　编写并运行程序

本实验中，按要求编写并运行以下三个程序。

● 将一个华氏温度转换为摄氏温度，主要练习算术表达式以及控制数值型变量的取值范围的逻辑表达式的使用。

● 根据学生的平时成绩和考试成绩计算一批学生的总成绩。主要练习列表的数据组织和操作方法。

● 已知三角形三条边，求三角形面积。主要练习逻辑表达式的使用、内置数学函数的使用，以及程序设计的一般方法。

1. 华氏温度转换为摄氏温度

【程序的功能】

输入一个华氏温度值，按公式（C 表示摄氏度、F 表示华氏度）C=5*(F-32)/9 将其转换为相应的摄氏温度值，并输出这个值。

假定要转换的是实测气温，应将所输入的华氏度值限定在-150℉～200℉（-101.11℃～93.33℃）之间。

【提示】

按以下算法编写程序。

(1) 浮点型变量 f← 输入华氏温度
(2) 判断：f≤-150 且 f≥200？若是则
　　　　　输出："数字错：不在-150～200 范围内"
　　　　　终止程序运行
(3) 计算摄氏度：浮点型变量 c← 计算 5.0d/9.0d*(f-32d)

(4) 输出摄氏度
(5) 算法结束

2．计算学生的成绩

【预备知识与技能】

假定有两个列表：a=[1,2,3]和 b=[3,2,1]，则可执行以下操作。

（1）执行语句

```
a=[x*1.5 for x in a]
```

后，列表 a 中所有元素均乘以 1.5，即 a=[1.5, 3.0, 4.5]。

（2）执行语句

```
c=[x1+x2 for(x1,x2) in zip(a,b) ]
```

后，a 和 b 两个列表中对应元素相加，生成列表 c=[4.5, 5.0, 5.5]。

【程序的功能】

输入 10 名学生某门课程的百分制考试成绩和平时成绩。按公式总成绩=考试成绩*0.7+平时成绩*0.3 计算每名学生的总成绩。然后输出每名学生的总成绩、10 名学生的最高成绩及 10 名学生的总平均成绩。

要求：若某位学生缺少某门课程的成绩，则以 0 分代替。

【提示】

按以下算法编写程序。

(1) 列表 m1← 输入 10 名学生的平时成绩
　　列表 m2← 输入 10 名学生的考试成绩
(2) 列表 m1 中每个元素均*0.3
　　列表 m2 中每个元素均*0.7
(3) 列表 m←列表 m1 和列表 m2 中对应的元素相加
(4) 浮点型变量 Avg← 计算列表 m 中所有元素的平均值
(5) 输出列表 m 及其中的最大值，以及 Avg
(6) 算法结束

3．已知三角形三条边，求面积

【程序的功能】

输入三角形三边的长度 a, b, c，根据海伦公式

$$\text{area} = \sqrt{s(s-a)(s-b)(s-c)}$$

计算并输出三角形的面积。其中

$$s = \frac{1}{2}(a+b+c)。$$

【提示】

按以下算法编写并运行程序。

(1) 变量 a，b，c ←输入三角形三边长
(2) 判断：长为 a，b，c 的三条线段不能构成三角形？若是则
　　　　　输出 "不能构成三角形！"
　　　　　结束程序运行
(3) 变量 s←计算 (a+b+c)
　　变量 area←计算 sqrt(s(s-a)(s-b)(s-c))

(4) 输出 area

(5) 结束

【问题及提示】

（1）运行实验的第 1 个和第 3 个程序时，若用户输入的数据有错误，则会终止程序的运行。若不终止运行而让用户再次输入，直到正确为止，则应该如何处理？

该问题将在下一章解决，预先思考一下，有利于下一章的学习。

（2）运行本实验的第 2 个程序时，用户输入的数据也可能出错，应该如何处理？

因为用户输入的数据很多，可能会多次出错，故需要更复杂的程序段来处理这个问题。

第 3 章
算法及程序的控制结构

　　计算机上运行的程序是根据解决实际问题的算法设计出来的。算法是人们根据自己对问题的理解，并按照计算机的特点构拟而成的。一个算法中包含计算机能够执行的一系列操作，以及由各种操作堆积套叠而成的各种控制结构。Python 语言提供了一系列语句和其他语法成分，用于实现算法中各种简单的、复杂的操作或者结构。

　　解决同一个问题往往可以找到多种不同的算法，根据这些算法编写的程序自然会有优劣之分。因此，在学习程序设计方法时，既要学习程序设计语言的语法规则、软件开发环境的使用方法，又要学习如何根据实际问题来设计正确、高效的算法。某种程度上，算法设计是程序设计的关键所在。

3.1　算法与程序设计

　　算法的应用无所不在，但却很难给出其严格的定义。一般来说，一个算法就是解算某种实际问题的一系列操作的有穷集合，这些操作分别构成多个控制结构，有机地连接或套叠成一个整体，按照人–机（计算机）系统认可的工作方式完成对数据对象的运算和操作，从而得到预期的结果。

　　算法可以用自然语言、流程图等多种形式表示出来，用程序设计语言表示出来的算法就是程序。算法设计是程序设计的基础和关键。

3.1.1　算法的概念

　　算法是构建程序的基础，算法是由一系列求解特定问题的语句或指令构成的解题方案的准确而完整的描述。算法设计的质量将直接影响程序设计的质量。

　　💡注：指令是机器语言或汇编语言中的名词，一条指令就是一个描述动作的语句。

　　程序是算法的具体实现，是由程序设计语言（如 Python）表示出来的、计算机可以执行的另一种形式的算法。可见，程序和算法有相同之处。但程序往往受限于计算机系统的运行环境，需要考虑许多与方法和分析无关的细节问题，故程序与算法并不完全相同。一般来说，实现某个算法的程序不会优于相应的算法。

1. 算法的实现平台

对早期计算机或者计算机系统的底层来说，计算机中能够执行的基本操作是由计算机能够识别和执行的指令来描述的。一个计算机系统能够执行的所有指令的集合称为计算机的指令系统。所谓程序设计，就是按照解题要求，从指令系统中选择一系列合适的指令构成解题的程序（操作序列）。

高级语言（如 C 语言、Python 语言等）实现算法的方法有很多种。既可以通过自身的表达式、函数、对象等构成语句，实现算法中的各种操作，又可以混用低级语言（汇编语言、机器语言），通过面向计算机底层的指令来实现算法中的某些功能，还可以利用支撑环境中已有的模块、软件包、动态链接库等，在更高层面上实现算法。

对于同一个算法，完全可以根据平台的实际情况和程序设计人员的特长、爱好而采用不同的程序设计语言来编写代码，并得到不同表现形式的程序。但无论表现形式有多大差异，其执行效果应该是完全一致的。例如，一个求定积分的算法，可以分别用 C 语言、Python 语言或者某种计算机的汇编语言编写出不同的程序，但执行后得到的定积分值应该是相同的。由此可见，算法才是根本，是比程序重要得多的母体。

2. 算法的动态执行

算法的主要特征在于算法的动态执行，算法使用一系列最基本的操作，通过对已知条件的逐步加工和变换来实现解题目标，这有别于传统的静态描述或按演绎方式求解问题的过程。传统的演绎数学以公理系统为基础，通过有限次推演来求解问题，每次推演都对问题进行进一步的描述，如此不断推演，直到能够将问题直接描述出来为止。

例 3-1 求前 100 个自然数之和，即求 $\sum_{i=1}^{100} i = 1+2+3+\cdots+99+100$。

通过求和公式 $\text{Sum} = \dfrac{n(n+1)}{2}$ 来计算当 $n=100$ 时的累加和。其中，变量 Sum 表示累加和，变量 n 表示要累加的数字的个数（项数），则可写出以下算法。

```
(1) n ← 100
(2) Sum ← 0.5*n*(n+1)
(3) 输出累加和 Sum
(4) 算法结束
```

这种模仿数学中套用公式的算法虽然简单明了，但其适用性不强。一是当问题较复杂时，可能找不到公式或者根本没有固定公式解决该类问题；二是不能充分发挥计算机运算速度快且可不断重复的优势。

为了充分发挥计算机的特点，可采用逐个数字（逐项）累加的方法求和。假定仍以变量 Sum 表示累加和，变量 i 表示每项累加到 Sum 上的数字，则可写出以下算法。

```
(1) Sum ← 0
(2) i ← 1
(3) Sum ← Sum +i
(4) 判断 i≤100？若是，则
        i ← i+1
        转到(3)
(5) 输出累加和 Sum
(6) 算法结束
```

在这个算法中，原有的求累加和的复杂问题分解为逐个执行的一系列简单的加法操作，每次操作都在上次操作的基础上加上一个数，直到所有数字加完为止。这个通过反复执行类似的简单操作来求解问题的算法，更适合用计算机来执行。

3.1.2 算法的描述

为了描述算法，可以采用多种不同的工具，如自然语言、伪代码、流程图等。若一个算法是采用计算机能够理解和执行的语言来描述的，则它就是程序。设计这样的算法的过程就称为程序设计。

1．自然语言

自然语言是指使用日常生活中的语言来描述算法，其特点是通俗易懂。例如，在我国古代数学著作《九章算术》的"方田"一章中，将约分术描述为："可半者半之。不可半者，副置分母、子之数，以少减多，更相减损，求其等也，以等数约之。"。

这种"术"就是将一个分数简化为最简单分数的算法，不妨称为更相减损术。可翻译成：

- 若分子和分母都是偶数，则两个数同时除以 2 进行约简。
- 若分子和分母不全为偶数，则用分别与之等值的两个数计算，即较大数为被减数，较小数为减数，从被减数中减去减数；再以减数和差中较大数更换被减数，较小数更换减数，从被减数中减去减数；如此反复更换被减数、减数并进行减法，直到减数和差相等，即可得到这个与减数和差等值的数。
- 用与减数和差相等的数同时除以分子和分母。

在这个描述中，明确地指出了每一步计算的具体操作方式，这是一种动态的算法描述。但这样描述出来的算法，其含义往往不太严格，容易出现歧义，也不便描述包含分支部分和循环部分的算法。

2．伪代码

伪代码是为了表示算法而专门制定的语言，既可由自然语言改造而成，又可由某种程序设计语言简化得到。

例 3-2 求两个不全为偶数的自然数的最大公约数。

更相减损术中最重要的部分是：将分子和分母约简到不全为偶数时，计算它们的最大公约数。可借用该原理来解答本题。

本例中，采用例 3-1 和前两章中用过的格式化语言，将更相减损术中最重要部分改写成以下算法，用于计算两个不全为偶数的自然数的最大公约数。

```
(1) a、b ← 输入两个自然数
(2) 判断 a==b? 若是，则
            转到(5)
(3) 判断 a>b? 若是，则
            a ← a-b
    否则
            b ← b-a
(4) 转到(3)
(5) 输出两个数的最大公约数 a
(6) 算法结束
```

可以看出，这种伪代码写出来的算法非常清楚。但是，由于难以找到一种大家普遍接受的伪代码，因此限制了伪代码的使用。

3. 流程图

流程图是描述算法的特殊图形，它使用各种不同形状的、带有说明性文字的图框分别表示不同种类的操作，用流程线或图框之间的相对位置来表示各种操作之间的执行顺序。流程图可以形象地描述算法中各步操作的具体内容、相互联系和执行顺序，直观地表明算法的逻辑结构，是使用最多的算法表示法。

常用的流程图分为传统框形流程图和 N-S 结构化流程图。其中传统框形流程图的主要构件如图 3-1 所示。

例 3-3　求两个自然数最大公约数算法的流程图。

本例中，用流程图表示例 3-2 中基于更相减损术的算法，如图 3-2 所示。

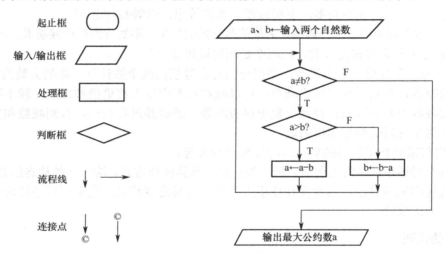

图 3-1　传统框形流程图的主要构件　　图 3-2　求两个自然数最大公约数算法的流程图

3.1.3　算法的基本特征

基于人们解算问题的一般模式，一个算法应该在一定时间内，根据现有条件（已有数据、有限存储空间等）逐步地对给定的数据进行适当的处理，最终得到预期的结果。符合该要求的算法必须具备以下 5 个基本特征。

1. 有穷性

任何情况下，一个算法都应该在执行有穷步骤后宣告结束。例如，更相减损术就具备这个特征：无论分子 m 和分母 n 是多少，都会在循环若干次后，求得它们的最大公约数。m 和 n 越大，需要循环执行的操作步骤就越多，但也只是增加了有穷次循环而已。

有穷性还包含了实际可容忍的合理限度，如果一个算法要执行几千年才能结束，那么实际上也是没有意义的。对这类问题的求解应另辟蹊径。

应该指出，程序是使用某种程序设计语言的算法的具体实现。程序可以不满足有穷性这一要求。例如，操作系统就是在无限循环中执行的程序，因此它不是一个算法。然而可以把操作系统的各种任务看成多个单独的问题，每个问题均由操作系统中的一个子程序所表示的算法来实现。该子程序得到输出结果后便会终止运行。

2．确定性

算法中的每一步都必须精确的定义，而不能模棱两可。即每一步应该执行哪种动作必须是清楚的，且无歧义的。否则，这样的算法是无法执行的。

例如，算法中不能出现"计算 $m÷0$"这样的描述，因为计算的结果是不确定的。也不能出现"把整数 10 赋给变量 m 或者变量 n"这样的描述，而必须明确指出 10 到底赋给哪个变量，或者指出什么情况下赋给变量 m，什么情况下赋给变量 n。

3．数据输入

输入是算法执行过程中需要用到的原始数据，它们取自特定的对象集合。一个算法可以有一个或多个输入，也可以没有输入。

数据输入是编写通用算法的一种手段。数据输入操作可以用赋值操作来代替，但这样会降低算法的通用性。例如，更相减损术是约简分数的通用算法，在算法执行过程中，用户输入的两个数据（分子 m 和分母 n）只要是自然数，就都可以得到预期结果。若将这种输入操作用赋值操作来代替，则变成只能约简一个特定分数的专用算法了。

4．信息输出

算法是用来解决给定问题的，所以一个算法必须在执行之后输出程序设计人员所关心的信息。也就是说，一个算法至少有一个已获得的有效信息输出。例如，在执行更相减损术后，将会输出一个可约简给定分数和最大公约数。

计算机要解决的实际问题是多种多样的，因此算法的输出也可以是数字、文字、图形、图像、声音、视频信息，以及具有控制作用的电信号等多种信息形式。

5．可行性

算法中的任何一步操作都必须是可执行的基本操作，换句话说，每种运算至少在原理上可由人用纸和笔在有限时间内完成，如更相减损术就具备可行性。因为该方法所涉及的两个整数相减、判断一个整数是否为偶数、设置一个变量的值为某个表达式求值的结果等基本操作，都是人能完成的操作。又如，不限制长度的实数算术运算不是可行的，因为某些实数值只能由无限长的十进制数展开式来表示，这样的两个数相加不符合可行性的要求。

综上所述，可以得出算法定义为：算法是一个过程，该过程由一套明确的规则组成，这些规则指定了一个操作的顺序，以便在有限步骤内提供特定问题的解答。

应该指出，算法的设计工作是一种不可能完全自动化进行的工作，学习算法的目的主要是学习已被实践证明行之有效的一些基本设计策略。这些策略不仅对于程序设计，而且对于整个计算机科学技术领域，乃至对于运筹学、电气工程等其他领域，都是非常有用的。可以预期，一个人如果掌握了这些策略，他的程序设计能力及整体分析问题、解决问题的能力都将会大大提高。

3.1.4　结构化程序设计思想

结构化程序设计思想强调程序设计风格和程序结构的规范化，可以使设计出来的程序层次分明、结构清晰，代码容易阅读和修改，从而保证其正确性。

1．结构化程序设计的由来

计算机问世之初，其速度慢、存储容量小，且编写程序时主要使用机器指令代码或者汇编语言，而评判一个程序的优劣，首先考虑的就是运行效率。所以程序设计方法的研究重点是如何运用一些技巧来节省内存空间，并且提高运算速度。这个时期的程序设计在很大程度上取决于程序设计人员个人的经验和水平，没有统一的规律可循。

后来，虽然出现了 FORTRAN、ALGOL 60 和 BASIC 等高级程序设计语言，为提高程序设计人员的算法表达能力和降低劳动强度提供了一定的条件，但这一时期计算机的主要任务是进行科学计算，程序规模一般都比较小，因而在程序设计方法上并没有根本的变化。程序设计被看成是技巧性很强的工作，程序设计人员大都采用精雕细琢的设计方法。

程序是用程序设计语言表现出来的算法。若不加以规范而任由程序设计人员按照自己的理解来构造算法，进而转化为用于社会的程序，则算法内部各部分操作之间的执行顺序可以随意变化，某些人设计出来的程序其他人难以读懂，就连程序设计人员自己也会在程序较大时或相隔一段时间后产生理解上的问题，从而造成修改或进一步开发的困难。这种程序的可靠性和可维护性自然也难以保证。因此，为了保证程序的质量，必须限制算法内部的任意转向。

1968 年，荷兰学者 E.W.Dijkstra 提出了限制使用 GOTO（转向）语句，"程序要实现结构化"的主张，并由此引发了一场长达数年的争论，推动了程序设计风格从"效率第一"到"清晰第一"的转变，结构化程序设计应运而生。

2．结构化程序设计的思想

结构化程序设计的基本思想是"自顶向下，逐步求精"。即当问题比较复杂时，将其拆分成一些规模较小、容易理解、容易实现且互相独立的功能模块，每个模块还可以继续拆分成更小的子模块，直到所有子模块都能够容易理解或实现为止。

在每个模块内部，所有操作都按其内在联系组织成一个一个的"单入口、单出口"的控制结构，可以是顺序结构、选择结构或者循环结构，然后再把这些结构有机地串接成一个整体。

这样设计出来的程序结构清晰，容易阅读，方便修改和维护，从而提高了程序的可靠性并保证了程序的质量。

3．结构化程序设计的问题

结构化程序设计方法虽然有很多优点，但是它将数据和操纵数据的过程（如 C 语言程序中的函数）分别构建为相互独立的实体，编写程序时必须随时考虑要处理的数据的格式，不便于实现代码的重复使用。例如，在需要对不同的数据格式进行同样的处理，或对相同的数据格式进行不同的处理时，都需要编写不同的程序。

另一方面，难以保证数据和过程始终相容，若使用错误的数据来调用过程，或者数据虽然正确但所调用的过程错误，则都不会达到预期的目标。

结构化程序设计存在的问题可以通过面向对象程序设计方法加以解决。

例 3-4　计算 $y = a_0 + a_1x^1 + a_2x^2 + \cdots + a_9x^9$。

顶层设计：计算 $y = a_0x^0 + a_1x^1 + a_2x^2 + \cdots + a_9x^9$

第 1 层细化：将问题抽象为三个子问题。

(1) 准备初值

(2) 计算并累加当前项 $a_i x^i$

(3) 输出结果 Sum

第 2 层细化：分别细化前两个子问题。

细化(1)：

 ① x ← 输入变量的值

 ② 元组 A ← 输入常数项 a_0、a_1、a_2、…、a_9

 ③ Sum ← 0；n ← 9

细化(2)：

 ① i ← 1

 ② 当 i<=n 时，反复执行

   xTemp ← A[i]*x^i

   Sum ← Sum+ xTemp

   i ← i+1

整合：整合后的算法如下。

(1) x ← 输入变量的值

(2) 元组 A ← 输入常数项 a_0、a_1、a_2、…、a_9

(3) Sum ← 0；n ← 9

(4) i ← 1

(5) 当 i<=n 时，反复执行

   xTemp ← A[i]*x^i

   Sum ← Sum+ xTemp

   i ← i+1

(6) 输出结果 Sum

3.1.5　算法中的数据处理和控制结构

在一个算法内部，所有操作都按实际需求组成一个一个的控制结构，以及由基本控制结构堆积或者套叠在一起的复杂控制结构，完成对于数据对象的各种运算和操作。因此，算法的基本要素有两种：一是数据对象的运算和操作；二是算法的控制结构。

1．算法中数据对象的运算和操作

虽然算法的实现平台多种多样，但最基本的操作功能是相同的。在一般计算机系统中，基本的运算和操作有以下 4 类。

（1）算术运算：主要包括加、减、乘、除等运算。

（2）关系运算：主要包括大于、小于、等于、不等于等运算。

（3）逻辑运算：主要包括与、或、非等运算。

（4）数据传输：主要包括赋值、输入、输出等操作。

算法的设计不受计算机运行环境的影响，一般是按照解题要求，从这些基本操作中选择合适的操作组成解题的操作序列。

2．程序的三种基本结构

1966 年，Bobra 和 Jacopini 提出了程序的三种基本结构：顺序结构、选择结构和循环结构。使用这三种基本结构以及由它们并列或者嵌套而成的复杂结构，可以表达任何算法。

（1）顺序结构：顺序结构是最基本、最常见的结构。在这种结构中，各操作块按它们出现的先后顺序逐个执行，如图 3-3(a)所示。简单的顺序结构只能表示很少的问题，大多数实际问题的算法都包含其他两种结构。

💡注：一个操作块可以是一个操作、一组操作或一个基本结构等。

（2）选择结构：在算法中，常要根据某个给定的条件是否成立来决定执行几个操作块中的哪一个操作，具有这种性质的结构称为选择结构。选择结构又分为双分支结构和单分支结构。双分支结构在条件成立时执行一个操作块，条件不成立时执行另一个操作块，如图 3-3(b)所示。单分支结构在条件不成立时不执行任何操作，如图 3-3(c)所示。

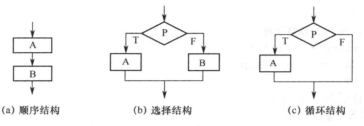

(a) 顺序结构　　　　(b) 选择结构　　　　(c) 循环结构

图 3-3　顺序结构、选择结构和循环结构

（3）循环结构：程序中经常要在某处反复执行一连串操作，这种情况应采用循环结构，需要反复执行的操作块称为循环体。按照是否进行循环的条件，可将循环结构分为以下两类。

● 当型循环结构：当给定条件 P_1 成立时，反复执行循环体（A 框）；当给定条件 P_1 不成立时，终止执行。若刚开始时条件 P_1 就不成立，则循环体一次也不执行。如图 3-4(a)所示。

● 直到型循环结构：反复执行循环体（A 框），一直执行到给定条件成立时，终止执行。无论条件 P_2 是否成立，都至少执行一次循环体。如图 3-4(b)所示。

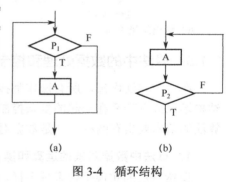

(a)　　　(b)

图 3-4　循环结构

同样一个问题，若可以用当型循环来解决，则一般也可以用直到型循环来解决，也就是说，这两种循环可以互相转换。

例 3-5　求以下分段函数。

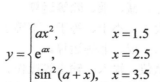

$$y = \begin{cases} ax^2, & x = 1.5 \\ \mathrm{e}^{ax}, & x = 2.5 \\ \sin^2(a+x), & x = 3.5 \end{cases}$$

求该分段函数的算法流程图如图 3-5 所示。

算法中设置了逻辑型变量 right，当程序正常运行时，其值为 True（逻辑真值），当用户输入的数字有误时，其值变为 False。

💡注：Python 语言中，对于逻辑型变量，判断其值是否为 True 时，直接使用变量名即可；若要判断其值是否为 False，则写成 not+变量名的形式。

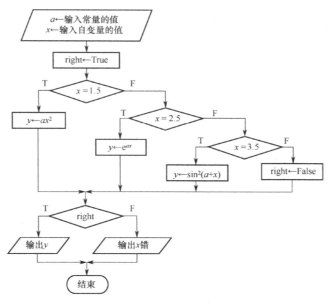

图 3-5　求例 3-5 分段函数的算法流程图

例 3-6　求前 n 个自然数之和，即求 $\sum_{i=1}^{n} i = 1+2+3+\cdots+(n-1)+n$。

例 3-1 中给出了求前 100 个自然数的累加和的算法。本题中的项数 n 需要在程序运行时由用户输入，是通用性更强的算法。

本例中的重复性操作至少会执行一次，故采用直到型循环结构实现最合适。如图 3-6(a)所示的算法的核心部分就是用直到型循环结构实现的。

有时，循环体可能一次也不执行，这时最好采用当型循环。本例也可采用当型循环来实现，其算法的核心部分如图 3-6(b)所示。

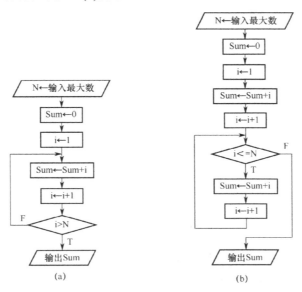

图 3-6　累加算法流程图（直到型循环和当型循环）

由这两个等效的循环结构可以看出，将直到型循环结构改为当型循环结构时，循环体要先在循环外执行一次。

本算法可称为累加器算法。假定 e 为计算当前项的通用表达式，将本算法中修改当前项的操作"i←i+1"改成表达式"i←i+e"，就成为求累加和的通用算法了。

3.1.6　算法求解与解析解

传统数学一般通过解析法来求解问题。解析法的基本思想是：在分析待求解问题的基础上，抽取出一个数学模型，并以一个或多个解析表达式表示出来，然后将题目给定的条件代入并求解这些表达式，从而得到问题的解。

💡注：这里说的传统数学指的是主体来自西方且沿用至今的数学教育体系。

问题的算法求解不同于解析式求解。在算法求解过程中，需要预先定义一系列操作步骤（或规则）及其执行顺序，然后逐个执行这些操作，直到得出最终的解为止。算法求解方式得到的往往是问题的近似解，但这种方式可以充分利用计算机便于重复执行且不会无故出错的特点，而且往往可以通过增加操作步骤来满足求解精度的需求。实际上，中国古代数学就是在以算筹为工具的算法的基础上建立起来的。

例 3-7　炮弹发射后，以 300m/s 的初速度沿斜向上 30° 角方向飞行，它所能到达的最大高度是多少？

炮弹射出后的飞行情况如图 3-7(a)所示。这种以初速度斜向上的运动受到重力恒定且向下的影响，成为匀变速曲线运动，可以将其分解为水平方向的匀速直线运动和竖直方向的竖直上抛运动。其中竖直方向的初速度为 $v_{y0}=v_0\cdot\sin\theta$，如图 3-7(b)所示。考虑到重力因素，实际飞行速度为 $v_y=v_0\cdot\sin\theta-gt$；竖直上抛运动实际上是加速度为 $-g$ 的匀变速直线运动，故上抛高度 h 与上抛时间 t 的函数关系式（速度×时间）为

$$h(t)=v_0t\sin\theta-\frac{1}{2}gt^2=-\frac{g}{2}t^2+v_0t\sin\theta$$

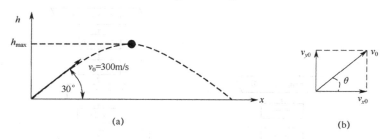

(a)　　　　　　　　　　(b)

图 3-7　炮弹发射后运动情况的分解

1. 解析解

炮弹发射后，$v_0=300$m/s，$\theta=30°$，代入飞行高度 h 与飞行时间 t 的关系式，可得

$$h=-\frac{g}{2}t^2+300\sin\frac{30\pi}{180}t=-\frac{g}{2}t^2+150t$$

这是一个常数项为零的二次函数，改写为

$$h=-\frac{g}{2}\left(t-2t\frac{150}{g}+\left(\frac{150}{g}\right)^2\right)+\frac{150^2}{2g}=-\frac{g}{2}\left(t-\frac{150}{g}\right)^2+\frac{150^2}{2g}$$

其顶点(t, h)的坐标为$\left(\dfrac{150}{g}, \dfrac{150^2}{2g}\right)$，重力加速度取其标准值（纬度 45°海平面上测得）

g=9.80665 m/s²。所以炮弹的最大飞行高度$h_{max} = \dfrac{150^2}{2 \times 9.80665}$ m。

在 Python 命令行提示符后计算这个表达式，得到

```
>>> 150*150/2/9.80665
1147.1807396001693
```

2．算法求解

已知炮弹发射时和落地时的高度均为零，且中间某个时刻到达最高点。在竖直上抛运动的前半部分，飞行高度是逐渐增大的，后半部分的飞行高度是逐渐减小的，因此，到达最高点时，高度不再增大反而开始减小。可以设计一个算法，根据逐渐增大的上抛时间t来计算上抛高度h，并当新的h值小于上一次h值时输出上一次h值作为炮弹飞行高度的最大值。以下就是按照这种思路设计的算法，其中h值是按照上面给出的h与t的关系式计算出来的。

```
(1) t、h ← 0
(2) Δt ← 输入时间增量
(3) tnew ← t +Δt
(4) hnew ← 150*tnew - 0.5*9.80665*tnew*tnew
(5) 判断 h≥hnew? 若是，则
          转到(8)
(6) t ← tnew; h ← hnew
(7) 转到(3)
(8) 输出最大高度 h
(9) 算法结束
```

将该算法改写成 Python 程序，分三次运行，分别取 Δt=0.1s、0.00001s 和 0.000001s，其运行结果如下。

```
>>>
时间增量Δt=? 0.1
炮弹飞行的最大高度h= 1147.1806507499998
>>> ==============================
>>>
时间增量Δt=? 0.00001
炮弹飞行的最大高度h= 1147.1807396001193
>>> ==============================
>>>
时间增量Δt=? 0.000001
炮弹飞行的最大高度h= 1147.180739600169
>>>
```

可以看出，Δt 取值越小，运行结果越接近解析解的值。

3．算法解与解析解的比较

比较解析解和算法解的过程和结果，不难发现两种求解方法的差别如下。

（1）最重要的差别是：解析解是准确解，若采用正确的代数原理、微积分原理及算术运算，则求解结果的精确度可以达到给定数所允许的有效位数。与此相反，算法解是近似解，计算的是函数关系式，当自变量t为某些特定值时，h值不是其精确解。这些特定值称为离散值，离散的结果会影响求解结果的准确性。

可以控制两个离散点之间的间隔来提高解的精确度。例如，本例中可以取 Δt=0.001s，得到与解析解一样的结果。当然，为了得到更准确的解，可以增加循环计算h的次数。

（2）本例中，不难求得解析解，因而不需要用算法来求解。但在日常生产生活中，常会遇到一些数学知识无法解决甚至根本不存在解析解的问题，就需要使用算法来求解了。例如，求解某些超越函数时，常使用算法来逐项累加相应的级数，从而得到函数的近似解。

（3）算法解的一个重要特点是：可以针对某个问题设计出不同的算法，从而满足不同精度、不同条件或者不同场合的解题需求。

3.2 程序中的分支语句和循环语句

在一个程序中，往往需要根据某些特定条件，从几组语句中选择一组来执行，可用Python 语言的 if 语句构成选择结构。if 语句可以构成单分支选择结构、双分支选择结构或者多分支选择结构。

程序中经常需要按照某种规律重复性地执行一些操作，可以使用循环语句构成循环结构。Python 语言的 while 语句和 for 语句都是循环语句。前者便于构造按条件来确定是否继续执行的循环结构；后者便于构造计数型或者遍历序列（或者迭代器）的循环结构。

3.2.1 分支语句

一个分支语句可以实现单边选择结构，即当条件成立时执行一组语句；一个分支语句也可以实现双边选择结构，即当条件成立时执行一组语句，条件不成立时执行另一组语句。

Python 语言的分支语句以 if 开头，其中包含一个条件和两个分别称为 if 块和 else 块的语句组，其一般形式为

```
if  <条件> :
    <if 块>
[else :
    <else 块>]
```

其中，"条件"不需要加括号，但后面的冒号"："必不可少；else 后也有一个必不可少的冒号。"if 块"与"else 块"要以缩进的格式书写。因为 python 中，缩进量相同的是同一块。

1．if 语句的功能

执行 if 语句时，检验"条件"是否为真（即条件表达式是否为逻辑真值），若为真，则执行称为"if 块"的一组语句；否则执行称为"else 块"的另一组语句。

if 语句的 else 部分可以省略。例如，语句

```
if Name=="王大中":
    print("找到了:", Name)
```

的功能为：当变量 Name 的值为"王大中"时，输出其值及前导提示信息。这个 if 语句内嵌的代码块只有一行代码，可以写在一行上，即

```
if Name=="王大中": print("找到了:", Name)
```

但这样会增大阅读代码的困难，故提倡按规定的格式写成两行。

在单个 if 语句中，可以使用逻辑运算符 and、or 或 not 实现否定判断条件，或者实现多重判断条件。

2．条件表达式

条件表达式是一个三元运算符，即需要 3 个操作数的运算符，可用于代替 if 语句。条件表达式的一般形式为 X if C else Y。

例如

```
if x>=0:
    y = 2*x+1
else:
    y = -x
```

可用如下语句代替。

```
y = 2*x+1 if x>=0 else -x
```

3．多重条件语句

if 语句中还可以包含多个条件，从而构成两个以上的多分支结构。其中 if <条件>之后的其他条件用 elif 引出。

elif 分支与 else 分支一样，也是可有可无的，但一个 if 语句中可有任意多个 elif 分支，却只能有一个 else 分支。

例 3-8　计算应付货款金额。

购物时，应付的货款金额往往可依据购买物品的数量不同而享受不同的折扣，该问题可以通过多分支语句来解决。

```
#例 3-8  计算应付货款金额
n=float(input('请输入物品件数：'))
p=float(input('请输入物品单价：'))
if n<10:
    money=n*p          #10 件以下原价
elif n<20:
    money=n*p*0.9      #10~20 件，打 9 折
elif n<30:
    money=n*p*0.85     #20~30 件，打 8.8 折
elif n<60:
    money=n*p*0.8      #30~60 件，打 8 折
else:
    money=n*p*0.75     #60 件以上，打 7.5 折
print('您应付',money,'元！')
```

该程序的运行结果如下。

```
请输入物品件数：88
请输入物品单价：99
您应付  6534.0 元！
```

3.2.2　while 语句

Python 语言的 while 语句是一种条件循环语句。其一般形式为

```
while    <条件>:
            <语句块 A>
[else:
            <语句块 B>]
```

其中,"条件"之后和"else"之后都有一个必不可少的冒号,"语句块 A"和"语句块 B"都要使用缩进的格式。while 语句的功能如下。

- 当"条件"成立,即"条件"表达式的值为真时,执行内嵌的"语句块 A"(循环体),然后再次检验"条件",若条件仍然成立,则再次执行循环体,依此类推,如此循环执行。

- 当"条件"不再成立时,检查后面是否有 else 子句。若有,则执行 else 子句内嵌的"语句块 B";若没有,则跳出该循环,转去执行后面的其他语句。

💡注:在 C 语言等多种高级语言中,条件语句范围外不会出现 else 子句,但 Python 不同,while 语句和 for 语句中可以使用 else 子句,循环语句中的 else 子句只在循环完成后执行。

编写 while 语句时,其循环体内应该包含修改"条件"表达式的语句,从而确保执行了若干次循环体之后能够退出循环,否则循环永不结束,成为"死循环"。当然,这种永不结束的"死循环"也有用处,如许多通信服务器的 C/S(Client/Server,客户端/服务器)系统就是通过无休止地循环来工作的。

例 3-9 连续输出二进制数各小数位上的权值,直到最后一位的权值小于十进制数 0.001 时为止。

本例所依据的算法是:十进制数的 1 除以 2,得到二进制数中小数点后第 1 位的权值,再除以 2,得到小数点后第 2 位的权值,依此类推,直到除以 2 后的数小于 0.001 时为止。

```
#例 3-9  二进制数各小数位上的权值
weight=1/2
count=1
epsilon=float(input('大于最小权值的ε=?  '))
while weight>=epsilon:
    print('2 的-',count,'次方 = ',weight,sep='')
    count+=1
    weight/=2
else:
    print(weight,'<',epsilon)
```

程序的运行结果如下。

```
大于最小权值的ε=?  0.001
2的-1次方 = 0.5
2的-2次方 = 0.25
2的-3次方 = 0.125
2的-4次方 = 0.0625
2的-5次方 = 0.03125
2的-6次方 = 0.015625
2的-7次方 = 0.0078125
2的-8次方 = 0.00390625
2的-9次方 = 0.001953125
0.0009765625 < 0.001
```

本程序中,需要注意以下三点。

(1)以当前权值是否大于或等于指定值作为进入循环的条件。为了提高程序的通用性,最小权值的界限 ε 并未直接给出,而是运行时由用户输入的。

(2)循环体中包含修改循环条件的语句

```
weight /= 2
```

其中,使用了复合运算符"/=",相当于语句

```
weight = weight / 2
```
另一个计数器变量增加的语句中使用了复合运算符 "+="，相当于语句
```
count = count + 1
```
　　（3）当进入循环的条件不满足时，执行 else 子句中嵌入的输出语句，然后跳出该循环。

3.2.3　for 语句

　　Python 语言的 for 语句也可用于实现循环结构。for 语句的一般形式为
```
for <循环变量> in <对象> :
    <语句块 A>
[else:
    <语句块 B>]
```
　　for 语句执行时，逐个引用指定 "对象" 中的元素，每引用一个元素就会执行一次循环体。引用了对象中的所有元素后，若遇到 else 子句（可选部分），则执行该子句，然后结束该循环。

　　可将 for 循环看成遍历型循环，其中的 "对象" 设置为可迭代对象（序列、迭代器或者其他支持迭代的对象）的当前元素，提供给 "语句块 A" 使用。例如，语句
```
for Char in 'shell':
    print(ord( Char), end=' ' )
```
用于逐个输出指定字符串中每个字符的 ASCII 值。其运行结果为
```
115 104 101 108 108
```

1．使用 range() 内建函数的 for 循环

　　实际程序中，常用以下形式的 for 语句。
```
for <循环变量> in range( N1, N2, N3 ) :
    <循环体>
```
其中，N1 表示起始值，N2 表示终止值，N3 表示步长。"循环变量" 依次取从 N1 开始，间隔 N3，直到(N2-1)为止的数值，并执行 "循环体"。例如，语句
```
for i in range( 3, 20, 3):
    print( i, end=', ' )
```
输出的数字为 3，6，9，12，15，18。又如，语句
```
for i in range(9,3,-1):
    print(i,end=" ")
```
输出的数字为 9，8，7，6，5，4。

　　在该语句中，输出了一个序列的数，而这个序列是使用内建的 range() 生成的。range() 向上延伸到第 2 个数（不包含第 2 个数），for 循环在这个范围内递归。默认地，range() 的步长为 1，例如，range(1, 6) 给出序列[1, 2, 3, 4, 5]。因此，下面两个语句是等价的。
```
for i in range(3,20,3)
for i in [3,6,9,12,15,18]
```
这就如同逐个将序列中的每个数（或对象）均赋值为 i，且每赋值一次便按照新的 i 值来执行一次循环体（循环中嵌入的语句）。

　　使用内建函数时，需要注意以下三点。

　　（1）range() 有两种简略形式：range(end) 和 range(start, end)。其中，start 默认为 0，step 默认为 1。

　　（2）xrange() 类似于 range()，但当列表很大时，使用 xrange() 更好，因为该函数不会在

内存中创建列表的完整拷贝。该函数只用于 for 循环。

（3）与序列相关的内建函数还有 sorted()、reversed()、enumerate()及 zip()。其中 sorted()和 zip()都返回一个序列，reversed()和 enumerate()都返回类似于序列的迭代器。

2．用于序列类型的 for 循环

for 循环可通过序列的项、索引号或者两者结合来遍历序列。

例 3-10　假定 nameL 列表的定义为

```
nameL = ['张京', "王莹", '李玉', '陈良', '林向']
```

则可按以下三种方式遍历 nameL 列表。

（1）通过序列项遍历。下面的语句按顺序输出列表中的全部 5 个元素。

```
for each in nameL:
    print(each)
```

（2）通过序列索引遍历。下面的语句按顺序输出列表中的全部 5 个元素。

```
for i in range(len(nameL)):
    print(nameL[i])
```

（3）通过序列的项和索引遍历。语句

```
for i, each in enumerate(nameL):
    print("%d %s" % (i+1, each))
```

的运行结果为

```
1 张京    2 王莹    3 李玉    4 陈良    5 林向
```

例 3-11　已知有 4 个人，其中 1 个人做了好事。在被询问谁做了好事时，他们回答如下：

A 说：不是我；

B 说：是 C；

C 说：是 D；

D 说：C 胡说。

其中 3 个人说的是真话，1 个人说的是假话。编写程序判断是谁做的好事。

（1）假定 name 表示做好事的人，则可按 4 人的回答列出以下逻辑表达式。

```
name != 'A'、name == 'C'、name == 'D'、 name != 'D'
```

（2）由"3 个人说的是真话，1 个人说的是假话"可知，在 4 个表达式中，3 个为真（True，1）、1 个为假（False，0），因此

```
name != 'A'+name == 'C'+name == 'D'+ name != 'D'=3
```

（3）逐个枚举试探：已知做好事的是 A、B、C、D 这 4 个人中的某个人，故可编写一个试探程序，找出做好事的人。

```
>>> for name in [ 'A','B','C','D' ]:
        if (name!='A')+(name=='C')+(name=='D')+(name!='D')==3:
            print(name, "做了好事！")

C 做了好事！
>>>
```

3．列表解析

列表解析也称为列表推导式或者列表的内涵，适用于从集合对象中有选择地获取元素或执行运算，是将一个列表（实际上是任意可迭代对象）转换成另一个列表的工具。在转换时，每个元素都可以按照某个条件加入新的列表，并根据需要做出变换。例如，下列语句

```
intList=[ 1,2,3,4,5,6,7,8,9 ]
oddList = [ i+10 for i in intList if i%2==1 ]
print( 'oddList=',oddList )
```

的执行结果是

```
oddList= [11, 13, 15, 17, 19]
```

使用 for 语句和 if 语句的以下组合语句

```
oddList=[]
for i in intList:
    if i%2==1:
        oddList.append(i+10)
print( 'oddList=',oddList )
```

也可完成同样的任务，但列表解析编写的代码更简捷。

3.2.4 循环语句和选择语句的嵌套

一个程序往往需要多种控制结构的组合。三种基本结构可以互相嵌套。例如，循环语句可以嵌套，即在一个循环语句中完整地包含另一个循环语句，其典型形式是：执行 A 组语句 n 次，其中 A 组本身可能是重复执行 B 组语句，直到条件 C 成立。这里的外循环是有界的，而内循环是条件性的。

另外，内嵌的循环语句还可以再嵌套下一层循环语句，从而构成多重循环。选择语句和循环语句也可以嵌套，构成比较复杂的结构。

例 3-12 输出九九乘法表。

本程序中，外层循环执行 9 次，分别输出 9 行乘法表达式。其中

- 第 1 次：执行 1 次内层循环，输出 1 个乘法表达式。
- 第 2 次：执行 2 次内层循环，输出 2 个乘法表达式。
- ⋮
- 第 9 次：执行 9 次内层循环，输出 9 个乘法表达式。

```
#例 3-12_ 输出乘法九九表
for i in range(1,10):  #循环 i 从 1~9，每次 i 均加 1
    for j in range(1,i+1):  #循环 j 从 1~i，每次 j 均加 1
        print("%d*%d=%d\t"%(j,i,i*j),end='')
    print()
```

程序的运行结果如下。

```
1*1=1
1*2=2   2*2=4
1*3=3   2*3=6   3*3=9
1*4=4   2*4=8   3*4=12  4*4=16
1*5=5   2*5=10  3*5=15  4*5=20  5*5=25
1*6=6   2*6=12  3*6=18  4*6=24  5*6=30  6*6=36
1*7=7   2*7=14  3*7=21  4*7=28  5*7=35  6*7=42  7*7=49
1*8=8   2*8=16  3*8=24  4*8=32  5*8=40  6*8=48  7*8=56  8*8=64
1*9=9   2*9=18  3*9=27  4*9=36  5*9=45  6*9=54  7*9=63  8*9=72  9*9=81
```

例 3-13 输入自然数，若该数是偶数，则求 $\dfrac{1}{2}+\dfrac{1}{4}+\dfrac{1}{6}+\cdots+\dfrac{1}{n-1}+\dfrac{1}{n}$；否则（$n$ 为奇数）求 $1-\dfrac{1}{3}+\dfrac{1}{5}-\cdots-\dfrac{1}{n-2}+\dfrac{1}{n}$。

```
#例 3-13_ 按项数的奇、偶，分别计算不同的级数和
n=int(input('整数 n= ? '))
sum=0.0
if n%2==0:
    for i in range( 2,n+1,2 ):
        sum += 1.0/i    #在 Python 中，整数除整数只能得整数，故用浮点数 1.0
else:
    f=1
    for i in range( 1,n+1,2 ):
        sum += f*1.0/i
        f=-f
print(sum)
```

程序的两次运行结果如下。
```
>>>
整数 n= ? 30
1.6591144966144968
>>> =============
>>>
整数 n= ? 35
0.7715199502809587
>>>
```

3.2.5 循环控制语句

在循环体中，既可使用 break 语句来中止循环，又使用 continue 语句来跳过当前循环体中的剩余语句，直接开始下一轮循环。还可使用 pass 语句，构造一个虽然循环若干次，却无任何操作的空循环。

1. break 语句

break 语句用于终止自身所在的当前层循环，转去执行逻辑上位于该循环语句后的语句，可用于 while 语句和 for 语句中。例如，下面的 for 循环试图输出从 1 到 10 这 10 个数字，但 break 语句使得 i 值增加到 5 后便终止了循环。

```
for i in range(1,10):
    if(i==6):
        break;
    print( "%d\t" % i, end='' )
```

若一个循环的终止条件比较复杂，则可将包含多个条件的一个循环表达式中的某些条件用 break 语句来实现，使得循环表达式简捷一些。

2. continue 语句

continue 语句用于提前结束本轮循环，即跳过循环体中下面尚未执行的语句，接着进行下一次是否执行循环的判断，可用于 while 语句和 for 语句中。

continue 语句的用法与 break 语句的用法相似，一般要与 if 语句配合使用。例如，下面的 for 循环试图输出从 1 到 10 这 10 个数字，但 continue 语句在 i 值增加到 6 时立刻中止当次（第 6 次）循环而直接进入下一次循环，最终输出的数字中，因第 6 次循环未能执行输出语句而缺少了 6。

```
for i in range(1,10):
    if(i==6):
        continue
    print("%d\t"%i,end='')
```

3. pass 语句

C 语言中用空的花括号或者分号 ";" 来表示 "不做任何事"。Python 语言缺少这种机制，故在需要子语句块的地方，若不写任何语句，则解释器会提示语法错误。这种情况下，可使用 pass 语句来代替。

pass 语句可用于程序开发时标记以后将要填充的代码。编写代码时，若需要先确定结构，而又不想干扰其他已经完成的代码，则往往在程序某处书写一个 pass 语句。

💡注：在异常处理结构中，若某处可能跟踪到非致命错误，但又不必或者不想采取任何措施，则可用 pass 语句。

例 3-14　验证用户输入的密码是否正确。

本程序运行后，用户按提示输入密码。若输入的密码正确，则执行 break 语句，结束循环；若输入的密码不正确，则执行 continue 语句，结束本次循环，直接进入下一次循环；若 3 次输入都不正确，则执行 break 语句，结束循环，阻止用户再次输入密码。

```
#3-14_ 输入并验证密码
#初始化：存放密码、标志变量置初值、计数变量置初值
password=('ang789',)  #元组只含一个元素，后面需要加逗号
valid=False
count=3
#三次输入并验证密码
while valid==False and count>0:
    #输入密码（strip(): 去首尾空格）
    strInput=input("请输入密码: ").strip()
    #验证密码
    for charWord in password:
        if strInput==charWord:  #若密码正确，则结束循环
            valid=True
            break
        if not valid:  #若密码正确，则结束本次循环，循环次数减1
            print("输入无效! ",end='')
            count-=1
            continue
        else:
            break
```

程序的两次运行结果如下。

```
>>>
请输入密码: ang12
输入无效! 请输入密码:  ang78
输入无效! 请输入密码:  ang89
输入无效!
>>> ====================
>>>
请输入密码:  ang789
>>>
```

3.3　递推和迭代

编写程序解决问题前，需要严谨且恰如其分地将问题表述清楚，最好能套用某种模式

75

来形式化地描述问题。形式化了的问题往往有现成的算法可以利用，即使没有现成的算法，也便于根据模型的特征来构造新的算法。

递推和迭代都是基本的算法设计策略，它们都是将一个复杂问题的求解分解成连续进行若干步的简单运算，从而降低问题求解复杂度。递推是从已知项出发，按照某种规则逐步推出未知项；迭代是按规则由旧值生成新值，再将新值作为旧值继续生成下一个新值。

3.3.1 递推法

在一个数据序列[①]中，若相邻几项之间存在关系式，则可依据该关系式从前面一项或多项推出后面一项，或者反过来从后面几项推出前面一项，该过程称为递推，该关系式称为递推公式。

若有递推关系存在，则从已知几项出发，原则上可以推出序列中的任意一项。例如，在序列

```
1, 2, 4, 8, 16, 32, 64, 128, …, 256
```

中，从 $n=1$ 出发，利用后项值是前项值 2 倍的关系，可以推出任意一项，即

$$a_n = \begin{cases} a_{n-1} \times 2, & n > 1 \\ 1, & n = 1 \end{cases}$$

其中，$a_n = a_{n-1} \times 2$ 就是递推关系式，而 $a_1 = 1$ 为初始条件（有时是边界条件）。

某些问题可通过归纳法写出一个求第 n 项的公式，如本例可写成 2^{n-1}，但多数情况下难以直接写出求第 n 项的数学公式，不得不用递推的方法逐项求解。这就将一个复杂问题的求解分解成了连续进行若干步的简单运算，降低了问题的复杂度。

例如，在上例中，只需将前一项乘以 2，即可得出后一项。若每次运算都遵循同一个规律，则可用循环来处理该问题。实际上，这种处理方式我们在前面的求阶乘、累加等程序中已经使用过了。

实际问题中类似的情况很多。例如，计算人口数时，假设 P 为当年人口基数，C 为增长率，则下一年人口数 $P_1 = P \times (1 + C\%)$，再下一年人口数 $P_2 = P_1 \times (1 + C\%)$，依此类推。

例 3-15 确定平面一般位置上的 n 个相交的圆所形成的区域数。

两个圆相交指的是两个圆的交点有且仅有两个，相切或相离都不成立。平面上有 1 个圆、2 个圆及 3 个圆相交时的情况如图 3-8 所示。圆的个数记为 h_k，$h_0 = 1$ 表示一个平面。

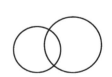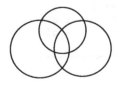

图 3-8　不同数量的圆相交时的情况

（1）当有 1 个圆时，$n=1$，这个圆将平面分为圆内和圆外两个区域，即 $h_1 = 2$。

（2）当有 2 个圆时，$n=2$，第 2 个圆与前 1 个圆有两个交点，被分割成两段弧，每段弧

将其所在区域分为 2 个区域，故 $h_2= h_1+2×1=4$，即将平面分为 4 个区域。

（3）当有 3 个圆时，第 3 个圆与前两个圆有 4 个交点，被分割成 8 段弧，每段弧将其所在区域分成两半，故 $h_3= h_2+2×2=8$，即将平面分为 8 个区域。

若平面上已有$(n-1)$个圆，则形成 h_{n-1} 个区域。添加了第 n 个圆后，前$(n-1)$个圆中的每个圆都与第 n 个圆仅交于两点，得到 $2(n-1)$ 个不同的交点，将第 n 个圆分为 $2(n-1)$ 段弧，每段弧都将所在区域一分为二，故平面上增加了 $2(n-1)$ 个区域，由此可得递推关系为

$$h_n=\begin{cases} h_{n-1}+2(n-1), & n\geqslant 2 \\ h_1=2, & n=1 \end{cases}$$

假定计算的是 n 个相交的圆所形成的区域数，以下语句即可完成该任务。

```
#例 3-15_ n 个圆相交而形成的区域数
n=int(input('圆的个数 n=? '))
hn=2
for i in range(1, n+1):
    hn=hn+2*(i-1)
    print(hn)
```

3.3.2 倒推法

遇到某些问题时，若按照一般方法，顺着题目的条件一步一步地递推求解，则过程比较烦琐甚至难以得到正确答案。可尝试从最后的结果出发，运用加与减、乘与除之间的互逆关系，从后向前一步一步地推算，这种思考问题的方法称为倒推法。

倒推法就是当初始值未知时，先经某种递推关系来获得问题的解或目标，再反过来推导其初始条件。因为这类问题的运算过程是一一映射的，所以可得到其递推公式，然后再从这个解或目标出发，采用倒推法，一步步地倒推到这个问题的初始条件。

例 3-16 求定积分 $I_n = \int_0^1 x^2 e^{x-1}dx$ 当 n 值分别为 1, 2, …, 20 时的值。

观察可知，这个定积分具有以下性质。

（1）在积分区间内被积函数总大于零，故积分也应大于零。

（2）因为 $0\leqslant x\leqslant 1$，所以 n 越大，被积函数值越小，积分值也越小。

（3）不同 n 的积分之间存在递推关系，故由分部积分可得

$$I_n=1-nI_{n-1}, \quad I_0 = \int_0^1 e^{x-1}dx=1-\frac{1}{e}, \quad I_1=\frac{1}{e}, \quad ...$$

利用这个递推关系编写以下程序，求各个 I_n，一直到 $n=20$ 为止。

```
#例 3-16_ 利用递推法求定积分
import math
n=1
Integral=1.0/math.exp(1.0)
while n<=20:
    print(n," ",Integral)
    n=n+1
    Integral=1.0-n*Integral
```

程序的运行结果如下。

77

```
1     0.36787944117144233
2     0.26424111765711533
3     0.207276647028654
4     0.17089341188538398
5     0.14553294057308008
6     0.1268023565615195
7     0.11238350406936348
8     0.10093196744509214
9     0.09161229299417073
10    0.0838770700582927
11    0.07735222935878028
12    0.07177324769463667
13    0.06694777996972334
14    0.0627310804238 7321
15    0.059033793641901866
16    0.05545930172957014
17    0.05719187059730757
18    -0.029453670751536265
19    1.559619744279189
20    -30.19239488558378
```

从这个结果可以看出：当 $n=17$ 时积分值反而增大，当 $n=18$ 时积分值又变成了负的，这些结果显然是错误的，这是误差放大导致的。实际上，初值 0.36787944117144233 的机器数（浮点数）与真值之间的误差是很小的，但每由递推公式 $I_n=1-nI_{n-1}$ 计算一次，误差就会增大 $(-n)$ 倍。也就是说，在递推过程中误差以 $n!$ 的速度增长，终于在 $n=17$ 时掩盖了真值。这种误差被放大了的算法称为不稳定算法。

在这种情况下，最好使用倒推法。本题中，可从 n 值由大到小的顺序倒推对应的 I_n 值。这时的倒推公式为 $I_{n-1}=\dfrac{1-I_n}{n}$，每计算一步，I_n 中的绝对误差都减小为原来的 $\dfrac{1}{n}$。因此，若从某个 $n\gg1$ 的 I_n 值出发倒推，则初始误差和中途引入的舍入误差在每步中都会减小。这种算法称为稳定算法。

为了得到起始值，利用 $I_n=\displaystyle\int_0^1 x^2 e^{x=1}\mathrm{d}x\leqslant\int_0^1 x^n\mathrm{d}x=\dfrac{1}{n+1}$，当 $n\to\infty$ 时，$I_n\to0$。若取 $I_{20}=20$，并以此作为起始值，则至多有 $\dfrac{1}{21}$ 的起始误差。在计算 I_{19} 时，该误差要乘以 $\dfrac{1}{20}$，误差至多为 $\dfrac{1}{20}\cdot\dfrac{1}{21}\approx0.0024$。倒推法的程序如下。

```python
#例3-16_改 利用倒推法求定积分
import math
n=20
Integral=0
while n>0:
    print(n,"  ",Integral)
    n=n-1
    Integral=(1.0-Integral)/(n+1)
```

程序的运行结果如下。

```
20    0
19    0.05
18    0.049999999999999996
17    0.05277777777777778
16    0.05571895424836601
15    0.05901756535947712
```

```
14      0.06273216230936819
13      0.06694770269218799
12      0.07177325363906246
11      0.07735222886341146
10      0.08387707010332623
9       0.09161229298966737
8       0.10093196744559252
7       0.11238350406930094
6       0.12680235656152844
5       0.1455329405730786
4       0.17089341188538426
3       0.20727664702865395
2       0.26424111765711533
1       0.36787944117144233
```

3.3.3 递推法与代数解法

递推法是计算机中解题的常用方法，该方法能够充分利用计算机可以不断循环、运算速度快且不会出错的特点，解决许多数学、科学以及日常生产生活中的问题。例如，数学中很多求排列组合的计算往往归结为求某个数列的通项公式，但某些数列的通项公式非常复杂甚至难以找到，这时就可以利用递推法，即利用较为简单的递推关系逐步推算出结果。但算法分析中经常会遇到反过来求解递推式，即将递推式改写为等价的封闭形式的情况。另外，若能够通过递推关系推导出类似于数列通项这样的解析式，则可以进一步提高计算机解题的效率。

💡注：数列的递推式和数列的通项公式是数列的两种不同表现形式，前者适用于在计算机中通过逐步递推的方式解题，而后者可以直接计算出结果。

例如，在例 3-15 中，给出了当平面上有两个或两个以上相交圆时所形成的区域数的递推关系式 $h_n=h_{n-1}+2(n-1)$，以及初始条件 $h_1=2$，分析 h_n 与 h_{n-1} 的关系可知

$$
\begin{aligned}
h_n &= h_{n-1}+2\times(n-1) = h_{n-2}+2\times(n-2)+2\times(n-1) = h_{n-3}+2\times(n-3)+2\times(n-2)+2\times(n-1) \\
&= \cdots = h_1+2\times1+2\times2+2\times3+\cdots+2\times(n-2)+2\times(n-1) \\
&= 2+[2\times1+2\times2+2\times3+\cdots+2\times(n-2)+2\times(n-1)] \\
&= 2+2\times[1+2+3+\cdots+(n-2)+(n-1)] = 2+2\frac{(1+n-1)(n-1)}{2} \\
&= n^2-n+2 \quad (n\geqslant2)
\end{aligned}
$$

这个由递推关系式推导出来的公式可以直接算出 n 个相交圆所形成的区域数。

例 3-17 Fibonacci 数列的递推求解。

Fibonacci（意大利数学家）数列的特点是：前两个数是 1，从第 3 个数开始，每个数为其前面两个数之和。也就是说，该数列为

$$F=1，1，2，3，5，6，13，21，34，\cdots$$

若要求出第 100 项，必须先求出第 98 项和第 99 项，其递推关系为

$$
F_n=\begin{cases}
F_{n-1}+F_{n-2}, & n>2 \\
1, & n=1 \\
0, & n=0
\end{cases}
$$

据此写出递推计算 Fibonacci 数列前 n 项的程序如下。

```
#例 3-17_ 递推求 Fibonacci 数列
n=int(input('项数 n=?  '))
```

```
fibs=[0,1]
for i in range(2,n,1):
    fibs.append(fibs[i-2]+fibs[i-1])
print(fibs)
```

由 Fibonacci 数列的递推公式 $F_n=F_{n-2}+F_{n-1}$ 可得 $F_n-F_{n-2}+F_{n-1}=0$。

假设该数列可写成幂函数形式 $F_n=q^n$，其中 q 是非零常数，代入上式得 $q^n-q^{n-1}-q^{n-2}=0$。

解方程 $q^{n-2}(q^2-q-1)=0$，仅可能为 $q^2-q-1=0$，故求得 $q_1=\dfrac{1+\sqrt{5}}{2}$，$q_2=\dfrac{1-\sqrt{5}}{2}$。

💡注：实际上，递推关系式 $F_n-F_{n-2}+F_{n-1}=0$ 称为常系数线性齐次递推关系，$q^2-q-1=0$ 为其特征方程。

因此，Fibonacci 数列的两个特解为 $F_n=\left(\dfrac{1+\sqrt{5}}{2}\right)^n$，$F_n=\left(\dfrac{1-\sqrt{5}}{2}\right)^n$。

由于 Fibonacci 数列的递推关系式是线性齐次的，因此一般的通解为

$$F_n=C_1\left(\dfrac{1+\sqrt{5}}{2}\right)^n+C_2\left(\dfrac{1-\sqrt{5}}{2}\right)^n$$

由初值条件 $F_0=0$ 和 $F_1=1$ 可得

$$F_0=0=C_1\left(\dfrac{1+\sqrt{5}}{2}\right)^0+C_2\left(\dfrac{1-\sqrt{5}}{2}\right)^0=C_1+C_2，\quad F_1=1=C_1\left(\dfrac{1+\sqrt{5}}{2}\right)^1+C_2\left(\dfrac{1-\sqrt{5}}{2}\right)^1$$

解得 $C_1=\left(\dfrac{1}{\sqrt{5}}\right)^n$，$C_2=\left(-\dfrac{1}{\sqrt{5}}\right)^n$。

将上述值代入公式得 Fibonacci 数列的通项公式为 $F_n=\dfrac{1}{\sqrt{5}}\left(\dfrac{1+\sqrt{5}}{2}\right)^n-\dfrac{1}{\sqrt{5}}\left(\dfrac{1-\sqrt{5}}{2}\right)^n$。

3.3.4　迭代法

迭代法可以说是计算机中最常用的算法了。在递推算法中，若用一个变量 x 来存放每次推出来的值，则每次循环都执行同一个语句，给同一个变量赋新值，即用一个新值代替旧值，这种方法称为迭代。程序中的变量 x 称为迭代变量，它的值是不断变化的。

递推可以用迭代方法来处理。例如，在求阶乘的算法中，由前一个数的阶乘推出后一个数的阶乘，该过程是递推；若用同一个变量存放递推出的结果，则该过程就是迭代。但是，并非所有的递推关系都可以用迭代法来处理。例如，由 a 推出 b，再由 b 推出 c，就只是递推关系而不存在迭代关系。

例 3-18　Fibonacci 数列的迭代法求解。

在例 3-17 的程序中，使用列表将求得的 Fibonacci 数列全部保存下来。下面的程序只输出它而不保存它。假设程序中需要计算的当前项为 f，它的前一项为 oneF，前两项为 twoF。在输出当前项 f 后，使 f 变成 oneF，oneF 再变成 twoF，然后求出下一个数。

据此写出迭代求解 Fibonacci 数列前 n 项的程序如下。

```
#例 3-18_ 利用迭代法求 Fibonacci 数列
n=int(input('项数 n=? '))
twoF=0
oneF=1
print(twoF,"    ",oneF)
```

```
for i in range(2, n, 1):
    f=oneF+twoF
    print(f)
    twoF=oneF
    oneF=f
```

该函数还可以进一步简化，即只设两个变量 oneF 和 f。

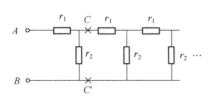

图 3-9 无穷电阻网络

例 3-19 有一个无穷电阻网络，如图 3-9 所示。其中上面的电阻都为 r_1，下面的电阻都为 r_2。求 A、B 两点间的等效电阻。

本题可用解析法和递推法两种方法求解。其中解析法求解过程如下。

假设这个无穷电阻网络的等效电阻值 R 存在，则它应该是一个极限值。若 C、C'两点断开，则 CC'右边的等效电阻值也为 R。它与左边的 r_2 并联，等效电阻为 $\dfrac{R \cdot r_2}{R + r_2}$，再与左边的 r_1 串联，等效电阻为 $R = r_1 + \dfrac{R \cdot r_2}{R + r_2}$。将该式转换为方程 $R^2 - r_1 R - r_1 r_2 = 0$，求解该方程可得 $R = \dfrac{1}{2}(r_1 \pm \sqrt{r_1^2 + 4r_1 r_2})$，又因为电阻只能取正值，所以 $R = \dfrac{1}{2}(r_1 + \sqrt{r_1^2 + 4r_1 r_2})$。使用这个由解析法得到的公式，通过赋值语句即可求解本题。

通过递推法或者迭代法也可以求解本题。而且，递推法或者迭代法能够发挥计算机速度快、可重复计算的特点。

已知如图 3-10 所示的无穷电阻网络，从单节网络开始，向左一节一节地增加。每增加一节算一次电阻值，观察这样算出的电阻值是否趋于一个极限值，并在容许的误差范围内求出这个极限值。

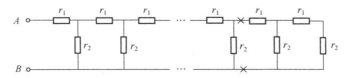

图 3-10 无穷电阻网络

假定 r1 和 r2 分别为上面和下面的电阻，则编写的函数如下。

```
#例 3-19_ 利用迭代法求无穷电阻网络
import math
r1=float(input('上电阻 r1=? '))
r2=float(input('右电阻 r2=? '))
r0=r1+r2
while True:
    r=r0*r2/(r0+r2);
    r=r1+r
    if math.fabs(r-r0)<1e-9:
        break
```

```
        r0=r
    print(r)
```

程序解析 3

本节中解析的 5 个程序分别为① 通过多分支选择结构，构造一个简单的四则算术计算器；② 通过选择结构和循环结构的嵌套，找出指定范围内的完全数；③ 多次使用循环结构，解决约瑟夫问题；④ 通过嵌套的循环结构，验证哥德巴赫猜想；⑤ 运用递推和迭代机制，求解一元高次多项式的值。

通过这几个程序的阅读和调试，可以较好地理解程序的三种基本结构，认知几种常用算法的程序实现方法并进一步体验程序设计的一般方法。

程序 3-1 四则算术计算器

本程序是一个模拟简单的四则算术计算器的程序。程序运行时，输入两个浮点数和一个四则运算符（+、-、*、/这几个符号之一），即可输出一个计算结果。

1. 算法

本程序依据的算法如下。

(1) 变量 a、b ← 输入两个操作数
(2) 变量 f ← 输入算术运算符（+、-、*或/）
(3) 判断 f =? 执行下列分支之一
- "+": result ← a+b
- "-": result ← a-b
- "*": result ← a*b
- "/": result ← a/b
- 其他: result ← False
(4) 判断 not result ? 若是则
        输出："错！非四则运算符"
  否则
        输出: result
(5) 算法结束

2. 通过多分支 if 语句编写程序

按照给定算法，通过 Python 语言的多分支 if 语句可以编写四则算术计算器的程序。

```
#程序 3-1-1_利用多分支语句实现四则算术计算器
a=float(input('浮点数 a=? '))
b=float(input('浮点数 b=? '))
f=input('运算符（+-*/）? ')
if f=='+':
    result=a+b
elif f=='-':
    result=a-b
elif f=='*':
    result=a*b
elif f=='/':
```

```
        result=a/b
else:
        result=False
if not result:
    print('错! 非四则运算符')
else:
    print('%s%s%s=%0.01f' %(a,f,b,result))
```

3. 通过 Python 语言字典编写程序

按照给定算法，通过 Python 语言字典可以编写四则算术计算器的程序。

```
#程序 3-1-2_利用字典实现四则算术计算器
a=float(input('浮点数 a=? '))
b=float(input('浮点数 b=? '))
f=input('运算符（+-*/）? ')
if f not in( '+', '-', '*', '/' ):
    result=False
fDict={ '+':a+b, '-':a-b, '*':a*b, '/':a/b }
result=fDict.get(f)
if not result:
    print('错! 非四则运算符')
else:
    print('%s%s%s=%0.01f' %(a,f,b,result))
```

4. 前两个程序的运行结果

这两个程序功能相同，程序的 3 次运行结果如下。
```
>>>
浮点数a=? 95
浮点数b=? 168
运算符（+-*/）? +
95.0+168.0=263.0
>>> ============
>>>
浮点数a=? 182
浮点数b=? 57
运算符（+-*/）? /
182.0/57.0=3.2
>>> ============
>>>
浮点数a=? 35
浮点数b=? 93
运算符（+-*/）? &
错! 非四则运算符
>>>
```

5. 通过 Python 语言的 eval 函数编写程序

Python 语言的 eval 函数可将一个字符串当作一个有效的 Python 表达式，计算表达式的值并返回计算结果。例如，调用函数 eval('x+10')执行后，返回表达式 x+10 的计算结果。

通过 eval 函数以非常简捷的程序代码来实现四则算术计算器。

```
#程序 3-1-3_利用 eval 函数实现四则算术计算器
a=input('四则运算表达式（a 算符 b）? ')
if a in('Q','q'):
    result=False
```

```
else:
    result=eval(a)
if not result:
    print('错！非四则运算符')
else:
    print('%s=%0.01f' %(a,result))
```

6. 第 3 个程序的运行结果

用 eval 函数实现四则算数计算器程序的一次运行结果如下。

```
>>>
四则运算表达式（a算符b）？ 156*23
156*23=3588.0
>>>
```

程序 3-2　查找指定范围内的完全数

完全数是指该数与其所有真因子之和相等的自然数。例如，6 共有 4 个约数 1、2、3、6，除自身外的约数之和为 1+2+3=6，故 6 为完全数。实际上 6 是最小的完全数。

💡注：在欧几里得编著的《几何原本》第 VII 卷中给出定义"完全数是等于它自身所有部分的和的数"。第 IX 卷命题 36 给出一个判定偶数是完全数的充分条件为"若 2^{n-1} 是素数，则 $2^{n-1}(2^n-1)$ 是完全数"，当 n=2、3、5、7 和 13 时，分别得到完全数 6、28、496、8128 和 33550336。

本程序的任务是：查找并输出 2～M 范围内的所有完全数，其中 M 由用户指定。

1. 算法

本程序的主体是一个计数型循环，对于 2～M；范围内的每个自然数，判断其是否为完全数。若是完全数，则输出该数及其所有真因子。

判断自然数 n 是否为完全数（n 是否等于真因子之和）的算法如下。

(1) 置初值：n 的真因子之和 sum ← 1
(2) 求 n 的真因子之和：
　　循环（i 从 2 到 n/2）
　　　　判断 n%i==0?若是则 i 为真因子
　　　　　　sum=sum+i
(3) 判断 n 是否为完全数：
　　判断 n==sum?若是则
　　　　输出 n 及首个真因子 1
　　　　循环（i 从 2 到 n/2）
　　　　　　输出 n 的其他真因子

2. 程序源代码

按照给定的算法可编写如下程序。

```
#程序 3-2_查找 2～M 范围内的完全数
M=int(input('最大自然数 M=? '))
for n in range(2,M+1):  #第n遍循环：计算 n 的真因子之和
    sum=1   #真因子之和←真因子 1
    #逐个查找并累加 n（2<=n<=i/2）的真因子
    for i in range(2,n//2+1):
        if n%i==0:   #第i遍循环：若 i 为 n 的真因子，则累加
            sum+=i
    #当 n 是完全数时输出 n
```

```
    if sum==n:
        #输出 n 及第 1 个真因子
        print("%d=1"%n,end='')
        #输出 n 的其他真因子
        for i in range(2,n//2+1):
            if n%i==0:    #第 i 遍循环:若 i 为 n 的真因子,则输出
                print("+%d"%i,end='')
        print()
```

3. 程序运行结果

本程序的运行结果如下。

```
>>>
最大自然数M=?  10000
6=1+2+3
28=1+2+4+7+14
496=1+2+4+8+16+31+62+124+248
8128=1+2+4+8+16+32+64+127+254+508+1016+2032+4064
>>>
```

4. 程序的修改

上面程序中,每当找到当前自然数的一个真因子时,便将其累加进 sum 变量,然后再查找下一个真因子。因为不保存每个真因子的原值,所以当判定当前自然数是完全数而输出其真因子时,需要重新查找所有真因子,然后逐个输出它们。若利用列表保存每个真因子,则可以避免重复查找。按照这个思路重新编写的程序如下。

```
#程序 3-2 改_查找 2~M 范围内的完全数
M=int(input('最大自然数 M=?  '))
for n in range(2,M+1):
    factor=[]
    number=-1
    #找出 n 的所有真因子,放入 factor 列表中并统计个数
    for i in range(1,n):
        if n%i==0:
            factor.append(i)
            number+=1
    #若 n 为完全数,则输出 n 及其所有真因子
    if n==sum(factor):
        print('%d='%n,end='')
        for i in range(number):
            print('%d+'%factor[i],end='')
        print(factor[number])
```

5. 程序的再次修改

稍微改变一下输出格式,程序可以更为简捷。

```
#程序 3-2 再改_查找 2~M 范围内的完全数
M=int(input('最大自然数 M=?  '))
for n in range(1,M+1):
    factor = []
    for i in range(1,n):
        if n%i==0:
            factor.append(i)
```

```
        if n==sum(factor):
            print(n,factor)
```

6. 再次修改后程序的运行结果

再次修改后，程序的运行结果如下。
```
>>>
最大自然数M=? 10000
6 [1, 2, 3]
28 [1, 2, 4, 7, 14]
496 [1, 2, 4, 8, 16, 31, 62, 124, 248]
8128 [1, 2, 4, 8, 16, 32, 64, 127, 254, 508, 1016, 2032, 4064]
>>>
```

程序 3-3　约瑟夫问题

这是古犹太历史学家约瑟夫（Josephus）的故事：41 个抵抗者面对罗马军队，宁愿自杀也不当俘虏，共同约定站成一个圆圈，轮番令连续三人中的第三人自杀，直到所有人都身亡为止。作为其中成员，约瑟夫和自己的朋友站在两个能够活到最后的位置（16 号和 31 号），从而逃避了自杀。

一般形式的约瑟夫问题是：有 n 个人围成一圈，每数过 k 个人时，第 k 个人自杀。计算最后的幸存者是第几个人。

例如，当 n=8 且 k=4 时，则有

- 原始序列：1, 2, 3, 4, 5, 6, 7, 8，从 1 号开始数。
- 数过第 1 轮后序列：1, 2, 3, 5, 6, 7，4 号、8 号出局，再从 1 号开始数。
- 数过第 2 轮后序列：1, 2, 3, 6, 7，5 号出局，再从 6 号开始数。
- 数过第 3 轮后序列：1, 3, 6, 7，2 号出局，再从 3 号开始数。
- 数过第 4 轮后序列：3, 6, 7，1 号出局，再从 3 号开始数。
- 数过第 5 轮后序列：6, 7，3 号出局，再从 6 号开始数。
- 数过第 6 轮后序列：6，7 号出局。

最后的幸存者为：第 6 号。

1. 算法分析

本程序按顺序执行以下操作：

（1）输入 n，定义有 n 个元素的列表，逐个存放每个参与者的编号。

（2）输入 x（每次报数都从 1 数到 x）。

（3）逐个数列表中的元素，数到 x 时输出相应元素。

- 自第 1 个元素起，从 1 数到 x，输出并删除对应的元素。
- 自剩余的第 1 个元素起，从 1 数到 x，输出并删除对应的元素。
- 如此循环，直到列表中只剩 1 个元素（幸存者）时，输出该元素。

每当数过一轮时，就会删除一个元素，可用取模的方法
```
index=(index+k)%len(people)
```
回到首位置，形成环形列表。其中，index 为下一轮报数起始位置，people 为存放所有参与者编号的列表。

（4）输出列表中最后一个元素原来的序号。

2．程序

按上述算法编写的程序如下。

```
#程序 3-3_ Josephus 问题
#输入人数 n，报最大数 k，列表存放所有参与者编号
n=int(input("人数 n=?  "))
k=int(input("每次报数到 k=?  "))
people=[i for i in range(1,n+1)]
#输出所有参与者编号
print("所有参与者编号：")
for i in range(n):
    print("%d"%people[i],end='\t')
print()
#循环报数，报 x 者出列
index=0  #开始处←第一个报数人之前
print('陆续出列者编号：')
for i in range(n-1):  #控制：报数的轮数；幸存者人数
    index=(index+k)%len(people)
    index-=1
    print(people[index],end='\t')
    del people[index]
    if index==-1:  #列表 a 中的最后一个元素
        index=0
print('\n 幸存者编号：',people[0])
```

3．程序的运行结果

本程序的一次运行结果如下。

```
>>>
人数n=?  41
每次报数到k=?  3
所有参与者编号：
1        2        3        4        5        6        7        8        9
10       11       12       13       14       15       16       17       18
19       20       21       22       23       24       25       26       27
28       29       30       31       32       33       34       35       36
37       38       39       40       41
陆续出列者编号：
3        6        9        12       15       18       21       24       27
30       33       36       39       1        5        10       14       19
23       28       32       37       41       7        13       20       26
34       40       8        17       29       38       11       25       2
22       4        35       16
幸存者编号：  31
>>>
```

4．程序的修改

根据列表的特点及操作方法，程序还可以编写的更简捷一些。

```
#程序 3-3 改_ Josephus 问题
#输入总人数，报最大数，定义列表 people
n=int(input("人数 n=?  "))
k=int(input("每次报数到 k=?  "))
people=list(range(1,n+1))
print("所有参与者编号：\n",people)
```

```
i=1
print('陆续出列者编号: ')
while len(people)>1:
    if i%3==0:
        x=people.pop(0)
        print(x,end='\t')
    else:
        people.insert(len(people),people.pop(0))
    i+=1
print('\n 幸存者编号: ',people)
```

5. 修改后程序的运行结果

修改后程序的两次运行结果如下。

```
>>>
人数n=?  8
每次报数到k=?  4
所有参与者编号:
 [1, 2, 3, 4, 5, 6, 7, 8]
陆续出局者编号:
4       8       5       2       1       3       7
幸存者编号:  [6]
>>> ============================= RESTART =======================
>>>
人数n=?  41
每次报数到k=?  3
所有参与者编号:
 [1, 2, 3, 4, 5, 6, 7, 8, 9, 10, 11, 12, 13, 14, 15, 16, 17, 18, 19,
20, 21, 22, 23, 24, 25, 26, 27, 28, 29, 30, 31, 32, 33, 34, 35, 36,
37, 38, 39, 40, 41]
陆续出局者编号:
3       6       9       12      15      18      21      24      27
30      33      36      39      1       5       10      14      19
23      28      32      37      41      7       13      20      26
34      40      8       17      29      38      11      25      2
22      4       35      16
幸存者编号:  [31]
>>>
```

程序 3-4 验证哥德巴赫猜想

哥德巴赫（Goldbach）猜想是一个久未证明的著名数论问题。可简单地表述为：任何大于 2 的偶数一定是两个素数之和，例如，6=3+3、8=3+5 等。

本程序的任务是：验证指定范围（如 4～100）内所有偶数是否都能分解为两个素数之和。

1. 算法设计

这里遵循"自顶向下，逐步求精"的原则，设计一个算法，用于验证哥德巴赫猜想——从 4 到 m 的所有偶数都能分解为两个素数之和。

第一步，顶层设计：提出问题

验证：从 4 到 m 的所有偶数都能分解为两个素数之和

第二步，第一层细化

(1) 列表 prime ← 找出 4～m 范围内的所有素数

(2) 验证：4～m 范围内的偶数都是列表 prime 中两个素数之和

第三步，第二层细化

细化(1)：

-(1) 列表 prime ← 最小素数 2

-(2) 循环 n 从 3 到 m，n 增值为 2

　　　　　判断 n 是素数？若是，则

　　　　　　　　追加到 prime 列表

细化(2)：

循环 n 从 4 到 m，n 每次增值均为 2

-(1) 循环 i 从 2 到 n//2

判断 i 和 n-i 都是 prime 中的元素？若是则

输出 n 的两个素数分解式

跳出 i 循环

-(2) 判断 n 并非两个素数之和？若是，则

输出"证伪！"

跳出 n 循环

-(3) 判断 n=m？若是，则

输出"大于 2 的偶数都是两个素数之和，证明！"

第四步，第三层细化

细化：判断 n 是素数？

-(1) 循环 i 从 2 到 $\sqrt{n}$

判断 i 能整除 n？若是，则

跳出 i 循环

否则

i+1

-(2) 判断 i = $\sqrt{n}$？若是，则

prime ← 追加 n

第五步，整合细化的各部分操作，形成完整的算法。

2．程序

按设计好的算法编写如下程序。

```
#程序 3-4_ 验证：从 2 到 m 的所有偶数都是两个素数之和
m=int(input('大于 2 的整数 m=? '))
#找出 2～m 范围内的所有素数
prime=[2]
for n in range(3,m+1,2):
    i=2
    while i*i<=n:
        if n%i==0:
            break
        else:
            i+=1
    else:
        prime.append(n)
#验证：2～m 范围内大于 2 的偶数都是两个素数之和
for n in range(4,m+1,2):
    flag=False
    for i in range(2,n//2+1):
        if (i in prime) and ((n-i) in prime):
```

```
                flag=True
                print('%d=%d+%d'%(n,i,n-i),end='\t')
                break
        if not flag:
            print('\n2~%d 之间的偶数%d 并非两个素数之和，证伪！'%(m,n))
            break
    else:
        print('\n2~%d 之间大于 2 的偶数都是两个素数之和，证毕！'%m)
```

编写该程序需要注意以下三点。

（1）由于程序中反复用到判定一个数是否为素数的操作，因此预先在一个循环中产生可能用到的从 2 到 m 之间的所有素数，其后主程序段中直接取用即可。这里以增加少量存储空间为代价，使得代码简捷、清晰，也充分利用了 Python 列表操作的优点。

（2）用表达式 "i*i<=n" 代替表达式 "i<=math.sqrt(n)"，省去了导入 math 模块的麻烦，且某些情况下求值结果的精度更高，从而判断更为精准。

（3）在 while 语句和 for 语句中使用 else 块，也可使代码简捷、清晰。

3. 程序运行结果

本程序的一次运行结果如下。
```
>>>
大于2的整数m=？ 100
4=2+2    6=3+3    8=3+5    10=3+7   12=5+7   14=3+11  16=3+13  18=5+13
20=3+17 22=3+19 24=5+19 26=3+23 28=5+23 30=7+23 32=3+29 34=3+31
36=5+31 38=7+31 40=3+37 42=5+37 44=3+41 46=3+43 48=5+43 50=3+47
52=5+47 54=7+47 56=3+53 58=5+53 60=7+53 62=3+59 64=3+61 66=5+61
68=7+61 70=3+67 72=5+67 74=3+71 76=3+73 78=5+73 80=7+73 82=3+79
84=5+79 86=3+83 88=5+83 90=7+83 92=3+89 94=5+89 96=7+89 98=19+79
100=3+97
2~100 范围内大于2的偶数都是两个素数之和，证毕！
>>>
```

程序 3-5　求多项式的值

求解多项式时，可以通过递推法将一个复杂的计算过程转化为多次重复的简单计算过程，然后采用循环结构来求解。这样，解决复杂计算问题的关键就归结为设计合理且简捷的递推结构。例如，假定求解以下 5 次多项式

$$f(x) = 2x^5 - 5x^4 - 4x^3 + 3x^2 - 6x + 7$$

当 $x=5$ 时 $f(x)$ 的值，即可通过以下几种不同的递推结构来实现。

1. 算法设计

多项式的一般形式为 $y=a_0+a_1x^1+a_2x^2+\cdots+a_nx^n$，求 y 值时，按顺序执行以下操作。

(1) 列表 aa ← 输入各次项系数 a0, a1, a2, …, an
(2) 自变量 x ← 输入变量的值
(3) 循环 i 从 0 到 n
　　　和变量 y ← 计算并累加当前项
(4) 输出 y 的值
(5) 算法结束

细化第(3)步时，从不同的角度考虑，可以设计出几种不同的递推结构。

方案 1：先累乘求得 x 的阶乘，然后计算一项累加一项。

```
        sum ← 累加和初值 0
        循环 a 从 a0 到 an
            xPower ← 阶乘初值 1
            -(1) 循环 i 从 1 到 a 的序号
                    xPower ← x 的阶乘
            -(2) 当前项 item ← a*xPower
            -(3) 累加和 sum ← sum+item
```

这样求得的 sum 值即为 y 值。

方案 2：累乘和累加在一个循环中完成。

```
sum ← 累加和初值 0
xPower ← 阶乘初值 1
循环 a 从 a0 到 an
    -(1) 当前项 item ← a*xPower
    -(2) 累加和 sum ← sum+item
    -(3) xPower= xPower *x
```

方案 3：秦九韶算法求多项式的值。

将多项式改写为

$$f(x) = a_0+a_1x+a_2x^2+\cdots+a_{n-1}x^{n-1}+a_nx^n$$
$$= (a_nx^{n-1}+a_{n-1}x^{n-2}+\cdots+a_2x+a_1)x+a_0$$
$$= ((a_nx^{n-2}+a_{n-1}x^{n-3}+\cdots+a_3x+a_2)x+a_1)x+a_0$$
$$\vdots$$
$$= ((\cdots(a_nx+a_{n-1})x+a_{n-2})x+\cdots+a_1)x+a_0$$

令 $y=a_n$，则 $y \leftarrow yx+a_{n-1}$，$y_2 \leftarrow yx+a_{n-2}$，$\cdots$，$y \leftarrow yx+a_0$，经过 n 次迭代，即可求得 y 值。

```
y=0
循环 a 从 an 到 a0
    y ← y*x+a
```

2．程序

按方案 1 编写的程序如下。

```
#程序 3-5_ 求解 y=a0+a1·x+a2·x^2+…+an·x^n
#准备数据：元组<-输入各次项系数，x<-输入自变量
n=int(input('项数 n=?  '))
aa=[]
polynomial='y='
for i in range(n):
    a=float(input(('%d 次项系数 a%d=?  ')%(i,i)))
    aa.append(a)
    polynomial+='(%f*x^%d)+'%(a,aa.index(a))
x=int(input('自变量 x=?  '))
#从 1 次项起，先累乘求得 x 的阶乘，然后利用上一次累加结果求和
sum=0
for a in aa:
    xPower=1
    for i in range(1,aa.index(a)+1):
        xPower*=x
    item=a*xPower
```

```
        sum+=item
print('%s=%d'%(polynomial.rstrip('+'),sum))
```

按方案 2 编写的程序的递推求值部分如下。

```
#在一个循环中，逐次利用上一次累乘结果求阶乘，并利用上一次累加结果求和
sum=0
xPower=1
for a in aa:
    item=a*xPower
    sum=sum+item
    xPower*=x
print('%s=%d'%(polynomial.rstrip('+'),sum))
```

按方案 3 编写的程序的递推求值部分如下。

```
#秦九韶算法求解 y=(…((aa[n]·x+aa[n-1])·x+…+aa[1]) ·x+aa[0]
aa.reverse()
y=0
#从 1 次项起，逐个计算并累加各项，然后输出求值结果
for a in aa:
    y=y*x+a
```

3．程序运行结果

程序的一次运行结果如下。

```
>>>
项数n=? 6
0次项系数a0=? 7
1次项系数a1=? -6
2次项系数a2=? 3
3次项系数a3=? -4
4次项系数a4=? -5
5次项系数a5=? 2
自变量x=? 5
y=(7.000000*x^0)+(-6.000000*x^1)+(3.000000*x^2)+(-4.000000*x^3)
+(-5.000000*x^4)+(2.000000*x^5)=2677
>>>
```

实验指导 3

本节安排以下两个实验。

实验 3-1 侧重于对三种基本结构的认识与使用。通过本实验可以掌握使用三种基本结构编写程序来实现算法的一般方法。

实验 3-2 主要练习递推法（或迭代法）的程序实现。通过三个程序的编写和运行，可以深入了解递推法的特点及程序实现这种典型算法的一般方法。

实验 3-1　三种基本结构

本实验中，需要编写 5 个程序：选择结构实现一个正整数的自加或自乘；选择多重结构将学生百分制考试成绩转换为对应等级制成绩；通过循环结构和选择结构的嵌套，输入多个数字并找出其中的最大数和最小数；通过循环结构和选择结构的嵌套，统计一个字符串中小写英文字母的个数；通过循环结构和选择结构的嵌套，输入并验证密码。

1. 一个正整数的自加或自乘

【程序的功能】

输入一个 100 以内的正整数，若为奇数则自加并输出结果，若为偶数则自乘并输出结果。

【算法】

本程序按顺序执行以下操作。

(1) 变量 x←输入 100 以内的正整数
(2) 判断 x%2!=0 ？
　　　　若是，则 x 自加（x++）并输出
　　　　否则 x 自乘（x*=x）并输出
(3) 算法结束

2. 将百分制的学生成绩转换为对应等级制成绩

【程序的功能】

输入一名学生的百分制考试成绩，按以下规定将其转换为对应等级制成绩（分为优秀、良好、中等、及格和不及格）。

　　　　优秀：100～90 分；
　　　　良好：80～89 分；
　　　　中等：70～79 分；
　　　　及格：60～69 分；
　　　　不及格：60 分以下。

【算法】

本程序按顺序执行以下操作。

(1) mark←百分制分数
(2) 判断 mark≥90? 若是，则
　　　　grade←"优秀"
　　否则判断 mark≥80? 若是，则
　　　　grade←"良好"
　　否则判断 mark≥70? 若是，则
　　　　grade←"中等"
　　否则判断 mark≥60? 若是，则
　　　　grade←"及格"
　　否则
　　　　grade←"不及格"
(3) 输出 grade
(4) 算法结束

3. 输入多个数字并找出其中的最大数与最小数

【程序的功能】

输入 20 个从−10 到 100 之间的数，输出其中的最大数和最小数。

【算法】

本程序按顺序执行以下操作。

(1) 最大数 max←初值−10
　　最小数 min←初值 100
　　循环变量 i←1
(2) x←输入一个浮点数
(3) 判断 x>max? 若是，则
　　　　max←新的最大数 x
(4) 判断 x<min? 若是，则

```
        min←新的最小数 x
(5) i←i+1
(6) 判断 i<20? 若是，则
            转向(2)
(7) 输出最大数
    输出最小数
(8) 算法结束
```

4．统计字符串中的小写英文字母的个数

【程序的功能】

给定的字符串中含有大/小写英文字母和数字。在统计小写英文字母个数的过程中，需要在遇到大写英文字母时跳过执行统计功能的语句，并在遇到数字时终止循环。

【算法】

本程序按顺序执行以下操作。

```
(1) 计数器 k←0
(2) 循环 Char 从字符串"NewStaff98"的首字符到末字符
    -(1) 判断 是数字吗? 若是则
                跳出循环
    -(2) 判断 是大写英文字母吗? 若是则
                中止本次，直接开始下一次循环
    -(3) 计数器 k+1
(3) 输出小写英文字母的个数 k
(4) 算法结束
```

其中，两个选择结构中的条件为"Char>='0' and Char<='9'"和"Char>='A' and Char<='Z'"。

5．输入并验证密码

【程序的功能】

输入 6 位密码时，若输入的字符串长度小于 6，则要求重新输入。当输入的字符串长度等于 6 时，判断密码是否正确，若正确则中止循环；否则提示有错误并要求重新输入。若三次输入都不正确，则延时 2s 后中止循环。

【算法】

本程序按顺序执行以下操作。

```
(1) 导入 time 模块
(2) password←密码字符串
(3) 循环 i 从 1 到 4
    -(1) strInput←输入 6 个字符的密码
    -(2) 判断 strInput 少于 6 个字符? 若是则
                中止本次，直接开始下一次循环
    -(3) 判断 strInput=password? 若是则
                输出"密码正确。请稍等!"
                跳出循环
        否则判断 i<3?
                输出"密码有误!"
        否则
                延时 2s
                跳出循环
(4) 算法结束
```

其中，延时 2s 的语句是

```
time.sleep(2)
```

实验 3-2　递推法、迭代法及其他算法

本实验中，需要编写 6 个程序：使用倒推法求植树问题；使用穷举法求两个整数的最大公约数；使用辗转相除法（也属于迭代法）求两个整数的最大公约数；使用循环法求水仙花数；使用迭代法求 sinx 的值；使用迭代法求级数和。

💡注：迭代法的基本思想是：不断地由前一个结果推演出后一个结果，而且每次都将推演结果赋给同样的迭代变量，作为下一次推演的依据，直到满足既定需求为止。

1．倒推法求植树问题

【程序的功能】

已知 6 人植树，第 1 人说比第 2 人多植了 2 棵；第 2 人说比第 3 人多植了 2 棵；依此类推，前 5 人都说比另一人多植了 2 棵。最后，第 6 人说自己植了 10 棵。问第 1 人植了多少棵树？

【算法】

本程序采用倒推法，按顺序执行以下操作。

(1) a←10
(2) 循环 i 从 1 到 5
　　　　a←a+2
(3) 输出 a
(4) 算法结束

2．穷举法求两个整数的最大公约数

【程序的功能】

穷举法求两个整数的最大公约数：用两个数中较小的一个数作为测试数，试除 m 或 n。若能同时整除，则测试数即为最大公约数；若不能整除，则测试数减 1，再继续试除，依此类推。如此反复，直到测试数能够同时整除 m 和 n 为止，此时的测试数即为最大公约数。

【算法】

假定用变量 i 作为测试数，i 的初始值为 n，本程序按顺序执行以下操作。

(1) m、n←输入两个自然数
(2) 判断 m<n？若是则
　　　　m 和 n 互换
(3) i←n
(4) 判断 m/i 余 0 且 n/i 余 0？若是，则
　　　　转到(7)
(5) i←i-1
(6) 转到(4)
(7) 输出最大公约数 i
(8) 算法结束

3．辗转相除法求两个整数的最大公约数

【程序的功能】

利用辗转相除法求两个数的最大公约数：用较小的数除以较大的数，当余数不为零时，

再将除数作为下一步的被除数，余数作为下一步的除数，继续进行除法运算，直到余数为 0 时停止。输出最后的除数作为这两个数的最大公约数。

【算法】

假定变量 m、n 和 r 分别表示被除数、除数和余数，则本程序按顺序执行以下操作。

```
(1) m、n←输入两个自然数
(2) 判断m<n？若是，则
            m 和 n 互换
(3) r←m/n 的余数
(4) 判断 r=0？若是，则
                转到(6)
        否则
            m←n
            n←r
(5) 转到(3)
(6) 输出最大公约数 n
(7) 算法结束
```

4. 循环法求水仙花数

【程序的功能】

若一个三位数的个位数、十位数和百位数的立方和等于该数本身，则称该数为水仙花数。本程序的功能是求出所有水仙花数。

【算法】

本程序按顺序执行以下操作。

```
循环 n 从 100～999
    (1) i、j、k ← 取出百位、十位、个位上数字
    (2) 判断 整数n=3 位上数字的立方和？若等于该数本身则
            输出水仙花数 n
```

5. 迭代法计算 sinx 的值

【程序的功能】

按照等式

$$\sin x = x - \frac{x^3}{3!} + \frac{x^5}{5!} - \frac{x^7}{7!} + ... + \frac{(-1)^n x^{2n+1}}{(2n+1)!}$$

并通过逐个计算当前项及累加和的方式得出正弦函数的值，并在当前项的绝对值小于 10^{-7} 时终止计算。

【算法】

进行级数求和时，可依据俗称为"累加器"的算法来编写程序。这种程序的基本结构相同，其个体差异主要在于循环结束的条件和当前项的计算方法。书写条件时，应尽量简短且易于理解。

本程序按顺序执行以下操作。

```
(1) 自变量 x←输入浮点数
(2) 项数 n←初值 1，当前项 u←初值 x，累加和 sum←初值 x
(3) 当前项 u←计算-u/(2*n)/(2*n+1)*x*x
(4) 累加和 sum←计算 sum+u
(5) 项数 n 加 1
```

(6) 判断 ｜当前项 u｜ ≥ 10^(−7) ？若是则
　　　　转到(3)
(7) 输出累加和 sum 作为 sinx 的值
(8) 算法结束

6．迭代法求级数和

【程序的功能】

求解 $\text{sum} = \dfrac{1}{1\times 2} - \dfrac{1}{2\times 3} + \dfrac{1}{3\times 4} - \dfrac{1}{4\times 5} + \cdots - \dfrac{1}{(k-1)\times k} + \dfrac{1}{k\times(k+1)} - \cdots$，要求，当 $\dfrac{1}{n\times(n+1)}$ <0.0001 时终止计算。

【算法】

略

第4章

函数

函数是实现特定功能的代码块，必要时，使用函数名及一组参数来调用执行，得到预期的结果。Python 程序中使用的函数大体上分为两种：一种是 Python 系统中内置的函数，如 ord()、print()等，这些函数可直接使用；另一种是用户自定义函数。

函数可以嵌套定义和调用，即在一个函数中定义或者调用另一个函数，从而实现较为复杂的算法；也可以递归调用，即在一个函数中调用自身，从而实现递归定义的算法或者解决便于递归求解的问题。

Python 语言提供了匿名函数、高阶函数及函数的递归调用等多种手段，用于编写函数式程序。这种程序中的函数与其他数据类型一样，既可赋值给变量，又可作为参数传入另一个函数，还可作为其他函数的返回值；程序中用表达式代替语句，其中每一步都是有返回值的单纯运算；程序中为了避免修改变量尤其是全局变量的值，不使用变量而使用参数来保存程序运行时的各种"状态"，函数成为无"副作用"而只返回新值的纯函数。函数式程序是由函数组合起来且以计算执行所有任务的，其中函数的运行不依赖外部变量或"状态"而只依赖于输入的参数。函数中只要参数相同，调用后得到的返回值必然相同，从而使函数具备了错误少、易于理解及便于模块化组合等多种优点。

4.1 函数及函数的参数

程序设计过程中，常将一些经常使用的程序代码定义为函数，以备必要时调用执行，使得设计好的代码能够重复使用。设计较为复杂的程序时，也可将其划分为若干个相互独立的功能模块，分别用不同的函数来实现，从而降低程序设计的难度，并使得设计出来的程序具有较好的结构和可读性。

从语法上来说，函数有几个要素：函数名、参数表（0 个到多个参数）、作用域（访问权限）和函数体。一般来说，函数功能是由函数体中的一系列语句来实现的，其中往往包含结束函数运行将返回执行结果的语句。

4.1.1 函数的定义和调用

用户自定义函数的方法是：指定函数名、参数（自变量）的个数和顺序，以及函数应该执行的一系列语句。必要时，用合适的数据和指定的格式来调用已有的函数，即可实现特定的功能，从而避免重复编写这些语句的麻烦。函数可以反复调用，每次调用时都可以提供不同的数据作为输入，实现基于不同数据的标准化处理。

1. 函数的定义

定义函数的一般形式为

```
def   <函数名> (<形式参数表>) :
    <函数体>
```

Python 中函数的定义由 def 关键字引出，其后跟一个函数名和一对括号，括号中可以包含一些以逗号隔开的变量名（称为形式参数），该行以冒号结尾。接下来是一组称为函数体的语句，其中第一行语句可以是一个字符串。

例如，以下代码定义了名为 printStr 的函数，它有两个参数 str 和 n。

```
def printStr(str,n):
    "输出 str 字符串 n 遍"
    for i in range(n):
        print(str)
```

2. 函数的返回值

若函数有返回值，则使用语句

```
return   <表达式>
```

将其值赋予函数名。

return 语句的功能是：在退出函数时，选择性地向调用方返回一个值、一个表达式或者由多个返回值组成的元组。其中，不带参数值的 return 语句返回 none，若函数不需要返回值，则可以不写 return 语句。例如，以下代码定义了名为 nFunc 的函数，它有两个参数 x1 和 x2，其返回值为 y1 和 y2。

```
def nFunc(x1,x2):
    y1=x1+x2
    y2=x1*x2
    return y1,y2
```

注：与 C 语言等多数语言相同，Python 函数返回的是一个值或者对象。这里的 nFunc() 返回的是一个元组。但因元组不需要带括号，看起来好像可以返回多个对象。

3. 函数的调用

用户自定义函数的调用方法与 Python 的内置函数相同，即在语句中直接使用函数名，并在其后的括号中包含实际参数（参数间用逗号隔开），其中括号是必不可少的。

例如，以下代码调用 printStr()，三次打印"Hello Python!"字符串。

```
printStr('Hello Python!',3)
```

又如，以下代码以两个整数作为参数，调用 nFunc()并显示其结果。

```
a,b=nFunc(2,3)
print('a =',a,'; b =',b)
```

例 4-1　求两个数中的较大数。

本例首先定义一个求两个数中较大数的通用函数，然后多次调用该函数求两个指定常数、字符或变量的最大值。

```
#例 4-1_ 函数的定义
```

```
import random
#定义函数——求 a 和 b 两个变量中的较大值
def abMax(a,b):
    if a<b:
        a=b
    return a
#两个常数作为实参调用函数
print( "%s 和%s 中较大的数为%s" % ('A','a',abMax('A','a')) )
#用户输入的两个变量作为实参调用函数
x=int(input('第一个整数 x=? '))
y=int(input('第二个整数 y=? '))
xyMax=abMax(x,y)
print( "%d 和%d 中较大的数为%d" % (x,y,xyMax))
#两个随机变量作为实参调用函数
x=random.uniform(10,20)
y=random.uniform(10,20)
print( "随机数%d 和%d 中较大的数为%d" % (x,y,abMax(x,y)) )
```

在该程序中，需要注意以下三点。

（1）若定义了函数，则就可以调用该函数了。Python 不允许前向引用，即不能在函数定义之前调用该函数。例如，若函数 abMax 的定义放在调用它的语句之后，则程序运行时将会出现以下错误提示（即 abMax 未定义）。

```
>>>
Traceback (most recent call last):
  File "C:\Users\DeLL\Desktop\Python程序设计基础与实践\Python程序源码\函数的定义和调用
.py", line 3, in <module>
    abMax(a,b)
NameError: name 'abMax' is not defined
>>>
```

（2）内置函数 random.uniform(10,20)的作用为：生成一个 10 到 20 之间的随机整数。也可使用 random.random()生成一个 0 到 1 的随机小数；或者使用 random.randint(10, 20)函数生成一个 10 到 20 的随机整数。若使用该函数，则需要导入 random 模块。

注：可用 seed()给随机数对象一个种子值，改变所产生的随机数序列。也就是说，若是同一个种子值，则多次运行所产生的随机数序列是相同的。当 seed()省略参数时，通常将时间秒数等变化值作为种子值。

（3）三次调用 abMax()时，分别使用不同类型的数据，各自返回相应类型的结果。可以看出，字符比较大小的依据是字符的 ASCII 码，其码值越大，字符越大。

本程序的一次运行结果如下。

```
>>>
A和a中较大的数为a
第一个整数 x=?  15
第二个整数 y=?  19
15和19中较大的数为19
随机数18和15中较大的数为18
>>>
```

4.1.2 参数的传递

函数定义时使用的形参并不是具有值的变量，可将其看成"点位符"。只有当函数被调用时，形参才能通过相应实参得到调用者传递过来的值，从而参与函数内部的操作。

Python 程序中，函数调用时传递的是对象的引用，若形参指向了与相应实参不同的对象，则不会影响实参；若形参通过传递来的引用修改了对象的内容，则实参便会随之改变，这是因为形参与实参指向的是同一个对象。

1．可变类型与不可变类型

在 Python 中，数据类型属于对象，变量是没有数据类型的。例如，语句

```
a=[5,6,7]
```

中的变量 a 是没有类型的，它只是一个列表类型对象[5,6,7]的引用，可以将其当成一个指向该对象的指针。若其后又执行了语句

```
a="jyWang"
```

则又成为一个字符串类型对象"jyWang"的引用。

Python 中的字符串、元组和数值均属于不可变类型。例如，先以 a=5 为变量 a 赋 5，再以 a=10 为变量 a 赋 10。实际上是新生成一个整型值对象 10，再使 a 指向这个对象，而整型值对象 5 被丢弃了。即新生成了 a，而不是改变了 a 的值。

Python 中的列表、字典等是可变类型。例如，先以 al=[1,2,3]为变量 al 赋列表值[1,2,3]，再以 al[2]=5 更改列表第三个元素的值。注意，变量 al 并未改变，只是内部有些值改变了。

2．参数的传递

若函数 fun(a)的参数 a 属于不可变数据类型（如整数、字符串和元组），则所传递的是 a 的值，fun 内部修改 a 的值时，只修改复制的对象而不影响 a 本身；若参数 a 属于可变数据类型（如列表、字典等），则传递的是 a 本身，修改后 a 的值就变了。

例 4-2　不同数据类型的参数。

下列程序中，定义了包含整型参数的函数 intFun、输出形参及调用前后的实参值。

```
#例 4-2_1 含有整型参数的函数
def intFun(a):
    a=10
    print('intFun 函数的整型形参 a=%d'%a)
b=2
print('调用 intFun 函数前的整型实参 b=%d'%b)
intFun(b)
print('调用 intFun 函数后的整型实参 b=%d'%b)
```

程序的运行结果如下。

```
>>>
调用intFun函数前的整型实参b=2
intFun函数的整型形参a=10
调用intFun函数后的整型实参b=2
>>>
```

下列程序中，定义了包含列表型参数的函数 listFun()、输出形参及调用前后的实参值。

```
#例 4-2_2 含有列表型参数的函数
def listFun(a):
    "修改传入的列表"
    a.append([1,2,3])
    print("listFun 函数的形参 a =",a)
b=[10,20,30]
print("调用 listFun 函数前的实参 b =",b)
listFun(b)
print("调用 listFun 函数后的实参 b =",b)
```

程序的运行结果如下。

```
>>>
调用listFun函数前的实参 b = [10, 20, 30]
listFun函数的形参 a = [10, 20, 30, [1, 2, 3]]
调用listFun函数后的实参 b = [10, 20, 30, [1, 2, 3]]
>>>
```

4.1.3 参数的种类

函数的形参表是由调用时传入函数的所有参数组成的集合。其中，形参的形态（如个数、顺序及每个形参的格式、数据类型等）都可以按照实际需求灵活编排。调用函数时，相应实参要与形参的形态匹配，才能顺利执行。

Python 函数的参数形态很灵活，既可以实现简单的调用，又可以传递非常复杂的参数，这些参数可分为 4 种：位置参数、默认参数、命名（关键字）参数和不定长参数。

1. 位置参数

对于位置参数，实参、形参的个数和顺序必须一致，否则就会报错。例如，假定函数 stu 的定义为

```
def stu(name, age, tel) :
```

则当调用该函数时，必须按 name、age 和 tel 的顺序传入三个参数。如

```
stu('ypZhang',18,'13086007800')
```

这里的实参按顺序匹配形参，即

```
name='ypZhang', age=18, tel='13086007800'
```

2. 默认参数

定义函数时，可将一个初始值赋予某个参数，成为默认参数。此后调用函数时，若不传入默认参数的值，则直接使用其默认值。例如，假定 sum()定义为

```
def sum(x, y, z=100) :
    return x+y+z
```

则当调用 sum 函数时，可以省略参数 z，即

```
sum(y = 10, x = 5)
```

需要注意的是：

- 默认参数必须指向不变对象，如数字、字符串和元组。
- 默认参数必须放在所有非默认参数的后面。

3. 命名参数

若在调用函数时指定参数的名称，则该参数为命名参数或关键字参数，即按照参数名来传递参数。例如，假定函数 xAddy()定义为

```
def xAddy(x,y):
    return x+y
```

则调用函数时，命名参数的顺序不必与相应形参的顺序一致，即

```
xAddy(y=5,x=3)
```

又如，假定函数定义为

```
def aORb(x,y,z):
    return x if x+y>z else y
```

则调用函数时，命名参数要放在非命名参数的后面，即

```
aORb(9,10,z=15)
```

4．不定长参数

若需要处理的参数个数不确定，则可使用不定长参数。因为运行前无法预知参数个数，所以不定长参数并不在函数定义时显式命名。Python 中允许使用以下两种不定长参数。

（1）以"*"开头的参数代表一个任意长度的元组，可接收连续一串参数。

（2）以两个"*"开头的参数代表一个字典，参数的形式是"key=value"，接收连续任意多个参数。

其中，元组不定长参数的传递方式与普通参数的传递方式相同；而字典不定长参数中的元素是由键值对组成的，需要传递键值表达式。

例 4-3 不定长参数的使用。

下列代码中，定义了包含元组不定长参数的函数 f1()，并两次调用 f1()，即

```
#例 4-3_1 包含元组不定长参数的函数
def f1( x,*args ):
    print( x,args )
f1( 10 )
f1( 'zhang',19,'信计 81','100%',98 )
```

其运行结果如下。

```
>>>
10 ()
zhang (19, '信计81', '100%', 98)
>>>
```

下列代码中，定义了包含字典不定长参数的函数 f2()，并两次调用 f1()，即

```
#例 4-3_2 包含字典不定长参数的函数
def f2( x,*args,**kargs ):
    print( x,args,kargs )
f2(18)
f2( 'wang',20,'统计 71',93,'98%',期中=80,作业='良' )
```

其运行结果如下。

```
>>>
18 () {}
wang (20, '统计71', 93, '98%') {'期中': 80, '作业': '良'}
>>>
```

4.2 函数的嵌套与递归调用

函数的嵌套与递归调用是结构化程序设计的重要方法。理想的嵌套方式是在一个函数内包含另一个函数，被包含的函数又包含下一层函数，依此类推，形成一层套一层的程序结构。Python 程序中，通过函数的嵌套调用或者嵌套定义来实现函数的嵌套结构。

函数的递归调用是在一个函数的内部调用自身，或者两个函数互相调用而形成程序中的递归结构。这种结构适合处理那些蕴含递归关系的问题。

4.2.1 函数的嵌套

Python 程序中，既允许函数的嵌套调用，即在一个函数中调用另一个函数，又允许函数嵌套定义，即在一个函数内部定义另一个函数。

1．函数的嵌套调用

在一个函数中，可以调用另一个已定义的函数。例如：

```
def b():    #定义 b 函数
    …
def a():    #定义 a 函数
    …
    b()     #在 a 函数中调用 b 函数
    …
…
a()
…
```

当执行调用 a 函数的语句时，转去执行 a 函数；当在 a 函数中调用 b 函数时，又转去执行 b 函数。b 函数执行完毕后，返回 a 函数的断点（调用 b 函数语句的下一句）继续执行；a 函数执行完毕后，返回调用 a 函数语句的下一句继续执行。函数嵌套调用的执行过程如图 4-1 所示。

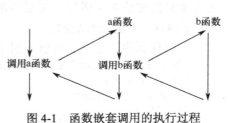

图 4-1 函数嵌套调用的执行过程

例 4-4 求三个整数中的最小数。

本例中，先定义 min2()，用于找出两个整数中的最小数；再定义 min3()，在其中调用 min2()，找出三个整数中的最小数。

```
def min2(x,y):
    return x if x<=y else y
def min3(a,b,c):
    min=min2(a,b)
    min=min2(min,c)
    return min
n1,n2,n3=map(int,input('三个整数 n1、n2、n3（空格分隔）=? ').split())
print( min3(n1,n2,n3) )
```

程序的一次执行结果如下：
```
>>>
三个整数n1、n2、n3（空格分隔）=?  9 10 -2
-2
>>>
```

2．函数的嵌套定义

若一个函数中定义了另一个函数，则内嵌函数必须完全包含在外层函数中。例如

```
def f1():               #定义 f1()
    …
    def f2():           #在 f1()中定义 f2()
        …
    …
    f2()                #在 f1()中调用 f2()
    …
```

该程序中的 f2()完全包含在 f1()中。

在这种情况下，内嵌函数中定义的变量只在本函数内有效。内嵌函数可以访问外层函数中定义的变量，但不能重新赋值。

例 4-5 在一个函数中定义另一个函数。

- 定义外层函数 outer()，其中既包含整型变量 xOuter，又包含内嵌函数 inner()。
- 在 inner()中，包含整型变量 xInner。

- 在内嵌函数 inner()后，调用 inner()为外层函数中的变量重新赋值。

```
#例 4-5 嵌套定义的函数
def outer():
    xOuter=10
    print( 'xOuter=%d' % xOuter )
    def inner():
        xInner=xOuter-5
        print( 'xInner=xOuter-5=%d' % xInner )
        return xInner
    xOuter=xOuter+inner()
    print( 'xOuter=xOuter+inner()=xOuter+xInner=%d' % xOuter )
outer()
```

程序的运行结果如下。

```
>>>
xOuter=10
xInner=xOuter-5=5
xOuter=xOuter+inner()=xOuter+xInner=15
>>>
```

例 4-6　函数的多层嵌套及并列的内嵌函数。

在函数的内嵌函数中，可以再包含内嵌函数。但某层的几个并列内嵌函数中，只有最前面的函数有效。

以下代码中，外层函数 a()中包含内嵌函数 b()和内嵌函数 f()，内嵌函数 b()中又包含内嵌函数 c()。注意，内嵌函数 f()是不能执行的。

```
#例 4-6 多层嵌套定义的函数
def a():
    def b(name='ypZhang'):
        def c():
            print('姓名: %s' % name)
            return '姓名: %s' % name
        return c
    return b
    def f (id=1):
        print('编号: %s' % id)
        return '编号: %s' % id
    return f
#嵌套调用方法
a()()()
```

程序的运行结果如下。

```
>>>
姓名: ypZhang
>>>
```

4.2.2　变量的作用域

一个变量的作用域（即程序中可操作该变量的范围）取决于它的定义所在的位置或者形式。按照变量的作用域，可将其分为局部变量、全局变量等多种类型。

1. 局部变量

函数内部定义的变量是局部变量。这种变量只能在定义它的函数内部访问。局部变量仅当函数运行时存在，一旦退出函数，就会随之销毁。

例 4-7 局部变量的使用。

下列代码中，sumFun()内定义了 y 变量，sumFun()外也定义了 y 变量。函数内的 y 变量是局部变量，只能在函数内访问。即使函数外定义了同名的 y 变量，也不会影响函数内 y 变量的值。

```
#例 4-7 局部变量的使用
def sumFun(a,b):
    y=2*a+b          #函数内定义 y 变量
    print('函数内 y=%d'%y)
y=3    #函数外也定义 y 变量
sumFun(5,6)
print('函数外 y=%d'%y)
```

程序的运行结果如下。
```
>>>
函数内y=16
函数外y=3
>>>
```

例 4-8 可变类型参数的使用。

下列代码中，varFun()的两个形参都是可变类型参数，函数内改变了参数 v1 的值，并为参数 v2 重新赋值。函数调用后，形参 v1 的值传递给了相应实参，而形参 v2 的值并未影响相应实参。

```
#例 4-8 可变类型参数的使用
def varFun(v1,v2):
    v1.append(100)        #函数内改变可变类型形参的值
    v2=[5,6,7,8,9]        #函数内为可变类型形参重新赋值
a=[1,2]                   #函数外定义准备作实参的变量
b=['a','b','c']           #函数外定义准备作实参的变量
varFun(a,b)               #可变类型变量作实参调用函数
print('a=',a,'\tb=',b)    #输出曾用作实参的可变类型变量的值
```

程序的运行结果如下。
```
>>>
a= [1, 2, 100]  b= ['a', 'b', 'c']
>>>
```

出现这种结果的原因是：虽然调用函数时参数传递的都是引用，且两个形参值都有所变化，但参数 v1 只是追加了部分内容，故当调用结束时，相应实参也随之改变；参数 v2 则被重新赋值，成为另一个引用，即一个局部变量，故对相应实参毫无影响。

2. 全局变量

全局变量是在函数外定义的，可以在整个程序范围内访问。全局变量不宜多用，否则，将会降低函数（或模块）的通用性及代码的可读性。

若要在一个函数中修改函数外的全局变量，则需要使用 global 关键字来声明全局变量。

例 4-9 全局变量的使用。

在 sumFun2()中，以 global 为关键字声明了需要重新赋值的两个全局变量。

```
#例 4-9 全局变量的重新赋值
def sumFun2(x):
    global a,b    #声明全局变量
    a,b=3,9       #全局变量的重新赋值
    sum=x+a+b
```

```
    return sum
a=1     #定义全局变量
y=sumFun2(10)
print('a=%d\tb=%d\ty=%d'%(a,b,y))
```

程序的运行结果如下。

```
>>>
a=3        b=9        y=22
>>>
```

3. 嵌套作用域的变量

若要修改嵌套作用域（外层中定义）中的变量，则需要使用 nonlocal 关键字来声明该变量。

例 4-10　全局变量与外层变量的使用。

下列代码中，外部函数 outer() 以 global 关键字声明了全局变量 s1 并为其重新赋值；内嵌函数 inner() 以 nonlocal 关键字声明了外层变量 s2 并为其重新赋值。

```
#例4-10 嵌套作用域的全局变量
s1='hjkbcdgptvy'
def outer():
    global s1      #外部函数中声明全局变量
    s1='sOuter'
    print('外部函数中s1=%s'%s1)
    s2='aeiou'
    def inner():
        nonlocal s2    #内嵌函数中声明全局变量
        s2='sInner'
        print('内嵌函数中s2=%s'%s2)
    inner()
    print('外部函数中s2=%s'%s2)
outer()
print('函数外s1=%s'%s1)
```

程序的运行结果如下。

```
>>>
外部函数中s1=sOuter
内嵌函数中s2=sInner
外部函数中s2=sInner
函数外s1=sOuter
>>>
```

4.2.3　函数的递归调用

若一个函数调用了自身，则称其为递归函数。

💡 注：除函数外，某些高级语言（如 Pascal）中的过程及其他子程序也可递归调用，因此，这里的"函数"也可以说成"子程序"。

数学上的某些函数可以进行如下递归定义。设有一个未知函数 $f()$，用其自身构成的已知函数 $g()$ 来定义

$$f(n) = \begin{cases} g(n, f(n-1)), & n > 0 \\ f(0) = a, & n = 0 \end{cases}$$

则称函数 $f()$ 为递归函数。其中，$f(n) = g(n, f(n-1))$ 为递归的定义（即递归关系的描述），$f(0) = a$ 称为递归边界（即递归结束的条件）。

递归求解 $f(n)$ 时，需要先求出 $f(n-1)$；而为了求 $f(n-1)$，需要先求出 $f(n-2)$；依此类推；为了求 $f(1)$，需要先求出 $f(0)$。由于 $f(0)$ 是已知的，因此可以从 $f(0)$ 推出 $f(1)$；再从 $f(1)$ 推出 $f(2)$；依此类推；再从 $f(n-1)$ 推出 $f(n)$。

递归的本质是将规模较大的问题层层化解，将其转化成较为简单、规模较小的类似问题，从而解决原来的问题。数学上常采用递归的方法来定义一些概念。而高级语言的函数递归调用正好提供了与数学语言一致的求解方法。高级语言（如 Python、C）允许函数直接调用或者间接调用（两子程序互相调用）自身。编写递归函数时，需要预先知道递归定义的公式及递归结束的条件。

例 4-11 利用递归求解 $n!$。

自然数 n 的阶乘可以递归定义为

$$n = \begin{cases} 1, & n = 0 \\ n(n-1)!, & n > 0 \end{cases}$$

按这个定义，可以编写出如下函数。

```python
def Factorial(n):
    if n<=0:
        return 1
    else:
        return n* Factorial(n-1)
```

若程序中要计算 5 的阶乘，则需要用语句

```python
print(Factorial(4))
```

调用 Factorial() 计算 4 的阶乘，其执行过程如下。

$$
\begin{aligned}
5! \quad &\to \quad 5\times\text{factor}(4) \\
&\to \quad 5\times4\times\text{factor}(3) \\
&\to \quad 5\times4\times3\times\text{factor}(2) \\
&\to \quad 5\times4\times3\times2\times\text{factor}(1) \\
&\to \quad 5\times4\times3\times2\times1\times\text{factor}(0) \\
&\to \quad 5\times4\times3\times2\times1\times\mathbf{1} \\
&\to \quad 5\times4\times3\times2\times\mathbf{1} \\
&\to \quad 5\times4\times3\times\mathbf{2} \\
&\to \quad 5\times4\times\mathbf{6} \\
&\to \quad 5\times\mathbf{24} \\
&\to \quad \mathbf{120}
\end{aligned}
$$

将递归求解 $n!$ 的过程分为以下两个阶段。

（1）第 1 阶段是"回推"，也就是"递"的过程：将 $n!$ 表示为 $(n-1)!$，再将 $(n-1)!$ 表示为 $(n-2)!$，依此类推，直到将 1! 表示为 0!。这时，0! 是已知的，不必再向前推了。

（2）第 2 阶段是递推，也就是"归"的过程：从 0! 推出 1!，从 1! 推出 2!，依此类推，一直推到 $n!$ 为止。

💡注：递归的本质是利用系统堆栈实现函数自身调用或者相互调用的过程。在逐步接近出口条件的每一步中，都将当前地址保存下来，并按照先进后出的顺序进行运算。

4.2.4　递归函数

程序设计语言中，直接或间接调用自身的函数称为递归函数。这样的递归函数通常必须满足以下条件。

（1）递归函数依据的是递归算法，也就是说，将待解决的问题转化为子问题求解，而子问题的求解方法与原问题的求解方法相同，只是规模与原问题不同。

（2）递归函数每次调用自身时，必须或者在某种意义上更接近该函数的解。

（3）必须有一个结束计算的准则。

递归方法一般适合求解以下问题。

（1）数据的定义形式是递归定义的。

例 4-12　求解裴波那契（Fibonacci）数列的递归函数。

裴波那契数列 F=0, 1, 1, 2, 3, 5, 8, 13, 21, 34, … 的特点为：前两项为 1，从第 3 项开始，每项为其前面两项之和。可定义为

$$f(n) = \begin{cases} 0, & n = 0 \\ 1, & n = 1 \\ f(n-1) + f(n-2), & n \geq 2 \end{cases}$$

按照该定义，可以编写以下函数。

```
def fibRecursion(n):
    "递归求解斐波那契序列的第 n 项"
    if n<2:
        return n
    return fibRecursion(n-1)+fibRecursion(n-2)
```

（2）问题的求解方法是按递归算法来实现的。

例 4-13　求解河内塔问题的递归函数。

河内塔问题是法国数学家 Edouard Lucas 于 1880 年设计的一道智力题。他假托古印度神话，有 64 个越往上越小的金盘和三座由钻石做成的塔。上帝先将所有金盘放在第一座塔上，命令牧师们按 "每次一个，小盘在大盘之上" 的规则将这些金盘移到第三座塔上。

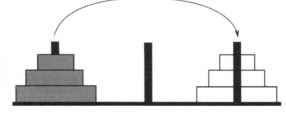

求解河内塔问题就是把 n 个金盘从左塔移动到右塔（中间为辅助塔）上，如图 4-2 所示。可按以下步骤移动。

图 4-2　河内塔问题

- 先将上面的 $(n-1)$ 个金盘从左塔移动到辅助塔。

- 再将最下面的大（第 n 个）金盘移动到右塔上。

- 最后将还在辅助塔上的 $(n-1)$ 个金盘移动到右塔上。

除中间一步外，其余两步都是移动 $(n-1)$ 个金盘，仍然要将该步再细分成 3 个步骤来完成。例如，将上面的 $(n-1)$ 个金盘从左塔移动到辅助塔上时，将原来的辅助塔当作目标塔，将原来的右塔当作辅助塔，并按以下步骤移动。

- 先把上面的 $(n-2)$ 个金盘从左塔移动到辅助塔上。

- 再将下面的次大（第 n–1 个）金盘移动到右塔上。
- 最后把还在辅助塔上的(n–2)个金盘移动到右塔上。

除中间一步外，其余两步都是移动(n–2)个金盘，仍然要将该步再细分成 3 个步骤来完成。依此类推。

按以上步骤，可以编写出下面的函数。

```python
def move(n,x,y):
    print('%d号金盘: %s 塔→%s 塔'%(n,x,y))
def hanoi(n,a,b,c):
    if n==1:
        move(n,a,c)
    else:
        hanoi(n-1,a,c,b)      #将(n-1)个金盘从左塔到辅助塔上
        move(n,a,c)           #将最下面的金盘从左塔到右塔上
        hanoi(n-1,b,a,c)      #将(n-1)个金盘从辅助塔到右塔上
```

（3）数据之间的结构关系是递归定义的。

例如，将数据组织成树状结构时，树的遍历操作就适合使用递归方法来求解。

4.2.5　尾递归

若一个递归方法中递归调用返回的结果总是被直接返回的，则称为尾递归。也就是说，尾递归函数中的递归调用是整个函数体中最后执行的语句而且它的返回值不是作为表达式的一部分出现的。尾递归是一种编程技巧，可用于改善函数递归调用的代码且便于编译器提高递归执行的效率。

1．尾递归的概念

在计算机科学中，尾调用指的是函数中最后一个操作是函数调用，即这个函数调用的返回值是直接由当前函数返回的。这时，这个调用位置就是尾位置。若一个函数在尾位置上调用自身（或者是尾调用自身的另一个函数），则这种情况称为尾递归。可见，尾递归是递归的一种特殊形式，也是一种特殊的尾调用形式。

提示：形式上，只要最后一个 return 语句返回的是一个完整函数，则它就是尾递归。

尾递归中，可以通过参数表达式的计算来完成普通递归调用过程中反复执行的（隐含执行的）一系列迭代操作，而且在每层调用执行时，参数表达式的计算都可以利用上一层的计算结果，从而避免普通递归调用过程中要将下层的结果再次返回给上层而由上层继续计算才得出结果的弊端。

2．尾递归与堆栈

递归调用是通过堆栈来实现的，每调用一次函数，系统都将函数中当前的使用变量、返回地址等信息保存为一个栈帧压入栈中，若处理的运算量很大或者数据很多，则可能导致有很多函数调用或者栈帧很大，这样不断地压栈，将会占用大量的存储空间甚至导致栈的溢出。

与普通递归相比，尾递归的函数递归调用是在函数的最后进行的，因而在此之前本次函数调用所累积的各种状态（局部变量等）对于递归调用结果已经没有意义了，完全可将本次函数调用保存在堆栈中的数据加以清除而将空间让给这个最后的函数递归调用。这就

避免了递归调用在堆栈上产生的堆积（累积的量会随着递归调用层次而急剧增大）。编译器可以利用这个特点来进行优化。当然，是否进行优化以及如何优化，不同的编译器甚至同一种编译器的不同版本都可能有所差别。

例 4-14　通过尾递归计算 $n!$。

在例 4-11 编写的递归函数中，函数体的最后一个 return 语句返回表达式

n*Factorial(n-1)

这是一个乘法运算而非函数调用，所以它不是尾递归。可将其改写成尾递归。改写后的程序如下。

```
#例4-14 通过尾递归计算 n!
def tailFact( n, a ):
    print("tailFact( ",n-1,",",a*n,") " )
    return a if n==1 else tailFact( n-1, a*n )
n=int(input("n=? "))
print( n,"!= ", tailFact( n, 1 ) )
```

程序的运行结果如下。

```
>>>
n=? 6
tailFact( 5 , 6 )
tailFact( 4 , 30 )
tailFact( 3 , 120 )
tailFact( 2 , 360 )
tailFact( 1 , 720 )
tailFact( 0 , 720 )
6 != 720
>>>
```

从运行结果中可以看出通过尾递归计算 6! 的过程。每层递推时的第 1 个参数就是本层调用的 n 值，第 2 个参数是上层调用时两个参数的乘积。这就在计算参数时完成了"迭代"操作，计算结果参与下一次计算，从而减少重复计算。

例 4-15　利用尾递归计算斐波那契序列的前 33 项。

将例 4-12 中求解斐波那契序列的程序改写成尾递归函数，在形参表中直接迭代求解出当前项之前的两项。改写后的函数及其调用语句如下。

```
#例4-15 利用尾递归计算斐波那契序列的前33项
def fibTailRecursion( n, f1, f2 ):
    "尾递归法求解斐波那契序列第 n 个数字"
    if n==0:
        return f1
    else:
        return fibTailRecursion( n-1, f2, f1+f2 )
for i in range(33):
    print( fibTailRecursion( i, 0, 1 ), end='\t' )
```

程序的运行结果如下。

```
>>>
0        1        1        2        3        5        8
13       21       34       55       89       144      233
377      610      987      1597     2584     4181     6765
10946    17711    28657    46368    75025    121393   196418
317811   514229   832040   1346269  2178309
>>>
```

4.3 函数式程序设计

函数式程序设计（Functional Programming）是一种程序设计"范式"。其基本方法是：使用一系列函数求解问题，函数只接收输入并产生输出。若调用时使用了相同的参数，则其结果一定是相同的。

💡 **注：** 可简单地将函数式程序设计看成面向对象程序设计（第 5 章）的对立方法。对象通常包含内部状态（字段）和多个操纵（取值、赋值、修改）这些状态的函数，程序中包含一系列不断修改状态的代码。函数式程序设计反其道而行之，极力避免状态改动，并通过在函数间传递数据流来工作。

Python 并非专门的函数式程序设计语言，但提供了列表解析、匿名函数（lambda 表达式）、函数的递归调用，以及内建函数 filter()、map()和 reduce()等，可以编写出主要由函数和表达式构成甚至只包含函数和表达式的函数式程序。

4.3.1 函数式程序中的函数

函数式程序设计的初衷是：用计算来表示程序，用计算的组合来表达程序的组合。而非函数式程序设计则习惯于用命令（或指令、语句）来表示程序，用命令的顺序执行来表达程序的组合。

💡 **注：** 函数式程序设计的特点有助于更快地编写出简捷且不易出错的代码；而且理论工作者发现，函数式程序的形式化特点使其证明比命令式程序的证明简单。

在 Python 程序中，函数的参数是变量，而且变量可以指向函数，因此，一个函数的参数也可以是另一个函数。能接受函数作为参数的函数称为高阶函数。

1．函数式程序中的函数和变量

在函数式程序中，函数和变量都与命令式程序存在以下不同。

（1）函数占有首要地位：施加于"数据"上的操作，都可以施加于函数本身，例如，可将函数作为参数传递给另一个函数。

（2）变量是不可变的：这样可以避免数据流动带来的副作用，不会依赖或改变当前函数以外的函数。也就是说，放弃了命令式程序的常规做法，即为变量赋值后，为了跟踪程序的运行状态，又赋予其另一个值，因而变量很容易获取非期望值。

（3）函数可以像变量一样使用：函数可以赋予某个变量，或像变量一样传递，或在函数中嵌套某个函数。

简而言之，若程序是完全用计算来表示的，而且在将各子部分组合成最终程序的过程中，使用的也是计算的组合，则可认为是函数式程序设计。

例 4-16 求两个整数的绝对值之和。

先按前面惯用的方式编写第一个程序。

```
#例 4-16_1
def absAdd():
```

```
        a=int(input('被加数 a=? '))
        b=int(input('加数 b=? '))
        y=abs(a)+abs(b)
        print("|%d|+|%d|=%d"% (a,b,y))
absAdd()
```

在该程序中，用命令（语句）来表示程序，用命令的顺序执行来表示程序的组合，因此该程序不属于函数式程序。

将第一个程序改写成第二个程序。

```
#例 4-16_2
def absAdd(a,b):
    return abs(a)+abs(b)
def main():
    a=int(input('被加数 a=? '))
    b=int(input('加数 b=? '))
    print( "|%d|+|%d|=%d"% (a,b,absAdd(a,b)) )
main()
```

在该程序中，完全是用函数来表示程序的，程序中各部分的组合也是用函数的组合来表示的，因此该程序是采用函数式程序设计方法设计出来的函数式程序。

也可将第一个程序改写成第三个程序。

```
#例 4-16_程序 3
def absAdd(a,b):
    add=abs(a)+abs(b)
    print("|%d|+|%d|="%(a,b), end='')
    return add
def main():
    a=int(input('被加数 a=? '))
    b=int(input('加数 b=? '))
    print(absAdd(a,b))
main()
```

在该程序中，虽然也用函数来表示程序，但函数内部却是用命令的顺序执行来实现的，不能算作函数式程序。

程序的执行结果如下。

```
>>>
被加数 a=?  -3
加数 b=?  15
|-3|+|15|=18
>>>
```

💡注：函数式程序与非函数式程序最终编译得到的机器码有可能是完全相同的，故区分函数式程序与非函数式程序的着眼点在于如何理解程序。也就是说，若要以逐步推进的计算而非指令的序列来完成任务，则是函数式程序设计。

2．高阶函数的使用

使用一个函数作为另一个函数的参数，可以编写高阶函数来解决问题。

例 4-17 使用同一个高阶函数，分别计算两个自然数的乘积和幂。

本例中，先定义将要作为参数的 mul()；再定义高阶函数 calFun()；然后分别用内置函

113

数 math.pow()和自定义函数 mul()作为参数，调用 calFun()完成计算任务。

```
#例 4-17_ 高阶函数的使用
import math
#定义函数
def mul(x,y):    #将作为参数的函数
    return x*y
def calFun(x,y,f):  #高阶函数
    return f(x,y)
#调用高阶函数并输出结果
a,b=6,3
print( 'calFun(%d,%d,math.pow(%d,%d))=%f'% (a,b,a,b,calFun(a,b,math.pow)) )
func=mul
print( 'calFun(%d,%d,func=%s(%d,%d))=%d'% (a,b,func.__name__,a,b,calFun
(a,b,func)) )
```

本程序中的"func.__name__"的功能为：测试 func 指向的函数的名称。

程序的运行结果如下。
```
>>>
calFun(6,3,math.pow(6,3))=216.000000
calFun(6,3,func=mul(6,3))=18
>>>
```

4.3.2 匿名函数

Python 允许定义一种单行的匿名函数。若需要函数对象作为参数，该函数比较简单且只能用一次，则可现场定义、直接使用该函数。定义这种函数的一般形式为：
```
labmda <形式参数表>：表达式
```
其中，lambda、表达式和形式参数表在同一行。

- 参数是位置参数，可有任意多个（用逗号分隔），也可省略。
- 表达式只有一个，若表达式是元组，则应在圆括号内。
- 表达式中不能包含分支或循环，但允许使用条件表达式。

1. lambda 表达式的使用

一个 lambda 表达式返回一个可调用的函数对象。若用合适的表达式调用这个 lambda 表达式，则可生成一个函数对象。在调用这个函数对象时，给定相同的参数，就会生成与相同表达式等价的结果。例如
```
sum=lambda x,y:x+y
```
定义了一个匿名函数，并将其赋值给变量 sum。其功能相当于常规函数
```
def sum(x,y):
    return x+y
```
调用匿名函数的语法与调用常规函数相同。例如
```
print(sum(5,6))
```
通过赋值了匿名函数的 sum 变量求得 5 和 6 相加的结果为 11。

💡注：常规函数在定义后是仍然存在的，这是因为被引用，而 lambda 表达式生成的函数对象将被立即回收，这是因为未被引用。

例 4-18 匿名函数的使用。

将例 4-12 中求解斐波那契序列的程序改写成尾递归函数,在形式参数表中直接迭代解出当前项之前的两项。改写后的函数及其调用语句如下。

```
#例4-18_ 匿名函数的使用
#通过变量调用匿名函数
f1=lambda a,b=5,c=6:a*a-b*c    #定义时使用默认参数
print( 'f1(11,10)=%d'% f1(11,10) )
print( 'f1(11,9,6)=%d'% f1(11,9,6) )
print( 'f1(c=11,a=19,b=10)=%d'% f1(c=11,a=19,b=10) )    #调用时使用命名参数
print( 'f1(f1(8),9)=%d'% f1(f1(8),9) )    #函数的嵌套调用
#匿名函数作为函数返回值
def fun():
    return lambda a,b:a*a+2*a*b+b*b
f2=fun()
print( 'f2(5,6)=%d'% f2(5,6) )
print( 'f2(f2(5,6),7)=%d'% f2(f2(5,6),7) )    #函数的嵌套调用
#匿名函数作为列表的元素
fList=[ lambda a,b:a+b, lambda a,b:a-b ]
print( 'fList=[%d,%d]'% ( fList[0](9,6), fList[1](9,6) ) )
```

程序的运行结果如下。

```
>>>
f1(11,10)=61
f1(11,9,6)=67
f1(c=11,a=19,b=10)=251
f1(f1(8),9)=1102
f2(5,6)=121
f2(f2(5,6),7)=16384
fList=[15,3]
>>>
```

2. lambda 表达式中的数据输出、选择功能及循环功能

lambda 表达式的主体必须是单个表达式而不是多个语句,故该表达式只能包含有限的逻辑。若想要将其用于输出数据、实现选择结构和循环结构等,可采用以下方式。

(1)输出数据时,导入 sys 模块后,使用以下表达式代替 print 语句,

`sys.stdout.write(str(x)+ '\n')`

(2)利用 if-else 三元表达式代替 if 分支语句,执行选择功能。

(3)利用列表解析或者高阶函数 map(见 4.3.3 节),执行循环功能。

例 4-19 对于序列中的每个元素,按照 $x'=\begin{cases}3x-1, & x为偶数\\2x, & x为奇数\end{cases}$ 的原则逐个求值,并输出每个新值。

根据题意,可编写以下命令式程序。

```
#例4-19_ 求解分段函数的命令式程序
for x in range(1,6):
    if x%2==0:
        print(3*x-1,end='\t')
    else:
        print(2*x,end='\t')
```

使用匿名函数、if-else 三元表达式和列表解析等方法,可将该程序改写成以下等效的函数式程序。

```
#例 4-19_ 求解分段函数的函数式程序
import sys
show=lambda a: sys.stdout.write( str(a)+'\t' )
ifShow=lambda b: show( 3*b-1 ) if b%2==0 else show( 2*b )
xList=[ ifShow(x) for x in range(1,6) ]
```

其中，第一个 lambda 表达式定义了输出一个变量的匿名函数；第二个 lambda 表达式定义了替换 if-else 分支语句的匿名函数，其中两处调用了第一个匿名函数；列表解析式中，调用第二个匿名函数，完成了逐个处理序列中元素的任务。

程序的运行结果如下。
```
>>>
2        5        6        11       10
>>>
```

4.3.3 内置高阶函数

Python 语言提供了几种内置的高阶函数，用于函数式程序设计，如表 4-1 所示。

表 4-1 用于函数式程序设计的内置高阶函数

内置高阶函数	返回值	功能
map(函数, 序列)	一个列表	将函数依次作用于列表中的每个元素，得到并返回一个新的列表
reduce(二元函数, 序列[, 初值])	一个值	将二元函数作用于给定序列中的每个元素，即 • 若有初值，则以初值和序列首元素为参数调用函数；否则以序列前两个元素为参数调用函数 • 依次从序列中取一个元素，与上一次调用函数的结果一起作参数，然后再次调用函数 • 如此循环，直到得到一个值，则返回该值
filter(函数, 序列)	—	序列中的每个元素依次作为参数传递给函数进行判断，得出 True 值或 False 值，并将所有得到 True 值的元素存入新序列中并返回

💡注：reduce() 是 Python 标准库 functools 中的高阶函数。functools 标准库提供了多个高阶函数，它们以函数为参数，并返回修改后的函数。

例 4-20 使用 map() 将字符串转换成首字母大写、其他字母小写的规范形式。

本例中，先定义具有规范字符串（首字母大写，其他字母小写）功能的 formatStr()；再调用 map()，通过 formatStr() 逐个操作序列中存放的所有字符串，形成新的列表，其中所有字符串都是规范形式。

```
例 4-20_ map() 的使用
def formatStr(s):
    formatS=s[0:1].upper()+s[1:].lower()
    return formatS
s1=map( formatStr, ('zhang','Wang','li','Liu','chen') )
s2=map( formatStr, ['length','areA','WeighT'] )
s3=map( formatStr, 'abcdefghijk' )
print( tuple(s1), list(s2), tuple(s3), sep='\n' )
```

其中，在输出 map() 的返回值之前，要用 list() 进行显示转换。

程序的运行结果如下。
```
>>>
('Zhang', 'Wang', 'Li', 'Liu', 'Chen')
['Length', 'Area', 'Weight']
('A', 'B', 'C', 'D', 'E', 'F', 'G', 'H', 'I', 'J', 'K')
>>>
```

例 4-21 使用 reduce() 求列表或元组中的元素加权累加和。

本例中，先编写一个函数，计算两个变量的加权和；然后调用 reduce()，以自定义函数逐个累加列表或元组中的所有元素，然后返回累加和。

例 4-21_ reduce() 的使用

```
import functools
def add(x,y):
    return 2*x+y
s1=(2,3,5,7,11,13,17,19)
s2=['a','B','c']
print(functools.reduce(add,s1))
print(functools.reduce(add,s2,'X'))
```

本程序中，在调用 reduce() 前需要导入 functools 模块。

程序的运行结果如下。

```
>>>
913
XXaXXaBXXaXXaBc
>>>
```

例 4-22 使用 filter() 查找一批整数中的所有奇数。

本例中，先编写一个函数，判断一个整数是否奇数；然后调用 filter()，通过该函数逐个"筛选"并输出一个整数列表中的所有奇数。

例 4-22_ filter() 的使用

```
import random
def isOdd(n):
    return n%2
nums=[]
for i in range(11):
    nums.append(random.randint(10,300))
oddList=list( filter( isOdd, nums ) )
print(oddList)
```

使用 filter() 的关键在于编写一个具有"筛选"功能的函数。本程序中的 isOdd() 就是"筛选"函数，该函数很简单，可用一个 lambda 表达式代替，据此重构的程序如下。

例 4-22_改 filter() 的使用

```
import random
nums=[]
for i in range(11):
    nums.append( random.randint(10,300) )
oddList=list( filter( lambda n: n%2, nums ) )
print( oddList )
```

程序的运行结果如下。

```
>>>
[297, 91, 153, 103, 59, 299, 61]
>>>
```

4.3.4 控制结构的函数式转换

在 Python 程序中，有效利用序列、字典及各种表达式的特点，通过匿名函数、高阶函数及函数的递归调用等各种方法，可将传统命令式程序中的控制结构（选择结构、循环结构）转换为函数式代码，从而编写出函数式程序。

1. if 分支语句的函数式转换

Python 中的逻辑表达式求值时，会进行"短路"处理，即在求值过程中，无论计算到什么地方，只要能够确定最终值，便不再考虑后面的内容。简而言之，有以下两种情况。

- 计算 f(x) and g(y)时，若 f(x)为 false，则不再执行 g(y)，直接返回 false。
- 计算 f(x) or g(y)时，若 f(x)为 true，则不再执行 g(y)，直接返回 true。

可据此将 if-elif-else 语句改写成等效的表达式。假设每个分支只调用一个函数，则很容易重构成这种形式，然后再改写。

例 4-23 使用匿名函数及逻辑表达式，将包含两个函数及多重分支语句的程序改写成函数式程序。

例 4-23_ 需要改写的程序
```
def f(s):
    return s
def ff(x):
    if x==1:
        return f("one")
    elif x==2:
        return f("two")
    else:
        return f("other")
print( ff(1),ff(2),ff(3),ff(4),ff(5) )
```

将 f()与 ff()分别改写成匿名函数，并将 ff()中的多分支语句改写成等价的逻辑表达式，改写后的等效函数式程序如下。

例 4-23_ 等效的函数式程序
```
f=lambda s:s
ff=lambda x: (x==1 and f("one")) or (x==2 and f("two")) or (f("other"))
print( ff(1),ff(2),ff(3),ff(4),ff(5) )
```

这里通过函数调用实现的功能与之前条件控制语句实现的功能完全相同，这种转换方法是通用的。程序的运行结果如下。
```
>>>
one two other other other
>>>
```

2. for 循环语句的函数式转换

将 for 语句转换为函数式代码时，可采用以下几种方法。

（1）for 语句和 map()的功能相同，都是逐个操作可迭代对象中的每个元素。很自然地，可使用 map()将 for 语句改写成函数式代码。

（2）通过函数的递归调用，将某些 for 语句转换为函数式代码。

（3）使用列表解析，将某些 for 语句转换为函数式代码。

例 4-24 将列表中的每个元素都乘以 2 再加上 1，形成新的列表。

本例中，完成指定任务的命令式程序如下。

例 4-24_ 需要改写的程序
```
y=[]
for x in [1,2,3,4,5]:
    y.append( 2*x+1 )
print( y )
```

使用匿名函数和 map()，可将该程序改写成以下等效的函数式程序。

例 4-24　等效的函数式程序

```
f=lambda x:2*x+1
y=map( f, [1,2,3,4,5] )
print( list(y) )
```

也可使用列表解析，改写成以下等效程序。

```
y=[ 2*x+1 for x in [1,2,3,4,5] ]
print( y )
```

本程序的运行结果如下。

```
>>>
[3, 5, 7, 9, 11]
>>>
```

例 4-25　求累加和 $\sum_{i=1}^{100} i = 1+2+\cdots+100$。

本例中，使用函数的递归调用，将执行主要操作的 for 循环语句转换成函数式代码。

例 4-25　需要改写的程序

```
xList=range(1,101)
def listSum(List):
    if not List:
        return 0
    else:
        sum=0
        for i in range(len(xList)):
            sum+=xList[i]
        return sum
print( listSum(xList))
```

改写后的等效函数式程序如下。

例 4-25　等效的函数式程序

```
xList=range( 1,101 )
def listSum( List ):
    if not List:
        return 0
    else:
        return List[0] + listSum( List[1:] )
print( listSum(xList) )
```

本程序运行后，显示累加和为 5050。

3. while 循环语句的函数式转换

while 循环语句的函数式替换比较复杂。

例 4-26　将 while 循环语句改写成函数式代码。

例 4-26　需要改写的程序

```
while True:
    x=int(input('变量 x=? '))
    if x<0:
        break
    else:
        print( 'y=2*%d+1=%d'%(x,2*x+1) )
```

改写后的等效函数式程序如下。

例 4-26　等效的函数式程序

```
def whileFunc():
    x=int(input('变量 x=?  '))
    if x<0:
        return 1
    else:
        print( 'y=2*%d+1=%d'% (x,2*x+1) )
    return 0
f=lambda: True and (whileFunc() or f() )
f()
```

其中，函数式的 f()循环采用了递归调用方式。

- 当 f()为 true 时，进入循环体，执行 whileFunc()。
- 当条件 x<0 为 true 时，返回 1，f()调用结束。
- 当 f()为 false 时，输出表达式 2x+1 的值，返回 0，然后继续执行右侧的 f()，从而实现递归调用。
- 若 f()始终为 false，则会持续递归调用 f()，这就实现了 while 语句中同样的功能。

本程序的运行结果如下。

```
>>>
变量 x=?  2
y=2*2+1=5
变量 x=?  3
y=2*3+1=7
变量 x=?  -1
>>>
```

4.3.5 闭包及装饰器

调用一个函数时，若该函数将其内部定义的函数作为返回值，则返回的函数称为闭包。换句话说，若在一个内部函数中，引用了外部作用域的非全局变量，这个内部函数就是闭包。

装饰器（Decorator）可理解为一种包装函数的函数，可为已有函数添加某些功能。装饰器也是一种闭包，但装饰器的参数是一个函数（或类），是专用于处理的函数（或类）。

1. 闭包

闭包是绑定了外部作用域的变量（非全局变量）的函数。大部分情况下，外部作用域指的是外部函数，所绑定的定义在外部函数内的变量称为自由变量。闭包包含了自身函数体和自由变量的"变量名的引用"。引用变量名意味着绑定的是变量名，而不是变量实际指向的对象。若给变量重新赋值，则闭包中访问的将是新值。

闭包是将函数的语句和执行环境一起打包得到的对象，在执行嵌套函数时，闭包将获取内部函数所需的整个环境，嵌套函数不必通过参数引入便可使用外层函数中的变量。

💡注：闭包使函数更加灵活、高效。每次运行到外部函数时，都会重新创建闭包，故所绑定的变量是不同的，不必担心新值覆盖旧闭包中绑定的变量。即使程序运行到外部函数以外的地方，但闭包仍然可见，这时所绑定的变量仍然有效。

返回闭包时应该注意：返回函数不要引用任何循环变量或者之后会变化的变量。

例 4-27 使用闭包构建计数器。

本例中，在外部函数中定义一个自由变量和一个内部函数，在内部函数中引用自由变量，为其增值并返回其值；外层函数返回闭包，即引用了自由变量的内部函数。

```
#例 4-27_使用闭包构建计数器
def counter( Start=0 ):
    Count=[Start]       #外部函数中定义自由变量
    def increase():     #定义内部函数
        Count[0]+=1
        return Count[0]
    return increase     #返回闭包
n1,n2=map( int, input('计数器：初值 n1=?  终值 n2=? ').split() )
nCount=counter( n1 )
for i in range( n1, n2 ):
    print( nCount(), end=' ' )
```

值得注意的是：将自由变量 Count 定义为列表但只使用其中首个元素。若将其定义为整型等不可变类型，则需要在内部函数中用 nonlocal 关键字加以说明。

程序的运行结果如下。

```
>>>
计数器：初值n1=?  终值n2=?  100 110
101    102    103    104    105    106    107    108    109    110
>>>
```

2. 装饰器

本质上，装饰器就是一种具有返回函数的高阶函数，可以在不更改代码的前提下为其他函数添加额外的功能。装饰器的参数是将要装饰的函数名（非函数调用），返回的是经过装饰的函数名，因此装饰器也是一种闭包。

装饰器最大的作用在于：对于已经写好的代码，抽离出一些雷同的代码，构建若干个具有特定功能的装饰器，然后根据需求的不同而使用不同的装饰器。由于源代码中去除了大量泛化的内容，其内部逻辑也会更加清晰。

例 4-28　使用装饰器，在调用函数时，输出函数原型（函数名、括号、参数表）。

本例中，将在装饰器 decorator()内部定义 fNew()，用于包装传入的 f()，使用 return(x,y)，在不改变原有函数调用的前提下，添加输出函数原型的功能。

装饰器的返回值是一个函数对象。调用装饰器时，需要在原函数定义前以"@"引导装饰器函数。

注：这种既不影响功能又方便编写代码的语法称为语法糖（Syntactic Sugar）。

```
#例 4-28_可输出函数原型的装饰器
#定义装饰器
def decorator(f):
    def fNew(x,y):
        print( '%s(%d,%d)='% (f.__name__,x,y),end='' )
        return f(x,y)
    return fNew
#引导装饰器并定义函数
@decorator
def add(x1,x2):
    return 2*x1+x2
@decorator
def sub(x1,x2):
    return x1-x2 if x1>x2 else x2-x1
#调用函数
```

```
print( add(5,6) )
print( sub(6,9) )
```

程序运行的结果如下：
```
>>>
add(5,6)=16
sub(6,9)=3
>>>
```

4.3.6　迭代器与生成器

迭代器（Iterator）是一种实现了迭代器协议的容器对象，Python 语言中，几种内置数据结构（元组、列表、集合、字典）都支持迭代器，字符串也可使用迭代操作。迭代器本身属于底层的概念和特性，程序中可以没有，但它是生成器的基础。

生成器（Generator）是一种迭代器，是按照解析式逐次产生出数据集合中数据项元素的函数。若不需要创建完整的数据集合，则可使用生成器，从而节省存储空间。

1．迭代器的功能

Python 语言有一个特定的迭代协议，满足迭代协议的对象都是可迭代的。这种对象基于以下两种方法。

（1）next()：返回容器中的下一项。

（2）__iter__()：返回迭代器本身。

迭代器可通过一个内置函数 iter() 和一个序列来创建。当序列遍历结束时，将引发一个 stopIteration 异常（见第 6.1 节）。使迭代器与循环兼容，因为它们都将捕获这个异常以停止循环。

迭代器具有以下特点。

（1）迭代器不能回退，只能向前进行迭代。

（2）对于原生支持随机访问的数据结构，如元组和列表等，迭代器访问时会丢失索引值（可用内建函数 enumerate() 找回），反而不如 for 循环的索引访问。但对于无法随机访问的数据结构（如集合），迭代器是访问其中元素的唯一方式。

（3）使用迭代器时，不必事先准备好涉及的所有元素，因为仅当迭代至某个元素时才计算该元素，在其之前或之后的元素可以不存在或被销毁。这就使得迭代器非常适用于遍历那些巨大甚至无限的集合，这个特点称为延迟计算或惰性求值（Lazy Evaluation）。

💡注：在多线程环境中对可变集合使用迭代器会有风险，需要小心而为之。或者坚持函数式程序设计，使用不可变的集合，这样可以避免出问题。

2．迭代器的使用

使用内置函数 iter(myList) 可获取迭代器对象。例如
```
>>> myList=range(16,19)
>>> it=iter(myList)
>>> it
<range_iterator object at 0x00000000025C7870>
>>>
```
使用迭代器的 next() 方法可以访问下一个元素。若已经访问到了最后一个元素 1，则当再使用 next() 方法时，将会抛出 StopIteration 异常。例如

```
>>> print( next(it),next(it),next(it) )
16 17 18
>>> print( next(it) )
Traceback (most recent call last):
  File "<pyshell#16>", line 1, in <module>
    print( next(it) )
StopIteration
>>>
```

事实上，Python 正是根据是否检查到这个异常来决定是否停止迭代的。

因迭代操作非常普遍，故 Python 专门用关键字 for 作为迭代器的语法糖。例如

```
for n in myList:
    print n
```

在该循环中，Python 先对关键字 in 后的对象调用 iter()获取迭代器，然后调用迭代器的 next()方法获取元素，直到抛出 StopIteration 异常。对迭代器调用 iter()时返回迭代器本身，故迭代器也可用于 for 语句中，不需要特殊处理。

💡注：若不抛出这个异常，则迭代器将进行无限迭代，这时需要自身判断元素并中止迭代，否则就是死循环了。

使用迭代器的循环避开了索引，但有时却需要索引，可使用内建函数 enumerate()在函数 iter()的结果前加上索引，并以元组的形式返回。例如

```
>>> for n,e in enumerate(myList):
        print( n,e,end='\t' )

0 16    1 17    2 18
>>>
```

3. 生成器的使用

通过列表生成式可以直接创建一个列表。但是，当列表容量很大但却只会用到前面几个元素时，绝大多数元素占用的空间就浪费了。因此，若列表元素可在循环过程中不断推算出来，则不必创建完整的列表，从而节省大量的存储空间。在 Python 中，这种一边循环一边计算的机制，称为生成器。

生成器就是一种迭代器，用于编写边循环边计算的代码，具有惰性求值的特点。简而言之，若一个函数的定义中有 yield 关键字，则会被解释成生成器。生成器的语法与常规函数的语法相同，但返回数据时使用 yield 语句而非 return 语句。

调用生成器时，遇到 yield 生成器会自动挂起并暂停执行；遇到 next()语句时，恢复生成器的执行，直到下一个 yield 表达式处。若一个生成器中执行了多个 yield 语句，则返回的是由所有 yield 语句返回值组成的生成器对象。

例 4-29 使用生成器计算斐波那契序列的前 33 项。

将例 4-12 中求解斐波那契序列的前 33 项的程序改写成利用生成器实现的程序，生成器中使用 yield 语句返回计算得到当前项。在循环过程中，不断调用 yield，就会不断产生中断，通常基本不用 next()方法来调用，而是直接使用 for 循环。

```
#例 4-29_利用生成器计算斐波那契序列的前 33 项
def fibGenerator(max):
    "生成器计算斐波那契序列的第 n 个数字"
    k,f1,f2=0,1,0
    while k<max:
        yield f2
        f1,f2=f2,f1+f2
```

```
        k+=1
for n in fibGenerator(33):
    print( n, end='\t' )
```

程序的运行结果如下。

```
>>>
0          1          1          2          3          5          8          13         21
34         55         89         144        233        377        610        987        1597
2584       4181       6765       10946      17711      28657      46368      75025      121393
196418     317811     514229     832040     1346269    2178309
>>>
```

4.3.7 偏函数

当一个函数有很多参数时，调用函数需要不厌其烦地提供这些参数。若使用偏函数（Partial Function），则可预先"冻结"那些确定的参数，并在获得其他实参后，再将其"解冻"，然后传递给相应的形参，从而凑齐所有参数，并一起调用函数。

💡注：这里的偏函数与数学上的偏函数不同。

1．偏函数的使用

例如，函数

```
int(字符串, 可选项)
```

用于将"字符串"按"可选项"指定的进位制转换为整数。若"可选项"省略，则按十进制数进行转换。三次调用该函数的结果如下。

```
>>> int('56789')
56789
>>> int('56789',base=16)
354185
>>> int('101101',base=2)
45
>>>
```

假定要将一大批二进制数转换成十进制数，逐个调用 int()很麻烦，故这时可定义一个int2()，并设置"base=2"为默认参数。

```
def int2(x, base=2):
    return int(x, base)
```

然后调用 int2()，执行二进制数到十进制数的转换。

```
>>> int2('1010011')
83
>>> int2('11101100')
236
>>>
```

2．functools 模块的函数 partial()

Python 语言中的 functools 模块提供了很多有用的功能，其中的 partial()可以重新绑定函数的可选参数，生成一个便于调用的偏函数对象。例如，可使用以下代码直接创建一个新函数。

```
import functools
int2_10=functools.partial(int, base=2)
```

该函数与 int2()的功能相同，即

```
>>> int2_10('10110110')
182
>>> int2_10('10101010')
170
>>>
```

创建偏函数时，可以接收函数对象、*args 和**kw 共三个参数，例如

```
int2_10=functools.partial(int, base=2)
```

实际上固定了 int()的命名参数 base。因此，代码

```
int2_10( '10110110' )
```

相当于代码

```
kw = { 'base': 2 }
int( '10110110', **kw )
```

又如，代码

```
min2=functools.partial(min, 5)
```

实际上是自动将 5 当作*args 参数中最左边的参数。因此，代码

```
min2( 3,9,6 )
```

相当于代码

```
args = (5, 3, 9, 6)
min( *args )
```

程序解析 4

本节共解析 6 个程序，分别用于：判定一个日期是否有效（是否包含不可能存在的年、月或日）；查找指定范围内的循环素数；利用蒙特卡罗法（投点法、平均值法）计算定积分；对数组中各元素进行二路归并排序；通过埃拉托色尼筛法寻找指定范围内的素数；使用装饰器检测函数的执行时间和时长。

通过对这几个程序的阅读和调试，可以较好地理解和掌握函数的定义、调用、递归调用，以及函数式程序设计的基本思想和方法。

程序 4-1　鉴别一个日期是否有效

为了判定一个日期是否有效（合法），需要分别对以下条件进行判断。

（1）年份是公元前还是公元后，约定正整数为公元前，否则为公元后。

（2）月份是否在 1～12 之内。

（3）判断当月天数，需要考虑是大月还是小月，以及是否是闰年的 2 月。

本程序的功能为：根据用户输入的年、月和日，判定其是否能组合成一个有效的日期，并输出判定结果。

1. 算法及程序结构

(1) 判断 year 是否是闰年的函数 isLeapYear(year)

　　若 year 能被 4 整除而不能被 100 整除，或者能被 400 整除，则为闰年

(2) 判断 month 天数的函数 nDay(month, learYear)

　　确定 month 的天数

- 31 天← 1、3、5、7、8、10、12 月
- 30 天←4、6、9、11 月
- 28← 平年（isLeapYear()）2 月
- 29 天← 闰年（not isLeapYear()）2 月

(3) 判断 day 是否有效的函数 dayCheck(month, day, learYear)

　　若 day 在 1～nDay(month,leapYear)之内，则有效

(4) 判断 year、month、day 是否为有效日期的 dateCheck(year, month, leapYear)函数

若 month 在 1～12 内且有函数 dayCheck(month, day, leapYear)，则为有效日期

(5) 主函数 main()

　　year、month、day ←输入年、月、日

　　若有函数 dateCheck(year, month, day)，则

　　　　输出 "year/month/day 为有效日期"

　　否则

　　　　输出 "year/month/day 不是日期!"

2．程序

```
#程序 4-1_ 鉴别用户输入的日期是否合法
def isLeapYear(year):
    "判断 year 是否为闰年"
    return True if (year%4==0 and year%100!=0)or(year%400==0) else False
def nDay(month, learYear):
    "判断 month 的天数"
    if month in {1,3,5,7,8,10,12}:
        return 31
    elif month in {4,6,9,10}:
        return 30
    elif leapYear:
        return 29
    else:
        return 28
def dayCheck(month,day,learYear):
    "判断 day 是否有效"
    return True if 1<=day<=nDay(month,leapYear) else False
def dateCheck(year,month,day):
    "判断 year/month/day 是否为有效日期"
    global leapYear
    leapYear=isLeapYear(year)
    validate=0<month<13 and dayCheck(month,day,leapYear)
    return True if validate else False
def main():
    "输入年、月、日，判定是否为有效日期，并输出结果"
    year,month,day=map(int,input('年、月、日(空格分隔三个正整数)=? ').split())
    if not dateCheck(year,month,day):
        print('%d/%d/%d 不是日期! '%(year,month,day))
    else:
        print('有效日期：公元%d年%d月%d日! '%(year,month,day))
main()
```

3．程序的运行结果

本程序的三次运行结果如下。
```
>>>
年、月、日（空格分隔三个正整数）=?  2018 13 10
2018/13/10 不是日期！
>>> ============================== RESTART
>>>
年、月、日（空格分隔三个正整数）=?  2018 2 29
2018/2/29 不是日期！
>>> ============================== RESTART
>>>
年、月、日（空格分隔三个正整数）=?  2018 10 29
有效日期：公元2018年10月29日！
>>>
```

程序 4-2　查找指定范围内的循环素数

若一个素数循环移位后仍然是素数，则该数就是循环素数。例如，1193 是素数，循环移位得到的 1931、9311、3119 也都是素数，故 1193 为循环素数。

素数有无穷多个，但循环素数并不多，目前已知的不超过 55 个。100 以内的循环素数有 13 个，分别是 2、3、5、7、11、13、17、31、37、71、73、79 和 97，这 13 个数比较容易找到。查找 100 以上的循环素数时，其计算量将会因查找范围的扩大而急剧增加。

本程序的任务是：在用户指定的范围内，找出所有的循环素数。

1．算法及程序结构

(1) 判断自然数 n 是否为素数的函数 isPrime(n)
　　循环（i 从 2 到 $\sqrt{n}$）
　　　　若 n 可以被 i 整除，则为非素数
(2) 判断自然数 n 是否为循环素数的函数 isCyclicPrime(n)
　　循环（数字 n 的各位）
　　　　若某位为 0、2、4、6、8（个位可为 2）中的某一个，则为非循环素数
(3) 分离自然数 n 的各位数并存入一个列表的函数 separate(n)：
　　循环（当 n 不为 0 时）
　　　　nDigit 列表←n 整除 10 取余数
　　　　n 整除 10
(4) 将各数位组合成自然数 n 的 combine(digit) 函数
　　nLen←digit 元素个数
　　循环（i 从 0 到 n 的位数）
　　　　循环（j 从 0 到 n 的位数）
　　　　　　index← (i+j) 整除 nLen 取余数
　　　　　　nSum← digit(index)*10^j
(5) m←输入最大自然数（查找范围上限）
(6) 循环（n 从 1 到 m）
　　　当 isCyclicPrime(i) 为 True 时
　　　　　输出 i，
　　　　　k←循环素数个数+1
(7) 输出循环素数个数 k

2．程序

```
#程序 4-2_查找 1~m 以内的循环素数
import math
def isPrime(n):
    "判断数字 n 是否为素数"
    if n<=1:
        return False
    for i in range(2, int(math.sqrt(n))+1):
        if n%i==0:
            return False
    return True
def isCyclicPrime(n):
    "判断数字 n 是否为循环素数"
    for x in str(n):
        if (str(n)[0]!=2) and (x in [0,2,4,6,8]):
            return False
```

```
        if isPrime(n):
            for i in combine(separate(n)):
                if not isPrime(i):
                    return False
                    break
            return True
        else:
            return False
def separate(n):
    "分离整数 n 各位上的数，存入 nDigit 列表"
    nDigit=[]
    while n!=0:
        nDigit.append(n%10)
        n//=10
    return nDigit
def combine(digit):
    "逐个取出 digit 中的数字，组合成数字 n"
    nLen=len(digit)
    n=[]
    for i in range(nLen):
        nSum=0
        for j in range(nLen):
            index=(i+j)%nLen
            nSum+=digit[index]*10**j
        n.append(nSum)
    return n
#找出 1~m 内的所有循环素数
m=int(input('找 1~m 内的所有循环素数，m=? '))
k=0  #循环素数个数，初值为 0
for i in range(1,m):
    if isCyclicPrime(i):
        print(i,end='\t')
        k+=1  #循环素数个数加 1
print( '\n 在 1~%d 内，共有%d 个循环素数。'%(m,k) )
```

3. 程序的运行结果

```
>>>
找1~m内循环素数，m=? 100000
2        3        5        7        11       13       17       31
37       71       73       79       97       113      131      197
199      311      337      373      719      733      919      971
991      1193     1931     3119     3779     7793     7937     9311
9377     11939    19391    19937    37199    39119    71993    91193
93719    93911    99371
在1~100000内，共有43个循环素数。
>>>
```

程序 4-3 利用蒙特卡罗法计算定积分

蒙特卡罗（Monte Carlo）法是一种随机模拟的方法，其基本思想很早便为人所用。例如，早在 19 世纪，人们用投针试验的方法来确定圆周率 π。计算机的使用使大量、快速地模拟实验成为可能，这也为该方法的推广和改进提供了条件。

对于函数 $f(x)$，计算该函数从 $x=a$ 到 $x=b$ 的定积分，即求以 $f(x)$ 为曲边的曲边梯形的面积。基于蒙特卡罗法的基本思想，可构拟多种计算定积分的方法，如投点法、平均值法等。

本程序的任务是：使用蒙特卡罗法分别计算定积分 $\int_0^1 x^2 \mathrm{d}x$ 和 $\int_1^3 x \cdot \sin x \, \mathrm{d}x$。

1. 投点法

已知平面上有一个边长为 x 且左下角在坐标原点上的正方形及其内部一个形态不规则的图形，如何求出不规则图形的面积呢？蒙特卡罗法是这样计算的：向正方形内随机地投掷 n 个点，假定有 m 个点落入不规则图形内，则不规则图形的面积近似为 $\frac{m}{n}x^2$。利用该方法得到的是面积的近似值。但一般来说，当投点数量越来越大且均匀分布时，这个近似值就越接近真实值。

投点法计算定积分（见图 4-3）的过程如下。

（1）用一个边长为 $(b-a)$ 的正方形框罩住函数的积分区间。

（2）产生两个随机数 x 和 y（x、$y \in [a, b]$），用 (x, y) 表示正方形内一个点。基于随机性，(x, y) 可以是正方形内的任意一点。当点数足够多时，落在积分区间内的点数与总点数之比就近似地等于曲边梯形面积与总面积之比。

（3）在产生了预定的 n 个点后，统计落在积分区间内的点数 n 和总点数 m，并按其比值计算定积分的近似值 $\frac{m}{n}(b-a)^2$。

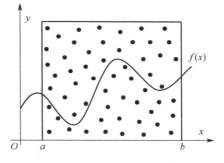

图 4-3　投点法计算定积分

2. 利用投点法计算定积分的程序

```
#程序 4-3_ 利用投点法计算定积分
from random import uniform
from math import exp,pi,sqrt,sin
def xSquare(x):
    return x**2
def xTimesSinx(x):
    return x*sin(x)
def integral(a,b,n,f):
    k=0
    for i in range(n):
        x,y=uniform(a,b),uniform(a,b)
        if y<f(x):
            k+=1
    return float(k)/float(n)
def main(f):
    a,b=map(float,(input('区间左端点 a=? 右端点 b=? ')).split())
    n=int(input('投点数 n=? '))
    #print( '定积分 I=%f'% integral(a,b,n,f) )
```

```
    print("函数%s 在(%f, %f)的定积分=%f"%(f.__name__,a,b,integral(a,b,n,f)))
main(xSquare)
main(xTimesSinx)
```

3. 利用投点法计算定积分程序的运行结果

```
>>>
区间左端点a=？右端点b=？ 0 1
投点数n=？ 1000000
函数xSquare在(0.000000, 1.000000)的定积分=0.333425
区间左端点a=？右端点b=？ 1 3
投点数n=？ 1000000
函数xTimesSinx在(1.000000, 3.000000)的定积分=0.220232
>>>
```

4. 平均值法

平均值法计算定积分的过程如下。

（1）使计算机产生一个随机数 x_1（$x_1 \in [a, b]$），计算对应的函数值 $f(x_1)$，再计算长为 $(b-a)$、高为 $f(x)$ 的矩形面积 $f(x_1) \times (b-a)$。平均值法计算定积分如图 4-4 所示。

（2）产生更多个随机数 $x_2, x_3, \cdots$（$x_2, x_3, \cdots, x_n \in [a, b]$），分别计算对应的函数值 $f(x_2)$，$f(x_3)$，$\cdots$，以及矩形面积 $f(x_2) \times (b-a)$，$f(x_3) \times (b-a)$，$\cdots$。

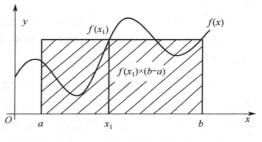

图 4-4　平均值法计算定积分

（3）在产生了预定的 n 个点后，计算 n 个矩形的平均值 $\dfrac{b-a}{n} \times (f(x_1)+f(x_2)+f(x_3)+\cdots+f(x_n))$，并用这个平均值作为定积分的近似值。

可以想象，当这样的采样点越来越多时，矩形的平均值就会越来越接近定积分的值。

5. 利用平均值法计算定积分的程序

```
#程序4-3　利用平均值法计算定积分
from math import sin,cos
from random import uniform
def xSquare(x):
    return x**2
def xTimesSinx(x):
    return x*sin(x)
def integral(a,b,n,f):
    y=0
    for i in range(1,n+1):
        x=uniform(a,b)   #x 位于[a,b)区间内
        y+=f(x)
    return (b-a)*y/n
def main(f):
    a,b=map(float,(input('区间左端点 a=? 右端点 b=? ')).split())
    n=int(input('自变量 x 取值次数 n=? '))
    #print( '定积分 I=%f'% integral(a,b,n,f) )
    print("函数%s 在(%f, %f)的定积分=%f"%(f.__name__,a,b,integral(a,b,n,f)))
main(xSquare)
main(xTimesSinx)
```

130

6．平均值法计算定积分程序的运行结果

```
>>>
区间左端点a=?右端点b=?  0 1
自变量x取值次数n=?  1000000
函数xSquare在(0.000000, 1.000000)的定积分=0.333355
区间左端点a=?右端点b=?  1 3
自变量x取值次数n=?  1000000
函数xTimesSinx在(1.000000, 3.000000)的定积分=2.810493
>>>
```

程序4-4　对数组中各元素进行二路归并排序

二路归并排序是一种典型的分治算法。分治算法的基本思想是：为了解决一个问题，可将其分为几个较小的子问题，分别解决每个子问题，再把各个子问题的解组合起来，即可得到原问题的解。子问题通常与原问题相似，往往可以递归地使用分治法来解决。

二路归并排序时，将待排序序列中的 n 个元素当作各有一个元素的 n 个有序子序列；然后反复两两比较且归并为新的有序子序列；最后归并为由 n 个元素组成的有序序列。由于归并是两两进行的，故称为二路归并排序。

本程序基于二路归并排序算法，将数组（列表）内各元素排成从小到大的"正序"。

1．算法

按照二路归并排序的算法思想，序列[9, 295, 100, 369, 88, 56, 6]的二路归并排序可按如图 4-5 所示的过程进行。

图 4-5　二路归并排序过程

二路归并排序算法归并两个有序序列的过程如下。

（1）申请存储空间，其大小为两个待归并序列空间之和，用于存放归并后的序列。

（2）定义两个变量，其初值为待归并序列的第 1 个元素的序号。

（3）比较两个变量所指向的元素，选择相对较小的元素存入合并空间。

（4）为指向已移走元素的变量重新赋值，使其指向下一个元素；若两个指针均未到达序列尾部，则转向（3）。

（5）将另一序列剩下的所有元素直接追加到合并序列尾部。

例如，序列[9, 295]与[100, 369]的合并过程如下。

已知初始状态：a=[9, 295]、b=[100, 369]、final=[ ]。

第 1 步，取出两个待归并序列中的第 1 组数 9 和 100，将较小的 9 放入 final 中的首位，并删除 a 中的 9。结果为 a=[295]、b=[100, 369]、final=[9]。

第 2 步，取出两个待归并序列中现有的第 1 组数 295 和 100，将较小的 100 放入 final 中的第 2 位，并删除 b 中的 100。结果为 a=[295]、b=[369]、final=[9,100]。

第 3 步，取出两个待归并序列中现有的第 1 组数 295 和 369，将较小的 295 放入 final

中的第 3 位，并删除 a 中的 295。结果为 a=[ ]、b=[369]、final=[9, 100, 295]。

第 4 步，将 b 中剩余数字 369 追加到 final 中。结果为 final=[9, 100, 295, 369]。

2. 程序

按这种算法编写的二路归并排序的程序如下。

```
#程序 4-4  二路归并排序
def merge(a, b):
    "归并 a、b 两个列表"
    final=[]
    while a and b:
        if a[0]<=b[0]:
            final.append(a.pop(0))
        else:
            final.append(b.pop(0))
    return final+a+b
def mergeSort(List):
    "递归实现 List 列表的二路归并排序"
    mid=len(List)//2
    if len(List)<=1:
        return List
    return merge( mergeSort(List[:mid]), mergeSort(List[mid:]) )
array=[ 6,8,1,5,3,9,5,-1,11,12,19,15,2 ]
print( "待排序数组 array =", array )
print( "排序后数组 array =", mergeSort(array) )
```

在 merge()中，条件"a and b"意为"a 与 b 两个列表均非空"。函数 a.pop(0)的功能为：弹出 a 列表中的第 0 个元素，即复制 a[0]并删除 a 列表中的该元素，故语句

```
final.append(a.pop(0))
```

的功能为：将 a[0]复制到 final 列表中并删除 a 列表中的 a[0]。

在 merge()中，表达式 List[:mid]为取出 List 列表中 0～mid 的所有元素组成新的列表，表达式 mergeSort(List[:mid])为递归调用 mergeSort()，对由 List 列表中前一半元素形成的子列表进行二路归并排序。故 return 语句中的表达式意为：调用 merge()，对已有序的两个子列表进行二路归并排序。

3. 程序的运行结果

```
>>>
待排序数组 array = [6, 8, 1, 5, 3, 9, 5, -1, 11, 12, 19, 15, 2]
排序后数组 array = [-1, 1, 2, 3, 5, 5, 6, 8, 9, 11, 12, 15, 19]
>>>
```

程序 4-5　通过埃拉托色尼筛法寻找指定范围内的素数

埃拉托色尼筛法（Sieve of Eratosthenes）是古希腊数学家埃拉托色尼采用的一种寻找素数的方法。其基本思想是：在一个排成升序的自然数序列中，逐个剔除每个素数的所有倍数，最终得到的就是一个素数的序列。

这里将给出两种不同风格（命令式、函数式）的利用该方法求素数的程序。

1. 算法及程序结构

依据埃拉托色尼筛法的基本思想，查找 2～25 之间的所有自然数（第 1 个数是素数 2）的操作步骤如下。

第 1 步，标记素数 2，并划去 2 之后所有 2 的倍数。剩余的第一个数是素数 3。

2̲ 3 4̶ 5 6̶ 7 8̶ 9 1̶0̶ 11 1̶2̶ 13 1̶4̶ 15 1̶6̶ 17 1̶8̶ 19 2̶0̶ 21 2̶2̶ 23 2̶4̶ 25

第 2 步，标记素数 3，并划去 3 之后所有 3 的倍数。剩余的第一个数是素数 5。

2̲ 3̲ 4̶ 5 6̶ 7 8̶ 9̶ 1̶0̶ 11 1̶2̶ 13 1̶4̶ 1̶5̶ 1̶6̶ 17 1̶8̶ 19 2̶0̶ 2̶1̶ 2̶2̶ 23 2̶4̶ 25

第 3 步，标记素数 5，并划去 5 之后所有 5 的倍数。剩余的第一个数是素数 7。

2̲ 3̲ 4̶ 5̶ 6̶ 7 8̶ 9̶ 1̶0̶ 11 1̶2̶ 13 1̶4̶ 1̶5̶ 1̶6̶ 17 1̶8̶ 19 2̶0̶ 2̶1̶ 2̶2̶ 23 2̶4̶ 2̶5̶

第 4 步，因为 $23<5^2$，即最大数小于最后标记的素数的平方，故剩余数都是素数。

根据此构造的找出 2～n 范围内所有素数的埃拉托色尼筛法及其程序结构如下。

(1) 函数 oddList(max) 用于生成包含 2 及 3～max 之间奇数的列表

　　生成包含 max-1 元素的列表，0 号元素为 2

　　循环（i 从 1 到 max-2）

　　　　奇数位上存放从 3 开始的奇数

　　　　偶数位上存放 0（去除所有 2 的倍数）

(2) 函数 removeTimes(max) 用于逐个去除列表中 3, 5, 7, …, sart(max) 各数的倍数

　　primeList ←调用 oddList()，生成包含 2 与 3 及其后的奇数列表

　　循环（i 从 3 到 sart(max)），每隔 1 个元素

　　　　判断 primeList[i-2] 不为 0？若是，则

　　　　　　循环：其后每隔 i 个元素，都置为 0

　　返回素数表 primeList

(3) 函数 main() 用于产生并输出小于 max 的素数表

　　m ←输入最大数

　　primes ←调用 removeTimes()，生成小于 max 的素数表

　　循环：逐个输出 primes 列表中的非 0 元素

2. 命令式程序

按给定算法编写的命令式程序如下。

```
#程序 4-5 利用埃拉托色尼筛法求素数的命令式程序
from math import sqrt
def oddList(max):
    "生成列表: 存放 2, 3, 0, 5, 0, 7, 0, 9, 0, 11, …"
    List=[]
    for i in range(2,max+1):
        if i>2 and i%2==0:
            List.append(0)
        else:
            List.append(i)
    return List
def removeTimes(max):
    "逐个去除表中 3, 5, 7, …, sart(max) 各数的倍数"
    primeList=oddList(max)
    for i in range(3,int(sqrt(max))+1,2):
        if primeList[i-2]!=0:
            for j in range(i+i, max+1,i):
                primeList[j-2]=0
    return primeList
def main():
```

```
        m=int(input('产生 m 以内的素数! m=?  '))
        primes=removeTimes(m)
        for i in primes:
            if i!=0:
                print(i,end='\t')
main()
```

3. 函数式程序

通过以下方式，可将上述程序改写成函数式程序。

（1）用生成器实现 oddList() 的功能，通过保存生成器的状态，每次迭代都返回一个奇数或者 0 值，省去列表（存放 2 和奇数）占用的空间。函数名改为 produceOdd()。

（2）编写函数 filterTimes(n)，用于去除 n 的倍数。

（3）用生成器实现 removeTimes() 的功能，通过保存生成器的状态，每次迭代都返回一个素数，省去素数表占用的空间。

（4）在 removeTimes() 中，通过二次函数 filter()，将 filterTimes() 作用于 produceOdd() 产生的序列，实现逐个去除 $\sqrt{\max}$ 以下的素数的倍数的功能。

```
#程序 4-5_改 利用生成器实现的埃拉托色尼筛法求素数的函数式程序
def produceOdd():
    "不断产生大于 3 的奇数"
    n=1
    while True:
        n+=2
        yield n
def filterTimes(n):
    "去除 n 的倍数"
    return lambda a:a%n>0
def producePrime():
    "不断返回下一个素数"
    yield 2
    k=produceOdd()   #序列初值
    while True:
        n=next(k)    #产生序列中第一个数
        yield n
        k=filter( filterTimes(n), k )   #去除素数的倍数，构造新序列
def main():
    m=int(input('产生 m 以内的素数! m=?  '))
    for n in producePrime():
        if n>=m:     #退出无限循环的条件
            break
        print(n,end='\t')
main()
```

4. 程序的运行结果

```
>>>
产生m以内的素数! m=?  200
2        3        5        7        11       13       17       19
23       29       31       37       41       43       47       53
59       61       67       71       73       79       83       89
97       101      103      107      109      113      127      131
137      139      149      151      157      163      167      173
179      181      191      193      197      199
>>>
```

程序 4-6　使用装饰器检测函数的执行时间和时长

假定需要为一个函数添加某些功能，但又不便或不愿修改函数的定义，则可以编写装饰器，在函数运行期间动态地添加功能。

本程序中，通过两个装饰器，分别为指定函数添加两种功能：一是检测并输出函数的运行时间；二是检测并输出调用该函数的日期和时间（年、月、日、时、分、秒）。

1. 算法与程序结构

(1) 装饰器 executTime(func)用于检测并输出实参函数执行的时间长度
  内嵌函数 wrapper(*args, **kw)：
    起始时间 start ←记录当前时间
    调用 func 参数对应的实参函数
    结束时间 end ←记录当前时间
    输出：实参函数的执行时长 end-start
    返回：实参函数
  返回：内嵌的 wrapper()
(2) 装饰器 def dateTime(func)用于检测并输出调用实参函数的日期及时间
  内嵌函数 wrapper(*args, **kw)：
    记录并输出：当前日期及时间（年、月、日、时、分、秒）
    检测并输出：参数 func 对应的实参函数的名称
    返回：实参函数
  返回：内嵌的 wrapper()
(3) 引导装饰器 executTime()
  引导装饰器 dateTime()
(4) 初始函数 sleepFunc()
  循环（i 从 0 到 1）：
    暂停 i*0.1 秒
(5) 运行 sleepFunc()

2. 程序

```
#程序 4-6_使用装饰器检测函数执行的时间和时长
from time import time,sleep,strftime,localtime
def executTime(func):
    "使用装饰器检测并输出函数执行的时间长度"
    def wrapper(*args, **kw):
        start=time()
        func(*args, **kw)
        end=time()
        print('函数%s 的执行时间为%f 秒'%(func.__name__, end-start))
        return func
    return wrapper
def dateTime(func):
    "使用装饰器检测并输出函数执行的日期及时间"
    def wrapper(*args, **kw):
        print(strftime("%Y 年%m 月%d 日 %H 时%M 分%S 秒",localtime()),end=' ')
        print('调用%s()' % func.__name__)
        return func(*args, **kw)
    return wrapper
@executTime   #引导装饰器
@dateTime     #引导装饰器
def sleepFunc():
```

```
        "初始函数"
        for i in range(11):
            sleep(i*0.1)
sleepFunc()
```

3. 程序的运行结果

```
>>>
2018年03月19日 22时15分53秒 调用sleepFunc()
函数wrapper的执行时间为5.523316秒
>>>
```

4. 程序的修改

从上述运行结果可以看出：因为使用装饰器改变了作为参数的函数的 __name__ 属性，使得本应显示的"函数 sleepFunc 的执行时间"变成了"函数 wrapper 的执行时间"，也就是说，那些依赖函数签名的代码在执行时出错了。为了找回原来的函数名称，可以调用 Python 内置的 functools 模块中的 wraps()。

本程序中，只需在 dataTime() 内部导入 wraps()，并在之前导入 functools 模块，即可解决这个问题。修改后的 dataTime() 及导入模块的代码如下。

```
from functools import wraps
def dateTime(func):
    "使用装饰器检测并输出函数执行的时间"
    @wraps(func)
    def wrapper(*args, **kw):
        print(strftime("%Y年%m月%d日 %H时%M分%S秒",localtime()),end=' ')
        print('调用%s()' % func.__name__)
        return func(*args, **kw)
    return wrapper
```

5. 修改后程序的运行结果

```
>>>
2018年03月19日 22时35分07秒 调用sleepFunc()函数
函数sleepFunc的执行时间为5.523316秒
>>>
```

实验指导 4

本节安排以下 3 个实验。

实验 4-1 主要练习用户自定义函数的定义和调用的一般方法。

实验 4-2 主要练习通过函数的嵌套和递归调用机制实现算法的一般方法。

实验 4-3 主要练习函数式程序设计的一般方法。

通过本节实验，可以较好地理解用户自定义函数、参数传递、函数嵌套、函数的递归定义和调用，以及函数式程序设计的概念；掌握通过用户自定义函数实现常用算法的一般方法；进一步认知 Python 程序的常用结构及程序设计的一般方法。

实验 4-1 函数的定义和调用

本实验编写 5 个程序：按指定数学表达式（分段函数）求函数值；求三个数中的最大数；按牛顿迭代法求方程的根；查询成绩不及格的学生；求组合数。

1．分段函数求函数值

【程序的功能】

求当 x 分别等于 9.3、0 和 -10.5 时 y 的值，已知分段函数如下。

$$y = \begin{cases} 2x+1, & x \geq 0 \\ -\dfrac{1}{x}, & x < 0 \end{cases}$$

【算法及程序结构】

```
(1) yFunc(x)
    判断 x≥0? 若是，则 y=2x+1；否则 y=-1/x
    返回 y 值
(2) main()
    输入 x 的值
    调用 yFunc(x)求 y 值
    输出 y 值
(3) 调用 main()
```

2．求三个数中的最大数

【程序的功能】

分别查找三组实数中的最大值：8.8, 9, -3.3；-2.3, -10.1, 5；-5.4, 3, 0。

【算法及程序结构】

```
(1) abcMax(a,b,c)
    max←a
    判断 b>max? 若是，则 max←b
    判断 c>max? 若是，则 max←c
    返回 max
(2) main()
    Continue ←'y'
    循环（当 Continue== 'y'时）:
        a、b、c ← 输入三个数
        调用 abcMax(a,b,c)，找出 a、b、c 中的最大数
        输出最大数
        Continue ← 输入'y'或'n'
(3) 调用 main()
```

3．按牛顿迭代法求方程的根

【程序的功能】

牛顿迭代法又称为牛顿切线法，其方法求方程的根如图 4-6 所示。

任意设定一个接近真实根的值 x_k 作为第一次近似根，由 x_k 求 $f(x_k)$；再过 $(x_k, f(x_k))$ 点作 $f(x)$ 的切线，交 x 轴于 x_{k+1}，它作为第二次近似根，再由 x_{k+1} 求 $f(x_{k+1})$；再过 $(x_{k+1}, f(x_{k+1}))$ 点作 $f(x)$ 的切线，交 x 轴于 x_{k+2}，再求 $f(x_{k+2})$；依此类推；直到足够接近真实根为止。

因为 $f'(x_k) = \dfrac{f(x_k)}{x_k - x_{k+1}}$

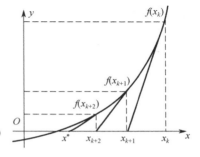

图 4-6　牛顿迭代法求方程的根

所以 $x_{k+1} = x_k - \dfrac{f(x_k)}{f'(x_k)}$

这就是牛顿迭代公式，利用该公式求方程的根。

本程序的功能为：采用牛顿迭代法求方程 $2x^3-4x^2+3x-6=0$ 在 $x=1.5$ 附近的根。要求误差小于 10^{-5}。

【算法】

(1) x0 ←输入近似根的初值

 　　eps ←输入容许的两次求得的近似根之间的最大差

(2) x1 ←x0

(3) 计算下一个近似根 $x0 = \dfrac{2x1^2 - 4x1^2 + 3x1 - 6}{6x1^2 - 8x1 + 3}$

(4) 判断|x0-x1|≥ε? 若是，则

 　　x1 ←x0

 　　转向(3)

(5) 输出近似根

(6) 算法结束

4. 查询成绩不及格的学生

【程序的功能】

在学生成绩表中，查找不及格成绩，显示相应学生姓名，统计并输出不及格学生人数。

【算法】

按以下算法编写函数，完成规定任务。

(1) 定义字典，存放以下学生成绩表（包括 20 名学生的成绩，内容自拟）

 　　mark={'张':90,'王':83,'李':55,'刘':54,'陈':88,'林':71,'周':60}

(2) 循环（当 key 是 mark 字典中关键字时）：

 　　判断 mark[key]<60? 若是，则

 　　　　输出 key、mark[key]

(3) 算法结束

5. 求组合数

【程序的功能】

求解从 n 个不同元素中取出 m 个的组合数。当 m、n 都是自然数且 $m \leq n$ 时，组合数 $C_n^m = \dfrac{n!}{m!(n-m!)}$。

【算法及程序结构】

(1) factorial(n)

 　　…

 　　返回 n!

(2) combination()

 　Continue ←'y'

 　循环（当 Continue== 'y'时）：

 　　n, m ←输入两个自然数

 　　comb ← factorial(n)/factorial(m)/factorial(n-m)

 　　Continue ← 输入'y'或'n'

(3) 调用 combination()

实验 4-2　函数的嵌套与递归调用

本实验编写 4 个主要由递归调用的函数完成任务的程序：数组元素排序；求解勒让德多项式的值；递归法求组合数；递归法求数组中的最小值。

1. 数组元素排序

【程序的功能】

定义几个函数，分别为两个数排序、3 个数排序、4 个数排序、数组元素排序，并在 main() 中调用这几个函数，分别为几组个数及数据类型都不相同的数组全部排序。

【算法及程序结构】

(1) 为两个数 a、b 排序的 sort_2(a,b)

判断 a>b？若是，则交换，使得 a 为小数，b 为大数

(2) 为 3 个数 a、b、c 排序的 sort_3(a,b,c)

调用 sort_2()，为 a、b 排序

调用 sort_2()，为 a、c 排序

调用 sort_2()，为 b、c 排序

(3) 为 4 个数 a、b、c、d 排序的 sort_4(a,b,c,d)

调用 sort_3()，为 a、b、c 排序

调用 sort_2()，为 a、d 排序

调用 sort_3()，为 b、c、d 排序

(4) 为数组（列表）arr[n] 排序（采用选择排序法）的 sort_arr(arr)

循环（i 从 0 到 n，增量 1）

　　循环（j 从 i+1 到 n，增量 1）

　　判断 a[i]>a[j]？若是，则

　　　　调用 sort_2，为 a[i]、a[j] 排序

(5) main()

a、b、c、d ←输入 4 个整数

调用 sort_2()，排序并输出 a、b

调用 sort_3()，排序并输出 a、b、c

调用 sort_4()，排序并输出 a、b、c、d

调用 sort_arr()，排序并输出 a[n]

(6) 调用 main()

2. 求解勒让德多项式的值

【程序的功能】

勒让德（Legendre）多项式可表示为

$$P_n = \begin{cases} 1, & n = 0 \\ x, & n = 1 \\ ((2n-1) \cdot P_{n-1}(x) \cdot x - (n-1) \cdot P_{n-1}(x))/n, & n > 1 \end{cases}$$

求当 $x=1.5$ 时，第 4 阶 Legendre 多项式的值。

【算法】

根据以下算法自定义函数，求解 n 阶勒让德多项式的值 $P(n, x)$。

(1) n ←输入阶数

　　x ←输入自变量

(2) 判断阶数 n？

　　n=0，则返回值 1

　　n=1，则返回值 x

n>1，则返回值((2n-1)·p((n-1),x)·x - (n-1)·p((n-1),x)/n
(3) 算法结束

3. 递归法求组合数

【程序的功能】

组合数的性质为

$$C_n^m = C_n^{n-m} \tag{4-1}$$

$$C_n^m = C_{n-1}^{m-1} + C_{n-1}^m \tag{4-2}$$

可以看出，式（4-2）是一个递推公式，最终可推出 $C_n^1 = m$。

当 $n<2m$ 时，由式（4-1）和式（4-2）得

$$C_n^m = C_{n-1}^{n-m-1} + C_{n-1}^{n-m} \tag{4-3}$$

该式可代替式（4-2）。本程序中，利用式（4-2）和式（4-3）编写求组合数的递归函数 combin()。

【算法】

根据以下算法自定义函数，求解从 n 个元素中取出 m 个元素的组合数。

(1) n、m ←输入两个自然数
(2) 判断 n<2m? 若是，则 m=n-m
(3) 判断 m?
    m=0，返回值 1
    m=1，返回值 1
    m>1，返回值 combin(n-1,m-1)+combin(n-1,m)
(4) 算法结束

4. 递归法求数组中的最小值

【程序的功能】

求下列数组（列表）中的最小值。

[10,5,1,−1,0,2,89,−3]

['ab','AB','AA','ABC','123','CDC','x1']

【算法及程序结构】

(1) min(x, y):
    return x 当 x<y 时，否则 y
(2) arrMin(arr):
    判断 arr 中仅一个元素?
        若是，则返回 arr[0]
        否则返回 min(arr[0], arrMin(arr[1:]))
(3) 调用 arrMin()，找出并输出两个列表中的最小值

5. 二分查找法

【程序的功能】

二分查找法又称为折半查找法。这种方法要求查找表必须是按关键字大小有序排列的顺序表。查找的基本过程是：将查找表中间位置的数据元素的关键字与查找关键字比较，若两者相等，则查找成功；否则以中间元素为界限将查找表分成前、后两个子表。若中间元素的关键字大于待查关键字，则进一步查找前一个子表；否则进一步查找后一个子表。重复以上过程，直到找到满足条件的记录，此时查找成功。或者直到子表不存在为止，此时查找失败。

本程序中，查找列表[3,5,11,17,21,23,28,30,32,50,5,4,20,21,33,−5,−1,19,18,36]中的 30、20 和 19。

【算法】

假定在数组[3,5,11,17,21,23,28,30,32,50]中查找 30，其过程如图 4-7 所示。

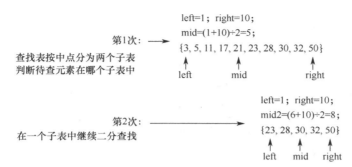

第1次：→
查找表按中点分为两个子表
判断待查元素在哪个子表中

left=1；right=10；
mid=(1+10)÷2=5；
{3, 5, 11, 17, 21, 23, 28, 30, 32, 50}
↑left　　↑mid　　　　↑right

第2次：→
在一个子表中继续二分查找

left=1；right=10；
mid2=(6+10)÷2=8；
{23, 28, 30, 32, 50}
↑left　↑mid　↑right

图 4-7　在数组中二分查找指定值的过程

本程序中，先定义数组 a=[3,5,11,17,21,23,28,30,32,50,5,4,20,21,33,−5,−1,19,18,36]；再调用 Python 内置函数 sort()为数组排序；然后按以下算法编写并调用自定义函数 binSearch(a,x)，在数组 a 中查找数字 x。

```
(1) aLen ←len(a)输入两个自然数
(2) iMid ←aLen//2
(3) 判断 iMid=0？若是则返回 a[iMid]
(4) 判断 a[iMid]>x？
        若是，则返回 binSearch(a[0:iMid],value)
        否则返回 binSearch(a[iMid:aLen],value)
(5) 算法结束
```

实验 4-3　函数式程序设计

本实验中，编写 4 个程序：使用 map()生成列表；使用 reduce()计算阶乘之和；使用 map()将字符串转换成整数；使用生成器生成一个序列的所有子序列。

1．使用 map()生成列表

【程序的功能】

生成以下两个列表：

[1, −1, 5, −3, 9, −5, 13, −7, 17, −9, 21]

[1, −1, 5, −3, 9, −5, 13, −7, 17, −9, 21, −11, 25, −13, 29]

【算法及程序结构】

```
(1) xAdd (n)：
    判断 n 是偶数？
        若是，则返回 2n+1
        否则返回−n
(2) reduceList(n)：
    返回 map(xAdd, range(n))
(3) 调用 reduceList()，生成并输出两个列表
```

2．使用 reduce()计算阶乘之和

【程序的功能】

分别计算当 $n=11$ 和 $n=16$ 时，$1!+2!+3!+\cdots+(n-1)!+n!$ 的值

【算法及程序结构】

(1) factorial(n)，求 n!

　　…

　　返回 reduce(lambda x,y:x*y, range(1,n+1))

(2) factSum(n)函数，求 1!+2!+…+n!

　　返回 reduce(lambda x,y:x+y, map(factorial, range(1,n+1)))

(3) 调用 factSum(n)函数，计算当 n=11 和 n=16 时，1!+2!+3!+…+(n-1)!+n!的值

3. 使用 map()将字符串转换成整数

【程序的功能】

将字符串"12389"、"30327"和"39567"转换成整数。

【算法及程序结构】

(1) strToint(s)函数

　　fn(x, y)函数

　　　　返回 10x+y

　　charTonum(s)函数

　　　　返回{'0':0,'1':1,'2':2,'3':3,'4':4,'5':5,'6':6,'7':7,'8':8,'9':9}[s]

　　返回 reduce(fn, map(charTonum, s))

(2) 调用 strToint(s)，将字符串"12389""30327"和"39567"转换成整数

4. 使用生成器生成一个序列的所有子序列

【程序的功能】

使用生成器生成并输出序列[1,2,3,4,5]和['张','王','李','刘']的所有子序列。

例如，序列[1,2,3]的所有子序列如下。

[1]，[2]，[3]

[1, 2]，[1, 3]，[2, 3]

[1, 2, 3]

【算法及程序结构】

(1) combin(items, n=None)函数

　　判断 n=None? 若是，则

　　　　n ←items 的长度

　　循环（i 从 0 到 items 最大序号）

　　　　v ←items[i:i+1]

　　　　判断 n=1? 若是，则

　　　　　　yield v

　　　　否则

　　　　　　rest←items[i+1:]

　　　　　　循环（c 从 rest 到 n-1）

　　　　　　　　yield v+c

(2) subSequence(List)函数

　　循环（i 从 0 到 List 长度-1）

　　　　循环（j 从 List 到 i+1）

　　　　　　输出 j

(3) 调用 subSequence(List)函数，生成并输出序列[1,2,3,4,5]和['张','王','李','刘']
的所有子序列。

第 5 章
面向对象程序设计

在面向对象程序中，用类来抽象地描述具有共同属性和行为的一类事物，用类的实例（对象）来描述事物中的个体。程序中包含各种既互相独立又互相作用的对象，也就是说，其中每个对象都能接收数据、处理数据并将数据传送给其他对象。

面向对象程序设计人员有两个主要任务：一是按应用需求将相关数据和操作封装在一起，设计出各种类和对象；二是按统一规划充分调动各种对象来协同工作，完成规定的任务。

Python 允许将类、函数和变量等的定义存入一个模块内，并保存成"*.py"文件。必要时，导入该模块，即可直接使用。Python 系统提供了许多内置模块，大大丰富了系统的功能。用户也可自定义模块，为自己或他人提供方便。

5.1 类及类的实例

类是用来定义对象的一种抽象数据类型。类将数据与操作数据的方法（类之外称为函数）封装成一个整体，用于描述具有共同属性和行为的客观事物。事物的属性表示为类中的数据成员，事物的行为表示为类中的成员方法。

一个类描述的事物中的个体（具体事物）称为对象，它们都有各自的状态（属性值）和行为特征。对象可以在使用前创建、使用后撤销，从而成为有别于传统意义上的变量的"动态"数据，对象可以充分利用存储空间等计算机资源。这种机制不仅可以更好地模拟需要通过编写程序处理的客观事物，还为继承性地创建新的类以便实现代码重用提供了可能。

5.1.1 面向对象程序设计思想

结构化程序设计方法有效地降低了程序设计的复杂性，使 20 世纪 60 年代后期出现的软件危机得到初步缓解。但是，随着计算机性能的提高和图形用户界面的推广，应用软件的规模不断扩大，由此引发的复杂性，单靠传统的结构化方法难以解决，于是，面向对象程序设计（Object Oriented Programming）方法应运而生。

1. 面向过程程序的缺陷

在使用传统高级语言（FORTRAN、Pascal 和 C 等）编写程序时，遵循的是"算法＋数据结构＝程序"的思维模式，所有程序均由一组被动的数据和一组能动的过程组成，过程作用于传送给它们的数据上，如图 5-1(a)所示。这种程序设计方式有一个先天的缺点，即所构建的求解模型不同于问题模型。

在客观世界中，每个实体都有自己的内部状态和运动规律。"状态"可映射为"数据"，"运动"可映射为施加于数据的"操作"，二者紧密关联。但传统高级语言却缺乏将数据及其操作"封装"在一起的机制，使得程序设计人员在设计程序结构时，往往按功能而不是按客观存在的实体来划分模块，人为地造成求解空间和问题空间的错位，如图 5-1(b)所示。

结构化程序设计并未改变面向过程程序设计的本质，反而因其完善和规范化在一定程度上突出了自身的缺点。

图 5-1　传统程序的组成及对客观系统的模拟

2．面向对象程序设计的特点

现实世界是由"对象"构成的。无论是人、机器、动物、植物及商贸公司等，都是根据它们的自身特征抽象而成的对象类别。例如，两个人是两个对象，一个人对象可以用一个计算机对象来编写文档，另一个人对象可以阅读计算机对象上的文档。进行程序设计时，若能够按照对象建模，则会更加契合待解的问题，有利于求解高度复杂的实际问题。

面向对象程序设计既吸取结构化程序设计的优点，又依据现实世界与解空间之间的映射关系，将数据及施加于数据之上的操作封装为对象，作为一个相互依存、不可分割的整体来处理。具体来说，可以采用数据抽象和信息隐蔽技术，将对象及相关操作抽象成类，必要时生成多个同类对象，并将与问题相关的一组对象组织在一起，通过发送消息和接收消息而互相联系，成为一个有机的整体。

面向对象程序至少有两大优点：一是用类将数据和操纵数据的方法封装成一个整体，可以较好地模拟现实世界中的事物；二是可以在已有类的基础上定义新类，新类继承已有类的数据和方法，可以有效地解决传统程序设计方法难以解决的代码重用问题，也使得日后的修改和扩展更为便捷、高效。

3．面向对象程序中的对象与消息

对象（Object）和消息（Message）是面向对象程序设计的两个基本概念。对象是数据和操作的封装体，消息用于实现对象之间的通信。系统模型与面向对象程序之间的对应关系如图 5-2 所示。

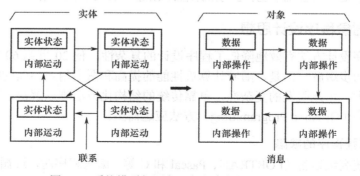

图 5-2　系统模型与面向对象程序之间的对应关系

从图 5-2 中可以看出，两者的结构形状相似，这表明问题空间和求解空间是一致的，从而使程序的分析和设计都变得容易了。

而在面向对象程序中，对象是集数据和处理能力于一身的独立个体，消息则是事物之间联系的抽象。一个对象既可传送消息给其他对象，又可接收由其他对象传来的消息。例如，在一个对象中封装变量 x 和基于 x 的操作，当加一个数时，它接收消息"+2"后的响应是自主完成加"2"操作的，并将结果返回给另一个对象。用消息驱动对象来执行相关的程序，是面向对象系统的基本工作模式。

在可视化的 Windows 操作系统环境中，屏幕上的任何组成部分，如窗口、菜单、对话框，以及对话框内的文本框、命令按钮和命令菜单等，在程序设计时都可映射为对象，从而使得采用面向对象方法设计一个屏幕画面，就像用各种零件装配成一个机器，其操作方法灵活方便。

在 Windows 系统中，消息是指 Windows 发出的一个告诉应用程序发生了某个事件的通知。消息可通过键盘或鼠标的某种操作来传递。例如，单击鼠标、改变窗口大小、按下键盘上的某个按键等，都可以传递消息。

4．程序语言中的类和对象

典型的过程化程序设计语言（如 C 语言等），其程序设计方式是面向过程的，并以函数为基本单位，难以恰如其分地模拟现实世界，且当待解决的问题较为复杂或程序的规模较大时，往往显得力不从心。

在 C++、Java 和 Python 等面向对象程序设计语言中，引入了类机制。类是逻辑上相关的函数与数据的封装，是关于待处理问题的抽象描述。程序中的类可用于抽象地描述具有共同属性和行为的一类事物，事物的共同属性表示为类中的数据成员，而它们的共同行为表示为类中的成员函数。例如，可定义类来描述一个班级的学生，其中的数据成员包括"学号""姓名""性别""出生年月"和"籍贯"等，分别表示学生共有的某种属性，而成员函数"输入""查找"和"插入"等，分别用于输入学生的信息，查找指定学号或姓名的学生的信息，或者添加某名学生的信息。

一个类所描述的事物中的各个具体事物（个体）称为类的实例或对象，它们都有各自的状态（属性值）和行为特征。例如，通信 86 班的学生"杨一明"可以通过"创建"而成为"学生"类的一个对象，他的学号、姓名、出生年月等都可以通过调用"学生"类的成员函数"输入"而赋予相应的数据成员，从而成为一个完整的对象。同样的方法，可以逐个建立用于表现"张亚奇""温丽"等通信 86 班所有学生的对象。此后，若需要查找某名学生，输入他的学号（或姓名等其他属性）并调用相应的成员函数"查找"，便可找到该名学生的信息；若某名学生要转到其他班级，则调用相应的成员函数"删除"，便可删除该名学生的信息；同样地，若某名学生要从其他班级转来，则调用相应的成员函数"插入"，便可添加这名学生的信息。

💡注：在 Python 中，所有数据类型均可视为对象，用户也可以自定义对象。

5.1.2 类的定义

面向对象程序中，用类（Class）将数据及操纵数据的方法封装成一个整体，模拟描述从现实世界中抽象得到的"一类事物"，可看成用户自定义的数据类型。

在 Python 程序中，使用关键字 class 来定义类。类的定义中包含类的各种成员的定义，主要成员有以下两种。

（1）数据成员用于描述对象的状态。属于类及类的实例（对象）的变量称为字段，也可以笼统地称为属性。一个类里面可以有两种属性：对象属性和类属性。对象属性只有实例对象自己使用，类属性可被该类生成的所有实例对象使用。

（2）方法成员可理解为类中自定义的函数，用于描述对象所能执行的操作。方法与函数的区别在于：方法为类的所有实例所共享，有一个隐式参数 self，各实例调用方法时通过 self 传入方法。

💡注：在某些语言中，字段和属性是有区别的。例如，C#语言中，字段是类中定义的数据成员；而属性借助于访问器来读/写字段的值，实际上定义了修改字段的方法。

类定义的一般形式如下。

```
class 类名(object):
    "类的说明文档"
    属性
    初始化方法__init__
    其他方法
```

其中，类名后括号中的 object 为基类（父类）名，表示所定义的类是由 object 类派生而成的。在 Python 3 中，所有类的顶层基类都是 object 类。若在定义类时不写基类，则默认其基类为 object 类。"类的说明文档"是一个字符串，可通过"类名.__doc__"的形式访问。

初始化方法是一种特殊方法，在创建该类的一个新实例（对象）时自动调用。另外，在释放对象时自动调用"__del__"方法。

💡注：Python 中某些概念与其他面向对象语言是有区别的。一是属性没有公有属性和私有属性之分；二是没有构造函数，初始方法只在实例化时执行；三是定义方法时必须有 self 参数。

例 5-1 定义一个用户类，其中包括姓名和年龄属性、为年龄赋值的初始化方法、显示年龄的方法及显示类名的方法。

按要求编写的 User 类的定义如下。

```
#例 5-1_ 类的定义与访问
class User(object):
    "用户类：姓名、年龄；初始化年龄、显示年龄、显示姓名"
    name="某某某"
    age=0
    def __init__(self, age=30):        #新对象产生时自动执行的函数
        self.age=age
    def showAge(self):
        print(self.age)
    def showClassName(self):
        print(self.__class__.__name__)
#例 5-1_ 未完待续（见例 5-3）
```

该程序包括以下成分。

（1）字符串"用户类：姓名、年龄；初始化年龄、显示年龄、显示姓名"是类的说明文档，可在类中以"self.__class__.__name__"的形式或在创建对象后以"对象名.__class__.__name__"的形式获取。

（2）name 和 age 是类 User 的两个属性。类实例化即在创建了类的对象后，便可使用

其属性，也可直接通过类名访问其属性，但若直接使用类名修改了某个属性，则将影响已经实例化的对象。

也可用"＿＿私有属性名"的形式（两个下画线开头）来定义类的私有属性，在类内部的方法中以"self.＿＿私有属性名"的形式使用。这种属性不能在类的外部直接访问，一般是通过类中专门定义的方法来访问的。

（3）使用 def 关键字在类中定义方法，与一般函数定义不同的是，类方法必须包含参数 self 而且它必须是第 1 个参数。

- 初始化方法＿＿init＿＿()将在创建对象时自动调用，其功能是为 age 属性赋值。其中，第 2 个参数指定了一个默认值，实例化对象时可指定一个值替换它。
- 方法 showAge()用于输出 age 的值。
- 方法 showClassName()用于显示定义的类的名字，其中以"self.＿＿class＿＿.＿＿name＿＿"的形式获取类的名字。

也可用"＿＿私有方法名"的形式（两个下画线开头）来定义类的私有方法，在类内部以"self.＿＿私有方法名"的形式调用。这种方法不能在类的外部调用。

需要注意的是：一个类中的所有方法，包括创建新对象时自动执行的函数，其参数中都有一个 self 形参，用于区分调用该方法的是哪个对象。

5.1.3　类的实例

定义了类之后，就可以通过类名来生成该类的实例了。可将类的实例看成所属类类型的变量。通过实例来调用封装起来的数据和方法。在读/写属性的值时，要注意区分实例属性和类属性，两者各有不同的访问方式。

💡注："一切都是对象"是 Python 语言的标志性特点。Python 中的数字、类、函数，甚至数据类型（Type）等都是对象。但实际上，Python 中类的实例对象才是 C++等其他面向对象语言中所谓的对象。为方便起见，本书中常将类的实例对象简称为对象。

例 5-2　类属性和实例属性的访问。

本例中，分别定义类属性和实例属性，并分别用实例对象名访问类属性、用实例对象名访问对象属性，而用类名访问类属性。

应该注意的是：不能用类名访问对象属性。

```
#例 5-2_ 属性的定义和访问
class test:
    xCla=333333  #类属性 xCla
    def __init__(self,value): #生成实例对象时自动调用
        self.xObj=value        #类的实例对象属性 xObj
    def show(self):
        print( '对象名访问对象属性 self.xObj=%d'%self.xObj, end='\t' )
        print( '对象名访问类属性 self.xCla=%d'%self.xCla )
        print( '类名访问类属性 test.xCla=%d\t '% test.xCla )
if __name__ == '__main__':
    obj=test(8618)    #生成类的实例对象 obj
    obj.show()        #调用 show()方法，显示属性值
    obj.yObj=369888  #为类的实例对象 obj 添加自有属性 yObj
    print( '对象名访问对象的自有属性 obj.yObj=%d'%obj.yObj )
```

本程序的运行结果如下。

Python 程序设计方法

```
>>>
对象名访问对象属性self.xObj=8618      对象名访问类属性self.xCla=333333
类名访问类属性test.xCla=333333
对象名访问对象的自有属性obj.yObj=369888
>>>
```

例 5-3　生成 User 类的两个类的实例对象 zhang 和 ma，分别显示各自的姓名和年龄。

创建类的实例对象并访问其中数据和方法，以及按要求编写的 User 类的定义代码如下。

```
#例 5-3_ 续例 5-1（见 5.1.2 节）
zhang=User()                    #创建 User 类的实例对象 zhang
zhang.name="张易居"             #调用类的 name 属性
print(zhang.name,end=' ')
zhang.showAge()                 #调用类的 showAge()方法
ma=User(25)                     #创建 User 类对象 ma
print( ma.name,end=' ' )
ma.showAge()                    #调用类的 showAge()方法
zhang.showClassName()
print(zhang.__class__.__doc__)   #获取类的说明文档
zhang.VIP=True                  #为类的实例对象 zhang 添加自有属性 VIP
print(zhang.VIP)                #输出 zhang 中自有属性的值
print(ma.VIP)
```

该程序中包括以下 3 部分内容。

（1）前 4 个语句定义了 User 类的实例对象 zhang；直接为 name 属性赋值并输出其值；而且调用了 showAge()方法输出 age 属性的值。

（2）第 6 和第 7 个语句定义了 User 类的另一个类的实例对象 ma，定义时指定 25 替换默认的 age 属性的值（在自动调用的初始化方法中更改）；直接输出 name 属性的值（因未显式赋值而用默认值"某某某"）；还调用了 showAge()方法输出 age 属性的值。

（3）第 8 个语句调用了 showClassName()方法输出类的名称；第 9 个语句直接以"zhang.__class__.__doc__"的形式获取并输出类的说明文档。

（4）后三个语句先为类的实例对象 zhang 添加了自有属性 VIP 并赋值为 True，然后直接输出该属性的值，最后还试图以同样的方式输出另一个类的实例对象 ma 的 VIP 属性的值，这句在执行时将会出错。

需要注意的是：属性是通过类的实例对象名直接访问的；而方法是通过 self 间接访问的。例如，在执行调用方法的代码

```
zhang.showAge()
```

时，Python 默认将 zhang 传给 self 参数，即

```
zhang.showAge(zhang)
```

使得方法内部的 self=zhang，即 self.name 是"张易居"，self.age 是 30。

本程序的运行结果如下。

```
>>>
张易居 30
某某某 25
User
用户类: 姓名、年龄; 初始化年龄、显示年龄、显示姓名
True
Traceback (most recent call last):
  File "D:/Python33/test.py", line 22, in <module>
    print(ma.VIP)
AttributeError: 'User' object has no attribute 'VIP'
>>>
```

148

可以看出，执行最后一个语句时，因为类的实例对象 ma 中不包含 VIP 属性而出错。

5.1.4 类的私有成员

在类的外部，可以通过访问类的实例对象变量来操作类中定义的属性和方法，往往会因为误改数据而带来不必要的麻烦。为了限制外部代码对类中属性的访问，可将某些属性或者方法设置为私有成员。

在 C++等面向对象程序设计语言中，往往使用 public、private 和 protected 等关键字来修饰类成员，使其成为可在类定义之外访问的公有成员、只在类定义中可见的私有成员或者只在类及其子类中可见的保护成员。而 Python 语言不提供这些关键字。默认情况下，Python 程序中类的成员都是公有的，可在类定义之外访问。若想控制对于类的数据成员或者方法成员的访问，可按以下方式处理。

（1）以单下画线开头的"_xx"成员为保护成员。只允许该类及其子类访问。在导入某个模块时，这种以一个下画线开头的对象不会被导入。

（2）以双下画线开头的"__xx"属性为私有属性。不能在类外部使用或直接访问；在类内部的方法中，可以用"self.__私有属性"的形式访问。

（3）以双下画线开头的"__xx"方法为私有方法。该方法不能在类外部调用，在该类内部，可使用"self.__私有方法"的形式调用。

（4）左右都有双下画线（形如__xx__）是 Python 中特殊方法的专用标识。

💡注：对于标记为私有的成员，Python 在该成员名称前面添加类名，并在类名前面添加一个下画线"_"，成为"_类名__成员名"的形式。此后，外部就不能再以原来的私有成员的名字来访问了。

例 5-4 私有属性的定义和访问。

本例中，定义表示学生成绩的 stuMark 类，其中包含以下成员。

（1）两个私有属性：表示姓名的 name、表示成绩的 mark。

（2）私有方法：重置两个属性的 setMark()方法。

（3）公有方法：显示两个属性的 showMark()方法。

```python
#例 5-4_ 私有属性的定义和访问
marks={'张京':91,'王靓':78,'李玉':54,'刘正':61,'陈彬':87}
class stuMark(object):
    def __init__(self,name,mark):
        self.__name=name      #私有属性 name
        self.__mark=mark      #私有属性 mark
    def __setMark(self,mark,name):
        "私有方法：为姓名和成绩赋值"
        self.__name=name
        self.__mark=mark
        return name,mark
    def showMark(self):
        "公有方法：显示姓名和成绩"
        print('%s: %s'%(self.__name,self.__mark),end=' \t')
if __name__ == '__main__':
    for key in marks:
        student=stuMark(key,marks[key])
```

149

```
        student.showMark()
        answer=input('成绩正确吗（y/n）? ')
        if answer.upper()!='Y':
            intMark=int(input('成绩 mark=? '))
            marks[key]=intMark
            student._stuMark__setMark(key,intMark)   #用类名访问私有方法
    print(marks)
```

本程序中，需要注意以下两点。

（1）私有属性和方法都只能在类的内部访问，语句

```
student._stuMark__setMark(key,intMark)
```

使用类名访问了类中定义的私有方法 setMark()，一般来说，这样做是不好的。

（2）字典元素的顺序通常没有定义。也就是说，迭代时，能够遍历字典中的键和值，但处理顺序不确定。

本程序的一次运行结果如下。

```
>>>
张京: 91   成绩正确吗（y/n）?  y
李玉: 54   成绩正确吗（y/n）?  y
陈彬: 87   成绩正确吗（y/n）?  y
刘正: 61   成绩正确吗（y/n）?  n
成绩mark=?  65
王靓: 78  成绩正确吗（y/n）?  y
{'张京': 91, '李玉': 54, '陈彬': 87, '刘正': 65, '王靓': 78}
>>>
```

5.1.5　类方法和静态方法

调用一个类中定义的方法时，往往先实例化一个对象，再用实例名来调用该方法。但有些方法只与类而不与其实例交互，还有些方法虽与类相关但不需要该类或其实例做什么工作（如设置环境变量、改变其他类的属性等），这就需要在定义方法时以@staticmethod或@classmethod加以装饰。可据此将方法分为以下三种。

（1）普通方法：通常是与类的实例相关的方法，需要表示实例的 self 参数（相当于 C++等语言中的 this 指针）。定义这种方法时，将 self 作为第一个参数；调用这种方法时，需要生成类的实例，通过 self 参数隐式地传入方法。

（2）以@staticmethod 装饰的方法：相当于静态语言（C++等）中的"静态方法"。其定义中既不需要表示实例的 self 参数，又不需要表示类本身的 cls 参数，调用时也不会隐式地传入任何参数。可通过类或其实例，像调用具有全局作用域的函数一样，调用这种方法。在该方法内部，可用"类名.属性名"的形式访问类的属性，也可用"类名.方法()"的形式调用类中的其他方法。

（3）以@classmethod 装饰的方法：与所属类相关的方法，可称之为"类方法"。其定义中不需要 self 参数，但将表示所属类的 cls 作为第一个参数。类对象（非类的实例对象）本身隐式地通过 cls 传入方法，故可用于调用类的属性、类的方法和实例对象等。这种方法比较特殊，先要理解 Python 的类也是真实存在于内存中的对象（非静态语言中，类是只存在于编译期间的类型），才能理解其本质。

例 5-5　类方法、静态方法的定义和调用。

本例中，定义表示员工的 employee 类，其中使用普通方法为私有属性赋值；使用类方法为类属性赋值；使用静态方法获取类属性的值。本程序按顺序执行以下操作。

（1）定义 employee 类，其中包括以下三个属性和三个方法。

- 属性 name，表示员工的姓名。
- 私有属性 pay，表示员工的月工资。
- 类属性 department，表示员工所属的部门。
- 方法 getPay()，为私有属性 pay 赋值。
- 类方法 setDepart()，为类属性 department 赋值。
- 静态方法 getDepart()，获取类属性 department 的值。

（2）生成 employee 类的两个实例对象 zhang 和 ma，并通过类名 employee 调用类方法 setDepart()，为类属性 department 赋值。

（3）获取并输出实例对象的属性值。

- 通过实例对象名 zhang 和 ma，获取并输出属性 name 的值。
- 通过实例对象名或类名，获取并输出类属性 department 的值。
- 通过实例对象名 zhang 和 ma，获取并输出私有属性 pay 的值。

```
#例 5-5　类方法、静态方法的定义和调用
class employee(object):
    "员工类——属性：姓名、部门、工资；方法：置工资值、置部门值、取部门值"
    def __init__(self,name,pay):    #赋初值：属性 name、私有属性 pay
        self.name=name
        self.__pay=pay
    def getPay(self):    #获取私有属性 pay 值
        return self.__pay
    @classmethod
    def setDepart(cls,department):    #赋类属性 department 值
        cls.department=department
    @staticmethod
    def getDepart():    #获取类属性 department 值
        return employee.department
if __name__ == "__main__":
    #生成对象 zhang、ma；置类属性 department 值
    zhang=employee('张芳',9500)
    ma=employee('马靓',8000)
    employee.setDepart('办公室')
    #获取并输出 zhang、ma 的属性值：公有属性 name、类属性 department、私有属性 pay
    print("姓名：%s；部门：%s；工资：%d."%(zhang.name,zhang.getDepart(),zhang.getPay()) )
    print("姓名：%s；部门：%s；工资：%d."%(ma.name,employee.getDepart(),ma.getPay()) )
```

本程序中，三个不同种类的属性的访问方式如下。

（1）通过实例名访问公有属性：zhang.name、ma.name。

（2）通过类名或其实例名调用以@classmethod 装饰的类方法，访问私有属性 zhang.getDepart()与 employee.getDepart()。

（3）通过实例名调用以@staticmethod 装饰的静态方法，访问类属性 zhang.getPay()与 ma.getPay()。

程序的运行结果如下。

```
>>>
姓名：张芳；部门：办公室；工资：9500。
姓名：马靓；部门：办公室；工资：8000。
>>>
```

151

5.2　类的继承性和多态性

面向对象程序中，通过类将数据及操作数据的方法封装在一起，可以较好地模拟客观事物；利用类的继承性（或组合使用）来模拟客观事物中的层次关系，同时有效地解决已有代码的重用问题；利用类的多态性来模拟既有共性又有差别的不同事物，同时解决已有程序代码的功能扩充问题。

程序设计语言只有具备以下三个特点才能较好地支持面向对象程序设计。学习面向对象程序设计方法也应先了解这三个基本特点。

5.2.1　面向对象程序的特点

面向对象程序最突出的三个特点是封装性、继承性和多态性。

1．封装性

面向对象程序设计的主要目的是最大限度地获得代码的可重用性，而数据隐藏是实现代码重用的重要手段。封装是指将一组数据（描述客观事物的状态）及与其相关的操作（描述客观事物的行为）组装成一个整体，形成能动的实体——对象。通常会限制从外部直接访问对象的数据成员，但对外部提供访问数据成员的统一接口。也就是说，在使用对象时，不必了解对象行为的实现细节，只需根据对象提供的外部接口来访问对象，获取必要的数据或者执行相关的操作。

事实上，数据隐藏是用户对封装的认识，封装则为信息隐藏提供了支持。封装保证了模块（类）具有较好的独立性，对应用程序的修改局限于类的内部，因而可减小因修改应用程序而带来的影响。

2．继承性

利用类的继承性，可在基类（已有类）的基础上定义派生类（新的类），派生类继承基类的全体成员（数据成员和方法成员），并按需求添加新的成员。这样，不仅提高了软件的重用性，还使得程序具有较为直观的层次结构，从而易于扩充、维护和使用。

例如，Windows 操作系统环境中运行的应用程序都有一个窗口，可先设计一个最简单的窗口类，只提供窗口对象的边框、标题，空白的客户区的定义，以及可移动和缩放的特性等。然后在这个窗口的基础上派生出多种不同用途的窗口，如用于文字处理的窗口，用于绘图的窗口等。

类的继承性体现了实际事物中的一般与特殊的关系，提供了明确地表述共性和添加个性的方式，其突出特点是解决代码的可重用性问题，并且具有以下优点。

（1）应用程序中可以大量采用成熟的类库，从而缩短开发时间。

（2）设计出来的应用程序更易于维护、更新和升级。

（3）与封装性相得益彰，使因修改应用程序带来的影响更加局部化。

3．多态性

相同的方法调用为不同的对象所接收时，可能导致不同的行为，这种现象称为类的多态性。方法通常是静态的，即在编译和链接时已经确定了。但类存在一种多态性，即在运行时才确定调用哪个方法。方法的调用取决于对象的类型。

例如，同样是加法操作，把两个整数相加和把两个时间值相加的要求是不同的。又如，在 Windows 环境下，当用鼠标双击一个文件对象（实际上是程序向对象传送一个消息）时，若它是一个可执行文件，则该文件会启动执行；若它是一个文本文件，则会启动默认的文本编辑器并在其中打开该文件。

可见，面向对象程序设计中的多态性是指：对于几个继承同一基类的不同类的对象来说，当它们接到同样的执行命令（接收到同样的消息）时，能够通过同一个接口来调用适应各自对象的不同实现方法，从而做出不同的响应。

💡注：在 C++等多种面向对象语言中，类的多态性可分为两种：静态多态性和动态多态性。前者可以通过函数重载或者运算符重载来实现，后者通过重载虚函数来实现。

多态性使得程序设计灵活、抽象，具有行为共享和代码共享的优势，可以解决应用程序中的函数同名问题。

5.2.2　类的继承

现实世界中的许多实体往往既有共同特征，又有个体差异，可以使用层次结构来描述它们之间的相似性和差异性。例如，假定粗略地将人分成职员和学生两大类，则可用如图 5-3 所示的分类树来表示这两类人。

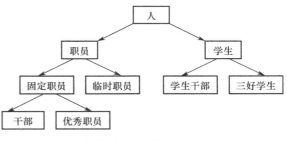

图 5-3　人的分类

在图 5-3 中，最高层是最普遍、最一般的概念，越往下反映的事物越具体，并且下层都包含上层的特征。一旦在某个分类中定义了一个特征，则由该分类细分而成的下层类目都自动包含这个特征。例如，一旦确定了某人是"干部"，则可确定他具有"固定职员"的所有特征，当然也具有"人"的所有特征。

在 Python 程序中，可以用类的继承关系来模拟这种层次关系。若一个类继承了另一个类的成员（包括数据成员和成员函数），则称前者为父类、基类或者超类，后者为其子类或派生类，基类从派生类派生，类的派生过程可以继续下去，即派生类又可作为其他类的基类。这样，就无须从头开始设计每一个类，省去了许多重复性的工作。

在 Python 程序中定义类时，类名之后的圆括号表示继承关系，即

```
class 类名(基类名):
    ...
```

其中，括号中的类为所定义类的直接基类。

Python 中类的继承有以下特点。

（1）若派生类需要扩展基类的行为，则可添加__init__()方法的参数。但派生类中必须显式地调用基类的__init__()方法，为基类中已有的参数赋值。另外，还要以适当的方式为新添加的参数赋值。

（2）调用基类的方法时，要用基类的类名作为前缀，还要用 self 参数作为变量，以便与类中调用普通函数（不必用 self 参数）区分开来。

（3）若某个继承来的方法不满足需求，则可在当前类中重写这个方法。使用当前类的实例对象调用该方法时，执行的是重写的方法；若在当前类（派生类）中找不到该方法，则 Python 会去基类中查找该方法并执行。

例 5-6　表示人的基类及表示教师和学生的派生类的定义和使用。

本例中，先定义描述人的 Person 类，包括姓名属性、年龄属性、初始化方法，以及输出属性值的方法；再分别定义两个派生类，即表示教师的 Teacher 类和表示学生的 Student 类，在 Teacher 类中添加工资属性，在 Student 类中添加成绩属性，并在这两个类中重新编写输出属性的方法。

```
#例 5-6_ 基类 Person、派生类 Student 和派生类 Teacher
class Person:  #基类 Person
    def __init__(self,name,age):
        self.name = name
        self.age = age
        print('Person 初始化: ', self.name)
    def show(self):
        print('姓名:%s; 年龄:%s' % (self.name, self.age))
class Teacher(Person):  #基类 Person 的派生类 Teacher
    def __init__(self,name,age,salary):
        Person.__init__(self,name,age)
        self.salary = salary
        print('Teacher 初始化: ', self.name)
    def show(self):
        Person.show(self)
        print('工资: ', self.salary)
class Student(Person):  #基类 Person 的派生类 Student
    def __init__(self,name,age,marks):
        Person.__init__(self,name,age)
        self.marks = marks
        print('Student 初始化: ', self.name)
    def show(self):
        Person.show(self)
        print('成绩: ', self.marks)
if __name__ == '__main__':
    zhang=Teacher('张益君', 50, 10000)
    liu=Student('刘贺彬', 20, 86)
    members=[zhang,liu]
    print()
    for member in members:
        member.show()
```

由以上程序可以看出：

（1）为了使用继承，基类名作为一个元组跟在所定义的派生类名之后。在继承元组中可以列举两个或两个以上的类，这种情况称为多重继承。

（2）在基类的初始化方法__init__()中，以 self 作为前缀，为基类中定义的实例对象的属性赋值。

（3）在两个派生类的初始化方法 __init__()中，先以基类名 Person 为前缀，调用基类的初始化方法为基类中定义的属性赋值，然后再以 self 为前缀为新定义的自有属性赋值。

💡注：Python 不会自动调用基类的初始化方法，必须在派生类初始化方法中用基类名调用它，为基类中定义的那些属性赋值。

（4）在使用基类 Person 的 show()方法时，实际上是把派生类 Teacher 和派生类 Student 的实例对象看成基类的实例对象。

（5）本例中调用了派生类而非基类的 show()方法，可以理解为：Python 总是首先查找对应类的方法，仅当派生类中找不到对应的方法时，才开始去基类中查找。

本程序的运行结果如下。

```
>>>
Person初始化： 张益君
Teacher初始化： 张益君
Person初始化： 刘贺彬
Student初始化： 刘贺彬

姓名:张益君；年龄:50
工资： 10000
姓名:刘贺彬；年龄:20
成绩： 86
>>>
```

5.2.3　类的组合

在程序中，继承的概念并不完全等同于现实世界中的继承关系。例如，从生物学角度看，鸵鸟是鸟的一种，因此设计一个表示鸟的基类及一个表示鸵鸟的派生类。

```
class bird():
    def fly(self): …
class ostrich(bird):
    …
```

但是，鸵鸟是不能飞的，因此继承基类的 fly()方法是没有意义的。

在某些情况下，一个实体属于另一个实体的"一部分"，不允许从前一个实体派生出后一个实体，而是要用前一个实体"组合"出后一个实体。

类的组合与继承一样，是软件重用的重要方式。组合和继承都是利用已有类来定义新类的，但两者的概念和用法有区别。通过继承建立派生类与基类的关系，两种类属于"是"的关系，如"三好学生"是"学生"；通过组合建立成员类与组合类的关系，两种类属于"有"的关系，如"三好学生"有"成绩"。

例 5-7　用几个类组合成另一个类。

眼、耳、口、鼻均为头的组成部分，故可由分别表示它们的 eye 类、nose 类、mouth 类和 ear 类组合成表示头的 head 类。

```
#例 5-7_ 组合（眼类、耳类、口类、鼻类）——>头类
#定义 eye 类、ear 类、mouth 类、nose 类
class eye():
    def Look(self): return '目明观六路'
class ear():
    def Listen(self): return '耳聪听八方'
class mouth():
```

```
        def Eat(self): return '点滴尝百味'
class nose():
        def Smell(self): return '丝缕闻千香'
#由 eye 类、ear 类、mouth 类、nose 类组合成 head 类
class head():
        "由前面定义的类组合成 head 类"
        __mEye=eye()              #head 类中创建 eye 类实例
        __mEar=ear()              #head 类中创建 ear 类实例
        __mNose=nose()            #head 类中创建 nose 类实例
        __mMouth=mouth()          #head 类中创建 mouth 类实例
        def Look(self): return self.__mEye.Look()
        def Listen(self): return self.__mEar.Listen()
        def Eat(self): return self.__mMouth.Eat()
        def Smell(self): return self.__mNose.Smell()
#创建并使用 head 类对象
if __name__ == "__main__":
    hObj=head()
    print( hObj.Look(),hObj.Listen(),hObj.Eat(),hObj.Smell() )
#创建并使用 head 类对象
if __name__ == "__main__":
    hObj=head()
    print( hObj.Look(),hObj.Listen(),hObj.Eat(),hObj.Smell() )
```

程序的运行结果如下。

```
>>>
目明观六路 耳聪听八方 点滴尝百味 丝缕闻千香
>>>
```

5.2.4　类的多重继承

Python 允许同时从多个基类派生出一个新类，该过程称为多重继承。多重继承的写法与单继承的写法基本相同，其一般形式如下。

```
class 类名( 基类名 1, 基类名 2, … , 基类名 n):
    …
```

其中，括号中包括两个或两个以上的父类名，各父类名之间用逗号隔开。

在子类中，可直接使用类名来调用父类中的成员，这在单继承的子类中是没有问题的。但在多继承的子类中，会出现方法的重复调用、类名修改麻烦等问题，这时可使用 super()代替父类或更深层的超类，进而解决这些问题。

1．MRO 表

MRO（Method Resolution Order，方法解析顺序）表用于判断子类调用的方法来自哪个超类。若是单继承，则先查找当前类的父类，再查找父类的父类，依此类推，直到找出目标为止。但对于多继承，就要遵循 MRO 表中的顺序进行查找了。

MRO 表的顺序大体上是这样确定的，即先计算出每个类（从父类到子类的顺序）的 MRO 表，再按以下规则合并成一条线。

- 基类总在派生类后面。
- 若有多个基类，则基类的相对顺序保持不变。也就是说，类定义时的继承顺序影响

MRO 表中的相对顺序。

假定 ab 类派生自 A 类和 B 类（A 类名写在前面），而 A 类和 B 类都派生自 base 类，则当 ab 类中调用方法时，按照如图 5-4 所示的顺序来搜索该方法的所属类。

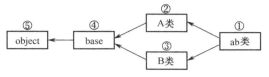

图 5-4　多继承时方法的查找顺序

下面用 mro()方法调出 MRO 表。

```
>>> ab.mro()
[<class '__main__.ab'>, <class '__main__.A'>,
<class '__main__.B'>, <class '__main__.base'>,
<class 'object'>]
>>>
```

2. super()

使用 super()来引用父类，解决多重继承时的方法重复调用等多种问题。super 实际上是一个类名，其定义如下。

```
def super(cls, inst):
    mro = inst.__class__.mro()    #总是最底层子类
    return mro[mro.index(cls) + 1]
```

可见，super 指的是 MRO 表中的下一个类。其定义的两个参数可以实现两种功能：通过 inst 参数生成 MRO 表；通过 cls 定位当前 MRO 表中的序号 index，并返回 mro[index + 1]。

若用形如"super(当前类名, self).方法名()"的代码调用父类或更深层超类的函数，则产生一个 super 对象。与形如"超类名.方法名()"的代码相比，该形式至少有以下两个优点。

（1）多继承情况下，若直接使用类名来调用超类中的方法，则某些超类中的方法可能会重复调用；而使用 super 函数时，多继承类通过 MRO 表来保证各父类的函数逐个调用，且当每个类中都用 super 时，每个超类中的函数只调用一次。

（2）若直接使用类名来调用超类中的方法，则一旦某个超类的定义发生变化（如超类名改变），就必须遍历所有类定义，把引用该超类的地方全部替换过来；而使用 super 函数时，只要修改该超类本身即可。

注意，"super(当前类名, self).函数名()"也可以写成"super().函数名()"。

例 5-8　多重继承的类。

本例中，先定义两个 base 类，接着定义该类的两个派生类 A 类和 B 类，再定义派生自 A 类和 B 类的 ab 类。在每个派生类的构造函数中，都使用直接基类名来调用其构造函数。

```
#例 5-8_ 类的多重继承 ab<- (A<-base、B<-base)
class base:
    def __init__(self):
        print('base 类__init__()方法')
class A(base):
    def __init__(self):
        base.__init__(self)    #用基类名调用基类 init()方法
        print('A(base)类__init__()方法')
class B(base):
    def __init__(self):
        base.__init__(self)    #用基类名调用基类 init()方法
        print('B(base)类__init__()方法')
class ab(A,B):
    def __init__(self):
```

```
                A.__init__(self)      #用基类名调用基类 init()方法
                B.__init__(self)      #用基类名调用基类 init()方法
                print('ab(A(base),B(base))类__init__()方法')
obj=ab()
```

程序的运行结果如下。

```
>>>
base类__init__()方法
A(base)类__init__()方法
base类__init__()方法
B(base)类__init__()方法
ab(A(base),B(base))类__init__()方法
>>>
```

可以看出，base 类的__init__()被调用了两次，可以使用 super()方法来改写代码，使得该函数只调用一次。

```
#例 5-8_改 类的多重继承——用 super()方法调用基类成员
class base:
    xBase=5
    def __init__(self):
        print('base类__init__()方法')
class A(base):
    xA=10
    def __init__(self):
        super().__init__() #等价于 super(A,self).__init__()
        print('A(base)类__init__()方法')
class B(base):
    def __init__(self):
        super().__init__() #等价于 super(B,self).__init__()
        print('B(base)类__init__()方法')
class ab(A,B):
    def __init__(self,xAB):
        self.xAB=super().xBase+super().xA+xAB
        super().__init__() #等价于 super(ab,self).__init__()
        print('ab(A(base),B(base))类__init__()方法')
obj=ab(20)
print('obj.xAB=%d'%obj.xAB)
```

程序的运行结果如下。

```
>>>
base类__init__()方法
B(base)类__init__()方法
A(base)类__init__()方法
ab(A(base),B(base))类__init__()方法
obj.xAB=35
>>>
```

可以看出， base 类的__init__()只调用了两次，而且，在多继承的派生类中，用形如super().方法()"或者"super().属性"的代码来引用超类中的方法或者属性，可省去分辨超类名的麻烦，也为以后超类名的修改提供了方便。

5.2.5 函数和运算符重载

重载是实现多态性的一种手段，它包含函数重载和运算符重载。

（1）函数重载是指多个函数的名称及其返回值的数据类型均相同，仅参数类型或参数个数不同。换句话说，可以用一个函数名定义多个函数，每个函数的参数个数、类型等均

有所不同。调用函数时，系统会自动按照所给的一组实参来调用相应的函数。

（2）运算符重载则是对某个已有的运算符赋予另一重含义，以便用于某种用户自定义类型（如类）的运算。通过运算符重载，可以为一个运算符定义多种运算功能（参加运算的操作数类型有所不同）。

一个运算符定义了一种操作，一个函数也定义了一种操作，其本质是相同的。当程序遇到运算符时会自动调用相应的运算符函数。虽然重载运算符的功能均能用一个真正的成员函数来实现，但使用运算符重载可以使程序更容易理解。重载运算符主要用于对类的对象的操作。

1．使用特殊参数实现函数重载

函数重载主要是为了解决以下两个问题。

（1）可变参数类型问题：一般来说，Python 程序中不必为处理不同数据类型的参数而编写不同的函数。原因是：当函数功能相同时，相同的代码往往可以接收并处理多种不同数据类型的参数。

（2）可变参数的数量问题：Python 程序中可用默认参数来解决该问题。

从形式上来说，Python 不支持函数重载。但可在 Python 程序中以特别且有趣的方式来体现重载这个面向对象语言共有的特性。

例 5-9　使用默认参数实现函数重载。

本例中，设置默认参数 times=1，调用该参数时可不给其对应的实参，相当于两个函数（分别有一个参数和两个参数）重载。

```
#例 5-9_ 调用该函数时，第二个参数可有可无
def func( str, times=1 ):
    print( (str+'\t')*times )
func( '清水绿山' )
func( '清水绿山', 3 )
```

程序的运行结果如下。

```
>>>
清水绿山
清水绿山	清水绿山	清水绿山
>>>
```

例 5-10　使用可变长度参数实现函数重载。

本例中，设置可变长度参数*data，调用时对应实参可给 0 个、1 个或多个，相当于多个函数（分别有一个参数、两个参数和两个以上参数）重载。

```
#例 5-10_ 调用该函数时，第二个参数可对应 0 个、1 个或多个数据
def person( name, *data ):
    print( name,end='\t' )
    for a in data:
        print(a,end='\t')
    print()
person( '王明明' )
person( '李正正', '男' )
person( '张奇奇', '女', 93 )
```

程序的运行结果如下。

```
>>>
王明明
李正正	男
张奇奇	女	93
>>>
```

2．Python 中的魔术方法

Python 语言提供了很多魔术方法（Magic Method）。这些方法以双下画线开头和结尾，即写成类似于"＿＿x＿＿"的形式。当 Python 的内置操作作用于类的实例对象时，会自动搜索并调用对象中指定的方法来完成操作。

例如，类定义中常用的＿＿init＿＿()就是一个魔术方法。在创建类的实例对象时，Python 首先自动调用＿＿new＿＿()方法来创建类的实例对象，然后自动调用＿＿init＿＿()方法，用所传入的参数初始化实例对象。

注：可见，＿＿new＿＿()方法与＿＿init＿＿()方法共同构成了 Python 的构造函数。

又如，比较两个变量大小的"＝＝"运算符，是通过内置方法＿＿eq＿＿()实现的。

Python 程序中，通过"＿＿方法名＿＿()"这种特殊的命名方式来拦截与"方法名"相关的函数或运算符的操作，并在当前方法中重新定义操作，从而实现函数或运算符的重载。也就是说，只要改变某个内置方法的代码，即可重新定义相应函数或运算符的行为。

因此，可将 Python 中的魔术方法理解为对类中内置方法的重载。可重载加减运算、打印操作、函数调用，以及序列的索引、切片、求长度等各种内置运算，从而使得自定义对象具有与内置对象相同的行为。

3．通过魔术方法实现函数重载

在当前类中，编写与某个函数（如求字符串长度的 len()）相关的魔术方法，即可实现函数重载。

例 5-11　构建电话号码输出格式及求电话号码长度的函数重载。

（1）定义表示电话号码的 phoneNumber 类。在＿＿str＿＿()方法中添加构建输出格式的代码，在＿＿len＿＿()方法中添加求电话号码长度的代码。

（2）生成表示电话号码的实例对象。

（3）显示对象，并调用 len 函数求电话号码的长度。

```
#例5-11_ 函数重载，用于构建实例输出格式及求实例长度
class phoneNumber:
    def __init__(self,area,number):
        self.area=str(area)
        self.phone=str(number)
    def __str__(self):    #构建实例格式
        return "(%s) %s"%(self.area,self.phone)
    def __len__(self):    #求实例长度
        return len(self.area)+len(self.phone)
def test():
    area=input("电话区号: area=? ")
    number=input("电话号码: number=? ")
    Number=phoneNumber(area,number)
    print("%s 位电话号码: %s"%(len(Number),Number))
if __name__=="__main__":
    test()
```

程序的运行结果如下。
```
>>>
电话区号：area=?  029
电话号码：number=?  83695678
11位电话号码：（029）83695678
>>>
```

若去掉程序中__len__()方法的定义，则当程序运行后，会因为 len()不支持 phoneNumber 类的实例而产生以下错误信息。

```
>>>
电话区号：area=? 029
电话号码：number=? 62789395
Traceback (most recent call last):
  File "D:/Python33/test.py", line 16, in <module>
    test()
  File "D:/Python33/test.py", line 14, in test
    print("%s位电话号码：%s"%(len(Number),Number))
TypeError: object of type 'phoneNumber' has no len()
>>>
```

4．通过魔术方法实现运算符重载

在当前类中，编写与某个运算符相关的魔术方法，即可实现运算符重载。

例 5-12　重载 "+" "*" 和 "||" 运算符，用于向量的加法、乘法和求模运算。

向量的加法、乘法和求模运算不同于传统的数学运算，需要对不同的坐标分别运算。

例如：当 v1=Vector(3, 5), v2=Vector(6, 8)时，v1+v2= Vector(9, 13)。

Python 标准数据类型中没有向量，可以通过重载运算符来实现向量及其运算。

```python
#例 5-12_ 重载 "+" "*" 和 "||" 运算符，用于向量的加法、乘法和求模运算
from math import sqrt,hypot
class Vector:
    def __init__(self, a=0,b=0):
        self.a=a
        self.b=b
    def __str__(self):       #输出单个实例时，执行的是该内置方法
        return 'Vector(%d,%d)'%(self.a,self.b)
    def __add__(self, other):   #各坐标分别相加，返回向量 self 与向量 other 的和向量
        return Vector(self.a+other.a,self.b+other.b)
    def __mul__(self,scalar):   #各坐标单独相乘，返回 "向量*数字" 后的结果向量
        return Vector(self.a*scalar,self.b*scalar)
    def __abs__(self):       #求向量的模，hypoy()返回欧几里得范数 sqrt(a*a+b*b)
        return hypot(self.a,self.b)
if __name__=="__main__":
    v1=Vector(9,10)
    v2=Vector(-1,5)
    print('v1+v2=%s+%s=%s'%(v1,v2,v1+v2))
    print('v1*2=%s*2=%s'%(v1,v1*3))
    print('|v1|=|%s|=%d'%(v1,abs(v1)))
```

程序的运行结果如下。

```
>>>
v1+v2=Vector(9,10)+Vector(-1,5)=Vector(8,15)
v1*2=Vector(9,10)*2=Vector(27,30)
|v1|=|Vector(9,10)|=13
>>>
```

5.2.6　类的多态性

多态即多种形态，指在事先未知对象类型的情况下，可自动按照对象的不同类型而执行相应的操作。很多内置运算符及函数、方法等都可以体现多态的性质。例如，"+" 运算

符用于数值类型变量时表示加法操作，而用于字符串类型变量时表示拼接。

1. 类的多态性的概念

程序中实现类的多态性的基本模式，实际上是定义多个方法（函数）名相同但内含代码不同的方法，当使用同样的方法名来调用方法时，因为调用了不同的方法而执行不同的功能，看起来好像一个方法具有多种功能。

类的多态性遵循以下两个原则。

（1）里氏替换原则（Liskov Substitution Principle）：使用基类引用的函数（或指针）时，不必了解派生类，即可使用派生类对象。也就是说，当需要一个基类（超类）对象时，可以给予一个派生类对象。

（2）开放封闭原则（Open Closed Principle）：软件实体（类、模块、函数等）应该对扩展开放而对修改封闭。也就是说，必要时可在现有代码基础上扩展，以适应新的需求或变化；但当类设计完成时，即可独立完成工作，不能再修改其代码。

2. 方法的覆盖与重载

第 5.2.2 节讲过，Python 程序的类中可以包含基类中同名的方法，而且优先执行。也就是说，派生类中的方法可以覆盖基类中的同名方法。但 Python 不支持函数重载（见 5.2.5 节），因此同一个类中的方法也不能重载。这是与类的多态性相关的两个特点。

例 5-13 方法的覆盖与重载。

本例中，子类中包含与父类中同名的 test() 方法，当以子类实例调用该方法时，执行的是子类本身的方法；同时，子类中还包含另一个同名但参数不同的方法，实际上定义在前面的同名方法是无效的。

```
#例 5-13_ 重载 "+" "*" 和 "||" 运算符，用于向量的加法、乘法和求模运算
class A:
    def test(self):
        return "A 类实例方法 test()"
class B(A):
    def test(self):
        return "B 类实例方法 test()"
    def test(self,x):
        return "B 类实例方法 test(%d)"%x
if __name__ =="__main__":
    a=A()
    print( a.test() )
    b=B()
    print( b.test(3) )
    print( b.test() )
```

程序的运行结果如下。

```
>>>
A 类实例方法 test()
B 类实例方法 test(3)
Traceback (most recent call last):
  File "D:/Python33/test2.py", line 14, in <module>
    print( b.test() )
TypeError: test() missing 1 required positional argument: 'x'
>>>
```

可以看到，当试图以子类的实例 b 来调用定义在前面的 test() 时，出现了错误。

3. 类的多态性

类的多态性是建立在继承基础上的。多态是指不同的子类分别重写继承自父类的同名方法。当以不同的子类实例调用该方法时，执行的实际上是各自重写的方法。相当于父类方法重载，使得不同的子类实例对象体现出不同的行为，这就是所谓的开放封闭原则。

- 对扩展开放：允许子类重写父类中的同名方法。
- 对修改封闭：直接继承而非重写父类中的方法。

但是，在 Python 程序中，子类重写父类的方法，只是把相同的属性名绑定到不同的函数对象上，并非真正的父类方法重载。也就是说，Python 实际上并不支持类的多态性。为了尽力体现类的多态性，可将父类写成像"接口"一样的"抽象类"，其中每个方法都抛出 NotImplementedError 异常，然后在子类中实现具体的功能。

例 5-14 类的多态性的体现。

（1）定义表示图形的抽象父类，包含一个数字属性和一个求面积的方法，该方法只抛出 NotImplementedError 异常。

（2）定义表示圆的子类，重写求面积的方法，使用继承来的数字属性（调用父类初始化方法赋值）计算圆的面积。

（3）定义表示长方形的子类，重写求面积的方法，使用继承来的数字属性（调用父类初始化方法赋值）及自带的数字属性计算长方形的面积。

```
#例5-14_ 抽象基类：方法抛出异常；子类：实现方法
from math import pi
class abstractShape:    #抽象基类
    def __init__(self,x):
        self.x=x
    def area(self):   #area()方法，抛出异常
        raise NotImplementedError
class circle(abstractShape):    #子类
    def __init__(self,r):
        super().__init__(r)
    def area(self):    #实现 area()方法
        return pi*self.x*self.x
class rectangle(abstractShape):    #子类
    def __init__(self,a,b):
        super().__init__(a)
        self.b=b
    def area(self):    #实现 area()方法
        return self.x*self.b
if __name__=="__main__":
    Circle=circle(5.6)
    print(Circle.area())
    Rectangle = rectangle(10.6,5.9)
    print(Rectangle.area())
```

程序的运行结果如下。

```
>>>
98.52034561657591
62.54
>>>
```

5.3　模块与包

在 Python 中，一个"*.py"文件就是一个模块（Module），可将其导入其他模块中使用。将多个模块存入一个目录中构成包（Package）。每个包、模块及其内含的类、函数和类中的方法等，都各有一个命名空间。不同命名空间中的类名、函数（方法）名、变量名等，各自独立且互不干扰。

5.3.1　模块

实际运行的程序往往很复杂，为方便程序的编写和维护，可将其中定义类、函数或变量的代码分别存放于不同的模块中，并通过适当的调用方式形成一个整体，进而完成规定的任务。

Python 中的模块是专门编辑并以"模块名.py"作为文件名保存起来的文件。Python 允许将类、函数（方法）和变量等的定义存入一个文件中，然后在多个程序（或者脚本）中将该文件作为一个模块导入。

以下几种情况都适合使用模块。

（1）若几个程序都要用到某个函数，则可将函数的定义编辑并存入一个文件中，然后在每个程序中将该文件作为一个模块导入。

（2）若程序很复杂，可将其分割为多个互相关联的文件。

（3）若编程过程中需要多次进入 Python 解释器，则最好打开一个文本编辑器来为解释器准备输入，并以程序文件作为输入来运行 Python 解释程序，这称为准备脚本（Script）。

模块中除包含类、函数（方法）、变量的定义外，还可以包含可执行语句。这些可执行语句用于模块的初始化，只在第一次导入模块后执行。使用模块来分门别类地存放代码至少有以下优点。

（1）每个模块只包含同一种或少数几种内容，且代码较少，便于修改和维护。

（2）一个模块编写好后，可以多处引用，以后还可经常引用。必要时，还可引用 Python 的内置模块及许多来自第三方的模块。

（3）相同名称的类、函数和变量可分别存放于不同模块中，此后再次编写模块时，不必考虑名称是否会与其他模块中的名称冲突。当然，名称应尽量不与内置的类或函数名冲突。

1．模块导入及代码重用

创建了一个模块（*.py 文件）后，即可在其他需要定义的类、函数或变量的文件中导入该模块，重用这些代码。

通常把所有的导入语句存放在模块（或脚本）开始处不是必须的。为了在其他程序中重用模块，这些模块的文件扩展名必须是".py"。模块名就是不包含扩展名的文件名，且该文件与当前文件位于同一个文件夹中。

导入模块及使用其中函数的方式有以下几种。

（1）导入模块：添加代码

```
import <模块名>
```

调用模块中的函数时，函数名前面需要为模块名再加一个点号"."，即

```
<模块名>.<函数名>(<参数表>)
```

（2）直接从模块中导入函数（模块名不会被导入）：添加代码

```
from <模块名> import <函数名>
```

调用模块中的函数时，直接使用函数名

```
<函数名>(<参数表>)
```

（3）直接从模块中导入函数（模块名不会被导入）并定义别名：添加代码

```
from <模块名> import <函数名> as <函数别名>
```

调用模块中的函数时，直接使用函数别名（原有函数名自动失效）

```
<函数新名>(<参数表>)
```

（4）直接从模块中导入全部名称：添加代码

```
from <模块名> import *
```

调用模块中的函数时，直接使用函数名

```
<函数名>(<参数表>)
```

这种形式可将模块中除以下画线开头的名称符号外的所有名称全部导入。若不清楚导入了什么符号，则有可能覆盖自定义的内容。可使用内建函数 dir() 查看模块定义的名称，包括变量名，模块名和函数名等。

- dir(模块名)：返回指定模块中定义的所有名称。
- dir()：返回当前定义的所有名称。

在模块中定义一个变量__all__，将经常需要导入的多个函数名写入其中。

```
__all__=["函数名 1", "函数名 2", …]
```

当再用这种形式导入模块中的函数时，将只导入这里列举的函数。

💡注：模块属性__name__的值由 Python 解释器设定。若脚本文件作为主程序调用，则其值为__main__；若脚本文件作为模块被其他文件导入，则其值为文件名。

2. 模块搜索路径

试图导入一个模块时，Python 解释器会在指定的路径下搜索对应的.py 文件，若找不到该文件，则程序会报错，例如，

```
>>> import testModule
Traceback (most recent call last):
  File "<pyshell#1>", line 1, in <module>
    import testModule
ImportError: No module named 'testModule'
>>>
```

默认情况下，Python 解释器会搜索当前目录、所有已安装的内置模块和第三方模块，搜索路径存放在 sys 模块的 path 变量中。若用户要添加自己的搜索目录，则有以下两种方法。

（1）直接修改 sys.path，添加要搜索的目录，例如：

```
>>> import sys
>>> sys.path.append("D:/test/myCount/")
>>>
```

该方法在运行时有效，运行结束后失效。

（2）设置环境变量 PYTHONPATH，该环境变量的内容会被自动添加到模块搜索路径中。其设置方式与设置 Path 环境变量的方式类似。

3. pyc 文件

第一次导入一个模块时，Python 解释器会将所导入模块预解释成字节码，并保存为
"*.pyc"的字节码文件。再次导入该模块时，Python 解释器不再做预解释，而是直接使用.pyc
文件，从而节省时间。当修改模块文件的内容时，Python 解释器会根据*.pyc 文件和模块的
修改时间来判断该模块是否修改。若模块的修改时间晚于*.pyc 文件的修改时间，则判定模
块已经修改，Python 解释器会将模块重新解释成*.pyc 文件。

例 5-15 输出 Fibonacci 数列 1, 1, 2, 3, 5, 8, …。

本例中，先编写一个模块文件，内含求 Fibonacci 数列的函数；再编写一个调用模块文
件中的函数的程序文件；然后运行程序。

（1）启动 Python 编程环境，打开 Python Shell 窗口。依次选择"file"→"New Window"
菜单命令，打开文本（源程序）编辑窗口。

（2）编写模块文件，内容如下。

```
#输出小于 n 的 Fibonacci 数列
def outFib(n):
    a,b=0,1
    while b<n:
        print(b,end=' ')
        a,b=b,a+b
#返回小于 n 的 Fibonacci 数列
def retFib(n):
    result=[]
    a,b=0,1
    while b<n:
        result.append(b)
        a,b=b,a+b
    return result
```

以 fibo.py 为文件名，将该模块保存到 Python 系统的默认安装文件夹中，然后关闭文
本编辑窗口。

（3）编写调用模块文件中函数的程序文件，内容如下。

```
#例 5-15_ 导入 fibo 模块，引用其中函数
import fibo  #导入模块 fibo.py
n=int(input("n="))
print("小于",n,"的 Fibonacci 数列：")
print(fibo.outFib(n))  #调用 fibo 模块中的 outFib()
print(fibo.retFib(n))  #调用 fibo 模块中的 retFib()
print(fibo.__name__)    #获取模块的名称
```

该程序也保存在 Python 系统的默认安装文件夹中。

（4）程序的运行结果如下。

```
>>>
n=1000
小于 1000 的Fibonacci数列：
1  1  2  3  5  8  13  21  34  55  89  144  233  377  610  987  None
[1, 1, 2, 3, 5, 8, 13, 21, 34, 55, 89, 144, 233, 377, 610, 987]
fibo
>>> |
```

5.3.2　命名空间

命名空间是可以由用户命名的作用域，用于处理程序中常见的同名冲突，可简单地理解为存放和使用对象名称的抽象空间，实际上就是一个由用户（程序设计者）命名的内存区域。用户可以根据需要指定一些有名称的空间，将全局标识符分门别类地存放在不同的空间域中。这些不同名称的空间是互相分隔的，不同空间中的全局标识符间不会互相干扰。

Python 中的命名空间就如同一个字典，其中键是变量名，值是变量值。

- 每个函数都自有一个命名空间，记录函数的变量，称为局部命名空间。
- 每个模块都自有一个命名空间，记录模块的变量，包括函数、类、导入的其他模块，以及模块级别的变量和常量，称为全局命名空间。
- 另外，还有一个内置命名空间，其中包含内置函数和异常，可以被任何模块访问。

当程序中的代码要访问一个变量 x 时，Python 解释器将会按照以下步骤，在各个命名空间中搜索该变量。

（1）首先在局部命名空间，即在当前函数或当前类方法中查找 x 变量。

（2）未找到 x 时，接着在全局命名空间（即当前模块）中查找。

（3）仍未找到 x 时，接着在局部命名空间中查找。

（4）若这些命名空间中都找不到 x，即可确定 x 不是任何一个命名空间中的变量或者函数，则将放弃查找并引发一个 NameError 异常，报出 "NameError: name 'aa' is not defined" 之类的错误信息。

（5）若是闭包，则当局部命名空间中找不到 x 时，还会查找父函数的局部命名空间。

内置函数 locals()用于返回当前函数或方法的局部命名空间。内置函数 globals()用于返回当前模块的命名空间。locals()是只读的，而 globals()还可以写入。

例 5-16　查看函数和模块的命名空间。

```
#例5-16_ func()及所在模块的命名空间
def func(a = 1):
    b = 2
    print(locals())
    return a+b
func()
print(globals())
y=globals()
y['x']=3
print(y,'\n',x)
```

本程序的运行结果如下。

```
>>>
{'a': 1, 'b': 2}
{'__file__': 'D:/Python33/test2.py', '__doc__': None, '__package
__': None, '__loader__': <class '_frozen_importlib.BuiltinImport
er'>, '__name__': '__main__', '__builtins__': <module 'builtins'
 (built-in)>, 'func': <function func at 0x000000000309E400>}
{'y': {...}, '__file__': 'D:/Python33/test2.py', '__doc__': None
, '__loader__': <class '_frozen_importlib.BuiltinImporter'>, '__
package__': None, 'x': 3, '__name__': '__main__', '__builtins__'
: <module 'builtins' (built-in)>, 'func': <function func at 0x00
0000000309E400>}
 3
>>>
```

167

可以看出，locals()返回的是一个字典；globals()返回的也是一个字典。虽然函数中未定义 x 变量，但在 globals()中添加了这个键后，代码中就可以像访问一般变量一样来访问它了。

5.3.3 包

若程序较多且分别由不同的人来编写，则功能不同的两个或多个模块有可能重名。为了避免模块名冲突，Python 引入了按目录来组织模块名的方法，称为包（Package）。

包是一个有层次的文件目录结构，它定义了 n 个模块或 n 个子包组成的 Python 应用程序执行环境。在每个包目录下面，都会有一个 __init__.py 文件，若该文件不存在，则会被当成一个普通目录而不是一个包。__init__.py 既可以是空文件，又可以包含 Python 代码，因为 __init__.py 本身就是一个模块，模块名就是包目录的名称。

例如，假定 aa.py 文件是名为 aa 的模块，xx.py 文件是名为 xx 的模块，此时这两个模块的名称与其他模块的名称冲突了，则可以通过包来组织模块，从而避免冲突。其方法是选择一个顶层的包名，如 myPackage，按照如图 5-5(a)所示的目录存放各模块。

引入包以后，只要顶层的包名不与其他包的名称冲突，那么所有模块都不会与其他模块名称冲突。此后，aa.py 模块名变为 myPackage.aa，xx.py 模块名变为 myPackage.xx。

同样地，可以使用多级目录，组成如图 5-5(b)所示的多层包结构。这样，文件 utils.py 的模块名变为 myPackage.web.utils；文件 www.py 的模块名变为 myPackage.web.www。

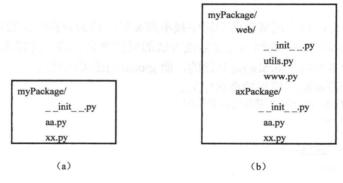

（a）　　　　（b）

图 5-5　包的目录

为自行创建的模块命名时，要注意与 Python 自带的模块名区分开来。例如，因为系统自带了 sys 模块，自定义的模块就不能命名为 sys.py，否则，将无法导入系统的 sys 模块。

因此，命名自定义模块时，最好先检查一下系统是否存在同名的模块，检查方法是在 Python 交互环境中执行 import abc 命令。若查找成功，则说明系统中存在同名的模块。

1. Python 程序的一般结构

一个较复杂的程序往往被划分成多个模块。每个模块中可以包含类、函数、变量等的定义，以及各种语句。各模块又可以分门别类地组织成多个包。可见，一个程序可以分解为以下部分。

- 包：由多个模块组成。
- 模块：由类、函数和变量等组成。

- 类：由属性、方法等组成。
- 函数或类中的方法：由语句等代码组成。
- 语句：由变量、常量及变量和常量组成的表达式组成。
- 表达式：由变量、常量及变量和常量组成的表达式组成。

2．包的导入

导入包中函数和模块的方式有以下几种。

（1）导入包中的模块：添加代码

```
import <包名>.<模块名>
```

调用已导入模块中的函数时，在函数名前面加上模块名，再加上包名，即

```
<包名>.<模块名>.<函数名>(<参数表>)
```

（2）导入包中的模块：添加代码

```
from <包名> import <模块名>
```

调用已导入模块中的函数时，在函数名前面加上模块名，即

```
<模块名>.<函数名>(<参数表>)
```

（3）导入包中模块内的函数：添加代码

```
from <包名>.<模块名> import <函数名>
```

调用模块中的函数时，直接使用函数名，即

```
<函数名>(<参数表>)
```

（4）直接从包中导入所有模块：前提是在包中的 __init__.py 文件中写入代码

```
from import <模块名>
```

并将其导入指定模块。__init__.py 中导入的是哪个模块，通过本方式就能使用这个模块。调用模块中的函数时，在函数名前面加上模块名，即

```
<模块名>.<函数名>(<参数表>)
```

（5）导入包：前提是在包中的 __init__.py 文件中写入代码

```
from . import <模块名>
```

并将其导入指定模块，from 之后的"."表示当前目录。__init__.py 中导入的是哪个模块，通过本方式就能使用这个模块。调用模块中的函数时，在函数名前面加上模块名，即

```
<模块名>.<函数名>(<参数表>)
```

💡注：不能用 import 导入自定义包的子模块，要用 from…import…来导入。

例 5-17　包的创建及其中模块内函数的引用。

本例中，在 test 文件夹中创建 myCount 包以及 getMax 模块和 getAverage 模块，并编写测试程序（存入 test 文件夹中），导入包中的模块并调用其中的函数。操作步骤如下。

（1）创建 test 文件夹，并在其中创建子文件夹 myCount。

（2）编写__init__.py 文件，保存在 myCount 子文件夹中，其内容如下。

```
__author__='某某某'
__author__=["getMax","getAverage"]
```

（3）编写 getMax.py 文件，保存在 myCount 子文件夹中，其内容如下。

```
__author__='某某某'
def abcMax(a,b,c):
    if a<b and a<c:
        return a
    elif b<a and b<c:
```

```
        return b
    else:
        return c
```

（4）编写 getAverage.py 文件，保存在 myCount 子文件夹中，其内容如下。

```
__author__='某某某'
def abcAverage(a,b,c):
    return (a+b+c)/3
```

（5）编写 count.py 文件，保存在 test 文件夹中，其内容如下。

```
#例 5-17_ 导入 myCount 包中的模块，引用其中函数
from myCount import getMax
from myCount import getAverage
print( getMax.abcMax(9,10,3) )
print( getAverage.abcAverage(9,10,3) )
```

（6）程序的运行结果如下。

```
>>>
3
7.333333333333333
>>>
```

程序解析 5

本章通过 4 个程序诠释类的定义及其实例对象的使用方法。

（1）程序 5-1 分别编写三种等效的命令式程序、函数式程序和面向对象程序，实现员工评优操作，进而确定优秀等级以及奖金上浮比例。

（2）程序 5-2 先定义点类，实现点的构造，计算点到点的距离；再通过类的组合，定义包含点类实例的圆类和矩形类，实现圆形和矩形的构造，并计算圆形和矩形的周长和面积。

（3）程序 5-3 通过类的继承和组合，将通讯录中联系人的姓名、电话、微信号等组织成一个整体，并可查询或修改指定联系人的联系方式。

（4）程序 5-4 综合套用模块、类方法和静态方法等多种语法成分、检查指定年、月、日的合法性，并组成合理的日期（日期类实例对象）。

程序 5-1　员工评优的命令式程序、函数式程序和面向对象程序

本程序的任务如下。

（1）用二维列表存放所有员工的姓名、本年度基础奖金（全勤即得）及优秀级别（全勤又分为 4 级）。

（2）按既定条件评选出本年度优秀员工，并按即定奖励办法更新优秀员工的奖金。评定优秀员工的条件及奖励办法如下：

- 综合分不低于 86 分，优秀级别+1，奖金上浮 10%。
- 业绩分不低于 90 分，优秀级别+2，奖金上浮 20%。
- 创新分不低于 70 分，优秀级别+3，奖金上浮 30%。

1. 算法

假定共有 n 名员工，则本程序按顺序完成以下操作。

(1) 二维列表 bonus ←员工（姓名、奖金、优秀级别）
(2) 循环变量 k ←1
(3) 输入第 k 名员工的综合分
　　判断　综合分≥86？　若是，则
　　　　bonus ←奖金增加 10%，优秀级别+1
(4) 输入第 k 个员工的业绩分
　　判断　业绩分≥90？　若是，则
　　　　bonus ←奖金增加 20%，优秀级别+2
(5) 输入第 k 个员工的创新分
　　判断　创新分≥70？　若是，则
　　　　bonus ←奖金增加 30%，优秀级别+3
(6) 判断　优秀级别≥5？　若是，则
　　　　输出：姓名、优秀级别
(7) i ←i+1
(8) 判断　i≥n？　若是，则转向(3)
(9) 算法结束

1．命令式程序

面向过程的命令式程序（称为传统方式）由一系列语句（或直接操控计算机的指令）或者函数组成。相关程序如下。

```
#程序 5-1_ 评定优秀员工的命令式程序
bonus=[['张平',15000,4],['王靓',12000,4],['李民',12000,4]]
for k in range(len(bonus)):
    #输入第 k 名员工的综合分，若不低于 86，则奖金上浮 10%，优秀级别+1
    if int(input('%s的综合分=?  '%bonus[k][0])) >=86:
        bonus[k][1]*=1.1
        bonus[k][2]+=1
    #输入第 k 名员工的业绩分，若不低于 90，则奖金上浮 20%，优秀级别+2
    if int(input('%s 的业绩分=?  '%bonus[k][0])) >=90:
        bonus[k][1]*=1.2
        bonus[k][2]+=2
    #输入第 k 名员工的创新分，若不低于 70，则奖金上浮 30%，优秀级别+3
    if int(input('%s 的创新分=?  '%bonus[k][0])) >=70:
        bonus[k][1]*=1.3
        bonus[k][2]+=3
    if bonus[k][2] >=5:
        print('祝贺 %s 同志荣获本年度 %d 级 优秀员工!'%(bonus[k][0],bonus[k][2]))
```

程序的运行结果如下。

```
>>>
张平的综合分=?  91
张平的业绩分=?  90
张平的创新分=?  67
祝贺 张平 同志荣获本年度 7级 优秀员工！
王靓的综合分=?  81
王靓的业绩分=?  95
王靓的创新分=?  61
祝贺 王靓 同志荣获本年度 6级 优秀员工！
李民的综合分=?  82
李民的业绩分=?  88
李民的创新分=?  63
>>>
```

2．函数式程序

编写函数式程序时，常先将一个函数分为多个较小的子函数，然后分别求解子函数，

171

再合并其解，组成原问题的解，从而降低程序设计的难度。

本程序中，先定义三个分别判断综合分、业绩分和创新分是否达到优秀标准的函数，然后在 main()中调用这三个函数，按其结果修改二维列表并输出优秀员工的信息。

```
#程序 5-1_ 评定优秀员工的函数式程序
bonus=[['张平',15000,4],['王靓',12000,4],['李民',12000,4]]
def isTotal(k):           #判断第 k 名员工的综合分是否优秀
    return True if int(input('%s的综合分=?  '%bonus[k][0]))>=86 else False
def isAchievement(k):    #判断第 k 名员工的业绩分是否优秀
    return True if int(input('%s 的业绩分=?  '%bonus[k][0]))>=90 else False
def isInnovation(k):      #判断第 k 名员工的创新分是否优秀
    return True if int(input('%s 的创新分=?  '%bonus[k][0]))>=90 else False
def main():
    for k in range(len(bonus)):
        if isTotal(k):
            bonus[k][1]*=1.1
            bonus[k][2]+=1
        if isAchievement(k):
            bonus[k][1]*=1.2
            bonus[k][2]+=2
        if isInnovation(k):
            bonus[k][1]*=1.3
            bonus[k][2]+=3
        if bonus[k][2] >=5:
            print( '祝贺 %s 同志荣获本年度 %d 级  优秀员工！'%( bonus[k][0],bonus
[k][2] ) )
    main()
```

本程序中，将 main()完成的任务（判断综合分、业绩分和创新分是否优秀）拆分成三个子任务，分别在三个选择结构中调用专门的函数来完成，减少了重复代码，并且使程序结构更简单。

3. 面向对象程序

面向对象程序设计过程中，首先考虑的并不是程序的执行流程，而是如何用类来封装员工的相关数据及其相应的处理方法，然后创建类的实例，调用类中定义的方法、操纵属性或者其他数据来完成指定的任务。

（1）定义字典 Bonus，以员工姓名中第一个字的拼音为键，键值是由员工的姓名、奖金和优秀等级构成的列表。

（2）定义 employee 类，用于描述员工奖金及其优秀级别。其中包括以下两部分。

- 三个属性：name、bonus 和 level，分别表示员工的姓名、奖金和优秀级别。
- 三个方法：isTotal()、isAchievement()和 isInnovation()，分别用于输入员工的综合分、业绩分和创新分。

（3）创建 employee 类的实例对象 obj；调用 isTotal()、isAchievement()和 isInnovation()方法，判断员工是否优秀及其优秀级别，按其结果修改二维列表并输出优秀员工的信息。

```
#程序 5-1_ 评选优秀员工的面向对象程序
Bonus={'zhang':['张平',15000,4],'wang':['王靓',12000,4],'li':['李民',12000,4]}
class employee():
    "联系方式类——操作常变值的属性：电话号码、微信号、邮箱"
```

```
        def __init__(self,name,bonus,level):
            self.name=name
            self.bonus=bonus
            self.level=level
        def isTotal(self):    #判第 k 名员工的综合分是否优秀
            return True if int(input(self.name+'的综合分=? '))>=86 else False
        def isAchievement(self):  #判第 k 名员工的业绩分是否优秀
            return True if int(input(self.name+'的业绩分=? '))>=90 else False
        def isInnovation(self):   #判第 k 名员工的创新分是否优秀
            return True if int(input(self.name+'的创新分=? '))>=70 else False
    if __name__ == '__main__':
        for key in Bonus.keys():
            name,bonus,level=Bonus[key][0],Bonus[key][1],Bonus[key][2]
            obj=employee(name,bonus,level)
            if obj.isTotal():
                Bonus[key][1]*=1.1
                Bonus[key][2]+=1
            if obj.isAchievement():
                Bonus[key][1]*=1.2
                Bonus[key][2]+=2
            if obj.isInnovation():
                Bonus[key][1]*=1.3
                Bonus[key][2]+=3
            if Bonus[key][2] >=5:
                print( '祝贺 %s 同志荣获本年度 %d 级 优秀员工！'%( name,level ) )
```

本程序运行后，提问及处理的顺序可能与前两个程序有所不同，原因是字典中元素的顺序是不固定的。

程序 5-2　组合实现点类、圆类和矩形类

本程序执行的任务如下。

（1）定义描述点的类，由横坐标和纵坐标构造。可计算点到点的直线距离。

（2）定义描述圆的类，由圆心和半径构造。可计算并输出圆的周长和面积。

（3）定义描述矩形的类，由左上角、右下角（均为点类实例对象）、长和宽构造。可计算并输出矩形的周长和面积。

1．算法及程序结构

本程序中，按顺序执行以下操作。

（1）定义描述点的 Point 类，其中包括

- 构造函数：为数据成员 x 和成员 y（点的坐标）赋值。
- 重载方法__str__()：规定点(x, y)的输出格式。
- 方法 getX()和 getY()：获取 x 坐标和 y 坐标。
- 重载方法__sub__()：以便用减号"−"计算点到点的直线距离。

（2）定义描述圆的 Circle 类，其中包括

- 构造函数：为数据成员 c（圆心，Point 类实例）和 r（半径）赋值。
- 重载方法__str__()：规定圆(c, r)的输出格式。

- 方法 perimeter()：求圆的周长 2πr。
- 方法 area()：求圆的面积πr²。

（3）定义描述矩形的 Rectangle 类，其中包括

- 构造函数：为数据成员 tL（左上角，Point 类实例）、lR（右下角，Point 类实例）、length（长）和 width（宽）赋值。
- 重载方法__str__()：规定矩形(tL, lR)的输出格式。
- 方法 perimeter()：求矩形的周长(length+width)×2。
- 方法 area()：求矩形的面积 length×width。

（4）创建点类、圆类和矩形类实例对象，并测试程序。

- 创建一个点（Point 类实例），输出该点，计算并输出该点到坐标原点的距离。
- 创建一个圆（Circle 类实例），输出该圆，计算并输出圆的周长和面积。
- 创建一个矩形（Rectangle 类实例），输出该矩形，计算并输出矩形的周长和面积。

2. 程序

```
#程序 5-2  点类、圆类与矩形类
from math import hypot,pi
class Point():  #点类
    def __init__(self,x=0,y=0):
        self.__x=x  #x 坐标
        self.__y=y  #y 坐标
    def __str__(self):  #点（Point 类实例对象）的输出格式
        return "点（%f, %f)"%(self.__x,self.__y)
    def getX(self):  #获取 x 坐标
        return self.__x
    def getY(self):  #获取 y 坐标
        return self.__y
    def __sub__(self,other):  #计算该点到另一点的直线距离
        return hypot((self.__x-other.__x),(self.__y-other.__y))
class Circle():  #圆类
    def __init__(self,centre,r=0):
        self.__c=centre  #圆心
        self.__r=r       #半径
    def __str__(self):  #圆（Circle 类实例对象）的输出格式
        return "圆（圆心（%f, %f),半径%f)"%(self.__c.getX(),self.__c.getY(),
self.__r)
    def perimeter(self):  #求圆的周长
        return 2*pi*self.__r
    def area(self):       #求圆的面积
        return pi*self.__r*self.__r
class Rectangle:  #矩形类
    def __init__(self,p1,p2):
        self.__tL=p1  #矩形左上角（Point 类实例对象）
        self.__lR=p2  #矩形右下角（Point 类实例对象）
        self.__length=abs(p2.getX()-p1.getX())  #矩形长
        self.__width=abs(p1.getY()-p2.getY())   #矩形宽
    def __str__(self):  #矩形（类的实例对象）的输出格式
        return "矩形（左上%s, 右下%s)"%(self.__tL,self.__lR)
```

```
        def perimeter(self):   #求圆的周长
            return 2*(self.__length+self.__width)
        def area(self):        #求圆的面积
            return self.__length*self.__width
    if __name__ == '__main__':
        x1,x2,x3,x4=1,2,11,19
        point1=Point(x1,x2)  #生成一个点
        print('%s 到坐标原点(0,0)的距离: %f'%(point1,point1-Point(0,0)))
        circle1=Circle(point1,x3)  #生成一个圆
        print('%s: '%circle1)
        print('    周长%f, 面积%f'%(circle1.perimeter(),circle1.area()))
        point2=Point(x3,x4)  #生成第二个点
        rectangle1=Rectangle(point1,point2)   #生成矩形
        print('%s:  '%rectangle1)
        print('    周长%f, 面积%f'%(rectangle1.perimeter(),rectangle1.area()))
```

3．程序的运行结果
本程序的运行结果如下。
```
>>>
点(1.000000, 2.000000)到坐标原点(0, 0)的距离: 2.236068
圆(圆心(1.000000, 2.000000), 半径11.000000):
    周长69.115038,面积380.132711
矩形(左上点(1.000000, 2.000000), 右下点(11.000000, 19.000000)):
    周长54.000000,面积170.000000
>>>
```

程序 5-3　继承与组合实现通讯录类

本程序的任务是：通过类的继承和组合，将通讯录中指定联系人的各种联系方式（包括姓名、电话号码、微信号、邮箱、联系人与用户的关系、关系级别等）组织成一个整体，并输出指定联系人的联系方式，或者按照用户要求修改并输出某个联系人的联系方式。

1．算法及程序结构
（1）定义 contact 类，表示联系方式。其中包括
- 三个属性：phone（电话号码）、Wechat（微信号）、email（邮箱）。
- 修改属性的三个方法：updatePhone()、updateWechat()、updateEmail()。

（2）定义 relation 类，表示联系人级别。其中包括
- 两个属性：kind（与本人关系）、level（关系类别）。

（3）定义继承自 contact 类的 addressBook 类，表示通讯录。其中包含
- 不变值的属性：name（联系人姓名）
- 调用 contact 类构造函数，添加继承自基类的三个属性：phone、Wechat、email。
- 创建 relation 类实例对象 self.Relation，添加两个属性：kind 、level。
- 修改属性的方法 updateAddr()，调用基类中的方法，修改用户指定的 phone、Wechat 或者 email 属性的值。

（4）在 main()方法中，执行对通讯录类 addressBook 的测试。
- 生成 addressBook 类实例对象 obj。
- 输出实例对象 obj 各属性的值。

175

● 当用户要求修改电话号码、微信号或邮箱时，进行相应的修改，并再次输出实例对象 obj 各属性的值。

2. 程序

```
#程序 5-3_ 通讯录类：继承自联系方式类，包含联系人级别类对象
class contact():
    "联系方式类——操作常变值的属性：电话号码、微信号、邮箱"
    def __init__(self, phone,email,Wechat):
        self.phone=phone
        self.Wechat=Wechat
        self.email=email
    def updatePhone(self,newPhone):
        self.phone=newPhone
        print( "已更改为新电话号码 %s ！"%newPhone )
    def updateWechat(self,newWechat):
        self.Wechat=newWechat
        print( "已更改为新微信号 %s ！"%newWechat )
    def updateEmail(self,newEmail):
        self.phone=newPhone
        print( "已更改为新邮箱 %s ！"%newEmail )
class relation():
    "联系人级别类——设置其值相对稳定且私密的属性：与本人关系、级别"
    def __init__(self, kind,level):
        self.kind=kind
        self.level=level
class addressBook(contact):
    "通讯录类——设置不变值的属性：姓名、继承基类属性和方法、嵌入其他类对象"
    def __init__(self, name, phone,email,Wechat,kind,level):
        self.name=name
        contact.__init__(self, phone,Wechat,email)
        self.Relation=relation(kind,level)
    def updateAddr(self):
        choice=int(input('修改（1_电话号码、2_微信号、3_邮箱）choice=? '))
        if choice==1:
            newPhone=input('新电话号码 newPhone=? ')
            self.updatePhone(newPhone)
        elif choice==2:
            newWechat=input('新微信号 newWechat=? ')
            self.updateWechat(newWechat)
        else:
            newEmail=input('新邮箱 newEmail=? ')
            self.updateEmail(newEmail)
    def showAddr(self):
        print( "姓名\t 电话号码\t\t 微信号\t\t 邮箱\t\t 关系   级别")
        print( "%s\t%s\t%s\t%s\t%s  %s"%(self.name,self.phone,
            self.Wechat,self.email, self.Relation.kind,self.Relation.
level) )
        if input('修改吗（y/n)？ ').upper()=='Y':
            self.updateAddr()
if __name__ == "__main__":
```

```
def creatObj():
    "生成 addressBook 类实例，包括：姓名、电话号码、微信号、邮箱、关系、级别"
    name=input('联系人姓名 name=? ')
    phone=input('联系人电话号码 phone=? ')
    Wechat=input('联系人微信号 Wechat=? ')
    email=input('联系人邮箱 email=? ')
    kind=input('联系人与本人关系 kind=? ')
    level=input('联系人等级 level=? ')
    return addressBook(name,phone,Wechat,email,kind,level)
obj=creatObj()
obj.showAddr()
```

3. 程序的运行结果

程序的两次运行结果如下。

```
>>>
联系人姓名 name=?  温莲丽
联系人电话号码 phone=?  13313203003
联系人微信号 Wechat=?  13313203003
联系人邮箱 email=?  liwen58@126.com
联系人与本人关系 kind=?  旧友
联系人等级 level=?  偶尔
姓名        电话号码            微信号                邮箱              关系    级别
温莲丽      13313203003        13313203003          liwen58@126.com  旧友    偶尔
修改吗（y/n)？  n
>>> ============================= RESTART =============================
>>>
联系人姓名 name=?  华云清
联系人电话号码 phone=?  18956603433
联系人微信号 Wechat=?  yqhua6023
联系人邮箱 email=?  yahua60@126.com
联系人与本人关系 kind=?  新友
联系人等级 level=?  经常
姓名        电话号码            微信号                邮箱              关系    级别
华云清      18956603433        yqhua6023            yahua60@126.com  新友    经常
修改吗（y/n)？  y
修改（1_电话号码、2_微信号、3_邮箱）choice=?  1
新电话号码 newPhone=?  18160238012
已更改为新电话号码 18160238012 ！
>>>
```

程序 5-4　包含类方法和静态方法的日期类

为了判定一个日期是否有效（合法），需要分别判定年、月、日。

- 月份是否在 1～12 范围内。
- 需要考虑当月天数是大月还是小月，以及是否为闰年的 2 月。

本程序的功能如下。

- 定义一个描述日期的类，包含年、月、日属性，以及判断日期（类的实例对象）是否为合理的函数。
- 从用户输入的表示日期的字符串中分离出年、月、日，判定年份是否为闰年、月份是否合法、日数是否在合理的范围内。
- 组成日期：日期类的实例，并输出日期。

1. 算法及程序结构

本程序由以下两个文件构成。

（1）模块文件 dateCheck.py：核查由 year、month 和 day 构成的日期是否合理。其中包含

① isLeapYear()：当 year 能被 4 但不能被 100 整除，或能被 400 整除时，确定为闰年。

② nDay()：确定 year 年 month 月的天数。

- month 为 1、3、5、7、8、10、12 月时，共有 31 天。
- month 为 2 月时，闰年为 29 天，平年为 28 天。
- month 为 4、6、9、11 月时，共有 30 天。

③ dayCheck()：确定 year 年 month 月 day 日是否合理（1≤day≤当月最大日数）。

④ dateCheck()：判定"year 年 month 月 day 日"是否为有效日期？

- 调用 isLeapYear()，判定 year 年是否为闰年。
- 调用 nDay()，判定 month 月有多少天。
- 调用 dayCheck()，判定 day 日是否在合理范围内。
- 调用 dateCheck()，判定 year 年 month 月 day 日是否合理。

⑤ 测试几个日期是否为有效日期。

（2）脚本文件 date.py：定义 Date 类，生成日期——Date 类的实例对象。其中包含

① Date 类的定义。

- 三个属性：年、月、日。
- 方法 tellDate()：按"…年…月…日"的格式显示日期。
- 类方法 fromString()：从表示日期的"…/…/…"格式的字符串中分离出年、月、日。
- 静态方法 isDateValid()：调用 dateCheck 模块文件，核查给定日期是否合理。

② 生成日期——Date 类对象，核查该日期是否合理。

2. 模块文件 dateCheck.py 中的源代码

```
#模块文件 dateCheck.py
#核查日期：year 年 month 月天数，day 日是否合理（1≤day≤月最大日），date 是否合理
def isLeapYear(year):
    "判断 year 年是否为闰年"
    return True if (year%4==0 and year%100!=0)or(year%400==0) else False
def nDay(month, learYear):
    "判断 month 月的天数"
    if month in {1,3,5,7,8,10,12}:
        return 31
    elif month in {4,6,9,10}:
        return 30
    elif leapYear:
        return 29
    else:
        return 28
def dayCheck(month,day,learYear):
    "判断 day 日是否有效"
    return True if 1<=day<=nDay(month,leapYear) else False
def dateCheck(year,month,day):
    "判断 year 年 month 月 day 日是否为有效日期"
    global leapYear
    leapYear=isLeapYear(year)
    validate=0<month<13 and dayCheck(month,day,leapYear)
    return True if validate else False
```

```
if __name__=='__main__':
    "核查三个日期（测试上述函数）——仅当本模块直接运行时才执行以下代码"
    print(True if dateCheck(2018,3,29) else False,end='\t')
    print(True if dateCheck(2018,5,35) else False,end='\t')
    print(True if dateCheck(2018,15,29) else False)
```

3. 脚本文件 date.py 中的源代码

```
#程序 5-4　定义 Date 类，核查日期合法性，组成日期——Date 类实例
#核查日期：year 年 month 月天数，day 日是否合理（1≤day≤月最大日）
from dateCheck import dateCheck
class Date(object):
    year=0
    month=0
    day=0
    def __init__(self,year=0,month=0,day=0):
        self.year=year
        self.month=month
        self.day=day
    def tellDate(self):   #输出日期 "…年…月…日"
        print('日期：%s 年%s 月%s 日！ '%(self.year,self.month,self.day))
    @classmethod
    def fromString(cls,dateString):
        "类方法：从日期字符串中分离出年、月、日，组成日期——Date 类的实例"
        year,month,day=map(int,dateString.split('/'))
        date=cls(year,month,day)
        return date
    @staticmethod
    def isDateValid(dateString):
        "静态方法：从日期字符串中分离出年、月、日，核查其合法性"
        year,month,day=map(int,dateString.split('/'))
        return dateCheck(year,month,day)
if __name__ == '__main__':
    date1=Date()          #生成日期 date1
    date1.tellDate()      #输出日期 date1
    dateStr=input('年/月/日=? ')       #输入日期字符串
    date2=Date.fromString(dateStr)     #用日期字符串生成日期 date2
    if dateCheck(date2.year,date2.month,date2.day):  #输出日期 date2
        date2.tellDate()
    else:
        print('非有效日期：%s！ '%dateStr)
```

4. 模块 dateCheck.py 单独运行的结果

模块 dateCheck.py 单独运行的结果如下。

```
>>>
True    False   False
>>>
```

5. 程序运行的结果

本程序的运行结果如下。

```
>>>
日期：0年0月0日！
年/月/日=? 2018/03/29
日期：2018年3月29日！
>>>
```

实验指导 5

本章安排如下 2 个实验。

实验 5-1，类的定义及实例的操作。

实验 5-2，类的继承性。

通过本章实验可以基本理解类和对象的概念及它们在程序设计中的作用，基本掌握类定义的一般形式及类中数据成员和成员函数的访问控制方法。基本掌握对象的定义及利用构造函数初始化对象的数据成员的方法。

实验 5-1　类的定义及实例的操作

本实验完成以下任务。

（1）指出时间类及其实例程序中的错误，修改并运行程序。

（2）阅读、运行简单的算术运算类程序，进一步完善程序，扩充运算符的功能。

（3）定义人员类，创建并操作其实例对象。

（4）定义计数器类，创建并操作其实例对象。

（5）定义包含静态方法的圆类，创建并操作其实例对象。

1.　修改并测试程序

【阅读程序并回答问题】

下列程序中的错误是什么？产生错误的原因是什么？

```
class Time():
    def __init__(self,hour=0,minute=0,second=0):
        self.__hour=hour
        self.__minute=minute
        self.__second=second
time1=Time(10,20,30)
print(time1.__hour)
```

【修改并运行程序】

修改上面的程序，输出时间"10:20:30"和"09:10:56"。

2.　加法、减法、乘法运算类

【程序中的问题】

以下程序段

```
class calcul():
    def __init__(self,value):
        self.value=value
obj=calcul(10)
print( obj+5, obj-3, obj*2 )
```

运行后，将会因"+""-"和"*"不支持 calcul 类实例与整数的运算而产生如下错误。

```
>>>
Traceback (most recent call last):
  File "D:/Python36/test2.py", line 5, in <module>
    print( obj+5, obj-3, obj*2 )
TypeError: unsupported operand type(s) for +: 'calcul' and 'int'
>>>
```

【修改 calcu 类的定义】

为了解决这里出现的加法运算问题，可重写＿＿add＿＿()方法。此后，当再次执行"calcul 类实例+数字"这样的表达式时，将会自动调用该方法，完成一个对象与一个数字的加法运算。同样的道理，可重写＿＿sub＿＿()方法和＿＿mul＿＿()方法，实现一个对象与一个数字的减法运算和乘法运算。

【创建 calcu 类实例并运行程序】

（1）分别创建 value=10 和 value=-3 时的两个实例对象 c1 和 c2。

（2）分别计算 c1+5、c1-3、c2+10 和 c2-2。

3．人员类及其对象

【定义人员类 member】

member 类中包括以下成员。

- 三个数据成员 name、age 和 gender，分别表示姓名、年龄和性别。
- 方法 setID()，用于给三个字段赋值。
- 方法 isAdult()，用于判断某人是否为成年人，年满 18 岁即为成年人。

【创建并操作 member 类的实例对象】

（1）创建以下两个实例对象。

- 'Wang'、17、false
- 'Li'、22、true

其中，false 和 true 分别表示"女"和"男"。

（2）判断这两个人（实例对象）是否为成年人。

4．计数器类

【定义计数器类 calculator】

该类中包括以下内容。

（1）数据成员。

- 私有数据成员 value，表示当前计数值。
- 公有数据成员 x 和 y，分别表示计数的起始值和最大值。

（2）构造函数，当形参 number 的值大于数据成员 x 且小于数据成员 y 时，将其赋予数据成员 value。

（3）计数及显示计数值的方法。

- 方法 plusOne()，当数据成员 value 的值小于数据成员 y 时，其值加 1。
- 方法 minusOne()，当数据成员 value 的值大于数据成员 x 时，其值减 1。
- 方法 getValue()，返回数据成员 value 的值。
- 方法 show()，显示并返回数据成员 value 的值。

【编写 main()并运行程序】

（1）第 1 次计数：

- 定义 calculator 类的实例对象 n1。
- 输入 x 和 y 的值，分别为 1 和 100。
- 计数 98 次，然后输出计数值。

（2）第 2 次计数：

- 定义 calculator 类的对象 n2。
- 输入 x 和 y 的值，分别为 90 和 10。
- 计数 83 次，然后输出计数值。

【回答问题】

定义类中的变量时，在变量前面加两个下画线，成为私有变量，这样还能直接访问吗？

5．包含静态方法的圆类

【定义圆类 Circle】

该类中包括以下内容。

- 表示圆心坐标和半径的私有数据成员 x、y 和 r。
- 为数据成员赋值的静态方法 setCicle()。
- 输出圆的静态方法 showCicle()。
- 计算并输出圆的周长和面积的方法 perimeterAear()。

【编写 main()并运行程序】

- 生成 x、y 和 r 分别为 3、5 和 10 的圆（Circle 类实例）。
- 输出圆心坐标（自拟输出格式）。
- 计算并输出圆的周长和面积。

【回答问题】

若想用类名而非类的实例名来调用方法，则这种方法必须要声明为静态方法吗？

实验 5-2　类的继承性

本实验完成以下任务。

（1）使用静态方法统计基类及其派生类的实例个数。

（2）使用类之外定义的函数替代类中的静态方法，统计基类及其派生类的实例个数。

（3）使用类方法统计基类及其派生类的实例个数。

（4）定义点类及其派生类——椭圆类，操作其实例对象。

（5）定义圆类及其派生类——圆柱体类，操作其实例对象。

（6）定义职工类、学生类及两者的派生类——在职大学生类，操作其实例对象。

1．利用静态方法统计类的实例个数

【阅读并运行程序】

阅读并运行程序，然后分析运行结果。

```python
class Base:
    number=0
    def __init__(self):
        Base.number+=1
    def showNumber():
```

```
        print('实例个数：',Base.number)
    showNumber=staticmethod(showNumber)
a,b,c=Base(),Base(),Base()
Base.showNumber()
a.showNumber()
```

【修改并运行程序】

在程序中添加以下代码，运行程序并分析运行结果。

```
class Sub(Base): pass
x,y=Sub(),Sub()
x.showNumber()
```

2．利用函数替代静态方法统计类实例的个数

【定义基类 Base】

- 变量 number = 0。
- 构造函数：将 Base.number 加 1。
- 输出：实例个数。

【定义子类 Sub】

- 无操作。

【定义函数 showNumber()】

- 输出："实例个数，number 值"。

【创建并操作对象】

- 创建 Base 类对象 a、对象 b 和对象 c。
- 调用 showNumber()，输出实例个数。
- 创建 Sub 类对象 x 和对象 y。
- 调用 showNumber()，输出实例个数。

3．利用类方法统计类的实例个数

本程序使用类方法统计类的实例个数。

【定义基类 Base】

- 变量 number=0。
- 方法 Count()：将 cls.number 加 1。
- 构造函数：调用方法 Count()。
- 声明 Count()为类方法：Count=classmethod(Count)。

【定义子类 Sub1】

- 变量 number = 0。
- 构造函数：调用基类的构造函数。

【定义子类 Sub2】

- 变量 number = 0。

【创建并操作对象】

- 创建 Base 类对象 a
- 创建 Sub1 类对象 b 和对象 c。
- 创建 Sub2 类对象 x、对象 y 和对象 z。

- 输入：a.number、b.number 和 c.number。
- 输出：Base.number、Sub1.number 和 Sub2.number。

【回答问题】

类方法不能用类的实例名来访问吗？

4．用圆心坐标及半轴长度表示的椭圆类

【定义点类 Point】

Point 类的定义参见程序 5-2。

【定义内含 Point 类实例的椭圆类 Ellipse】

- 构造函数：为数据成员 c（圆心，Point 类实例）、a（长轴）和 b（短轴）赋值。
- 重载方法_ _str_ _()：规定椭圆(c, a, b)的输出格式。
- 方法 getCentre()：获取圆心坐标。
- 方法 perimeter()：求椭圆的周长 $2\pi b+4(a-b)$。
- 方法 area()：求椭圆的面积 πab。

【创建和操作 Ellipse 类实例】

- 创建圆心在(2, 3)、长轴和短轴分别为 6 和 9 的椭圆（Ellipse 类实例）。
- 创建并输出椭圆外切矩形的左上角点和右下角点（Point 类的实例）。
- 计算并输出椭圆外切矩形的面积
- 计算并输出椭圆的周长和面积。

5．圆类及其派生类

【定义基类——圆类 circle】

- 数据成员 radius：表示圆的半径。
- 构造函数：初始化对象 radius。
- 方法 area()：计算并显示圆的面积。

【定义 circle 类的派生类——球类 globe】

- 方法 volume()：计算球体体积。
- 方法 area()：计算球体表面积。

【定义 circle 类的派生类——圆柱体类 cylinder】

- 数据成员 height：表示圆柱体高度。
- 方法 volume()：计算圆柱体体积。
- 方法 area()：计算圆柱体表面积。

【创建并操作实例对象】

- 创建基类 circle 的实例对象，调用 circle 类的方法 area()计算圆的面积。
- 创建派生类 globe 的实例对象，调用 globe 类的两个方法 area()和 volume()，计算球体的表面积和体积。
- 创建派生类 cylinder 的实例对象，调用 cylinder 类的两个方法 area()和 volume()，计算球体的表面积和体积。

6．多重继承的在职大学生类

继续教育学院的大学生多数是某个企业或事业单位的在职职工，因此他们既有学生的

属性，又有职工的属性。本程序中，表示在职大学生的 continuStu 类派生自表示职工的 employee 类和表示学生的 student 类。

【定义基类——职工类 employee】

- 数据成员 eName、eAge、Job 和 Wage，分别表示职工的姓名、年龄、职业和工资。
- 构造函数：为 4 个数据成员赋值。
- 方法 eShow()：规定 employee 类实例的输出格式。
- 一个成员函数：输出 4 个数据成员的值。

【定义另一个基类——学生类 student】

- 数据成员 sName、sSex、score：分别表示学生的姓名、性别和成绩。
- 构造函数：为 3 个数据成员赋值。
- 方法 sShow()：规定 student 类实例的输出格式。

【定义 employee 类和 student 类的派生类——在职大学生类 continuStu】

- 数据成员 Fee：表示学费。
- 构造函数：调用两个基类的构造函数，在初始化列表中为继承来的 6 个数据成员赋值，并为 1 个自有数据成员赋值。

【创建并操作在职大学生类 continuStu 的实例】

- 创建 continuStr 类的对象列表（每个元素表示一名学生），并为其中每个对象的数据成员赋初值。
- 循环输出对象数组中每个对象的数据成员。

第6章
异常处理及程序调试

受限于人的精力、认识水平及客观事物的复杂性等各种因素，已经编好的程序往往会有各种各样的错误（或称为 bug）。这种错误可能导致程序不能运行、不能平稳运行或者运行结果有误，甚至会使操作系统崩溃。

对于除数为零、负数开平方、想要打开的文件不存在等各种常见错误所导致的异常情况，Python 把它们定义为对象，并提供 try…except 语句来捕捉和处理这些异常情况，用于编写出更加简捷且高效的程序。

在程序交付使用前，应该尽量找出并排除其中的错误，该过程称为调试（Debug）。调试 Python 程序时，可以使用各种内置函数（如 print()、type() 和 help() 等）查看变量的值、变量和函数返回值的数据类型，以及相关的语法规定等，还可以使用断言（Assert）、日志（Logging）以及专门的调试工具 pdb 等各种方式来辅助操作。

6.1 异常处理

所谓异常，就是指在程序运行过程中，由于程序本身的问题或用户的操作不当而造成的暂停程序执行和出现错误结果的情况。异常的来源是多方面的，如要打开的文件不存在、未向操作系统申请到内存、进行除法运算时除数为零等都可能导致异常。

异常处理机制是管控程序运行错误的一种结构化方法。这种机制将程序中的正常处理代码与异常处理代码明显地区分开来，提供了处理异常情况的规范方法，简化了程序代码，并且增强了程序的可读性。

6.1.1 处理异常情况的传统方式

为保证程序顺利运行，传统程序设计语言（如 FORTRAN、Pascal、C 等）主要通过条件语句来预防异常情况的发生，或者通过返回约定代码来指示程序是否出错及出错原因。

1. 预防错误

在执行有可能出错的代码前，应该逐个检测可能导致出错的条件，仅当所有检测都满足要求（即预估的异常情况都不发生）时，才执行这些代码。

例 6-1　预防常见错误的传统方式。

在处理零作除数、负数开平方等常见错误时，传统方法的基本思想是尽量预防错误的发生。例如，在下面程序中，通过 if 语句中对多个除数的条件判断来预防零作除数的错误。当输入的某个除数为零时，显示"除数不能为零!"。

```
#例 6-1_ 传统方法：预防零作除数
x=int(input('被除数 x=? '))
a,b,c=map(int,input('除数 a、b、c（空格分隔）=? ').split())
if a!=0 and b!=0 and c!=0:
    print(x/a+x/b+x/c)
else:
    print('除数不能为零！')
```

这种事先预防常见错误的传统方法至少有以下两个缺点。

（1）要预估所有可能发生的异常情况，把所有相应的条件都组织到 if 语句中，往往使 if 语句变得十分烦琐。例如，上面给 y 变量赋值的语句中，若再多几个作分母的变量，则 if 语句中的条件就会冗长不堪。

（2）若没有预估到发生某种异常的可能性但程序运行时却发生了，则可能会导致程序非正常终止或者发生其他难以预料的结果。

2．返回错误码

为了使程序顺利运行，可以事先约定：若无法完成指定的操作，则返回一个错误代码，以便了解是否出错及出错的原因。在操作系统提供的调用中，经常使用这种方式。例如，执行打开文件函数 open()时，若成功则返回文件描述符（一个整数）；否则返回-1。

例 6-2　当试图使用的资源不存在时，返回约定的错误码。

```
#例 6-2_ 传统方法：指定文件不存在时，返回错误码
from os import path
def openFile(fileName):
    if path.exists(fileName):  #当文件 fileName 存在时
        file=open(fileName)  #打开文件并赋值给 file 对象
        return file  #若打开成功，则返回文件描述 file
    else:
        return -1  #若未成功打开，则返回约定值-1
if __name__=="__main__":
    f=openFile('E:/tempFile.txt')
    if f==-1:
        print('错：文件不存在！')
    else:
        pass
```

这种使用错误码预防常见错误的方式至少有以下缺点。

（1）函数本身返回的正常结果和错误码混在一起，往往需要大量代码来判断程序是否出错。

（2）程序一旦出错，需要沿被调用路径逐级上报，直到可处理该错误的某个上级函数。例如，本例中上报到调用 openFile()的函数，输出"错：文件不存在!"的信息。

（3）若没有预估到发生某种异常的可能性但程序运行时却发生了，则可能会导致程序非正常终止或者发生其他难以预料的结果，因此排查错误的条件往往比较烦琐。如本例中，只是检测了指定文件是否存在，其实是不够的。为了成功地打开文件，至少需要检测以下几个条件。

- os.path.exists(文件名)或者 os.access(文件名, os.F_OK)：检测文件是否存在。
- os.access(文件名, os.R_OK)：检查文件是否可读。
- os.access(文件名, os.W_OK)：检查文件是否可写。
- os.access(文件名, os.X_OK)：检查文件是否可执行。

6.1.2 Python 的异常处理机制

Python 等新型语言（C++、Delphi 等）提供特定的异常处理机制，可在异常发生后按其需求来采取相应措施进行处理。

1. 异常处理机制

采用异常处理机制时，程序中的正常代码与异常处理代码明显地区分开来。执行正常代码时，若检测到异常情况，则将交由异常处理代码进行善后处理。这不仅提高了程序处理各种错误的能力，还使程序代码简练、可读性好。

一个异常就是一个事件，在程序执行过程中发生，影响程序的正常执行。一般情况下，当 Python 无法正常执行程序时就会引发一个异常。Python 中的异常也是可操作的对象，所有异常都继承自基类 Exception，而且都在 exceptions 模块中定义。Python 自动将所有异常名称存放在内置命名空间中，程序中不必导入 exceptions 模块即可使用异常。

当 Python 程序发生异常时，需要捕获并处理它，否则程序会终止执行。处理异常是指当异常被引发时所要采取的动作。可以发出一条消息，使用户了解发生问题的性质或者给出更正错误的思路。异常处理程序的功能是采取某种措施来保证程序的继续执行，若程序必须结束，则会使其尽可能安全地结束。

2. try…except 语句

为了捕获异常，需要将可能产生异常的语句放在 try…except 语句中。其中，try 子句用于检测 try 语句块（内嵌语句）中的错误，以便 except 子句捕获异常信息并加以处理。最简单的 try…except 语句的一般形式如下。

```
try:
    <语句>        #可能引发异常的代码
except:
    <语句>        #引发异常后要执行的代码
...               #其他 except 子句
else:
    <语句>        #无异常发生时，执行的代码
```

其中，一个 try 子句可配套多个 except 子句（至少有一个）。

try…except 语句的工作方式是：先执行 try 子句，然后根据执行的情况确定后面的操作。

（1）若执行 try 子句的某个内嵌语句时发生异常，则 Python 解释器会在出错处生成一个异常对象，然后在附近寻找有无相应的异常处理代码，即处理这个异常对象的 except 子句，若有相应的异常处理代码，则执行该子句。

（2）若执行 try 子句时发生了异常却无相应 except 子句与之匹配，则 Python 解释器会将这个异常对象抛给上层的 try 或者程序的上层。若最上层也找不到异常处理代码，则会结束程序并打印默认的出错信息。

（3）若 try 子句执行时未发生异常，则 Python 将执行 else 子句（可省略），或者结束 try

语句的执行。

例 **6-3**　使用 try…except 语句处理零作除数的异常。

在 Python 程序中，可以使用 try…except 语句编写程序，通过异常机制来解决零作除数这样的异常。

```
#例 6-3_ try…except 语句处理零作除数异常
x=int(input('被除数 x=? '))
a,b,c=map(int,input('除数 a、b、c（空格分隔）=? ').split())
try:
    y=x/a+x/b+x/c
except:
    print('错: 0不能作除数！')
else:
    print('y=',y)
```

本程序的两次运行结果如下。
```
>>>
被除数x=? 10
除数a、b、c（空格分隔）=? 8 9 10
y= 3.361111111111111
>>> =============================
>>>
被除数x=? 10
除数a、b、c（空格分隔）=? 8 9 0
错: 0不能作除数！
>>>
```

由该结果可以看出，若程序不发生异常，则先执行 try 子句，再执行 except 子句；若程序发生异常，即用零作了除数，则 try 子句不能执行，转去执行 except 子句，然后执行结束。

6.1.3　异常对象及自定义异常

Python 中的异常也是可操作的对象。所有异常都继承自基类 Exception，而且都在 exceptions 模块中定义。所有异常名都存放在内建命名空间中，程序中不必导入 exceptions 模块即可使用这些异常对象。

Python 内置命名空间中的异常名包括以下几种。

- AttributeError：调用不存在的方法引发的异常。
- EOFError：遇到文件末尾引发的异常。
- ImportError：导入模块出错引发的异常。
- IndexError：列表越界引发的异常。
- IOError：I/O 操作（如打开文件出错）引发的异常。
- KeyError：使用字典中不存在的关键字引发的异常。
- NameError：使用不存在的变量名引发的异常。
- TabError：语句块缩进不正确引发的异常。
- ValueError：搜索列表中不存在的值引发的异常。
- ZeroDivisionError：除数为零引发的异常。

1. 异常对象的使用

在 except 子句中通过某个异常对象来捕捉特定的错误，使用异常对象的 except 子句的一般形式有以下几种。

- except: 捕获所有异常。
- except: <异常名> 捕获指定异常。
- except:<异常名 1, 异常名 2>: 捕获异常 1 或异常 2。
- except:<异常名>, <数据>: 捕获指定异常及其附加数据。
- except:<异常名 1, 异常名 2>:<数据>: 捕获异常 1、异常 2 及附加数据。

2. finally 子句

可以在 try...except 中添加一个 finally 子句，或者直接用 try 子句和 finally 子句构成 try…finally 语句。finally 子句通常用于关闭因异常而无法释放的系统资源。无论异常是否发生，finally 子句都会执行。

例 6-4 捕捉和处理零作除数的异常。

重新编写例 6-2 的程序，通过 try…except 语句捕捉零作除数的异常，并显示相应信息。

```
#例 6-4_ 异常处理机制解决零作除数问题
x=int(input('被除数 x=? '))
a,b,c=map(int,input('除数 a、b、c（空格分隔）=? ').split())
try:
    y=x/a+x/b+x/c
except ZeroDivisionError as e:
    y=False
    print(e)
finally:
    print('y=',y)
```

修改后的程序的两次运行结果如下。

```
>>>
被除数 x=? 10
除数 a、b、c（空格分隔）=? 8 9 10
y= 3.361111111111111
>>> ===========================
>>>
被除数 x=? 10
除数 a、b、c（空格分隔）=? 8 9 0
division by zero
y= False
>>>
```

3. 自定义异常

Python 内置命名空间中的异常名数量有限，即总有不够用的时候。在 Python 程序中，可以自定义继承自 Exception 类的异常类，并在必要时主动抛出异常，以满足自身要求。

例 6-5 自定义输出错误异常。

本例中，先定义 inputException 异常类，其中包括该异常发生时的提示信息。然后在 try 子句中输入一个数，当该数小于 0 时主动抛出 inputException 异常，并在 except 子句中捕捉这个异常且输出相应信息。

```
#例 6-5_ 自定义异常类，捕捉并处理自定义异常
class inputException(Exception):  #自定义异常类
    def __init__(self,err='输入数据错误!'):
        Exception.__init__(self,err)
def checkData(x):
    if x<0:  #数据错误时主动抛出异常
        raise inputException()
```

```
try:
    money=float(input('金额 money=? '))
    checkData(money)  #核对数据是否正确
    print('应付款',money,'元！')
except inputException as e:  #捕捉并处理自定义异常
    print(e)
```

程序的两次运行结果如下。
```
>>>
金额money=? 567.8
应付款 567.8 元！
>>> =============
>>>
金额money=? -10
输入数据错误！
>>>
```

6.2 程序的测试和调试

在程序交付使用之前，必须将其送入计算机中进行测试，找出其中的错误。然后进行程序调试，即根据测试出来的错误的外因来推断程序内部的错误位置及出错原因，并修正错误。因此，调试也称为纠错（Debug），是保证程序正确运行的必不可少的步骤。

程序调试包括两部分工作：一是错误定位，即根据错误的外部表现形式来研读、分析程序代码中有关部分，确定出错位置，找出错误的内在原因；二是修改程序代码以纠正错误。实际上，程序无法运行、运行不稳定或者运行结果有误，往往只是潜在错误的外部表现，而外部表现与内在原因之间的联系往往并不明显。这就给找出真正原因、排除潜在错误带来困难。这也决定了程序调试是技术性和技巧性很强的工作。

断点法是常用的程序调试方法。若在程序代码中某些特定部位（某一行）安排适当的输出语句并设置断点，则当程序执行到该处时自动停止，并保留此刻各变量的状态，即可检查和校对程序。在程序调试过程中，还可以使用各种调试工具（如 Python 解释器自带的 pdb 包）来辅助操作，尽快找到出错位置和出错原因。

6.2.1 程序测试方式及白盒测试用例设计

基于客观系统的复杂性及人的主观认识的局限性，无论采用哪种工具或者模式编写而成的大型程序，都可能存在一定程度的缺陷。在算法上、程序结构上就有可能因为考虑不周而埋下隐患，编码阶段还可能引入新的错误。整个程序设计过程中的技术复审环节也不大可能毫无遗漏地查出和纠正所有错误。因此，在程序交付使用前，必须经过严格的测试，尽可能地找出程序中的错误并加以纠正。

程序测试的方法和技术很多。若按照是否需要执行被测程序来划分，则有静态测试和动态测试两种方法；若按照功能来划分，则有白盒测试和黑盒测试两种方法。

1．静态测试

静态测试包括代码检查、静态结构分析、代码质量度量等。静态测试可由人工进行，充分发挥人的逻辑思维优势，也可借助软件工具自动进行。

代码检查主要检查代码和设计的一致性，包括代码的逻辑表达的正确性，代码结构的合理性等方面。这项工作可以发现违背程序编写标准的部分，以及程序中不安全、不明确和模糊的部分，并且可以找出程序中的不可移植部分、违背程序编程风格的问题，包括变量检查、命名和类型审查、程序逻辑审查、程序语法检查和程序结构检查等内容。

2．动态测试

静态测试并不实际运行软件，而主要是通过人工进行的。而动态测试则是基于计算机的测试，是为了发现错误而执行程序的过程。换句话说，动态测试是根据程序设计各阶段的规格说明和程序的内部结构而精心设计一批测试用例（即输入数据及其预期的输出结果），并利用这些测试用例去运行程序，以发现程序错误的过程。

设计高效、合理的测试用例是动态测试的关键。测试用例是为测试设计的数据。测试用例由测试输入数据和与之对应的预期输出结果两部分组成。测试用例的格式如下。

　　[（输入值集），（输出值集）]

动态测试既可采用白盒法对模块进行逻辑结构的测试，又可采用黑盒法对功能结构和接口进行测试，这两种方法都是以执行程序并分析执行结果来查错的。

3．白盒测试及测试用例设计

白盒测试也称为结构测试或逻辑驱动测试。它是在程序内部进行的，主要用于完成程序内部操作的验证。白盒测试将测试对象看成一个打开的盒子，允许测试人员利用程序内部的逻辑结构及有关信息来设计或选择测试用例，对程序所有的逻辑路径进行测试。通过在不同点检查程序的状态来了解实际的运行状态是否与预期内容一致。

白盒测试的基本原则是：保证所测试模块中每个独立路径至少执行一次；保证所测试模块中所有用于判断的分支至少执行一次；保证所测试模块中每个循环都在边界条件和一般条件下至少各执行一次；验证所有内部数据结构的有效性。

白盒测试的主要方法有逻辑覆盖、基本路径测试等。

（1）逻辑覆盖泛指一系列以程序内部的逻辑结构为基础的测试用例设计技术。通常所说的程序中的逻辑表示有判断、分支、条件等几种形式，相应地，逻辑覆盖有以下几种情况。

- 语句覆盖：每个语句均执行一次。
- 判定（分支）覆盖：每个语句且判定的每种可能的结果都至少执行一次。
- 条件覆盖：除了每个语句和判定表达式中每个条件都应该取到各种可能的结果。
- 判定／条件覆盖：选取足够多的测试数据，使得判定表达式中的每个条件都取到各种可能的值，而且每个判定表达式也都取到各种可能的结果。
- 路径覆盖：选取足够多的测试数据，使程序的每条可能路径都至少执行一次。

（2）基本路径测试：一个不复杂的程序所包含的路径可能有很多，故常需压缩路径数量。基本路径测试就是在程序流程图的基础上，通过分析由控制构造的环路复杂性，导出基本路径集合，从而设计测试用例，保证每条路径至少通过一次（如一个循环体只执行一次）。

例 6-6 基本路径测试的测试用例。

假定图 6-1 为待测试程序的流程图，据此确定程

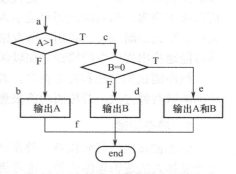

图 6-1　待测试程序的流程图

序的环路复杂度。

环路复杂度=判断框个数+1=2+1=3。该值就是要设计测试用例的基本路径数，本例中，设计下列测试用例。

```
[（A=-2，B=0），(A=-2)]
[（A=5，B=0），(A=5, B=0)]
[（A=5，B=5），(B=5)]
```

按以上分析编写程序。

```
#例 6-6_ 用于基本路径测试的程序
datas=[-2,0,5,0,5,5]
for i in range(1,len(datas),2): #路径a
    A,B=datas[i-1],datas[i]
    print( '测试用例（A=%d, B=%d)'%(A,B), end='\t' )
    path='a'
    if A>1: #路径c
        path+=' c'
        if B==0:  #路径e
            path+=' e'
            print( '输出 A=%d、B=%d'%(A,B), end='\t' )
        else:     #路径d
            path+=' d'
            print( '输出 B=%d'%B, end='\t\t' )
    else:    #路径b
        path+=' b'
        print( '输出 A=%d'%A, end='\t' )
    print( '通过路径 '+path+' f' )
```

程序的运行结果如下。
```
>>>
测试用例（A=-2，B=0）    输出 A=-2       通过路径 a b f
测试用例（A=5，B=0）     输出 A=5、B=0    通过路径 a c e f
测试用例（A=5，B=5）     输出 B=5        通过路径 a c d f
>>>
```

6.2.2　黑盒测试及测试用例设计

测试任何产品都有两种方法：若已知产品的性能，则可通过测试来检验每种性能是否都正常有效，该方法称为黑盒测试；若已知产品内部的工作方式，则可通过测试来检验其内部工作是否能按预期设想正常进行，该方法称为白盒测试。

黑盒测试将程序看成一个黑盒，不考虑其内部结构和处理过程。也就是说，黑盒测试是在程序接口处进行的测试，它只检查程序功能是否能按规格说明书的规定正常使用，并检查程序是否能接收适当的输入数据而产生正确的输出信息，同时保持外部信息（如数据文件）的完整性。黑盒测试又称为功能测试或数据驱动测试。

黑盒测试进行的诊断主要有：功能不符或遗漏、界面错误、数据结构或外部数据库访问错误、性能错误、初始化和终止条件错误等。黑盒测试方法主要有等价类划分法、边界值分析法、错误推测法、因果图等。

1．等价类划分法

前面说过，实际测试时往往不能穷尽所有，而只能选取少量代表性的输入数据来揭露尽可能多的程序错误。若将所有可能的输入数据（包括有效的、无效的）都划分成若干个等价类，则可合理地假定：若一个等价类中某个输入数据能检测出某个错误，则同一等价类中其他输入数据也能发现这个错误；反之，若一个输入数据不能检测出某个错误，则同一等价类中其他输入数据也不能发现这个错误，除非该等价类的某个子集又属于另一等价类。

等价类划分法利用这个特点（同一等价类中各输入数据发现错误的概率等效）

（1）首先将所有可能的输入数据划分成若干个等价类，包括以下两类。

● 有效等价类：由合理且有意义的输入数据构成的集合。用于检验程序中符合规定的功能或性能。

● 无效等价类：由不合理或无意义的输入数据构成的集合。用于检验程序中不符合规定的功能或性能。

（2）然后从每个等价类中选取具有代表性的测试用例来进行测试。

例 6-7　使用等价类划分法设计程序的测试方案。

假设程序的功能为：输入 A、B、C 三条线段的长度，判断能否构成三角形。输入数据的等价类划分如表 6-1 所示。

表 6-1　输入数据的等价类划分

输入条件	有效等价类	无效等价类
条件1：边长 A、B、C 限制	A>0 或 B>0 或 C>0	A<=0 或 B<=0 或 C<=0
条件2：边长关系限制	A+B>C 或 B+C>A 或 A+C>B	A+B<=C 或 B+C<=A 或 A+C<=B

根据这里的等价类划分，可以设计以下的测试用例。

（1）为满足"条件1"和"条件2"的有效等价类所设计的测试用例为

［（A=3，B=4，C=5），（符合三角形构成条件）］

（2）为满足"条件1"的无效等价类设计的测试用例为

［（A=-3，B=4，C=5），（无效输入）］

（3）为满足"条件2"的无效等价类设计的测试用例为

［（A=3，B=4，C=8），（无效输入）］

2．边界值分析法

边界值分析法是对各种输入/输出范围的边界情况设计测试用例的方法。

实践证明，程序的错误最容易出现在输入或输出范围的边界处，而不是在输入范围的内部。使用边界值分析法设计测试用例时，选取那些正好等于、刚刚大于或刚刚小于边界的值作为测试数据，这时程序中出现错误的概率较大。

例 6-8　等价类划分法与边界值分析法结合设计程序的测试方案。

设计例 6-7 程序的测试用例时，若将等价类划分法与边界值分析法结合，且选取该等价类划分法的边界值，则会使等价类划分法更为有效。

（1）为满足"条件1"的有效等价类设计的测试用例为

［（A=0，B=4，C=5），（无效输入）］
或　［（A=3，B=0，C=5），（无效输入）］
或　［（A=3，B=4，C=0），（无效输入）］

（2）为满足"条件2"的无效等价类设计的测试用例为

［（A=3，B=4，C=7），（无效输入）］
或　［（A=9，B=4，C=5），（无效输入）］
或　［（A=3，B=8，C=0），（无效输入）］

3．错误推测法

使用边界值分析法和等价类划分法，可以设计出具有代表性的、容易查出程序错误的测试方案。但是，不同类型与特点的程序往往存在易于出错的特殊情况。另外，分别使用每组测试数据时程序都能正常工作，而这些输入数据的组合却可能检测出程序的错误。一般情况下，一个程序可能的输入组合是非常多的，因此，在必要时，还需要依靠测试人员的经验和直觉，从各种可能的测试方案中选出一些最可能引起程序出错的方案。

错误推测法的实施步骤一般是：首先列出被测软件中所有可能的错误和易错情况表，然后基于该表设计测试用例。例如，一般程序中输入为 0 或输出为 0 时容易出错，测试者可以设计输入值为 0 的测试以及强迫其输出为 0 的测试。又如，在测试一个排序子程序时，特别需要检查这几种情况：输入表为空；输入表只有一个元素；输入表中所有元素的值都相同；输入表已排好序。这些都是程序设计时可能忽略的特殊情况。

实际上，无论使用的是白盒测试或黑盒测试，还是其他测试方法，针对一种方法设计的测试用例往往只适用于查找某种类型的错误，而对其他类型的错误则难以发现，找不到一种能够适应全部测试方案的用例设计方法。每种方法各有所长，在综合使用各种方法来确定测试方案时，应该在测试成本和测试效果之间取得某种程度的平衡。

6.2.3　命令行参数

使用命令行方式运行 Python 脚本时，可以直接从命令行读取参数，用于程序中的操作。Python 内置的 argprase 包专门用于处理命令行参数。

1．通过 sys.argv[]获取命令行参数

若临时使用命令行方式或者使用简单的脚本，而不使用多个复杂的参数选项，则可直接通过 sys.argv[]读取脚本名称后的参数。sys.argv[]以 list 形式存储参数，其中 sys.argv[0]代表当前模块的名称。

例 6-9　使用 sys.argv[]读取使用行参数。

```
例 6-9_ test.py 模块的内容
import sys                    #导入 sys 模块
x=int(sys.argv[1])           #通过 sys.argv[]获取使用行参数
print( 'y=%d'%(2*x+1 if x>0 else -x) )
```

程序运行的结果如下。

```
D:\Python36>python test.py 33
y=67

D:\Python36>
```

2．使用 argparse 模块

很多情况下，运行脚本需要多个参数，而且每次运行时参数的类型、用法还会有变化，因而需要为参数添加标签来表明其类型和用途。这就需要引用 argparse 模块，按以下步骤来配置命令行参数。

（1）创建一个解析器对象：解析器类是 ArgumentParser，其构造方法为：接收一系列参数，这些参数用于设置程序帮助文本的描述信息及其他全局行为等。程序运行时，这个解析器即可用于处理命令行参数。ArgumentParser 类定义的头语句为

```
class ArgumentParser( prog=None, usage=None, description=None, epilog=None,
parents=[],
```

```
        formatter_class=argparse.HelpFormatter, prefix_chars='-', fromfile_
prefix_chars=None,
        argument_default=None, conflict_handler='error', add_help=True)
```

其中，几个常用参数意义如下。

- prog：文件名，默认为 sys.argv[0]，在帮助信息中描述程序的名称。
- usage：描述程序用法的字符串。
- description：帮助信息前显示的信息。
- epilog：帮助信息后显示的信息。

（2）调用 add_argument()方法，指定程序需要接收的命令行参数。其定义的头语句为

```
ArgumentParser.add_argument( name or flags...[, action][, nargs][, const][,
default][, type]
                            [, choices][, required][, help][, metavar][, dest] )
```

其中，几个常用参数意义如下。

- name or flags：选项字符串的名字或列表，如 foo 或-f、--foo。
- action：命令行遇到参数时的动作，默认值为 store。
- store_const：赋值为 const。
- append：将遇到的值存储成列表，即当参数重复时保存多个值。
- append_const：将参数规范中定义的一个值存入一个列表。
- count：存储遇到的次数；也可继承 argparse.Action 自定义参数解析。
- nargs：应该读取的命令行参数个数。其值可指定为数字或 "?"，不指定值时，定位参数取 default，可选参数取 const；也可指定为 "*"，表示 0 个或多个参数；还可指定为 "+"，表示 1 个或多个参数。
- const：action 和 nargs 所需要的常量值。
- default：不指定参数时的默认值。
- type：命令行参数将会转换成的类型。
- choices：参数允许的值的一个容器。
- required：指定可选参数能否可以省略。
- help：参数的帮助信息，其值为 argparse.SUPPRESS 时，不显示该参数的帮助信息。
- metavar：在用法说明中的参数名称，必选参数默认为参数名称，可选参数默认为全是大写英文字母的参数名称。
- dest：解析后的参数名称。默认地，可选参数取最长的名称，中画线转换为下画线。

（3）使用 parse_args()解析添加的参数

定义了所有参数后，即可给 parse_args()方法传递一组参数字符串来解析命令行。默认情况下，参数从 sys.argv[1:]中获取，也可传递自拟的参数列表。选项是使用 GNU/POSIX 语法来处理的，故在序列中选项和参数值可以混合。

parse_args()的返回值是一个命名空间，包含传递给命令的参数。假定自拟的参数 dest 是 "myOption"，则可用 args.myOption 来访问该值。

例 6-10 通过 argparse 模块使用命令行参数。

本例中，程序执行以下操作。

（1）定义函数 weightSum(integers)，计算命令行参数给出的一组数字的加权累加和，即所有偶数乘以 2 并累加，同时减去所有奇数。

（2）创建解析器对象（ArgumentParser 类的实例）。其中，文件名为 test.py；描述程序用途的字符串为"脚本 test.py：测试命令行参数"；帮助信息前显示"创建 ArgumentParser 类的实例"；帮助信息后显示"加权累加命令行中所有数字"。

（3）调用 add_argument()方法，指定位置参数为 numbers。其中，用法说明中名称为 N，参数类型为 int，参数个数设置为+，帮助信息为加权累加的数字。

（4）调用 add_argument()方法，指定可选参数为--weightSum。其中，短名称为-w，解析后的参数名称为 weightedSum，命令行遇到参数时的动作为 store_const，常量值为 weightSum，默认值为 sum，帮助信息为"加权累加：偶数 2 倍累加；减去奇数（默认：累加）"。

（5）调用 parse_args()方法，先通过 numbers 参数输出命令行中所有数字；再通过 --weightSum（短名称为-w）参数，调用 weightSum(Grgs, numbers)函数，计算并输出命令行参数中所有数字的加权累加和。

```python
#例 6-10　通过 argparse 模块，加权累加命令行给出的一串数字
import argparse
def weightSum(integers):
    "加权求累加和：加上 2 倍偶数；减去奇数"
    result=0
    for n in integers:
        result+=(2*n if n%2==0 else -n)
    return result
#创建解析器对象（ArgumentParser 类的实例）
parser=argparse.ArgumentParser( prog='test',usage='脚本%test.py：测试命令行参数',
                description='创建 ArgumentParser 类的实例',epilog='加权累加命令行中所有数字' )
#调用 add_argument()方法，指定位置参数为 numbers
parser.add_argument( "numbers",metavar='N',type=int,nargs='+',help='加权累加的数字' )
#调用 add_argument()方法，指定可选参数为 weightSum
parser.add_argument( "-w","--weightSum", dest='weightedSum', action='store_const',
                const=weightSum, default=sum,
                help='加权累加：偶数 2 倍累加；减去奇数（默认：累加）' )
if __name__ == '__main__':
    "调用 parse_args()方法，加权累加命令行中的数字"
    args=parser.parse_args()
    print(args.numbers)
    print( 'sum=%d'%args.weightSum(args.numbers) )
```

程序的三次运行结果如下。

```
D:\Python36>python test.py -w 1 2 3 4 5 6 7 8 9 10
[1, 2, 3, 4, 5, 6, 7, 8, 9, 10]
sum=35

D:\Python36>python test.py 1 2 3 4 5 6 7 8 9 10
[1, 2, 3, 4, 5, 6, 7, 8, 9, 10]
sum=55

D:\Python36>
```

6.2.4 使用断言调试程序

刚写完的程序中往往有一些 bug 需要修正，而且有些 bug 比较复杂，从错误信息中未必能看出，这就需要了解出错时哪些变量的值是正确的，哪些变量的值是错误的，某些必要的条件在运行时是否为真（如学生成绩不能为负数）等内容，这时，可以用 print()语句输出有问题的变量。但当程序中变量较多时，程序中就会夹杂许多专为调试而设置的 print()语句，程序的运行结果也会包含很多无用信息，而且交付使用时还要逐个删除 print()语句，这样会非常麻烦。

Python 语言中的断言（assert）语句可用于检测表达式，当其不成立时，将会引发 AssertionErrou 异常。凡是需要 print()辅助查看的地方，都可以用断言来替代。

assert 语句的语法格式如下。

```
assert 逻辑表达式
assert 逻辑表达式, 字符串表达式
```

assert 语句有以下一个或两个参数。

（1）需要检测的逻辑表达式：若其值为 True，则没有动作；若其值为 False，则断言失败，抛出一个 AssertionError 异常。

（2）描述错误的字符串表达式：是断言失败时输出的信息，可以省略。

例 6-11 使用断言检测表达式。

本程序中，用断言替代 print()，检测表达式 n!=0。

```
例 6-11_ 断言检测表达式 n!=0 是否为真
def test(n):
    assert n!=0, 'n 不能是 0!'
    return 10/n
def main():
    a=int(input('整数 a=?  '))
    test(a)
main()
```

其中，assert 的意思是：表达式 n!=0 应为 True，否则，后面的代码运行时一定出错。若断言失败，则 assert 语句就会抛出 AssertionError 异常。

```
>>>
整数a=?  0
Traceback (most recent call last):
  File "D:\Python程序\test.py", line 7, in <module>
    main()
  File "D:\Python程序\test.py", line 6, in main
    test(a)
  File "D:\Python程序\test.py", line 2, in test
    assert n!=0, 'n不能是0!'
AssertionError: n不能是0!
>>>
```

实际上，这个 assert 语句不仅抛出了 AssertionError 异常，还给出了相应的提示信息（字符串表达式的值）。

程序调试成功后，若以命令行方式运行程序，并使用-O 参数，则可关闭断言。可以看

到如下结果。因为断言关闭，所以抛出的是零作除数异常。

```
D:\Python\Python36>python -O D:\Python程序\test.py
整数a=?  0
Traceback (most recent call last):
  File "D:\Python程序\test.py", line 8, in <module>
    main()
  File "D:\Python程序\test.py", line 7, in main
    test(a)
  File "D:\Python程序\test.py", line 4, in test
    return 10/n
ZeroDivisionError: division by zero

D:\Python\Python36>_
```

6.2.5　使用日志调试程序

若需要在程序中多处查看变量或者在一个文件中查看变量，则可使用日志记录程序运行过程中发生的状况。Python 内置的 logging 包可用于输出运行日志，设置输出日志的等级、保存路径、日志文件回滚等；与 print()比较，使用日志调试程序主要有以下优点。

（1）可通过设置不同的日志等级，只输出重要信息，而不输出不必要的调试信息。

（2）可由开发者自行决定信息输出的位置和方式，并控制消息级别，过滤掉多余的信息，而不必像 print()那样，将所有信息都输出到标准输出设备（显示器）上，对其他数据形成视觉上的干扰。

1．Logging 包

Python 的 Logging 包提供了通用的日志系统，可方便应用程序或者第三方模块使用。Logging 包提供不同的日志级别，采用不同的方式来记录日志，如文件、HTTP GET/POST（万维网协议 查找/修改）、SMTP（简单邮件传输协议）和 Socket（通信端口）等，还可以自行实现具体的日志记录方式。

Logging 包中定义了 Logger、Formatter、Handler 和 Filter 等重要的类以及 config 模块。

● Logger：定义日志，直接提供日志记录操作的接口。Logger 对象的 addHandler()方法用于将日志输出到多个目的地。

● Formatter：定义日志的记录格式及内容。

● Handler：定义日志写入的地方。可以保存为本地文件，可以每小时写一个日志文件，可以通过 Socket 将日志传送给其他设备。有多种 Handler 可用，如 StreamHandler、BaseRotatingHandler、SocketHandler、DatagramHandler 和 SMTPHandler 等。

2．Logging 对象的使用

不仅可以在程序中使用名为 root 的 Logging 对象，还可以使用其他名称的 Logging 对象。不同 Logger 对象的 Handler、Formatter 等是分开设置的。

（1）logging.getLogger()方法：返回名为其中参数的 Logger 对象，若不带参数，则返回名为 root 的 Logger 对象。

（2）logging.basicConfig()方法：配置名为 root 的 Logger 对象。

（3）logging.info()、logging.debug()等方法：通过 root Logger 对象进行信息输出。若想通过其他 Logging 对象输出日志，则可使用 Logging.getLogger(name).info()方法。

3．日志的等级

日志有 6 个等级数值：0, 10, 20, 30, 40, 50，分别对应一个字符串常量，即

CRITICAL=50、ERROR=40、WARNING=30、INFO=20、DEBUG=10、NOTSET=0

通过调用 logging.addLevelName(20, "NOTICE:")方法来改变映射关系，并定制日志
等级名。

若使用 logging.info(msg)输出日志，则内部封装以数字 20 作为日志等级，默认情况下
20 对应的是 INFO，但当通过 addLevelName()方法修改了 20 对应的等级名称时，日志中打
印的就是个性化的等级名称。

调用 Logger 对象的 setLevel()方法，可以配置 Logging 对象的默认日志等级，只有当一
个日志的等级大于或等于默认等级时，才会输出到日志文件中。

例 6-12　使用 logging 模块，指定种类消息显示在指定设备（控制台、文件等）上。

本程序中，先导入 logging 模块，再将日志基本配置中的级别设置为 DEBUG，使得其
后的几条信息全部显示在控制台上。

```
#例 6-12_ 使用 logging 模块，指定种类消息显示在指定设备（控制台、文件等）上
import logging
#logging.basicConfig 函数：设置日志的输出格式及方式
logging.basicConfig(level=logging.DEBUG,
        format='%(asctime)s-%(name)s-%(levelname)s-%(message)s')
logger = logging.getLogger(__name__)
#因为日志基本配置中级别设置为 DEBUG，所以以下信息全部显示在控制台上
logger.info("开始显示日志：")
logger.debug("一条调试消息！")
logger.warning("一条警告消息！")
logging.error('一条错误消息！')
logger.info("完毕！")
```

程序的运行结果如下。
```
>>>
2020-07-20 15:51:26,076-__main__-INFO-开始显示日志：
2020-07-20 15:51:26,089-__main__-DEBUG-一条调试消息！
2020-07-20 15:51:26,098-__main__-WARNING-一条警告消息！
2020-07-20 15:51:26,105-root-ERROR-一条错误消息！
2020-07-20 15:51:26,113-__main__-INFO-完毕！
>>>
```

若将日志基本配置中的级别设置为 INFO，则不显示第 2 条消息；若其级别设置为
ERROR，则只显示第 5 条消息。

6.2.6　使用 pdb 包调试程序

开发简单程序时，可以加入 print()、断言或者日志来调试程序，但调试复杂程序时往
往比较困难，这就需要引入一种可使程序以单步方式运行且可随时查看其运行状态的方式
来排查程序中的问题，Python 自带的 pdb 包就是用来解决这个问题的。

pdb 包为 Python 程序提供交互式源代码调试功能，主要包括：设置断点、单步调试、
进入函数调试、查看当前代码、查看栈片段及动态改变变量的值等。pdb 包中一些常用的
调试命令如表 6-2 所示。

表 6-2　pdb 包中一些常用的调试命令

命令	解释	命令	解释
break 或 b	设置断点	list 或 l	查看当前行代码
continue 或 c	继续执行程序	step 或 s	进入函数

（续表）

命令	解释	命令	解释
return 或 r	执行代码直到从当前函数返回	p <表达式>或 pp <表达式>	输出变量的值
exit 或 q	中止并退出	help 或 h	帮助
next 或 n	执行下一行	—	—

使用 pdb 包的方式有两种：一种是在脚本中添加代码；另一种是命令行使用方式。

例 6-13　在待调试程序中嵌入 pdb 代码调试。

1．在待调试程序中嵌入 pdb 代码

本例中，嵌入了 pdb 代码的待调试程序如下。

```
#自定义模块 utils.py
def weightAdd(a,b):
    return a+2*b if a>b else 2*a+b
#引用 utils 模块，并嵌入 pdb 代码的待调试脚本 main.py
import utils  #导入自定义模块
def calculate(x1,x2):
    import pdb      #导入 pdb 包
    pdb.set_trace()   #嵌入 pdb 代码
    y=utils.WeightAdd(x1,x2)
    print(y)
if __name__=='__main__':
    calculate(9,3)
```

2．调试程序

（1）程序运行后，暂停在 pdb 代码嵌入处，先执行以下 step 命令。
```
>>>
> d:\python程序\main.py(6)calculate()
-> y=utils.WeightAdd(x1,x2)
(Pdb) s
```
（2）因为程序中写错了所调用的函数名，所以当执行 step 命令时显示以下出错信息。
```
AttributeError: 'module' object has no attribute 'WeightAdd'
> d:\python程序\main.py(6)calculate()
-> y=utils.WeightAdd(x1,x2)
(Pdb)
>>> ============================== RESTART ===============
```
（3）修改原代码后重新运行，再次执行 step 命令，程序中的函数调用即可顺利执行。
```
>>>
> d:\python程序\main.py(6)calculate()
-> y=utils.weightAdd(x1,x2)
(Pdb) s
--Call--
> d:\python程序\utils.py(2)weightAdd()
-> def weightAdd(a,b):
```
（4）执行 list 命令显示如下代码。
```
(Pdb) l
  1     # utils.py
  2  -> def weightAdd(a,b):
  3         return a+2*b if a>b else 2*a+b
[EOF]
```
（5）执行以下 break <行号>命令设置断点。
```
(Pdb) b 2
Breakpoint 1 at d:\python程序\utils.py:2
```
（6）执行 continue 命令，程序继续运行，输出运算结果，程序结束。

```
(Pdb) c
15
>>>
```

3．再次调试程序

（1）程序再次运行后，暂停在 pdb 代码嵌入处，执行以下 next 命令。

```
>>>
> d:\python程序\main.py(6)calculate()
-> y=utils.weightAdd(x1,x2)
(Pdb) n
> d:\python程序\main.py(7)calculate()
-> print(y)
```

（2）执行以下 p 命令，输出 y 变量的值。

```
(Pdb) p y
15
```

（3）执行以下 next 命令。

```
(Pdb) n
15
--Return--
> d:\python程序\main.py(7)calculate()->None
-> print(y)
```

（4）两次执行以下 p 命令，输出 x1 和 x2 变量的值。

```
(Pdb) p x1
9
(Pdb) p x2
3
```

（5）执行以下 q 命令，终止程序的调试。

```
(Pdb) q
Traceback (most recent call last):
  File "D:/Python程序/main.py", line 9, in <module>
    calculate(9,3)
  File "D:/Python程序/main.py", line 7, in calculate
    print(y)
bdb.BdbQuit
>>> |
```

程序解析 6

本章通过 4 个程序，示范 Python 内置异常的捕捉和处理方法，自定义异常的定义、抛出和处理方法，以及程序测试和调试的一般方法。

（1）程序 6-1：利用 try…except 结构逐行读取预先保存在磁盘上的文本文件，输出指定内容；并当文件不存在或打不开时，捕捉和处理相应异常。

（2）程序 6-2：先自定义异常，描述当三条线段不能构成三角形时的异常情况；然后按照用户输入的三条线段来计算三角形面积，并捕捉和处理自定义异常。

（3）程序 6-3：先依据给定的算法及逻辑覆盖测试的原则设计测试用例，再编写相应的程序代码，然后运行程序。

（4）程序 6-4：使用命令行参数作为函数的实参，逐个计算并输出斐波那契序列中的各项，同时输出程序中设置的调试信息（日志）。

程序 6-1　try…except 结构实现的文本文件查找操作

本程序的主要任务由 try…except 语句中的内嵌语句来完成。首先打开一个文本文件；

其次，逐行读取其中文本，同时查找指定字符串；找到指定字符串后，输出该字符串所在的文本行。try…except 语句执行时，需要考虑以下两种异常情况。

（1）若要打开的文本文件不存在，则需要捕捉并处理 **IOError** 异常对象。

（2）若在文本文件中找不到指定的字符串，则需要输出相应信息，可先自定义异常类，然后在随后的操作中捕捉并处理其异常对象。

1．算法及程序结构

⑴ 自定义异常类 notFound()：其中包含
- 构造函数：初始化 data 属性。
- 方法 __str__()：规定该异常对象的输出格式。
⑵ 定义函数 search(File,String)：在文本文件 File 中逐行查找 Stirng。
无限循环：
- 读一行文本，赋予 line 变量。
- 判断（找到了吗？）若是，则
        输出该行；
        返回 True
- 否则判断（到文件末尾了吗？）若是，则
        输出"已到文件末尾!"
        返回 False
⑶ except 子句：捕捉内置异常 IOError，并输出相应信息。
⑷ except 子句：捕捉自定义异常 notFound，并输出相应信息。
⑸ finally 子句或 else 子句：关闭文件，并输出相应信息。

实际上，若打开文件失败，则既无必要又不应该执行关闭文件的操作，但 finally 子句在任何情况下都会执行，故此处使用 else 子句较好。

2．创建纯文本文件

打开 Windows 记事本，在其中创建一个纯文本文件 textFile.txt，并将其存放在 E 盘根目录下。该文件中的内容如图 6-2 所示。

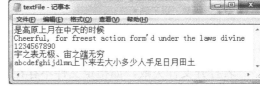

图 6-2　文本文件 textFile.txt 中的内容

3．编写操纵文本文件的程序

该程序使用 try…finally 语句处理可能发生的异常，相关程序如下。

```
#程序 6-1_ 使用 try...finally 语句实现文本文件的查找操作
from time import sleep
class notFound(Exception):
    "异常类：查找 data 失败时抛出"
    def __init__(self,data):
        self.__data=data
    def __str__(self):
        return '未找到%s'%self.__data
def search(File,String):
    "在文本文件 File 中逐行查找 Stirng,找到后输出该行并返回 True;若找不到则返回 False"
    while True:
        line=File.readline()  #读一行文本，赋予 line 变量
        if line.find(String)!=-1:
```

```
                print(line)
                return True
         elif len(line)==0:  #行长度为 0 时跳出循环
                print('已到文件末尾！')
                return False
         sleep(1)                #延时 1s
try:
    fileName=input('文件路径名（如 c:/myFile.txt）？E:/textFile.txt')
    f=open(fileName)  #打开文件，赋予 f 变量
    subStr=input('要查找的字符串？')
    if not search(f,subStr):  #当 f 中找不到 subStr 时，抛出自定义异常
        raise notFound(subStr)
except IOError as io:  #捕捉并处理打开文件失败时抛出的内置异常
    print(io)
except notFound as e:  #捕捉并处理查找失败时抛出的自定义异常
    print(e)
else:  #顺利完成任务（打开文件，并找到了字符串）后，关闭文件并显示相应信息
    f.close()  #关闭文件
    print('文件已关闭！')
```

对于该程序的 search()，每输出一行内容都调用一个 time.sleep()方法并暂停 1s，故程序运行速度变慢了。

4. 运行程序

正常情况下，程序的运行结果如下。

```
>>>
文件路径名（如 c:/myFile.txt）？ E:/textFile.txt
要查找的字符串？宙之端无穷
宇之表无极、宙之端无穷

文件已关闭！

>>>
```

若打开文件失败，如指定文件不存在，则程序的运行结果如下。

```
>>>
文件路径名（如 c:/myFile.txt）？ E:/tFile.txt
[Errno 2] No such file or directory: 'E:/tFile.txt'
>>>
```

若找不到指定的字符串，则程序的运行结果如下。

```
>>>
文件路径名（如 c:/myFile.txt）？ E:/textFile.txt
要查找的字符串？ 时间与空间
已到文件末尾！
未找到"时间与空间"！

>>>
```

程序 6-2　自定义异常——求解三角形面积

本程序中，先输入三角形三条边的长度，分别为 a, b, c，再判断这三条边能否构成三角形。若能构成三角形，则按海伦公式

$$S_\Delta = \sqrt{p(p-a)(p-b)(p-c)}，其中 p=(a+b+c/2)$$

计算三角形的面积；否则抛出并处理自定义异常。

1．算法及程序结构

(1) 自定义异常类 notTriangleError()：其中包括
- 构造函数：初始化 data 属性。
- 方法 __str__()：规定该异常对象的输出格式。

(2) 定义函数 isTriangle(a,b,c)，判断 a、b、c 三条边能否构成三角形。
- a、b、c 三个数按从小到大的顺序排列
- 判断（a+b>c）？
        若是，则返回 True
        否则返回 False

(3) 定义函数 areaTriangle()，求三角形面积。

```
try:
    a,b,c ←输入三角形三条边的长度
    判断（函数 isTriangle(a,b,c)的返回值为 False）？若是，则
        抛出 notTriangleError 异常
except:
    捕捉 notTriangleError 异常并输出相应信息
else:
    计算并输出三角形面积 s
```

2．程序

```
#程序 6-2  通过自定义异常求解三角形面积
from math import sqrt
class notTriangleError(Exception):
    "自定义异常类"
    def __init__(self,data):
        self.data=data
    def __str__(self):
        return '错：%s 不能构成三角形！'% self.data
def isTriangle(a,b,c):
    "判断 a、b、c 三条边能否构成三角形"
    sides=sorted([a,b,c])
    return sides[0]+sides[1]>sides[2]
def areaTriangle():
    "利用海伦公式求三角形面积：a、b、c 不能构成三角形时引发 notTriangleError 异常"
    try:
        a,b,c=map(float,input('三边长 a、b、c（空格隔开）=? ').split())
        if not isTriangle(a,b,c):
            raise notTriangleError([a,b,c])
    except notTriangleError as e:
        print(e)
    else:
        p=0.5*(a+b+c)
        print('三角形面积：%f'%sqrt(p*(p-a)*(p-b)*(p-c)))
if __name__=='__main__':
    help(areaTriangle)  #查看帮助信息
    areaTriangle()
```

3．程序的运行结果

本程序的两次运行结果如下。

```
>>>
Help on function areaTriangle in module __main__:

areaTriangle()
    利用海伦公式求三角形面积：a、b、c不能构成三角形时引发notTriangleError异常

三边长a、b、c（空格隔开）=? 1 2 3
错：  [1.0, 2.0, 3.0] 不能构成三角形！
>>> ======================== RESTART ==========
>>>
Help on function areaTriangle in module __main__:

areaTriangle()
    利用海伦公式求三角形面积：a、b、c不能构成三角形时引发notTriangleError异常

三边长a、b、c（空格隔开）=? 3 4 5
三角形面积：6.000000
>>>
```

程序 6-3   用于逻辑覆盖测试的程序

本程序的任务是：根据给定的算法流程图，设计用于多种逻辑覆盖的测试用例，然后编写相应的程序代码并运行程序。

1．算法及测试任务

假定程序中待测试部分的算法流程图如图 6-3 所示。

给出几种逻辑覆盖的测试用例，包括语句覆盖的测试用例、判定覆盖的测试用例、条件覆盖的测试用例、判定/条件覆盖的测试用例以及路径覆盖的测试用例。

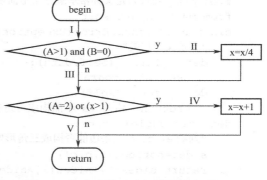

图 6-3   程序中待测试部分的算法流程图

2．逻辑覆盖的测试用例

（1）若采用语句覆盖，即保证每个语句都执行一次，则程序执行的路径可以是 I, II, IV，选择测试数据 A=2, B=0, x=3。

（2）若采用判定覆盖，即保证每个分支都执行一次，则程序执行的路径可以是 I, II, IV，选择测试数据 A=2, B=0, x=4；程序执行的路径也可以是 I, III, V，选择测试数据 A=1, B=1, x=0。

（3）若采用条件覆盖，即保证每个条件都取到各种可能的结果，则可规定以下 8 种状态。

- 条件 A>1 成立为状态 T1；不成立为状态 F1。
- 条件 B=0 成立为状态 T2；不成立为状态 F2。
- 条件 A=2 成立为状态 T3；不成立为状态 F3。
- 条件 x>1 成立为状态 T4；不成立为状态 F4。

条件覆盖测试数据如表 6-3 所示。

表 6-3   条件覆盖测试数据

数据	覆盖路径	覆盖条件	x 值
A=2、B=0、x=4	I、II、IV	T1、T2、T3、T4	2
A=0、B=1、x=0	I、III、V	F1、F2、F3、F4	0

可以看出，条件覆盖使得判定表达式中每个条件都取到了两个不同的结果，而判定覆盖只关心整个判定表达式的值，因而前者的功能比后者的功能强，但两者之间并不一定互相包含。例如，若使用两组测试数据，即 A=2, B=0, x=1 和 A=1, B=1, x=2，则因两个判定表达式的值总为真，故只满足条件覆盖标准而不满足判定覆盖标准。

（4）若采用判定/条件覆盖，即同时满足条件覆盖标准和判定覆盖标准的测试，则可设计如表 6-4 所示的测试数据。

表 6-4　判定/条件覆盖测试数据

数据	覆盖路径	覆盖条件	x 值
A=2, B=0, x=4	I、II、IV	T1, T2, T3, T4	2
A=2, B=1, x=1	I、III、IV	T1, F2, T3, F4	2
A=1, B=0, x=3	I、III、IV	F1, T2, F3, T4	4
A=1, B=1, x=0	I、III、V	F1, F2, F3, F4	0

实际上，这两组测试数据是为了满足条件覆盖标准最初选取的两组数据，可见，有时判定/条件覆盖的功能并不比条件覆盖的功能更强。因而当程序质量要求较高时，可根据情况提出多重条件组合覆盖以及其他更高的覆盖要求。

3．用于判定/条件覆盖测试的程序及其运行结果

按照给定的算法流程图及判定/条件覆盖测试的需求，可编写以下程序。

```
#程序 6-3_ 用于判定/条件覆盖测试
def test(A,B,x):
    path='I'    #路径 I
    if A>1 and B==0:  #路径 II
        path+='——II'
        x=x/4
    else:  #路径 III
        path+='——III'
        pass
    if A==2 or x>1:  #路径 IV
        path+='——IV'
        x=x+1
    else:  #路径 V
        path+='——V'
        pass
    print("函数 test(A,B,x)，实参%d、%d、%d, 路径%s"%(A,B,x,path),end='' )
    return x
print( ",\t 返回 x=%f"% test(2,0,4) )
print( ",\t 返回 x=%f"% test(2,1,1) )
print( ",\t 返回 x=%f"% test(1,0,3) )
print( ",\t 返回 x=%f"% test(1,1,0) )
```

本程序的运行结果如下。

```
>>>
函数 test(A,B,x)，实参2、0、2, 路径 I—II—IV,      返回 x=2.000000
函数 test(A,B,x)，实参2、1、2, 路径 I—III—IV,     返回 x=2.000000
函数 test(A,B,x)，实参1、0、4, 路径 I—III—IV,     返回 x=4.000000
函数 test(A,B,x)，实参1、1、0, 路径 I—III—V,      返回 x=0.000000
>>>
```

程序 6-4　使用命令行参数和日志求解斐波那契序列

本程序中，使用命令行参数的解析器对象（AugumentParser 类实例）捕捉命令行参数，

用作求解斐波那契序列函数的实参，逐个计算斐波那契序列中的各项，并输出斐波那契序列，同时输出程序中预先设置的日志（即调试信息）。

1. 算法及程序结构

(1) 创建解析器对象：调用 argparse 模块，生成 ArgumentParser 类实例，包含参数
- description：字符串"输出斐波那契序列"。
- 可选参数 low 和 high：各项的最小值（不大于首项）和最大值（不小于末项）。
- 可选参数 verbose：命令行带有该参数时，输出程序的调试信息；否则不输出。

(2) 创建日志：调用 logging 模块，并且
- 调用 getLogger('fibonacci') 方法，定义名为 fibonacci 的日志。
- 调用 setLevel(logging.DEBUG) 方法，设置日志等级为 DEBUG。
- 调用 StreamHandler() 方法，创建一个输出日志到控制台的 StreamHandler。
- 调用 Formatter() 方法及 setFormatter() 方法，规定日志的输出格式。
- 调用 addHandler() 方法，为日志添加 handler。

(3) 定义生成器函数 termFibo()，不断生成斐波那契序列的当前项

赋初值：f1←0、f2←1
生成 f1、f2
循环：
    设置调试信息：求值前 f1 的值、f2 的值
    f1←f2、f2←f1+f2
    设置调试信息：求值后 f1 的值、f2 的值
    生成 f2

(4) 定义函数 fibonacci(low, high)，求 low～high 之间的斐波那契序列

循环：
    设置调试信息：low≤当前项 term≤high
    判断（term>high）？若是，则返回
    判断（term≥low）？若是，则
        设置调试信息：返回结果 term
        生成 term

(5) 使用命令行参数，计算并输出斐波那契序列

变量 args ←调用 parser 对象的 parse_args() 方法
判断（args 中有 verbose 参数）？若是，则
    调用 logger 对象的 setLevel() 方法，设置日志等级为 logging.DEBUG
否则
    调用 logger 对象的 setLevel() 方法，设置日志等级为 logging.ERROR
循环（n 从 low 到 high）
    n ←调用 fibonacci() 方法，计算数列当前项
    输出 n

2. 程序

```
#程序 6-4  利用命令行求解斐波那契序列
#通过 argparse 模块获取命令行参数
import argparse
parser=argparse.ArgumentParser(description='输出斐波那契序列')
parser.add_argument('--low',type=int,dest='low',help='最小值',required=True)
parser.add_argument('--high',type=int,dest='high',help='最大值',required=True)
parser.add_argument('-v','--verbose',action='store_true',dest='verbose',help='输出调试信息')
#通过 logging 模块输出日志
import logging
```

```
logger=logging.getLogger('fibonacci')  #定义名为 fibonacci 的日志
hdr=logging.StreamHandler()  #创建一个输出日志到控制台的 StreamHandler
formatter=logging.Formatter('[%(asctime)s] %(name)s:%(levelname)s:
%(message)s')
hdr.setFormatter(formatter)  #规定 hdr 对象的输出格式
logger.addHandler(hdr)            #为日志添加 handler
def termFibo():
    "无限循环：求斐波那契序列的当前项"
    f1,f2=0,1
    yield f1
    yield f2
    while True:
        logger.debug('求值前 f1=%s、f2=%s'% (f1,f2))
        f1,f2=f2,f1+f2
        logger.debug('求值后 f1=%s、f2=%s'% (f1,f2))
        yield f2
def fibonacci(low,high):
    "求 low~high 之间的斐波那契序列"
    for term in termFibo():
        logger.debug('当前项%s∈[%s, %s]'% (term,low,high))
        if term>high:
            return
        if term>=low:
            logger.debug('返回结果%s'%term)
            yield term
if __name__ == '__main__':
    args=parser.parse_args()
    if args.verbose:
        logger.setLevel(logging.DEBUG)
    else:
        logger.setLevel(logging.ERROR)
    count=0
    for n in fibonacci(args.low,args.high):
        count+=1
        print(n,end=('\n' if count%7==0 else '\t'))
```

3. 程序

若命令行参数为 h，则程序的运行结果如下。

```
D:\Python36>python test2.py -h
usage: test2.py [-h] --low LOW --high HIGH [-v]

输出斐波那契序列

optional arguments:
  -h, --help     show this help message and exit
  --low LOW      最小值
  --high HIGH    最大值
  -v, --verbose  输出调试信息
```

若命令行参数为 low 和 high，则程序的运行结果如下。

```
D:\Python36>python test2.py --low 0 --high 9000
0      1      1      2      3      5      8
13     21     34     55     89     144    233
377    610    987    1597   2584   4181   6765
```

若命令行参数为 low、high 和 v，则在输出计算结果的同时，还将输出程序中设置的调

209

试信息。程序的运行结果如下（只给出前半部分内容）。

实验指导 6

本章安排以下两个实验。

实验 6-1：按要求自定义异常，捕捉和处理 Python 内置异常及自定义异常。

实验 6-2：按要求设计测试用例，并运用查询函数功能、输出变量的值、设置断言或断点等各种方式，测试、调试、修改并运行程序。

通过本章实验，可以基本理解异常处理的概念；掌握 Python 异常处理机制的一般用法；理解和掌握程序测试和调试的重要性，以及程序测试和调试的基本思想和几种最常用的方法。

实验 6-1　异常的捕捉与处理

本实验的任务如下。

（1）使用 try…except…else 语句，执行除法运算、捕捉并处理零作除数异常。

（2）使用 try…except 语句，捕捉并处理表达式中的数据类型不匹配异常。

（3）使用嵌套 try…except 语句，捕捉并处理表达式中的数据类型不匹配异常。

（4）自定义数字为负数异常，捕捉并处理自定义异常。

1. try…except…else 语句处理输入数据错误

本程序的任务是：输入变量 a 和变量 b 的值，计算 5a/3b。若用户输入的值不是数字，或者 b 的值是 0，则会抛出异常，需要将该异常捕捉并处理。

【编写 try 子句】

（1）输入变量 a 和 b 的值。

（2）计算 y=5a/3b。

【编写一个或多个 except 子句】

（1）捕捉 TypeError 异常，输出相应信息。

（2）捕捉 ZeroDivisionError 异常，输出相应信息。

【编写 else 子句】

输出 y 的值。

2．嵌套 try…except 语句处理输入数据错误

本程序的任务是：输入一个数字和一个字符串，两者相加再相减，必然抛出异常。使用嵌套 try…except 语句捕捉并处理该异常。

【编写 try 子句】

（1）s ←输入一个字符串；x ←输入一个数字。

（2）内嵌的 try…except 语句。

- 输出 s+x 的结果。
- 输出 s−x 的结果。
- 捕捉 TypeError 异常，输出相应信息。

【编写 except 子句】

输出："发生了异常！"。

3．嵌套 try…except…finally 语句，处理输入数据错误

本程序的任务是：输入一个数字和一个字符串，两者相加再相减，必然抛出异常。使用嵌套 try…except 语句捕捉和处理该异常。

【编写 try 子句】

（1）s ←输入一个字符串；x ←输入一个数字。

（2）内嵌的 try…except 语句。

- 输出 s+x 的结果。
- 输出 s−x 的结果。
- 捕捉 TypeError 异常，输出相应信息。

【编写 except 子句】

输出："发生了异常！"。

4．自定义异常的使用

本程序的任务是：先自定义异常类 NumberErroe，然后将其用于处理学生成绩，捕捉和处理成绩为负数异常。

【自定义异常类 NumberError】

（1）定义派生自 Exception 类的 NumberError 类，其中包括

- 数据成员 data。
- 构造函数：为数据成员 data 赋值。

（2）将上述代码保存为 NumberError.py 文件。

【使用自定义异常】

（1）定义函数 average(data)：其中 data 为存放学生成绩的元组。

- 成绩总和 sum ←0
- 循环（对于 data 中的每个 x）：
  - 判断（x<0？）若是，则抛出 NumberError 异常
  - sum 加 1
- 返回平均值 sum/len(data)

（2）main()

- 元组 marks ←输入若干名学生的成绩
- 调用 average 函数，计算平均成绩
- 输出平均成绩

实验 6-2　程序的测试和调试

本实验的任务如下。

（1）按照给定的功能、要求和提示编写程序，并使用 help()、print() 和 type() 等方式调试和运行程序。

（2）按照给定的程序流程图设计测试用例，并测试和运行程序。

（3）按照给定的算法与程序结构编写程序，并使用命令行参数运行程序。

1．程序中的简单错误

【预备知识】

运行程序时，若遇到错误，则"Python Shell"窗口中会显示相应的错误信息，并显示出错的位置（第几行）和性质（什么错误）。常见错误如下。

（1）语法错误，可能有以下问题。

- 缺少某个符号（如分号）。
- 错写某个关键字（如将 True 写成了 true）。
- if 语句，尤其是嵌套的 if 语句中的 if 子句和 else 子句不匹配。
- 表达式或语句的格式（如列表解析的格式）不正确。

（2）变量、函数或者类未定义或者重定义，可能出现以下问题。

- 变量名称的英文字母大小写不正确。
- 引用了某个模块中的变量、函数或者类，但未导入该模块。

对于这类错误，找到出错的位置就可以立即改正这些错误。但错误的起因往往来自于其他行中的错误而非本行，这就需要仔细查看相关行。若对显示出来的错误性质不太理解，则可以采用以下方法来查询或者调试程序。

（1）使用以下 help() 查询。例如，可以查询 math 模块中 pow() 的功能。

```
>>> help(math.pow)
Help on built-in function pow in module math:

pow(...)
    pow(x, y)

    Return x**y (x to the power of y).
```

（2）使用以下 print 语句输出变量、表达式的值或者数据类型。例如，可以查询 x 变量。

```
>>> print(type(x),x)
<class 'list'> [1, 2, 3]
>>>
```

【编写并运行程序】

程序实现以下功能。

（1）令 x=15，y=18

（2）计算 s=x+y，d=x-y，q=x/y（整除），r=x%y（求余数）

（3）计算 $res = \sqrt{s} + \sqrt{d} + q^2 + r^2$

（4）输出 res

相关要求及提示如下。

（1）使用 try…except 语句，捕捉并处理可能发生的异常。

（2）在可能出错的地方使用 print 语句或者断言，输出变量或者表达式的值。

（3）使用 help() 查看可能用到的函数的功能。

【修改并运行程序】

改写前面的赋值语句，令 x=15，y=0，并调整 try…except 语句，然后重新运行程序。

2．设计测试用例、编写并运行程序

【程序流程图】

程序中待测试部分的算法流程图如图 6-4 所示。

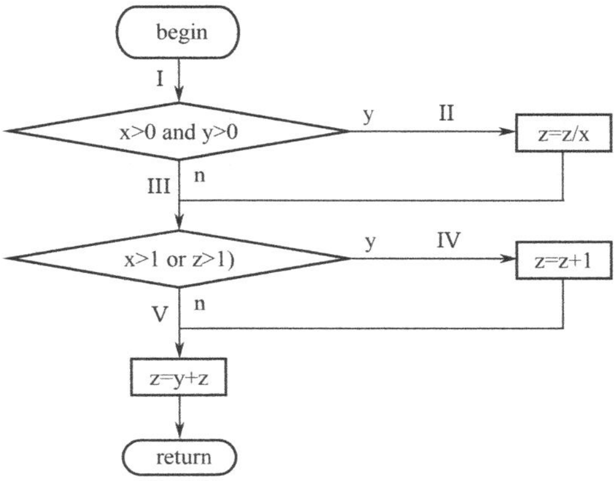

【程序设计任务】

（1）给出几种逻辑覆盖的测试用例，包括语句覆盖的测试用例、判定覆盖的测试用例、条件覆盖的测试用例和判定/条件覆盖的测试用例。

（2）按照设计出来的测试用例运行程序，并按测试结果修改程序，直到程序完全正确为止。

图 6-4　程序中待测试部分的算法流程图

3．使用命令行参数运行程序

【程序设计任务】

本程序的任务是：按照以下算法与程序结构编写并运行程序。

(1) 创建解析器对象：调用 argparse 模块，生成 ArgumentParser 类实例，包含以下参数。

- description：字符串“计算 X 的 Y 次方”。
- 定位参数 square：整型，帮助信息“显示给定数的平方”。
- 可选参数 verbose（简写为 v）：可选值 [0, 1, 2]，默认值为 1，帮助信息“确定值的输出格式”。

(2) 使用命令行参数，计算并输出给定整数的平方。

变量 args ← 调用 parser 对象的 parse_args() 方法

变量 answer ← args.square 的平方

判断（args.verbose=2）？若是，则

　　按“x 的平方是 x2”的格式输出命令行中参数的平方值

否则判断（args.verbose=1）？若是，则

　　按“x^2=x2”的格式输出命令行中参数的平方值

否则

　　直接输出 answer 的值

【程序调试任务】

在程序合适的位置上设置断言或断点，调试并修改程序，直到程序完全正确为止。

第7章
图形用户界面程序

当前流行的桌面应用程序往往是 GUI（Graphical User Interface，图形用户界面）程序，这种程序运行时，一般都会显示一个窗体，该窗体上有标签、按钮、文本框和列表框以及菜单、工具栏和状态栏等各种控件。程序运行过程中，还可能弹出消息框、对话框（如打开对话框、查找与替换对话框等）等其他控件。程序通过这些控件来接收用户输入的信息、为用户显示信息，或者表达其他操作意图。

Python 内置的 tkinter 模块（Tk 接口）用于创建 GUI 应用程序。导入 tkinter 模块后，就可以设计窗体，在窗体上摆放各种控件，并将各种操作（用函数或其他代码块写出来的）与相应的控件事件关联起来，以便事件发生时，相应的操作（代码）能够执行。例如，若一个按钮的单击事件与一个用户自定义函数关联，则当用户单击该按钮时，相应函数就会执行。

在 GUI 程序中，经常需要绘制几何图形（直线、圆、矩形等）或者描绘函数的曲线，这可以使用 tkinter 模块中的 Canvas 模块来实现。

💡注：实际上，IDLE 就是由 tkinter 模块编写而成的。

7.1　创建 GUI 程序

利用 Python 自有库或者第三方库，可以采用多种不同的方式来编写 GUI 程序。例如，在 Python 集成开发环境 PythonWin 中，可通过 win32gui 模块调用 Windows API，编写出 Windows 操作系统的窗口程序；在 Qt 库的 Python 版本 PyQT 中，通过 PyQT 调用 Qt 库，即可在 Eric Python IDE 中编写用于不同操作系统的 GUI 程序；使用开源软件 wxPython，也可以创建具有跨平台能力的 GUI 脚本。

Python 内置了 Tkinter 模块，是较为流行的面向对象 GUI 工具包 Tk 的 Python 程序设计接口。可在大多数 Unix 平台上，以及 Windows 操作系统和 Macintosh 操作系统中使用。

💡注：tkinter 模块是轻量 GUI 框架，通过一行行写代码的方式形成 GUI。

7.1.1　创建 GUI 窗体

在 GUI 程序中，窗体是存放各种控件（标签、文本框、按钮、菜单栏、工具栏、状态栏等）的容器。程序运行后窗体成为与用户交互的窗口，可用于向用户显示信息或者为程序收集用户的信息。实际上，窗体本身也是一种控件，具有比绝大多数控件更系统、更全面的、可以利用的属性、方法和事件。因此窗体是一种功能很强的控件，几乎可以响应和处理所有的外界事件和内部事件。

1．GUI 程序设计的一般方式

可视化程序设计环境（如 Visual Basic、Delphi 和 Visual C#等）通常采用"所见即所得"的程序设计方式。

（1）在设计阶段，通过鼠标的点选、拖拽、缩放、填充等各种操作，直观地设计窗体，在窗体上摆放各种控件，并将控件的创建、选择、聚焦、撤销等事件与相应的程序代码互相关联。

（2）程序运行后，设计好的窗体原样显示为与用户交互的窗口。用户通过单击、双击、选择或输入等各种操作来使用窗口及窗口上的控件，施加于不同控件上的创建、选择和聚焦等事件分别触发执行各具不同功能的程序代码，进而完成不同的任务。

在"所见即所得"的可视化程序设计环境中，通过窗体来创建窗口。窗体是容器控件，可包容其他控件，协同完成应用程序的整体功能。窗体及其上控件的行为依赖于专门编写的代码，同时也依赖于窗体及其他控件的属性。

2．使用 tkinter 模块创建 GUI 程序的方式

使用 Python 的 tkinter 模块创建 GUI 程序时，不能在设计阶段直观地设计出 GUI 应用程序的窗体，但其设计方法并不难掌握，而且秉承 Python 语言一贯简捷、实用的工作模式，同时具有独特的优势。

使用 tkinter 模块创建 GUI 程序的步骤如下。

（1）导入 tkinter 模块的全部内容。

```
from tkinter import *
```

（2）创建顶层（根）窗体。例如，创建名为 myForm 的窗体，并设置其标题为 myForm。

```
myForm=Tk()
myForm.title( 'myForm' )
```

（3）创建其他控件。设置控件的大小（宽度、高度）、外观（颜色、形状等）、摆放位置（x 坐标、y 坐标等）、标题（控件上显示的字符串）等。例如，创建名为 myList、属于 myForm 窗体、宽度为 20、高度为 6 的列表框（Listbox 控件）。

```
myList=Listbox( myForm, width=20, height=6 )  #创建显示记分册的列表控件
```

又如，创建名为 myButton、属于 myForm 窗体、宽度为 20、标题为"求 y 值"的按钮（Button 控件）。

```
myButton=Button( root, width=20, text='求 y 值' )
```

（4）将控件摆放到顶层窗体上。例如，将 myList 列表框摆放到 myForm 窗体上。

```
myButton.pack()
```

（5）控件与程序绑定。例如，若想通过单击"myButton"按钮来启动计算 y 值的一段程序代码，则可先将这些代码定义为函数 cmd()。

```
cmd=lambda:myForm.title( '单击了一次' )
```

然后通过 myButton 按钮的 command 属性将控件与程序关联在一起。

```
myButton=tkinter.Button( myForm, width=100, command=cmd )
```

（6）进入主程序循环事件。

```
myForm.mainloop()
```

程序运行后，显示设计好的窗口（运行后的窗体），然后进入主程序循环，等待事件（如单击鼠标、按下键盘上的某个键等）发生。当某个事件发生时，与该事件相关联的程序代码就会执行。

例 7-1 编写 GUI 程序。程序运行后，显示如图 7-1 所示的运行结果，窗口上并排摆放两个控件：一个输出框和一个按钮。

图 7-1　例 7-1 程序的运行结果

若在输入框（Entry 控件）中输入 x 值，然后单击按钮，则将按

```
y=2*x+1 if x>=0 else -x+3
```

计算 y 值，并显示在窗体标题栏上。

```
#例 7-1_GUI 程序：取输入框中的 x 值，求 y 值（当 x≥0 时，y=2x+1；否则 y=-x+3）并将其显示为窗体标题
from tkinter import *
def show():
    x=float(xEntry.get())
    root.title(2*x+1 if x>=0 else -x+3)
#创建空窗体
root=Tk()
#设计控件：输入框、按钮
xEntry=Entry(root,width=20)
cmdButton=Button(root,width=23,text='取右框 x 计算 y 并显示为标题',command=show)
#在窗体上摆放控件：输入框（在左边）、按钮
xEntry.pack(side=LEFT)
cmdButton.pack()
#进入事件主循环
root.mainloop()
```

程序的运行结果如图 7-2 所示。

图 7-2　程序的运行结果

7.1.2　控件及其属性

控件是对数据和方法的封装。控件一般都有自己的属性和方法。属性是控件数据的简单访问者。方法则是控件的一些简单而可见的功能。

控件的属性控制着控件对象的外观和行为。通过对同样的控件设置不同的属性，可以使它们表现出不同的外观和行为。控件的属性种类繁多，分属于不同的数据类型，设置其值的方式也不尽相同。有些属性是所有控件共有的，还有一些属性是某些控件才有的。

表 7-1 列举了 tkinter 模块提供的控件。

表 7-1　tkinter 模块提供的控件

控件	名称	功能
Button	按钮	单击触发事件，执行相应代码
Canvas	画布	绘制图形或特殊控件

（续表）

控件	名称	功能
Checkbutton	复选项	一组方框选项，可选择其中任意多个
Entry	文本框	接收单行文本输入
Frame	框架	可包含其他组件的纯容器。用于控件分组
Label	标签	显示单行文本和位图
Listbox	列表框	一个文本选项列表
Menubutton	菜单按钮	单击出现菜单（有下拉式、层叠式等）
Menu	菜单	单击菜单按钮后弹出的一个选项列表
Message	消息框	类似于 Label，但可显示多行文本
Radiobutton	单选按钮	一组互斥，即只能"按下"其中一个的按钮
Scale	进度条	线性"滑块"，可设定初始值和终值，会显示当前位置的精确值
Scrollbar	滚动条	为控件（文本域、画布、列表框、文本框）提供滚动功能
Text	文本域	多行文字区域，可用于收集或显示用户输入的文字
Toplevel	顶级	类似于框架，但提供一个独立的窗口容器
Spinbox	选择性输入框	输入控件：与 Entry 类似，但可指定输入范围值
PanedWindow	面板	一个窗口布局管理的插件，可包含一个或者多个子控件
LabelFrame	带标签框架	占用窗口上一个矩形区域、带有标签的容器

窗体上呈现的控件，通常包括大小、颜色、字体、位置、浮雕样式，以及悬停光标形状等各种属性。表 7-2 列举了某些控件的常见属性。

表 7-2 某些控件的常见属性

属性	名称	说明
anchor	锚点：文本起始位置	取值 N、NE、E、SE、S、SW、W、NW 或 CENTER（默认） 如 NW（NorthWest），显示时，文本左上角对准控件左上端
background(bg)	背景色	控件显示时的颜色
bitmap	位图	控件中显示的位图。在所有平台上都有效的位图：error、gray75、gray50、gray25、gray12、hourglass、info、questhead、question 和 warning。若指定 image 选项，则忽略该项；该选项覆盖文本选项。可重新设置该选项为空字符串，以显示文本
cursor	光标	当鼠标移到控件上时，显示的光标样式
command	命令	一个关联控件的命令，通常在鼠标离开控件时调用。单选按钮和复选项的 tkinter 变量（由变量选项设置）将在命令调用时更新
color	控件颜色	典型值：'gray25'、'#ff4400'
font	文本字体	典型值：'Helvetica'、('Verdana',8)
foreground(fg)	前景色	控件的前景色
height	调试	窗口高度，以给定字体的字符高度为单位，至少为 1
image	位图	控件中显示的由图像 create 方法产生的图像。该选项覆盖已设置的位图或文本显示；设为空字符串后恢复位图或文本的显示
justify	相对位置	当控件中显示多行文本时，不同行之间的排列方式，其值有 LEFT、CENTER 或 RIGHT
padx	x 边矩	一个表示控件 x 方向边距的非负值。控件会按所显示的内容将该值加到正常值上
pady	y 边矩	一个表示控件 y 方向边距的非负值。控件会按所显示的内容将该值加到正常值上

（续表）

属性	名称	说明
relief	3D 浮雕样式	取值 FLAT、RAISED、SUNKEN、GROOVE、RIDGE
takefocus	获得焦点	确定窗口在键盘遍历（如 Tab、Shift+Tab）时是否接收焦点。若值为 0，则键盘遍历时跳过；若值为 1，则只要有输入焦点就接收，空值则由脚本自行确定是否接收，如当前窗口被禁止或无键盘捆绑时跳过
text	文本	控件中显示的文本
textvariable		一个变量名。其值变为字符串显示在控件上。当变量变值时，控件自动更新为新值。
width		一个设置控件宽度的整数。控件字体的平均字符数。当其值小于或等于 0 时，控件自选一个能容纳目前字符的宽度

例 7-2 编写 GUI 程序。窗体上有两个 Text 控件，即左边的控件装载并显示一个图片，右边的控件装载并显示三行不同字体和不同大小的文字。

```
#例 7-2_ 显示图片、文字的 Text 控件
from tkinter import *
#创建根窗体
root=Tk().title('观晚辈学人甫赠蝴蝶兰有感')
#创建显示图片的 Text 控件 txt1，放到根窗体左边
txt1=Text(root,height=18,width=25)   #创建 Text 控件 txt1
photo=PhotoImage(file='D:/Python 程序/gifFlower.gif')
txt1.insert(END,'\n')
txt1.image_create(END,image=photo)   #txt1 控件装载图片
txt1.pack(side=LEFT)   #确定 txt1 控件的位置为左边
#创建显示文字的 Text 控件 txt2，放到根窗体右边
txt2=Text(root,height=18,width=56)   #创建 Text 控件 txt2
scroll=Scrollbar(root,command=txt2.yview)
txt2.configure(yscrollcommand=scroll.set)   #为 txt2 控添加滚动条
txt2.tag_configure('正文', font=('楷体',16,'bold'))
txt2.tag_configure('标题', font=('黑体',20,'bold'))
txt2.tag_configure('落款', foreground='#476042',font=('华文仿宋
',12,'bold'))
txt2.insert(END,'\n\t\t  兰花叹\n','标题')   #插入"兰花叹"，按自定义的"标题"格式显示
quote="""
    兰花生草莽，幽谷深山自馥芳！
    雅士多情趣，劳神勠力置厅堂。
    根株辞故土，雨露天时作秀场。
    何比云倪上，蜂徊蝶绕斗群香！
"""
txt2.insert(END,quote,'正文')   #插入 quote 字符串，按自定义的"正文"格式显示
txt2.insert(END,'\n\t\t\t    2016-09-10 作于家中\n','落款')   #插入末行，显示为
"落款"
txt2.pack(side=LEFT)
scroll.pack(side=RIGHT,fill=Y)
#进入事件主循环
root.mainloop()
```

💡**注**：若插入的文字不使用自定义格式，则可用 follow，即默认的字体和大小。

程序运行的结果如图 7-3 所示。

图 7-3　程序的运行结果

7.1.3　控件的布局

在窗体上摆放控件时，不仅要调整其大小，还要调整与其他控件的相对位置。tkinter 模块提供了三个管理器来调整控件与控件之间的相对位置。

（1）pack()：用于简单布局。用法："控件名.pack(选项)"。常用选项如下。

- Side：表示摆放控件的位置，包括 TOP、BOTTOM、LEFT 和 RIGHT。
- Padx 和 pady：表示控件与所属区域每个边的预留空间。
- ipadx 和 ipady：表示控件每个边与它所包含的内容之间的预留空间。
- Anchor：表示在所属区域放置组件的方式，默认为 CENTER。

（2）grid()：当控件数量较多时，可以用 grid() 布局，但不要在同一个窗口中同时使用 grid() 和 pack()。grid() 方法的主要参数如下。

- row=x、column=y：将控件放在 x 行、y 列的位置，默认从 0 开始。此处的行号和列号只代表一个上下、左右的关系，例如，假定生成了标题为"First"的标签 Label(master, text="First").grid(row=0)，则当再生成标题为"Second"的标签时，row=1 和 row=2 的效果是一样的。
- columnspan 和 rowspan：设置单元格横向和纵向占用的列数（宽度、高度）。
- ipadx 和 ipady：设置控件内水平和垂直方向空白区域大小。
- padx 和 pady：设置控件周围水平和垂直方向空白区域保留大小。
- sticky：控件在窗口中的对齐方式，默认为居中。可选值为 N/S/E/W，分别代表上对齐/下对齐/左对齐/右对齐。

（3）place()：使用坐标来指定控件的位置。在不同分辨率下，界面往往有较大差异。place() 方法的主要参数如下。

- anchor：锚点，同 pack() 方法，默认为 NW。
- x、y：控件左上角的 x 坐标、y 坐标，单位是像素，默认值为 0。
- relx、rely：控件相对于父容器的 x 坐标、y 坐标。取值为 0～1 之间浮点数。0.0 表示左边缘或上边缘，1.0 表示右边缘或下边缘。
- width、height：控件宽度、高度，非负整数，单位像素。
- relwidth、relheight：控件相对于父容器的宽度、高度。取值为 0～1 之间浮点数，与 relx 和 rely 的取值相似。
- bordermode：设置为 INSIDE（默认值）时，控件内部大小和位置是相对的，不包括边框；设置为 OUTSIDE 时，控件外部大小是相对的，包括边框。

例 7-3 编写 GUI 程序。窗体上摆放 4 个控件：输入框、标签、按钮和列表框。程序运行后，用户按标签的提示在输入框中输入 x 值，然后单击按钮，触发执行用于求 y 值（当 x>=0 时，y=2x+1；否则 y=-x+3）的程序代码，并在列表框中显示计算结果。

```
#例7-3_ 求y值：当x≥0时，y=2x+1；否则y=-x+3
from tkinter import *
def calculate():
    "计算y值，显示在文本框中，并清除输出框中的x值"
    x=float(inp.get())
    s='y '
    if x>=0:
        s+='(x=%f) = 2x+1 = %f\n'% (x,2*x+1)
    else:
        s+='(x=%f) = -x+3 = %f\n'% (x,-x+3)
    txt.insert(END,s)
    inp.delete(0,END)
#设计窗体
root=Tk() #创建空窗体
root.geometry('450x130')   #确定窗体位置
root.title('y=2x+1 if x>=0 else -x+3')   #窗体标题赋值
#窗体上摆放的组件包括标签、输入框、按钮、文本框
lbl=Label(root,text='x=? ')
lbl.place(relx=0,rely=0.1,relwidth=0.1,relheight=0.2)
inp=Entry(root)
inp.place(relx=0.1,rely=0.1,relwidth=0.5,relheight=0.2)
btn=Button(root,text='已知x值，求y值！',command=calculate)
btn.place(relx=0.65,rely=0.1,relwidth=0.3,relheight=0.2)
txt=Text(root)
txt.place(rely=0.35,relheight=0.6)
#进入消息循环
root.mainloop()
```

程序的运行结果如图 7-4 所示。

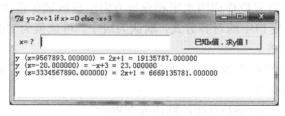

图 7-4 程序的运行结果

7.1.4 事件处理

GUI 程序中，程序的控制流程主要是由程序运行过程中发生的各种事件及程序中事件处理的顺序来控制的。每种事件的实际发生可以是随机的、不确定的，并且往往没有预定的次序。这就给用户合理地安排程序中的控制流程提供了极大的方便。

1. 程序的主循环与事件处理

GUI 程序运行后，就会进入一个主体的死循环，显示出预先设计的窗口，然后等待并

处理各种消息（常被封装为事件），即单击鼠标或按下键盘上某个键等各种操作信息。一旦退出这个主体循环，程序就结束了。

mainloop 是 GUI 程序 tkinter 模块的主体循环。进入 mainloop 循环后，显示窗口并等待和处理事件，如按钮的单击、文本框的聚焦、控件的创建和撤销，以及各种各样的系统事件等。

对于 GUI 程序 tkinter 模块中的每个控件 widget，都可以给它的某个特定事件 event 绑定一个函数（或方法）handler()。

```
widget.bind(event, handler)
```

程序运行后，若发生了 event，则会调用 handler() 来处理相应的 event。在处理事件 event 时，可以使用以下属性。

- widget: 　　　　事件发生的部件（即地点）。
- x, y: 　　　　　事件的位置（控件中的相对坐标）。
- x_root, y_root: 事件的位置（从屏幕左上角算起的绝对坐标）。
- keysym: 　　　　按键事件的值。例如，当按下 F 键时，keysym 就取 F 为值。
- keycode: 　　　 事件对象的数字码。例如，按下 F 键时，数字码是 70，大小写 F 的数字码都是 70，故可使用 keycode 对大小写 F 进行监听。
- type: 　　　　　事件的一个类型。例如，键盘为 2，鼠标单击为 4，鼠标移动为 6。
- char: 　　　　　按钮事件的一个字符代码。例如，F 键盘为'F'。
- num: 　　　　　鼠标单击的事件数字码。鼠标左键单击为 1，中间键为 2，右键为 3。
- width, height: 新控件的大小。

2. 鼠标事件

事件种类繁多，包括鼠标事件（按下键、松开键等）、键盘事件（按下某个键、某几个键等）及控件的单击事件（鼠标在某个控件上，从按下键到松开的完整过程）等。tkinter 模块定义了鼠标的单击、移动、进入和释放等多鼠标事件，分别用于关联不同的程序代码而完成不同的操作。

- <Button-1>: 　　　　　按下鼠标左键，2 表示中键，3 表示右键。
- <ButtonPress-1>: 　　同上。
- <ButtonRelease-1>: 　鼠标左键释放。
- <B1-Motion>: 　　　　按住鼠标左键移动。
- <Double-Button-1>: 　双击鼠标左键。
- <Enter>: 　　　　　　鼠标指针进入某个组件区域。
- <Leave>: 　　　　　　鼠标指针离开某个组件区域。
- <MouseWheel>: 　　　滚动滚轮。
- <KeyPress-A>: 　　　 按下 A 键，A 可用其他键替代。
- <Alt-KeyPress-A>: 　 同时按下 Alt 键和 A 键；Alt 键可用 Ctrl 键和 Shift 键替代。
- <Double-KeyPress-A>: 快速按两下 A 键。
- <Lock-KeyPress-A>: 　大写状态下按 A 键。

例 7-4　编写 GUI 程序。捕捉和处理鼠标的指向事件、离开事件和单击事件。

```
#例 7-4_ 鼠标事件处理：指向、离开、单击
from tkinter import *
```

```
#创建根窗体 root
root=Tk()
#定义事件（指向、离开、单击）处理函数
def enter(event):
    root.title('鼠标指向了按钮！')
def leave(event):
    root.title('鼠标离开了按钮！')
def click(event):
    root.title('单击了（%d，%d）点！'%(event.x,event.y))
#创建根窗体 root 上的控件：按钮 btn、框架 frame
btn=Button(root,text='鼠标移到上面时输出提示信息',width=30)
btn.pack()
frame=Frame(root,width=500,height=100,bg='red')
frame.pack()
#事件捕捉和处理：鼠标的指向事件、离开事件和单击事件
btn.bind('<Enter>',enter)    #鼠标指向事件绑定 enter 函数
btn.bind('<Leave>',leave)    #鼠标离开事件绑定 leave 函数
frame.bind("<Button-1>", click)  #鼠标单击事件绑定 click 函数
#进入程序主循环
root.mainloop()
```

程序运行后，当鼠标移动到按钮上时，主窗口标题栏上显示"鼠标指向了按钮！"；当鼠标离开按钮时，标题栏上显示"鼠标离开了按钮！"；当单击框架红色区域内某个点时，标题栏上显示该点的坐标，如图 7-5 所示。

图 7-5　程序的运行结果

3. 键盘事件

键盘事件在按下和松开键盘上的键时发生，与鼠标事件类似。tkinter 模块定义的键盘事件如下。

- \<KeyPress\>：　　　　　　　　　　　按下任意键。
- \<KeyRelease\>：　　　　　　　　　　松开任意键。
- \<KeyPress-key\>、\<KeyRelease-key\>：按下或者松开 key。
- \<Key\>、\<Key-key\>：　　　　　　　分别为\<KeyPress\>和\<KeyPress-key\>的简写，只用于可打印字符（不包含空格和小于符号）。
- \<Prefix-key\>：　　　　　　　　　　按住 Prefix 的同时按下 key。Prefix 可选项是 Alt 键、Shift 键和 Ctrl 键；当然也可以同时使用多个 Prefix，如\<Ctrl-Alt-key\>。

例 7-5　编写 GUI 程序。捕捉和处理键盘的按下事件和松开事件。

#例 7-5_ 键盘事件处理：按下、松开

```
from tkinter import *
#创建窗体及其框架控件
win=Tk()
win.geometry('350x80')
frame=Frame(win,width=150,height=60,bg='Red')
frame.pack()
#定义事件处理函数：单击框架（获取焦点）；框架上按下键、松开键
def clickFrame(event):
    "框架上的单击事件处理函数"
    frame.focus_set()    #框架上获得焦点
def pressFrame(event):
    "框架上的按下事件处理函数"
    win.title( '在框架中按下了(%s, %d)键! '% (event.keysym,event.keycode) )
#打印按下的键值
def releaseFrame(event):
    "框架上的松开事件处理函数"
    win.title( '在框架中松开了(%s, %d)键! '% (event.keysym,event.keycode) )
#打印按下的键值
    #捕获和处理框架上的单击事件（获取焦点）、按下事件和松开事件
    frame.bind("<Button-1>", clickFrame)      #单击事件绑定 clickFrame 函数
    frame.bind("<Key>",pressFrame)            #按下事件绑定 pressFrame 函数
    frame.bind("<KeyRelease>",releaseFrame)  #松开事件绑定 releaseFrame 函数
    #进入程序主循环
win.mainloop()
```

程序运行后，单击框架，获得焦点。此后，按下键盘上某个键或者松开键盘上某个键，都会在主窗口标题栏中显示相应的信息。如图 7-6 所示。

图 7-6　程序的运行结果

7.2　菜单与对话框

对话框是用户和程序之间进行信息交互的重要手段。例如，打开文件、保存文件、查找及替换字符串时，都要求用户提供必要的信息（文件名、存储位置、待查字符串等）或者向用户显示相应信息，这些都可以通过对话框来实现。使用 tkinter 库的以下几个模块创建各种预定义的标准对话框。

- tkinter.messagebox 模块：创建标准消息框。
- tkinter.simpledialog 模块：创建输入整数、浮点数或字符串的简单对话框。
- tkinter.filedialog 模块：创建标准打开文件对话框或者保存文件对话框。
- tkinter.colorchooser 模块：创建标准选择颜色对话框。

对话框也是一种窗体，其中包含按钮和各种选项，用于完成特定命令或任务。但对话框没有最大化按钮和最小化按钮，故基本上不能改变其大小。相对于前面介绍的窗体而言，下面介绍的对话框可称为模式对话框，该对话框必须应答后才能关闭，否则无法操作后面的其他窗体。

223

7.2.1 菜单栏与弹出菜单

若应用程序实现的功能较多，则需要设计菜单将各种功能有机地组织在一起，方便用户使用。菜单是绝大多数 Windows 应用程序的重要组成部分，可以使用 tkinter 库中的菜单控件来设计菜单。

1．菜单控件的种类

tkinter 库中的菜单控件分为以下 3 种。

（1）顶层菜单（Toplevel）：是直接位于应用程序窗口的标题栏下面的固定菜单。

（2）下拉菜单（Pulldown）：当一个菜单有多种功能或者多个选择时，例如，使用 WPS 或 Word 等文字处理软件时，其中的文件菜单就有"打开文件""保存文件"和"关闭文件"等多种功能，由于窗口的大小有限，因此不能把所有的菜单项都放入顶层菜单中，可将某些菜单项组合在一起，使其成为某个顶层菜单项的下拉菜单，即顶层菜单的子菜单。

（3）弹出菜单（Popmenu）：这种菜单的一般使用方法是单击鼠标右键，并于鼠标位置弹出一个菜单。

2．菜单项的属性

菜单的常用属性如表 7-3 所示。

表 7-3　菜单项的常用属性

属性	说明
borderwidthbd	边框宽度，一般为 1～2 个像素值
backgroundbg	背景颜色，默认为系统指定的颜色
cursor	当鼠标移动经过菜单时，显示的光标样式
activeforeground	鼠标经过时的文本颜色
activeborderwidth	鼠标经过时的边框宽度，默认为 0
activebackground	鼠标经过时的背景颜色
disabledforeground	菜单被禁止使用时的文本颜色
font	菜单文字的字体。只能选择一种字体（所有菜单项为同一种字体）
foregroundfg	菜单中文字的颜色
postcommand	选择子菜单时的回调函数（并非子菜单项）
relief	边框的美化效果。默认为 FLAT，可选项有 SUNKEN、RAISED、GROOVE 和 RIDGE
selectcolor	若选择 checkbutton 和 radiobutton 菜单项，则标识的颜色为 selectcolor 中的颜色
tearoff	菜单能否独立成为一个窗口（弹出一个独立的菜单界面）
tearoffcommand	选择 tearoff 后的回调函数
title　　tearoff	窗口的标题
type	菜单项的类型有 normal、tearoff 和 menubar 三种
activebackground	只用于下拉菜单，鼠标经过菜单时的背景颜色

3．创建菜单的过程

创建菜单及其中选项的一般步骤如下。

（1）创建菜单。例如，创建根窗口 root 上的顶层菜单 menubar。

```
menubar=tk.Menu(root)
```

又如，创建根窗口 root 上的弹出菜单 popmen。

```
popmenu=tk.Menu(root)
```

（2）创建菜单。存在以下三种情况。

- 创建菜单项：例如，创建名为"Quit"的菜单项。

```
menubar.add_command(label='Quit', command=root.destroy)
```

- 创建菜单分组：例如，创建名为 menuFile 的菜单分组。

```
menuFile= Menu(menubar )
```

- 添加一条分隔线。

```
menuFile.add_separator()
```

（3）菜单与窗口关联。例如，将创建的 menubar 菜单与 root 窗体关联。

```
root.config(menubar)
```

例 7-6　设计下拉式菜单，即顶层菜单及其菜单项。

```
#例 7-6_ 创建菜单栏及其子菜单
from tkinter import *
#创建菜单所依附的窗体 root
root=Tk()
root.geometry('260x100')
root.title('主窗口')
#创建菜单栏 menubar 及其中菜单项
menubar=Menu(root)
#创建各菜单项，包括名称、相应事件及分组名和分隔条
def callback():
    pass
fileMenu=Menu(menubar,tearoff=False)
fileMenu.add_command(label="打开",command=callback)
fileMenu.add_command(label="保存",command=callback)
fileMenu.add_separator()
fileMenu.add_command(label="退出",command=callback)
menubar.add_cascade(label="文件",menu=fileMenu)
editMenu=Menu(menubar, tearoff=False)
editMenu.add_command(label="复制",command=callback)
editMenu.add_command(label="粘贴",command=callback)
editMenu.add_separator()
editMenu.add_command(label="退出",command=callback)
menubar.add_cascade(label="编辑",menu=editMenu)
#关闭菜单栏 menubar 及窗体 root
root.config(menu=menubar)
mainloop()
```

程序的运行结果如图 7-7 所示。

图 7-7　程序的运行结果

例 7-7 设计弹出菜单。

```
#例 7-7_ 创建弹出菜单
from tkinter import *
#创建测试弹出菜单的窗体 root
root=Tk()
root.geometry('260x100')
root.title('测试弹出菜单的窗口')
#创建弹出菜单 popMenu
def callback():
    pass
popMenu=Menu(root)
popMenu.add_command(label="撤销",command=callback)
popMenu.add_command(label="重置",command=callback)
popMenu.add_command(label="复制",command=callback)
#使弹出菜单 popMenu 在窗体 root 整个范围内有效
frame=Frame(root,width=260,height=100)
frame.pack()
def popup(event):
    popMenu.post(event.x_root,event.y_root)
frame.bind("<Button-3>",popup)
mainloop()
```

程序的运行结果如图 7-8 所示。

图 7-8 程序的运行结果

7.2.2 标准消息框

消息框以窗口形式向用户输出信息，也可以获取用户单击时的按钮信息。tkinter 库中的 messagebox 模块用于创建消息框，在程序运行时显示提示文本、警告信息和错误信息等。消息框还可用于选择文件或颜色，请求用户输入文本或数字等。

tkinter 库中的 messagebox 模块的常用方法如表 7-4 所示。

表 7-4   tkinter 库中的 messagebox 模块的常用方法

方法	说明
askokcancel(title=None, message=None, **options)	问是否进行操作，若答案肯定，则返回 True
askquestion(title=None, message=None, **options)	问一个问题
askretrycancel(title=None, message=None, **options)	问是否重试操作，若答案肯定，则返回 True
askyesno(title=None, message=None, **options)	问一个问题，若答案肯定，则返回 True
askyesnocancel(title=None, message=None, **options)	问一个问题，若答案肯定，则返回 True；若取消，则返回 None
showerror(title=None, message=None, **options)	显示错误消息
showinfo(title=None, message=None, **options)	显示信息消息
showwarning(title=None, message=None, **options)	显示警告信息

1．消息框函数的参数

messagebox 模块中的消息框函数都有以下相同的参数。

（1）title：设置标题栏的文本。

（2）message：设置消息框中的主要文本内容，可用'\n'符号实现换行。

（3）options：用于设置以下选项。

- default：设置默认按钮，即按下回车键时响应的那个按钮。默认为第一个按钮，即常见的"确定""是"或"重试"等。根据对话框的不同，选择 CANCEL、IGNORE、OK、NO、RETRY 或 YES。

- icon：指定对话框显示的图标。可指定 ERROR、INFO、QUESTION 或 WARNING，不能指定自定义图标。

- parent：不指定该选项时，对话框默认显示在根窗口上。若设置 parent=w，则对话框显示在子窗口上。

2．消息框函数的返回值

（1）askokcancel()、askretrycancel()和 askyesno()返回布尔类型的值。若返回 True，则表示用户单击了"确定"按钮或"是"按钮；若返回 False，则表示用户单击了"取消"按钮或"否"按钮。

（2）askquestion()返回"yes"字符串或"no"字符串表示用户单击了"是"按钮或"否"按钮。

（3）showerror()、showinfo()和 showwarning()返回"ok"表示用户按下了"是"按钮。

3．tkinter.messagebox._show 函数

还可使用 tkinter.messagebox._show 函数创建自定义消息框。tkinter.messagebox._show 函数的控制参数如下。

- default：　指定消息框的按钮。
- icon：　指定消息框的图标。
- message：　指定消息框显示的消息。
- parent：　指定消息框的父组件。
- title：　指定消息框的标题。
- type：　指定消息框的类型。

例 7-8　创建消息框。

```
#例 7-8_ 创建消息框
from tkinter import*
from tkinter.messagebox import*
#创建测试消息框的窗体 root
root=Tk()
root.geometry('180x60')
root.title('测试窗口')
#创建一系列消息框
def answer():
    showerror('问答', '抱歉！问答功能无效。')
def callback():
    if askyesno('确认', '真退出?'):
```

```
        showwarning('是', '尚未实现！')
    else:
        showinfo('否', '退出功能已取消！')
#创建命令按钮，单击事件关联可弹出消息框的事件处理函数
Button(root,text=' 退 出 ', command=callback).pack()
Button(root,text=' 问 答 ', command=answer).pack()
mainloop()
```

程序运行后，可按以下步骤操作"测试窗口"上的两个按钮。

（1）单击"退出"按钮，弹出"确认"消息框。

- 若单击"是(Y)"按钮，则弹出"是"消息框。若再单击"确定"按钮，则结束操作。
- 若单击"否(N)"按钮，则弹出"否"消息框。若再单击"确定"按钮，则结束操作。

（2）单击"问答"按钮，则弹出"问答"消息框。若再单击"确定"按钮，则结束操作。

程序运行时的测试窗口和消息框如图 7-9 所示。

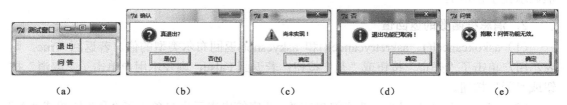

（a）　　　　（b）　　　　（c）　　　　（d）　　　　（e）

图 7-9　程序运行时的测试窗口和消息框

7.2.3　标准输入对话框

若程序中需要用户输入一个字符串、整数或者浮点数，则可通过调用 tkinter 库中的 simpledialog 模块的函数，创建标准（简单）输入对话框。创建三种不同类型的输入对话框的函数如下。

- tkinter.simpledialog.askstring(title,prompt,initialvalue)：　　输入字符串。
- tkinter.simpledialog.askinteger(title,prompt,initialvalue)：　　输入整数。
- tkinter.simpledialog.askfloat(title,prompt,initialvalue)：　　输入浮点型。

其中，三个参数 title、prompt 和 initialvalue 分别用于设置对话框的标题、提示文字和初始值（预先显示在对话框中的默认值）。

程序运行后，弹出输入对话框，用户在其中输入相应数据后，单击"OK"按钮，输入对话框就会消失。同样的功能，若由窗体上的 Entry 控件（或 text 控件）来实现，则当输入项较多时，可能会因主窗体过于繁杂而给用户带来不便。

💡注：Entry 控件允许用户输入一行文字。若文字长度大于 Entry 控件的宽度，则文字会向后滚动。这种情况下所输入的字符串无法全部显示。单击箭头符号可将不可见的文字部分移入可见区域。

创建 Entry 控件的语法为

```
w = Entry(master, option, …)
```

其中，master 参数为其父控件，即放置 Entry 的控件。

例 7-9　创建三种输入对话框，分别用于输入并处理学生的姓名、序号和购书款。

```
#例 7-9_ 弹出输入对话框，输入并处理学生的姓名、序号和购书款
from tkinter import Tk
```

```
from tkinter.simpledialog import askinteger, askfloat, askstring
if __name__ == "__main__":
    #初始化 GUI 程序，创建主窗口，再隐藏主窗口（只显示对话框）
    app=Tk()
    app.withdraw()
    #人机交互：弹出输入对话框，接收并处理用户输入的数据
    name=askstring(title="字符串", prompt="学生的姓名？",initialvalue='')
    number=askinteger(title="序号", prompt=name+"的序号？",initialvalue=1)
    money=askfloat(title="购书款", prompt=name+"的购书款？
",initialvalue=1.00)
    print(number,' ',name,' ',money,'元')
    #关闭 GUI 窗口，释放资源
    app.destroy()
```

程序运行后，先后显示如图 7-10(a)、7-10(b)和 7-10(c)所示的"姓名""序号"和"购书款"三个对话框，用户分别在其中输入学生的姓名（字符串）、序号（整数）和购书款（浮点数），并单击"OK"按钮。在单击"购书款"对话框的"OK"按钮后，Python Shell 窗口上显示如图 7-10(d)所示的处理结果（三个数据组合成一条记录）。

（a）　　　　　（b）　　　　　（c）　　　　　（d）

图 7-10　程序的运行结果

可以看出，虽然 tkinter 库是一个轻量级的 GUI 工具，但可在命令行程序中随意调用 GUI 控件，同时具有能利用两种不同风格的程序的优点。

7.2.4　标准文件对话框

程序中经常需要处理各种数据，大部分数据都存放在各种不同格式的文件中，如记事本生成的文本文件、Excel 生成的数据文件、各种绘图程序生成的位图文件等。这就需要在程序中定义变量并将相应的文件路径名赋值给该变量。但变量与文件路径名的对应关系最好不要固定，否则，一旦数据文件的路径有所改变，就需要修改代码。这种情况下，可通过 tkinter 库的 filedialog 模块弹出文件对话框，由用户打开文件、保存文件或者选择文件夹（目录）。

tkinter.filedialog 模块主要包含 askdirectory()、askopenfile()、askopenfiles()、askopenfilename()、askopenfilenames()、asksaveasfile()和 asksaveasfilename()等。

- askdirectory(**options)：打开目录对话框，返回目录名称。
- askopenfile(**options)：打开文件对话框，返回打开的文件对象。
- askopenfiles(**options)：打开文件对话框，返回打开文件对象列表。
- askopenfilename(**options)：打开文件对话框，返回打开文件名称。
- askopenfilenames(**options)：打开文件对话框，返回打开文件名称列表。
- asksaveasfile(mode='w', **options)：打开保存对话框，返回保存的文件对象。
- asksaveasfilename(mode='w', **options)：打开保存对话框，返回保存的文件名。

229

若用户在对话框中选择了一个文件，则返回值是该文件的完整路径；若用户单击了"取消"按钮，则返回值是空字符串。

这些函数中的参数的意义如下。

（1）defaultextension：指定文件扩展名。例如，设 defaultextension='.jpg'，则当用户输入文件名"Python"时，自动添加扩展名，即为"Python.jpg"。若用户输入的是包含扩展名的文件名，则该选项不起作用。

（2）filetypes：文件过滤器。指定筛选文件类型的下拉菜单选项，该选项的值是由二元组构成的列表，每个二元组由(类型名，后缀)构成，例如，filetypes=[('PNG', '.png'), ('JPG', '.jpg'), ('GIF', '.gif')]。

（3）initialdir：指定初始目录，即打开或保存文件的默认路径。默认路径是当前文件夹。

（4）指定所属窗体（父类）。例如，设 parent=w，则对话框显示在子窗口 w 上。若不指定该选项，则对话框默认显示在根窗口上。

（5）title：指定文件对话框的标题栏文本。

例 7-10 先后弹出打开文件对话框、保存文件对话框和选择文件夹对话框，用户执行相应操作，并显示操作结果。

```python
#例 7-10_ 弹出文件对话框，打开文件、保存文件或者选择文件夹
from tkinter import Tk
from tkinter.filedialog import*
if __name__ == "__main__":
    #初始化 GUI 程序，创建窗口，再隐藏该窗口（只显示对话框）
    app=Tk()
    app.withdraw()
    #弹出打开文件对话框，用户打开文件，显示文件路径名
    pathOpen=askopenfilename(title="打开 Excel 文件",
            filetypes=[("Microsoft Excel 文件","*.xlsx"),
            ("Microsoft Excel 工作表","*.xls")])
    print(pathOpen)
    #弹出保存文件对话框，用户保存文件，显示文件路径名
    pathSave=asksaveasfilename(title="选择或创建一个保存数据的 Excel 文件",
            filetypes=[("Microsoft Excel 文件","*.xlsx"),
            ("Microsoft Excel 工作表","*.xls")],
            defaultextension=".xlsx")
    print(pathSave)
    #弹出打开文件对话框，用户选择文件夹，显示文件夹路径名
    selectDirectory=askdirectory(title="选择一个文件夹")
    print(selectDirectory)
    #关闭 GUI 窗口，释放资源
    app.destroy()
```

其中，以下两行代码

```python
app=Tk()
app.withdraw()
```

先创建一个窗口，即一个 thinter.Tk()实例，然后再隐藏它。若不隐藏该窗口，则当程序运行后，需要手动关闭该窗口。

程序运行的过程如下。

（1）首先，弹出如图 7-11(a)所示的打开文件对话框，用户在其中选择一个 Excel 文件并单击"打开"按钮后，对话框关闭，"Python Shell"窗口中显示相应的文件路径名。

（2）再弹出如图 7-11(b)所示的保存文件对话框，用户在其中选择一个保存位置和文件名等后，单击"保存"按钮，对话框关闭，"Python Shell"窗口中显示相应的文件路径名。

（3）最后弹出如图 7-11(c)所示浏览文件夹对话框，用户在其中选择一个文件夹并单击"确定"按钮，对话框关闭，"Python Shell"窗口中显示相应的文件夹路径名。

程序运行结束后，"Python Shell"窗口中的内容如图 7-11(d)所示。

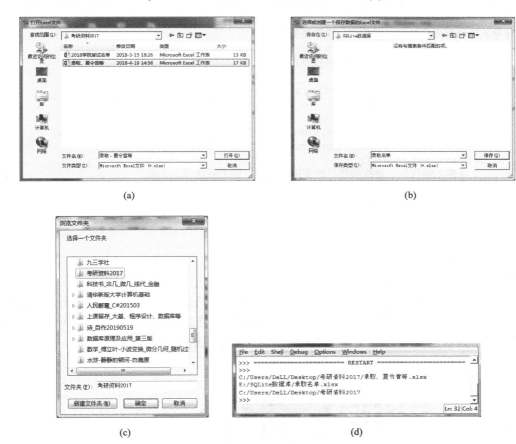

图 7-11　程序的运行结果

7.2.5　标准颜色对话框

在 GUI 程序中，经常需要设置控件或者窗体（也是控件）的背景色、前景色、画笔颜色、字体颜色等。通过 tkinter 库中的 colorchooser 模块来弹出颜色对话框，由用户选择（或先自定义再选择）合适的颜色。

colorchooser 模块提供了一个函数 askcolor(color, option=value, ...)，其中常用参数及其含义如下。

（1）color：将要显示的颜色的初始值。默认颜色是浅灰色（light gray）。

（2）parent：指定所属窗体（父类）。例如，设 parent=w，则对话框显示在子窗口 w 上。

若不指定该选项，则对话框默认显示在根窗口上。

（3）title：指定颜色选择器标题栏的文本。默认标题是"颜色"。

askcolor()的返回值为包含 RGB 十进制浮点值元组和十六进制字符串的元组类型，如

```
( (160.625, 160.625, 160.625) #a0a0a0 )
```

其中，第一项（元组）的三个数字为红、绿、蓝三原色的比例。第二项（十六进制数）为颜色值，可将其转换为字符串类型，取颜色子串来为属性赋值。

例 7-11 弹出"颜色"对话框，选择颜色并输出其值，同时将窗口的颜色设定为这种颜色。

```
#例 7-11_ 弹出"颜色"对话框，选择并输出颜色，改变窗口颜色
from tkinter import *
#导入可选择颜色的包，并指定一个简短的别名
import tkinter.colorchooser as cc
#colorCls 类：生成按钮、弹出并操作颜色对话框
class colorCls:
    def __init__(self,master):
        frame=Frame(master)
        frame.pack()
        button=Button(frame,text='选择颜色',command=self.askColor)
        button.grid(row=0,column=0)
    def askColor(self):
        #弹出颜色框，选择颜色、改变窗口颜色、输出颜色（二元组）
        aa=cc.askcolor()
        root.config(bg=aa[1])
        print(aa[0],aa[1])
#创建窗体、生成 colorObj 类的实例
root=Tk()
root.geometry('150x60')
colorObj=colorCls(root)
root.mainloop()
```

程序运行后，单击如图 7-12(a)所示"选择颜色"按钮，弹出如图 7-12(b)所示"颜色"对话框，在其中选择合适的颜色并单击"确定"按钮，则在如图 7-12(c)所示的"Python Shell"窗口中输出该颜色值，随之如图 7-12(a)所示的窗口变成这种颜色。

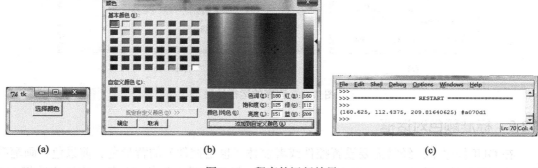

(a)　　　　　　　　　　　(b)　　　　　　　　　　　(c)

图 7-12　程序的运行结果

7.3　绘图程序

在应用程序中，经常需要绘制几何图形、输出文字与图片，或者描绘特定函数的图像，

这都可以调用 tkinter 库的 Canvas（画布）组件来实现。Canvas 组件用于绘制直线、矩形、椭圆等几何图形，也可绘制图片、文字，以及 Button 这样的 UI（User Interface，用户界面）组件。Canvas 组件允许重新设置图形项（Item）的属性，如改变其坐标、外观等。

Python 的 turtle 库也可用于绘制各种图形或者函数的图像。

7.3.1　Canvas 组件

调用 Canvas 组件，相当于获取一个"画布"，即用于画出图形或者其他部件的矩形区域，可将图形、文本、组件（Widgets）或者框架放在画布上。

1．调用画布组件

调用画布组件的格式为

```
w=Canvas ( master, options=value, ... )
```

其中，第一个参数 master 指定其父容器；第二个参数 options 为可选项，即可设置属性，多个选项可用"键=值"的形式设置，并以逗号分隔。可选项及其意义如下。

- bd：边框宽度，单位像素，默认为 2 像素。
- bg：背景色。
- confine：默认为 True，画布不能滚动到可滑动的区域外。
- cursor：光标形状，如 arrow、circle、cross 和 plus 等。
- height：高度。
- highlightcolor：高亮聚焦时的颜色。
- relief：边框样式，默认为 FLAT。可选值为 FLAT、SUNKEN、RAISED、GROOVE 和 RIDGE。
- scrollregion：画布可滚动的最大区域。该选项是一个元组 tuple (w, n, e, s)，4 个参数分别指定左边、头部、右边和底部。
- width：画布在 x 坐标轴上的大小。
- xscrollincrement：水平滚动的"步长"。默认为 0，可水平滚动到任意位置。
- xscrollcommand：若画布是可滚动的，则用于设置水平滚动条。
- yscrollincrement：与 xscrollincrement 的含义类似，用于垂直滚动。
- yscrollcommand：若画布是可滚动的，则用于设置垂直滚动条。

2．Canvas 坐标系

Canvas 坐标系是绘图的基础，其中点(0,0)位于 Canvas 组件左上角，x 轴水平向右延伸，y 轴垂直向下延伸。

由于画布可能比窗口大（带有滚动条的 Canvas 组件），因此在使用 Canvas 组件创建图形时，可以选择以下两种坐标系。

- 窗口坐标系：以窗口左上角作为坐标原点。
- 画布坐标系：以画布左上角作为坐标原点。

将窗口坐标系转换为画布坐标系时，使用 canvasx()或 canvasy()。例如，假定 paint()绑定的是窗体向上移动的鼠标单击事件，则将窗口坐标转换为画布坐标的代码如下。

```
def paint(event):
    canvas = event.widget
    x = canvas.canvasx(event.x)
    y = canvas.canvasy(event.y)
    ...
```

例 7-12　在窗口上创建画布，然后移动鼠标画图。

调用 tkinter 库的 Canvas 组件，可以在主窗口上创建画布。通过鼠标移动（按住鼠标左键移动）事件，不断读取鼠标当前位置，每移过一个像素便绘制一个很小的椭圆，即可在画布上留下鼠标移动的轨迹。

💡注：Canvas 组件未提供画一个点的功能，只能用一个足够小的椭圆来表示一个点。

```
#例7-12_ 创建画布，并移动鼠标画图
from tkinter import*
root=Tk()
#鼠标移动事件处理：读取鼠标当前坐标，画一个黑色小椭圆
def mouseMove(event):
    x=event.x
    y=event.y
    c.create_oval(x,y,x+1,y+1,fill='black')
#在 root 窗口上创建 300*160 的画布
c=Canvas(root,width=300,height=160)
c.pack()
#关联事件（鼠标单击）与函数（鼠标处画一个小椭圆）
c.bind('<B1-Motion>',mouseMove)
root.mainloop()
```

程序运行后，显示如图 7-13 所示的窗口与画布。

图 7-13　程序的运行结果

7.3.2　Canvas 组件的功能

Canvas 组件提供了多个函数，用于绘制文字、绘制位图或已有图片，以及创建直线、矩形、椭圆、圆弧等几何图形。绘制图形时，还可以指定边框的宽度、颜色、线型及填充的颜色。

1. 画图函数

（1）create_line()：画直线。指定两个点的坐标，分别作为直线的起点和终点。还可用以下参数画不同形式的直线。

- arrow：指定画直线时两端是否有箭头。支持 none（两端无箭头）、first（开始端有箭头）、last（结束端有箭头）和 both（两端都有箭头）选项值。

- arrowshape：指定箭头形状。该选项是形如"20 20 10"的字符串，其中三个整数依次指定填充长度、箭头长度和箭头宽度。
  - joinstyle：指定直接连接点的形状。支持 metter、round 和 bevel 选项值。

（2）create_rectangle()：画矩形。指定两个点的坐标，分别作为矩形左上角坐标和右下角坐标。

（3）create_polygon()：创建至少有三个顶点的多边形。指定多个点的坐标作为多边形的多个顶点。

（4）create_oval()：画椭圆（圆是椭圆的特例）。指定两个点的坐标，分别作为左上角坐标和右下角坐标来确定一个矩形。该方法绘制的是该矩形的内切椭圆。

（5）create_arc()：画弧。因为弧是椭圆的一部分，所以需指定左上角和右下角两个点的坐标。默认绘制从起点到逆时针旋转 90°的那一段弧。还可以用以下参数改变弧的形状。

- 分别用 start 和 extent 改变起始角度和转过的角度。
  - 用 style 指定绘制弧的样式。支持 pieslice（扇形）、chord（弓形）和 arc（仅绘制弧）选项值。

（6）create_text：绘制文字。指定一个坐标点，作为文字的终点。还可用 anchor 指定绘制文字的位置；用 justify 指定文字的对齐方式（支持 center、left、right 常量值）。

（7）create_bitmap：绘制位图。指定一个坐标点，作为位图的位置。可用 stipple 将位图平铺填充。该选项可与 fill 选项结合使用，fill 选项指定位图的颜色。

（8）create_image：绘制图片。指定一个坐标点，作为图片的位置。

2．图形边框及填充选项

绘制图形时，可以指定以下选项。

（1）fill：填充颜色。若不指定该选项，则默认为不填充颜色。

（2）outline：边框颜色。

（3）width：边框宽度。若不指定该选项，则默认边框宽度为1。

（4）dash：边框使用虚线。其值既可以是单独的整数，用于指定虚线中线段的长度；又可以是形如(5, 2, 3)格式的元素，其中 5 指定虚线中线段的长度，2 指定间隔长度，3 指定虚线长度。

例 7-13　调用 tkinter 库中的 Canvas 组件，画各种几何图形。

```
#例 7-13_ 调用 Canvas 组件画文字、矩形、梯形、扇形、直线
from tkinter import *
root=Tk()
root.geometry('300x165')
#画布：白色、宽 270、高 155
cv=Canvas(root,bg='white',width=270,height=145)
#文字：右上(225,15)
cv.create_text((225,15),text='画直线、矩形、梯形、扇形、直线',anchor=E)
#矩形：左上(10,30)、右下(265,140),虚线
cv.create_rectangle((10,30,265,140),dash=3,fill='')
#梯形：左上(65,85)、右上(205,85)、左下(35,130)、右下(235,130)
cv.create_polygon((65,85,205,85,235,130,35,130,65,85),fill='green')
#扇形：起点(65,75)、终点(205,15)、起始角 0°、旋转 180°
cv.create_arc((65,35,205,135),start=0,extent=180,fill='red')
#两条直线：(35,35)～(35,130)、(35,130)～(245,130)
```

```
cv.create_line((35,35,35,130),fill='blue',arrow = "first")
cv.create_line((35,130,245,130),fill='blue',arrow = "last")
cv.pack()
root.mainloop()
```

程序运行后，画布及所画出的直线、矩形、梯形和扇形如图 7-14 所示。

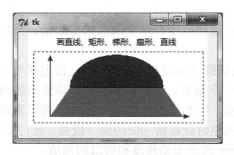

图 7-14　程序的运行结果

7.3.3　turtle 库的画图命令

turtle 库是 Python 语言（Python 2.6 以上版本）中绘制图像的函数库。可以将其当成平面坐标系中的一只海龟，从坐标原点(0,0)处开始，根据一组函数指令的控制，在这个平面上移动，并在它爬行的路径上绘制图形。

1．画布

导入 turtle 库后，就会展开称为画布的绘图区域，可调用 turtle.screensize()或者 turtle.setup()设置其大小和初始位置。例如

```
turtle.screensize(500, 450, "red")
```

设置画布宽和高分别为 500 和 450（默认大小为 400 和 300）、背景颜色为红色。又如

```
turtle.setup(width=700, height=700, startx=50, starty=50)
```

设置画布宽和高都是 700、矩形窗口的左上角坐标为(50,50)（默认为位于窗口中心）。

窗口的宽和高也可以指定为小数。例如

```
turtle.setup(width=0.5, height=0.75, startx=None, starty=None)
```

其中的小数表示占据电脑屏幕的比例。

2．画笔运动命令

操纵海龟绘图的命令较多，可分为三种：画笔运动命令、画笔控制命令和全局控制命令。其中直接用于绘图的画笔运动命令如下。

- turtle.forward(distance)：向当前画笔方向移动 distance 像素。
- turtle.backward(distance)：向当前画笔的反方向移动 distance 像素。
- turtle.right(degree)：顺时针移动 degree 度。
- turtle.left(degree)：逆时针移动 degree 度。
- turtle.pendown()：移动时绘制图形。
- turtle.goto(x,y)：将画笔移到点(x,y)处。
- turtle.penup()：移动时不绘制图形；提起笔，准备另起一处绘制图形。
- turtle.speed(speed)：画笔绘制的速度是[0,10]之间的整数值。

- turtle.circle()：画圆。半径值为正时，圆心在画笔左边；半径值为负时，圆心在画笔右边。

例 7-14　调用 turtle 模块，从原点出发画图，分别画一个边长为 150 像素的正方形、一个边长为 86 像素的正五边形、一个半径为 60 像素的 3/4 圆。

```
#例 7-14_ 调用 turtle 模块，画正方形、正五边形和圆弧
import turtle #导入 turtle 库
turtle.goto(0,0) #将画笔定位到原点
def Square():
    #画出始于原点、边长为 150 像素的正方形
    for i in range(4):
        turtle.forward(150) #正向运动 150 像素
        turtle.right(90)      #右偏 90°
def Pentagon():
    #画出始于原点、边长为 86 像素的正五边形
    for i in range(6):
        turtle.backward(86) #反向运动 86 像素
        turtle.left(60)        #左偏 60°
def Arc():
    #画出始于原点、半径为 60 像素的 3/4 圆
    turtle.circle(60,270)
if __name__ == "__main__":
    #调用画图函数
    Square()
    Pentagon()
    Arc()
```

程序的运行如果如图 7-15 所示。

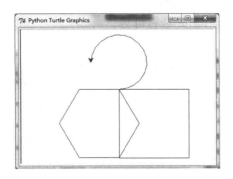

图 7-15　程序的运行结果

7.3.4　turtle 库的控制命令

在画布上，默认有一个以其中心为原点的坐标轴。坐标原点上有一只面朝 x 轴正方向的海龟。利用 turtle 绘图时，使用位置（坐标原点）和方向（x 轴正向）来描述海龟（画笔）的状态。

1．画笔的属性

画笔的属性包括颜色和所画线条的宽度，可以设置如下参数。

（1）turtle.pensize()：设置画笔的宽度。

（2）turtle.pencolor()：设置画笔的颜色。可指定字符串'green'、'red'和'brown'等，也可以是(0.2, 0.8, 0.55)这样的 RGB 三元组。若不指定该参数，则返回当前画笔颜色。

（3）turtle.speed(speed)：设置画笔的移动速度。画笔绘制的速度为[0,10]范围内的整数，其数字越大画笔移动速度越快。

操纵海龟绘图的控制命令分为画笔控制命令和全局控制命令。

2．画笔控制命令

在操纵 turtle 绘图的三种命令中，画笔控制命令用于设置画笔的粗细、颜色及填充色等。

- turtle.pensize(width)：绘制图形时的宽度。
- turtle.pencolor()：画笔颜色。
- turtle.fillcolor(colorstring)：绘制图形时的填充颜色
- turtle.color(color1, color2)：同时设置 pencolor=color1、fillcolor=color2。
- turtle.filling()：当前是否填充状态。
- turtle.begin_fill()：准备填充图形。
- turtle.end_fill()：填充完成。
- turtle.hideturtle()：隐藏箭头显示。
- turtle.showturtle()：与 hideturtle()对应。

3．全局控制命令

在操纵海龟绘图的三种命令中，全局控制命令用于写文字、清空窗口、撤销已有动作等。

- turtle.clear()：清空 turtle 窗口，但 turtle 位置和状态不变。
- turtle.reset()：清空窗口，重置 turtle 为起始状态。
- turtle.undo()：撤销上一个 turtle 动作。
- turtle.isvisible()：当前 turtle 是否可见。
- stamp()：复制当前图形。
- turtle.write(s[,font=("font-name",font_size,"font_type")])：写文本。其中，s 为文本内容，font 为字体参数，包括字体名称、大小和类型。font 是可选项，其参数也是可选项。

例 7-15 调用 turtle 模块，从原点出发画图，分别画蓝、黑、红、黄、绿 5 种颜色的圆环。

```
#例 7-15_ 调用 turtle 模块，分别画蓝、黑、红、黄、绿 5 种颜色的圆环
import turtle
#函数：设置画布及画笔
def setPen():
    turtle.screensize(0.9,0.9)
    turtle.pensize(10)
    turtle.speed(10)
#函数：抬起画笔，移到点(x,y)，准备画图
def movePen(x,y) :
    turtle.penup()
    turtle.goto(x,y)
    turtle.pendown()
#函数：分别画蓝、黑、红、黄、绿 5 种颜色的圆环
def drawing():
    #初始化：设置画布、画笔与起点，生成颜色列表
```

```
    setPen()
    x,y=-275,0
    pencolor=['blue','black','red','goldenrod','green']
    #循环5次，画5个圆环
    for i in range(5):
        if i<3:  #以点(-275,0)为起点，画三个间隔为230像素的圆
            movePen(x+i*230,y)
            turtle.pencolor(pencolor[i])
            turtle.circle(100)
        if i==3: #设置新的起点
            x,y=-155,-105
        if i>=3: #以点(-155,-105)为起点，画两个间隔为230像素的圆
            movePen(x+(i-3)*230,y)
            turtle.pencolor(pencolor[i])
            turtle.circle(100)
if __name__=='__main__':
    drawing()
```

程序的运行结果如图7-16所示。

图7-16　程序的运行结果

程序解析7

本章解析以下6个程序。

（1）通过tkinter库中的messagebox模块，构造一个可视化的交互式用户界面，由用户在输入框中输入必要的数字，然后按照指定的公式求值，并在某个控件上显示其值。

（2）通过tkinter库，构造一个包括输入框、数字（0～9）键，运算符（+、−、*、/）键和清空键的四则运算器窗口。用户通过鼠标单击数字键和运算符键输入算术表达式，单击等号键计算表达式，并在输入框上显示计算结果。

（3）通过tkinter库中的simpledialog模块，创建图形用户界面。由用户可视化地输入购买商品的单价和个数，然后利用公式"单价×个数×折扣"计算货款。其中，折扣按"个数大于10时打九折"计算。

（4）调用tkinter库中的Canvas组件，在窗口上生成画布。然后在画布上绘制文字及矩形、椭圆和对角线等各种几何图形。

（5）调用 tkinter 库中的 Canvas 组件，在指定区间内逐个计算正弦函数曲线所经过的点，并用短直线连接这些点，形成对应的函数图像。

（6）调用 turtle 模块，创建一个画布，在指定区间内逐个计算指定函数的曲线所经过的点，移动画笔，逐个用短直线连接这些点，形成对应的函数图像。

阅读和运行这些程序，可以较好地认知 GUI 程序的特点，完整地理解窗口、控件及事件处理机制的工作方式，进一步体验 GUI 程序的设计方式。

程序 7-1　奖金计算器

本程序调用 tkinter 库中的 messagebox 模块，创建窗体，摆放几个标签、输入框和按钮，构成一个可视化的交互式用户界面。由用户在输入框中分别输入表示业绩、定额及提成百分比的三个数字，然后按照公式

$$奖金=(业绩-定额)×提成百分比$$

来计算应该得到的奖金。

1. 预备知识

本程序中需要使用 tkinter 库的 grid（网格）布局管理器和 stringvar 对象。

（1）grid 布局管理器：grid()方法可用于将控件放置到一个二维表格里。grid()将主控件分割成一系列行和列，其中每个单元（Cell）都可以摆放一个控件。

默认地，一个网格中的控件居中显示。可用 sticky 选项指定对齐方式，其值有 N、S、W 和 E，分别表示上对齐、下对齐、左对齐和右对齐。例如：

- sticky=W：左对齐，即控件靠左显示。
- sticky=N+S：拉伸高度，水平方向上顶端和底端都对齐。
- sticky=E+W：拉伸宽度，垂直方向上左边界和右边界都对齐。
- sticky=N+S+E：拉伸高度，水平方向上对齐，并将控件放在右边。

💡注：不要在一个主窗口中混合使用 pack()和 grid()。

（2）stringvar 对象：stringvar()方法用于设置可变字符串。分别用 set()方法设置其内容、用 get()方法获取其内容。可将 tkinter 库中某些组件（Button、Label 等）的标题（表面文字）设置成这种对象。以便在该对象的值有所变化时，组件上的标题自动变为新值。

例如，如下代码

```
var=StringVar()
var.set("label1")
myLabel=Label(frame1,textvariable=var,justify=LEFT)
var.set('姓名：')
mylabel.pack()
```

的执行过程如下。

- 创建名为 var 的 StringVar 对象。
- 设置 var 对象的值为"label1"。
- 创建名为 myLabel 的 Label 控件。其 textvariable 属性为 var 对象，控件上显示的文字为 var 的当前值，即"label1"。
- 若 var 值变为"姓名"，则与其关联的控件上显示的文字也变为"姓名"。

💡注：StringVar 并非 Python 的内建对象，而是 tkinter 库的对象，其用法比较特殊。

2．算法与程序结构

本程序按顺序完成以下任务。

（1）导入 tkinter 库，导入 tkinter.messagebox 模块。

（2）创建 root 窗体，标题栏上显示"奖金=(业绩−定额)×提成百分比"。

（3）在 root 窗体上创建框架。设置框架位置（左上角坐标）。

（4）摆放以下两行控件。

　　①上一行：标签、输入框、标签、输入框、标签、输入框、标签，凑成表达式"(x1-x2)*p%"。其中三个输入框各对应一个可变字符串（StringVar 对象），输入框的内容随相应字符串的变化而变化。

　　②下一行：按钮、标签、输入框，凑成表达式"计算：奖金=y"。其中按钮单击事件处理方法为：计算表达式"(x1-x2)*p%"的值，并在输入框中显示计算结果。若未输入某个数字或者有错误，则会弹出一个提示"出错"的消息框。

（5）创建事件循环直到关闭主窗口。

3．程序

```
#程序 7-1_ 计算：奖金=(业绩-定额)×提成百分比
#导入 tkinter 库；导入 tkinter.messagebox 模块
from tkinter import *
from tkinter.messagebox import*
#创建主窗体，设置其标题
root=Tk()
root.title('奖金=(业绩-定额)×百分比')
#创建主窗口上的一个框架
frame=Frame(root)
frame.pack(padx=20,pady=20)
def intOrFloat(content):
    #检查是否为数字
    return content.isdigit()
testCMD=frame.register(intOrFloat)    #包装函数
def show():
    #按钮单击事件处理：(x1-x2)*x3% -> y
    if x1.get()=='' or x2.get()=='' or p.get()=='':
        showerror("出错","请检查输入的三个数字！")
        return
    result=(int(x1.get())-int(x2.get()))*int(p.get())/100
    y.set(result)
#设置可变字符串，分别存储数字：业绩、定额、百分比、奖金
x1=StringVar()
x2=StringVar()
p=StringVar()
y=StringVar()
#摆放控件，凑成表达式(x1-x2)*p% 计算：奖金=y，%c 为输入框中的最新内容
#第 0 行，三个标签、三个输入框，凑成"(x1-x2)*p%"
Label(frame,text='(',padx=1).grid(row=0,column=0)
e1=Entry(frame,width=10,textvariable=x1,validate='key',\
    validatecommand=(intOrFloat,'%c')).grid(row=0,column=1,pady=10)
```

```
Label(frame,text='一',padx=10).grid(row=0,column=2)
e2=Entry(frame,width=10,textvariable=x2,validate='key',\
    validatecommand=(intOrFloat,'%c')).grid(row=0,column=3)
Label(frame,text=') \t×',padx=10).grid(row=0,column=4)
e3=Entry(frame,width=10,textvariable=p,validate='key',\
    validatecommand=(intOrFloat,'%c')).grid(row=0,column=5)
Label(frame,text='%',padx=10).grid(row=0,column=6)
#第1行，一个按钮、一个标签，一个输入框，凑成"计算：奖金=y"
Label(frame,text='=',padx=10).grid(row=1,column=3)
e4=Entry(frame,width=15,textvariable=y,state='readonly') \
    .grid(row=1,column=4)
#按钮单击事件处理：调用 show()
Button(frame,text=' 计算：奖金 ',command=show) \
    .grid(row=1,column=2,pady=5)
#进入事件主循环
mainloop()
```

4．程序的运行结果

程序运行后，弹出如图 7-17(a)所示的窗口。在上一行输入三个数字，再单击"OK"按钮，即可在下一行显示计算结果。若未输入某个数字或者有错误，则会弹出如图 7-17(b)所示的消息框，单击"确定"按钮，关闭消息框，然后纠正错误，即可重新计算。

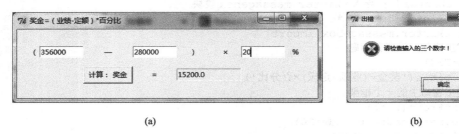

(a)   (b)

图 7-17　程序的运行结果

程序 7-2　四则运算器

本程序导入 tkinter 库，生成一个简单的四则运算器界面，其中包括以下内容。

- 用户输入算术表达式的输入框。
- 数字键（0, 1, 2, …, 9）和运算符键（+、−、*、/、=）。
- 清空键（清空输入框）。

本程序具有以下功能。

- 单击数字键或运算符键时，按键的值显示在输入框内。
- 单击等号键后，若输入框内是一个正确的算术表达式，则将计算其值并显示在输入框中；否则，输入框中显示"错"。
- 单击清空键后，清空输入框中的内容。

1．预备知识

本程序中需要使用 tkinter 库的 eval()。该函数的功能为：将字符串当成有效的表达式来求值并返回计算结果，其调用形式如下。

```
eval(expression, globals=None, locals=None)
```

其中，expression 是一个参与计算的 Python 表达式；globals 是可选参数，若其未设置属性，即为 None，则该参数必须是 dictionary 对象；locals 也是一个可选对象，若其未设置属性，即为 None，则该参数可以是任意 map 对象。

例如：

```
>>> a=-5
>>> b=abs(a)+5
>>> print(a/2+3*b-7)
20.5
```

2．算法与程序结构

本程序按顺序完成以下任务。

（1）导入 tkinter 库。创建 root 窗体，标题栏上显示"四则运算"。

（2）在 root 窗体上创建框架。设置摆放控件的区域（框架）：位置、对齐方式等。

（3）定义可变字符串 var（StringVar 对象）。

（4）摆放输入框（Enter 控件），位于标题栏下（控件区域的最上方）。其 textvariable 属性的值为可变字符串 var。

（5）添加 0～9 共 10 个数字键（Button 控件）和 4 个四则运算符键（Enter 控件），其单击事件处理方法（command 属性的值）为：将标题（text 属性的值）追加到可变字符串 var 的后端。

（6）添加等号键（Button 控件），其单击事件处理方法（command 属性的值）为：调用 eval()，计算可变字符串 var 所描述的四则运算表达式的值。

（7）添加清空键（Button 控件），其单击事件处理方法（command 属性的值）为：设置可变字符串 var 为空字符串。

（8）创建事件循环直到关闭主窗口。

3．程序

```
#程序7-2_ 四则运算器
from tkinter import *
class run(Frame):  #从 Frame 派生出 run 类，它是所有组件的父容器
    def __init__(self):
        Frame.__init__(self)
        self.pack(expand=YES,fill=BOTH)
        #master 为窗口管理器，顶级窗口 master 是 None，即自我管理
        self.master.title('四则运算')
        self.master.rowconfigure(0,weight=1 )
        self.master.columnconfigure(0,weight=1 )
        #拉伸宽度和高度，上下端和左右边都对齐
        self.grid(sticky=W+E+N+S)
        #定义可变字符串 var（StringVar 对象）
        var=StringVar()
        #添加输入框
        Entry(self,relief=SUNKEN,textvariable=var) \
             .grid(row=0,column=0,columnspan=4,sticky=W+E+N+S)
        #函数 calc()：计算并返回表达式的值，无法计算时返回"错"
        def calc():
```

```
        try:
            return eval(var.get())
        except:
            return "错"
    #添加按钮（数字键、算符键）、显示用户输入、表达式求值
    grid='789+456-123*0./='
    for numuber,operator in enumerate(grid):
        #添加数字键、算符键，显示用户输入的表达式
        a=Button(self,text=operator,width=6,command=
                lambda text=operator:var.set(var.get()+text))
        a.grid(row=1+numuber//4,column=numuber%4)
        button_text=a.cget("text")
        #用户单击等号键时，调用 calc()计算表达式的值
        if button_text=='=':
            a.config(command=lambda:var.set(calc()))
    #添加清空键
    b=Button(self,text="清空",command=lambda:var.set(""))
    b.grid(row=7,column=0,columnspan=4,sticky=W+E+N+S)
if __name__ == '__main__':
    run().mainloop()
```

4. 程序的运行结果

程序运行后，显示如图 7-18 所示简易计算器窗口。单击数字键与运算符键，输入四则运算表达式，再单击等号键"="，则会显示运算结果。若表达式有错（如零作除数），则会显示"错"。

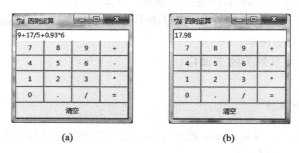

(a)   (b)

图 7-18　程序的运行结果

程序 7-3　货款计算器

本程序通过 tkinter 库中的 simpledialog 模块，创建简单实用的图形用户界面。由用户可视化地输入购买商品的单价和个数，然后按照下式计算需要支付的货款。

$$货款=单价×个数×折扣$$

其中，当个数>10 时，商品按九折出售（折扣=0.9）。

1. 算法及程序结构

本程序按顺序完成以下任务。

（1）导入 tkinter 库，导入 tkinter.simpledialog 模块。

（2）创建 root 窗体，命名（标题栏上显示）为"计算货款"。

（3）在 root 窗体上创建一个标签（Label 控件），用于显示输入值与计算值。

（4）在 root 窗体上创建三个按钮（Button 控件）。其标题（按钮上文字）分别为"品名""个数"和"单价"，单击事件处理方法为：弹出不同的输入对话框，分别用于输入商品名称、商品个数和商品单价。

（5）创建第 4 个按钮，其标题为"货款"。其单击事件处理方法为：确定折扣（个数>10时按九折出售），计算货款（个数×单价×折扣），并将计算结果显示在 Label 上。

（6）创建事件循环直到关闭主窗口。

2. 程序

程序源代码（curveFrm.cs 文件的内容）如下。

```
#程序 7-3_ 货款=个数×单价×折扣
import tkinter as tk
from tkinter import simpledialog
#事件处理过程：输入名、个数、单价，计算金额
def nameInput():
    global name
    r=simpledialog.askstring('品名','商品名称？',initialvalue='点心')
    if r:
        name=r
        label['text']='品名：'+r
def numberInput():
    global number
    r=simpledialog.askinteger('个数','商品个数？',initialvalue=1)
    if r:
        number=r
        label['text']='个数：'+str(r)
def priceInput():
    global price
    r=simpledialog.askfloat('单价','商品单价？', initialvalue=1.01)
    if r:
        price=r
        print(price)
        label['text']='单价：'+str(r)
def money():
    root.title('购买'+name)
    discount=1.0 if number<10 else 0.9
    label['text']='应付款 '+str(number*price*discount)+' 元。'
#创建主窗口
root=tk.Tk()
root.title('计算货款')
root.geometry('300x100+300+300')
#创建标签，跟踪输入值与计算值
label=tk.Label(root,text='金额 = 个数 * 单价',font='宋体 -14', pady=8)
label.pack()
#创建三个按钮，单击事件处理：弹出输入框，输入品名、个数、单价
frm=tk.Frame(root)
btn_str=tk.Button(frm,text=' 品名 ',width=6,command=nameInput)
btn_str.pack(side=tk.LEFT)
```

```
btn_int=tk.Button(frm,text=' 个数 ',width=6,command=numberInput)
btn_int.pack(side=tk.LEFT)
btn_int=tk.Button(frm, text=' 单价 ',width=6,command=priceInput)
btn_int.pack(side=tk.LEFT)
#创建第 4 个按钮，单击事件处理：确定折扣、计算货款（个数×单价×折扣）
btn_int=tk.Button(frm, text=' 货款 ',width=6,command=money)
btn_int.pack(side=tk.LEFT)
frm.pack()
root.mainloop()
```

3. 程序的运行结果

程序运行后，显示如图 7-19(a)所示的窗口。分别单击"品名""个数"和"单价"时，都会弹出相应的输入对话框，在其中输入相应的值并单击"OK"按钮，最后单击"货款"按钮，则将计算应付货款，其结果显示在如图 7-19(e)所示的 Label 上。

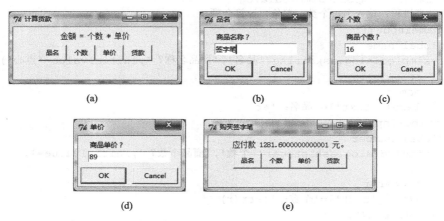

图 7-19　程序的运行结果

程序 7-4　画几何图形程序

本程序调用 tkinter 库中的 Canvas（tkinter.Canvas()方法）组件，在 Tk()方法创建的窗口上生成画布（矩形绘图区域）。然后在画布上绘制文字、矩形、内切椭圆、三角形、扇形、对角线等各种几何图形。

1. 算法及程序结构

本程序按顺序完成以下任务。

（1）导入 tkinter 库。创建 root 窗体，将其命名（标题栏上显示）为"画几何图形"。

（2）在 root 窗体上创建 frame 框架，置于 root 窗体上方。

（3）在 root 窗体上创建画布，并紧挨着 frame 框架，占据窗体下方。

（4）在 frame 框架上创建用于触发绘图命令的多个按钮。

　① "文字"按钮：与 strShow()方法关联。

　② "矩形"按钮：与 rectShow()方法关联。

　③ "椭圆"按钮：与 ovalShow()方法关联。

　④ "三角形"按钮：与 polygonShow()方法关联。

246

⑤ "扇形"按钮：与 arcShow()方法关联。

⑥ "对角线"按钮：与 lineShow()方法关联。

⑦ "擦除"按钮：与 clearShow()方法关联。

（5）定义用于在画布上绘图的多个事件处理函数。

① strShow()：在画布上绘制文字。

② rectShow()：在画布上绘制矩形。

③ ovalShow()：在画布上绘制内切椭圆。

④ polygonShow()：在画布上绘制三角形。

⑤ arcShow()：在画布上绘制扇形。

⑥ lineShow(self()：在画布上绘制对角线、反对角线。

⑦ clearShow()：在画布上删除 tags 参数指定的图形。

（6）创建事件循环直到关闭主窗口。

2. 程序

程序源代码（curveFrm.cs 文件中的内容）如下。

```
#程序 7-4_ 绘制文字、矩形、内切椭圆、三角形、扇形、对角线
from tkinter import *
class drawCanvas:
    def __init__(self):
        #创建 root 窗体
        root=Tk()
        root.title("画几何图形")  #为窗口命名
        #创建 root 窗体上的 frame 框架
        frame=Frame(root)
        frame.pack()
        #在 root 窗体上生成画布
        self.canvas=Canvas(root,width=270,height=155,bg="white")
        self.canvas.pack()
        #创建 frame 框架上的多个按钮（触发绘制各种图形的命令）
        strBtn=Button(frame,text="文字",command=self.strShow)
        rectBtn=Button(frame,text="矩形",command=self.rectShow)
        ovalBtn=Button(frame,text="椭圆",command=self.ovalShow)
        polygonBtn=Button(frame,text="三角形",command=self.polygonShow)
        arcBtn=Button(frame,text="扇形",command=self.arcShow)
        lineBtn=Button(frame,text="对角线",command=self.lineShow)
        clearBtn=Button(frame,text="擦除",command=self.clearShow)
        #在 frame 框架上摆放几个按钮
        strBtn.grid(row=1,column=1)
        rectBtn.grid(row=1,column=2)
        ovalBtn.grid(row=1,column=3)
        polygonBtn.grid(row=1,column=4)
        arcBtn.grid(row=1,column=5)
        lineBtn.grid(row=1,column=6)
        clearBtn.grid(row=1,column=7)
        #创建事件循环直到关闭主窗口
        root.mainloop()
    #定义事件处理函数
```

```
        def strShow(self):  #在画布上绘制文字
            self.canvas.create_text((225,15),text='矩形、内切椭圆、对角线、三角形、
扇形',anchor=E,tags="string")
        def rectShow(self):  #在画布上绘制矩形
            self.canvas.create_rectangle((10,30,260,150),fill='',tags="rect")
        def ovalShow(self):  #在画布上绘制椭圆
            self.canvas.create_oval((10,30,260,150),fill='',tags="oval")
        def polygonShow(self):   #画布上绘制三角形
            self.canvas.create_polygon((55,110,135,35,215,110),fill='green',
tags="polygon")
        def arcShow(self):   #画布上绘制扇形

self.canvas.create_arc((65,75,205,145),start=0,extent=-180,fill='red',tags="
string")
        def lineShow(self):  #画布上绘制对角线、反对角线
            self.canvas.create_line((10,30,260,150),fill='blue',tags="line")
            self.canvas.create_line((10,150,260,30),fill='blue',arrow="last",
tags="line")
        def clearShow(self):  #delete方法,从画布上删除tags参数指定的图形
            self.canvas.delete("rect","oval","arc","polygon","line","string")
    drawCanvas()
```

3. 程序的运行结果

程序运行后，依次单击窗口上方的前 6 个按钮，则将显示如图 7-20 的运行结果。

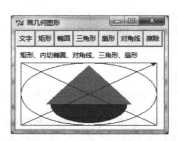

图 7-20　程序的运行结果

程序 7-5　调用 tkinter 库的 Canvas 组件画函数图像

对于函数 $y=f(x)$，在自变量值域内均匀选取自变量 x 值，计算得到相应的 y 值，就得到了坐标(x, y)；然后在平面上把这些点用直线连接起来，就成为函数的近似图像。x 值选取得越密，就越接近本来的函数图像。在 Python 程序中，若不想借助第三方模块，则可使用 tkinter 库的 Canvas（tkinter.Canvas()方法）组件绘制函数的图像。

💡注：对于高维函数，如三维函数 $z=f(x,y)$，其中 x 与 y 都是自变量，这时应该用网格来选取自变量的值。网格越密就越接近本来的函数图像。

本程序调用 tkinter 库的 Canvas 组件，在 Tk()方法创建的窗口上生成画布（矩形绘图区域），然后在画布上绘制正弦函数的图像。

1. 算法及程序结构

本程序按顺序完成以下任务。

248

（1）导入 tkinter 库。创建 root 窗体，将其命名（标题栏上显示）为"画函数图像"。

（2）在 root 窗体上创建画布：设置其大小为 520×260，确定坐标原点为(260,130)。

（3）画坐标轴。

　　①横坐标轴从点(0, 130)到点(520, 130)，颜色为红色，每 40 像素均需要标记刻度，末端有箭头。

　　②纵坐标轴从点(260, 260)到点(260, 0)，颜色为红色，每 40 像素均需要标记刻度，末端加箭头。

（4）在画布右上方写："$y = 2.3\cos(x+1.55)$"。

（5）循环（t 从-2π 到 2π，步长 0.01）。

　　① x=(t+0.01)*40+w0，即 $x =$（原值+0.01）扩大 40 倍+原点处 x 值。

　　② y=2.3*math.cos(t+1.55)*40-h0，即 $y = 2.3\cos(t+1.55)$扩大 40 倍$-$原点处 y 值。

　　③从点(x, y)向下一个点(x, y)画短直线。

（6）创建事件循环直到关闭主窗口。

2．程序

```
#程序 7-5_ 利用 Python 的标准库 turtle 画正弦函数图像
import math
from tkinter import *
#创建 root 窗体
root=Tk()
root.title('画函数图像')
#创建 root 窗体上的画布
w=Canvas(root,width=520,height=260)
w.pack()
w0,h0=260,130 #确定坐标原点
#定义函数：画坐标轴、构造点(x,y)、画函数图像
def axis():
    #画标题文字、坐标轴、刻度
    w.create_text(w0+70,15,text='y=2.3cos(x+1.55)')
    w.create_line(0,130,520,130,fill="red",arrow=LAST)
    w.create_line(260,260,260,0,fill="red",arrow=LAST)
    for i in range(-6,7): #画 x 轴上的刻度、文字
        j=i*40
        w.create_line(j+w0,h0,j+w0,h0-5,fill="red")
        w.create_text(j+w0,h0+5,text=str(i))
    for i in range(-4,5): #画 y 轴上的刻度、文字
        j=i*40
        w.create_line(w0,j+h0,w0+5,j+h0,fill="red")
        w.create_text(w0-10,j+h0,text=str(-i))
def xy(t):
    #构造点(x,y)
    x=t*40+w0  #x=原值扩大 40 倍+原点处 x 值
    y=2.3*math.cos(t+1.55)*40-h0  #y=原值扩大 40 倍+原点处 y 值
    y=-y
    return (x,y)
def drawing():
    #从画笔处向计算得到的点(x,y)处（短距离）画直线
    t=-2*math.pi
```

```
    while(t<2*math.pi):
        w.create_line(xy(t)[0],xy(t)[1],xy(t+0.01)[0],xy(t+0.01)[1],fill=
"black")
        t+=0.01
#执行函数：画坐标轴、函数图像
if __name__ == '__main__':
    axis()
    drawing()
    root.mainloop()
```

3. 程序的运行结果

程序运行后，显示如图 7-21 的运行结果。

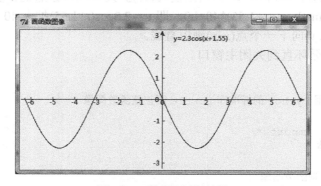

图 7-21　程序的运行结果

程序 7-6　导入 turtle 库画函数图像

绘制函数 $y = f(x)$ 的图像时，若不想借助第三方模块，则可以导入 turtle 库，通过设置和移动其中的画笔来完成任务。其方法是：在自变量值域内选取自变量 x 值，然后计算得到相应 y 值，构成坐标点 (x, y)。然后画笔向前移动，用直线将这些坐标点逐个连接起来。x 值选取得越密，就越接近函数本来的曲线。

本程序调用 turtle 模块，创建大小为 620×320，左上角位于屏幕 $(80, 60)$ 处的画布，并画出 x 从−300 变化到 300 时，函数 $y = \dfrac{x}{2}\sin(\dfrac{x}{30})$ 的图像。

1. 算法及程序结构

本程序按顺序完成以下任务。

（1）导入 turtle 库。创建画布，其大小为 620×320，左上角位于点(80,60)处。

（2）设置画笔的相关参数（移动速度、颜色、宽度）。

（3）画坐标轴。

　　① 横坐标轴从点$(-300, 0)$到点$(300, 0)$，颜色为蓝色，去掉末端箭头。

　　② 纵坐标轴从点$(0, -150)$到点$(0, 150)$，颜色为蓝色，去掉末端箭头。

（4）抬起画笔，移到起始点 $(-300, 0.5×300×\sin(300/30))$。

（5）循环（x 从−300 到 300，步长为 1）。

　　① x+1，y=0.5*x*sin(x/30)

　　② 移动画笔，向点 (x, y) 画短直线。

250

2．程序

```
#程序 7-6_ 调用 turtle 库画函数 y=xsin(x/30)/2 的图像
from turtle import *
import math
#生成画布：大小 620*320，左上角位于屏幕(80,60)处
setup(width=620,height=320,startx=80,starty=60)
#函数：movePen()设置并移动画笔；drawing()画函数图像
def movePen(s,c,w,x,y):
    #设置画笔的速度、颜色、宽度
    speed(s); color(c); width(w)
    #将画笔移到点(x,y)处
    penup()  #抬起画笔
    goto(x,y)  #将画笔移到点(x,y)处
    pendown()  #放下画笔
def drawing(x1,x2):
    #将画笔移到(x1,y1)处
    y1=0.5*x1*math.sin(x1/30)
    movePen(0,'red',5,-300,y1)
    #从 x1～x2 逐个计算出相应的 y 值，并逐点连线（短直线）
    for x in range(x1,x2):
        y=0.5*x*math.sin(x/30)
        goto(x,y)
if __name__ == "__main__":
    ht() ; #去掉指示画笔前进方向的箭头
    movePen(0,'blue',2,-300,0)
    goto(300,0)  #画横坐标轴从点(-300,0)到点(300,0)的直线
    movePen(0,'blue',2,0,-150)
    goto(0,150)  #画纵坐标轴从点(0,-150)到点(0,150)的直线
    drawing(-300,300)
```

3．程序的运行结果

程序的运行结果如图 7-22 所示。

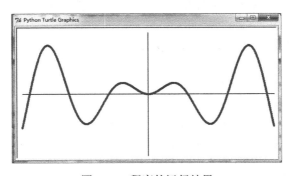

图 7-22　程序的运行结果

实验指导 7

本章安排 3 个实验，分别编写具有以下特点的程序。

（1）创建窗体及窗体上的控件来构成用户界面的 GUI 程序。

（2）创建窗体、菜单栏和消息框（简单对话框）来构成用户界面的 GUI 程序。

（3）调用 Canvas 组件绘制几何图形及函数图像的程序；调用 turtle 库绘制函数图像的程序。

通过这些实验，可以使读者掌握以下内容。

● 进一步理解窗体和控件的工作方式，理解事件触发及响应的工作原理，掌握使用窗体和常用控件来设计窗体的一般方法。

● 理解使用菜单栏、消息框和常用标准对话框的 GUI 应用程序的工作原理。掌握菜单栏、消息框和标准对话框设计的一般方式。

● 理解画布、画笔等计算机绘图的工作原理，掌握使用 Python 内嵌模块来绘制几何图形和函数图像的一般方法。

实验 7-1 创建 GUI 程序

本实验编写 5 个 GUI 程序。程序中调用 tkinter 库来创建主窗体，摆放标签、输入框、按钮和列表框等各种控件，并在事件处理及其他代码中完成指定的计算任务。

1. 包含输入框和按钮的简单 GUI 程序

仿照程序 7-1，编写具有以下功能的程序。

（1）导入 tkinter 库，创建主窗体。

（2）编写 show()：读取输入框中用户输入的一个在 1000～10000 之间的整数，判断该数是否能被 3 和 5 同时整除，其结果同时显示在窗口的标题栏和按钮上。

（3）在窗体上摆放一个输入框（Entry 控件）和一个按钮（Button 控件），并将按钮的单击事件与 show() 绑定在一起。

2. 补全并调试程序

补全程序并完成以下功能。

（1）创建窗体，其标题为"成绩单 <- 记分册"。摆放两个列表框（Listbox 控件）。

（2）在窗体右侧显示学生原始成绩，包括学生的姓名、考试成绩和平时成绩。

图 7-23 用户界面

（3）按考试成绩占 70%、平时成绩占 30%计算每名学生的总成绩，并显示在左侧窗体中。

程序运行后，显示如图 7-23 所的用户界面（主窗口）。

```
#实验 7-1_ GUI 程序：统计并输出学生成绩单
                    #导入 tkinter 模块
marks=[['张通',91,90],['王芳',85,84],['李峰',86,90],['吴虹',69,86],['马玉
',73,82]]
            .title('成绩单 <- 记分册')  #创建根窗体，并设置其标题
markList=_____(root,width=20,height=6)  #创建显示记分册的列表控件
totalList=_____(root,width=15,height=6)  #创建显示成绩单的列表控件
for mark in marks:  #列表控件中逐行插入数据
        .insert( END,mark )  #右列表控件中插入原始成绩
    total=round(_____*0.7+_____*0.3, 1)  #计算总成绩
```

```
    totalList.insert( END,(mark[0],total) )  #左列表控件中插入总成绩
markList.pack(_____)     #列表控件 markList 存入根窗体中并定位于右侧
totalList._____          #列表控件 totalList 存入根窗体中
root._____   #进入消息循环
```

3．计算应付货款

仿照程序 7-3，编写计算货款的程序。

（1）创建窗体，摆放控件。

　　① 两个输入框（Entry 控件）。

　　② 两个标签（Label 控件）：其标题分别为"单价"和"重量"。

　　③ 一个列表框（Listbox 控件）：最上方显示"应付货款金额："

　　④ 一个按钮（Button 控件）：其标题为"计算应付款"。

（2）计算应付货款。

　　① 读取输入框中用户输入的"单价"（浮点数）和"重量"（浮点数）。

　　② 按以下规则计算折扣。

　　　　● 10 公斤以下，原价。

　　　　● 10～20 公斤打 9 折，即减价 10%。

　　　　● 20～35 公斤打 85 折，即减价 15%。

　　　　● 35～55 公斤打 80 折，即减价 20%。

　　　　● 80 公斤以上一律打 75 折，即减价 25%。

　　③ 计算货款：金额=单价×重量×折扣。

程序运行后，显示如图 7-24 所的用户界面。

图 7-24　用户界面

4．求解一元二次方程

编写 GUI 程序，求解方程 $ax^2 + bx + c = 0$。

（1）创建窗体，摆放用于输入和输出的控件。

　　① 三个输入框（Entry 控件）：分别用于输入 a、b 和 c。

　　② 三个标签（Label 控件）：其标题分别为"a=""b="和"c="，分别位于三个输入框的左侧或上方。

　　③ 一个列表框（Listbox 控件）：最上方显示"应付货款金额："。

（2）定义函数 calc()。

　　① 读取 a、b 和 c。

　　② 判断 delta=b^2-4ac 是否大于或等于 0?若是，则 $x_1 = \dfrac{-b+\sqrt{\text{delta}}}{2a}$，$x_2 = \dfrac{-b+\sqrt{\text{delta}}}{2a}$；

否则 $x_1 = \dfrac{-b}{2a} + \dfrac{\sqrt{-\text{delta}}}{2a} i$，$x_2 = \dfrac{-b}{2a} + \dfrac{\sqrt{-\text{delta}}}{2a} i$，

　　③ 在列表框中输出 x_1 和 x_2。

（3）创建一个按钮（Button 控件），设置标题为"求根"，并将其单击事件与 calc() 绑定在一起。

5．四则运算器

编写用户界面如图 7-25 所示的四则运算器。

（1）创建主窗体。

（2）摆放用于输入和输出的控件。

  ① 两个输入框（Entry 控件）：分别用于输入两个操作数 *a* 和 *b*。

  ② 一个标签（Label 控件）：其标题（表面文字）跟随单选按钮的选择而变化，初始标题为加号"+"。

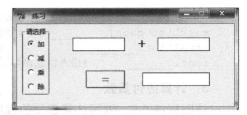

图 7-25　四则运算器

  ③ 一个文本框（Text 控件）：用于输出计算结果。

（3）创建框架及其内含单选按钮（Radiobutton 控件）组，代码如下。

```
ss=["加","减","乘","除"]
F=LabelFrame(w,text="请选择")
sel=IntVar()
Radiobutton(F,text=ss[0],variable=sel,value=0).pack()
Radiobutton(F,text=ss[1],variable=sel,value=1).pack()
Radiobutton(F,text=ss[2],variable=sel,value=2).pack()
Radiobutton(F,text=ss[3],variable=sel,value=3).pack()
F.place(x=10,y=5)
```

（4）定义函数 calc()。

  ① sel.get()==0 时，标签的标题为加"+"，计算 a+b，在文本框中显示结果。

  ② sel.get()==1 时，标签的标题为减"−"，计算 a−b，在文本框中显示结果。

  ③ sel.get()==2 时，标签的标题为乘"×"，计算 a×b，在文本框中显示结果。

  ④ sel.get()==3 时，标签的标题为除"/"，计算 a/b，在文本框中显示结果。

（5）创建一个按钮（Button 控件），设置标题为等号"="，并将其单击事件与 calc()绑定在一起。

实验 7-2　创建使用菜单和对话框的程序

本实验编写三个 GUI 程序。程序中调用 tkinter 库来创建主窗口、构造菜单栏、摆放必要的控件，或者调用消息框与标准对话框来完成与用户的交互操作，从而完成计算任务。

1．创建菜单练习

仿照例 7-6 和例 7-7，编写具有以下功能的程序。

（1）导入 tkinter 库，创建主窗体，其标题为"菜单设计"。

（2）编写以下函数。

  ① newEvent()：输出字符串"创建新文档"。

  ② openEvent()：输出字符串"打开一个文件"。

  ③ saveAsEvent()：输出字符串"保存当前文件"。

  ④ quitEvent()：输出字符串"关闭当前文档"。

  ⑤ exitEvent()：输出字符串"退出程序"。

  ⑥ cutEvent()：输出字符串"剪切字符串"。

  ⑦ copyEvent()：输出字符串"复制字符串"。

  ⑧ pasteEvent()：输出字符串"粘贴字符串"。

  ⑨ findEvent()：输出字符串"查找字符串"。

（3）在主窗体上创建菜单栏：包括"文件"和"编辑"两个下拉菜单。

　　①"文件"下拉菜单包括两组选项：第 1 组有"新建""打开"和"另存为"选项；第 2 组有"关闭"和"退出"选项。所有菜单项均与第（2）步中定义的相应函数互相关联（设置 command 属性）。

　　②"编辑"下拉菜单包括"剪切""复制""粘贴"和"查找"选项。所有菜单项均与第（2）步中定义的相应函数互相关联（设置 command 属性）。

2．消息框练习

用户界面如图 7-26(a)所示，并且弹出的消息框如图 7-26(b)、(c)和(d)所示。

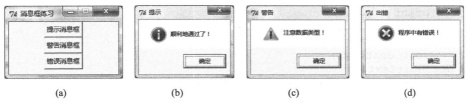

(a)　　　　　　　(b)　　　　　　　(c)　　　　　　　(d)

图 7-26　程序的运行结果

（1）创建主窗体。

（2）定义函数，代码如下。

```python
def but1():
    tkinter.messagebox.showinfo('提示','顺利地通过了！')
def but2():
    tkinter.messagebox.showwarning('警告','注意数据类型！')
def but3():
    tkinter.messagebox.showerror('出错','程序中有错误！')
```

（3）创建三个按钮（Button 控件），分别将其单击事件与（2）中定义的某个函数绑定在一起。

3．标准对话框练习

编写如图 7-27(a)所示的用户界面，可弹出如图 7-27(b)所示的标准文件对话框，且当用户选择了某个文件后，可在输入框及"Python Shell"窗口中显示如图 7-27(c)所示的文件路径名的程序。

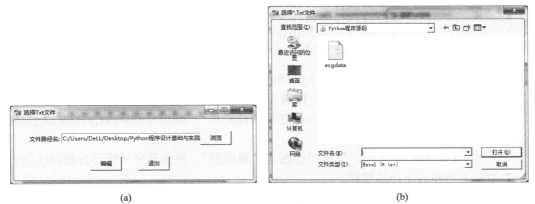

(a)　　　　　　　　　　　　　　　　　(b)

图 7-27　程序的运行结果

```
>>> =========================== RESTART ===========================
>>>
C:/Users/DeLL/Desktop/Python程序设计基础与实践/Python程序源码/ecgdata.txt
>>>
```

(c)

图 7-27　程序的运行结果（续）

（1）创建主窗体。

（2）定义函数，代码如下。

```
def selectTxtFile():
    sfname=filedialog.askopenfilename(title='选择*.Txt 文件',
filetypes=[('Excel','*.txt'),('All Files','*')])
    print(sfname)
    text1.insert(INSERT,sfname)
def closeWindow():
    root.destroy()
def editText():
    tkinter.messagebox.showinfo('提示','编辑 Txt 文件的程序。')
```

（3）创建摆放在窗体上的控件。

①输入框（Entry 控件）：用于显示文件路径名。

②标签（Label 控件）：其标题为"文件路径名："。

③三个按钮（Button 控件）：分别将其单击事件与（2）中定义的某个函数绑定在一起。

实验 7-3　创建绘图程序

本实验编写三个 GUI 程序。

1. 调用 Canvas 组件画几何图形

仿照程序 7-4，已知两个坐标点画几何图形，完成以下内容。

（1）导入 tkinter 库。创建 root 窗体，标题栏上显示"已知两点画几何图形"。

（2）创建框架及其内含单选钮组，代码如下。

```
ss=["直线","矩形","椭圆","拼图"]
F=LabelFrame(w,text="请选择")
sel=IntVar()
Radiobutton(F,text=ss[0],variable=sel,value=0).pack()
Radiobutton(F,text=ss[1],variable=sel,value=1).pack()
Radiobutton(F,text=ss[2],variable=sel,value=2).pack()
Radiobutton(F,text=ss[3],variable=sel,value=3).pack()
F.place(x=10,y=5)
```

（3）定义函数 drawing()：已知(x1,y1)和(x2,y2)两点。

①当 sel.get()==0 时，主窗口标题为"画直线"，画出从(x1,y1)到(x2,y2)的直线。

②当 sel.get()==1 时，主窗口标题为"画矩形"，画出分别以(x1,y1)和(x2,y2)为左上角和右下角的矩形。

③当 sel.get()==2 时，主窗口标题为"画椭圆"，画出其外切矩形分别以(x1,y1)和(x2,y2)为左上角和右下角的椭圆。

④当 sel.get()==3 时，主窗口标题为"拼图"，将若干个半径为 3 像素的椭圆拼成一条从(x1,y1)到(x2,y2)的直线。

256

（4）创建一个按钮（Button 控件），设置其标题为"画几何图形"，并将其单击事件与 drawing()绑定在一起。

2．调用 turtle 库画多边形

导入 turtle 库，画几何图形。

（1）运行以下程序，观察运行结果，并添加必要的注释。

```
from turtle import *
reset()
pensize(3)
up()
goto(-100,100)
down()
for i in range(8):
    fd(100)
    right(45)
color('red')
circle(60,steps=6)
```

（2）在上述程序中添加相关代码，分别画出正方形、正五边形、正六边形和正十边形。

3．调用 turtle 库画五角星和五边形

导入 turtle 库，画几何图形。

（1）运行以下程序，观察运行结果，并添加必要的注释。

```
from turtle import *
reset()
pensize(2)
up()
goto(-30,100)
down()
for i in range(5):
    right(144)
    fd(200)
up()
goto(190,90)
down()
color('red')
circle(80,steps=5)
```

（2）修改上述程序中的某些代码，画出如图 7-28 所示的花和圆。

提示：画花时，需使用代码 right(165)，圆实际上是正 300 边形。

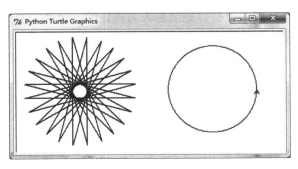

图 7-28　花和圆

第 8 章

数据查找与存取

计算机是以二进制形式存储和处理信息的，汉字、英文字母及其他字符都必须按照一定规则转换成二进制编码才能进入计算机存储和处理。世界上的语言文字种类繁多，各有不同的特点，因此存在着多种满足不同需求的"编码方案"。例如，有适用于英文信息处理的 ASCII 码，有适用于汉字信息处理的 GB18030-2000，也有试图规范和处理世界上大多数语言文字符号的 Unicode 等。

数据的存储、查找和处理已成为当代计算机工作的主要任务，其中文本处理任务占比最高。但有关文本的检索、定位和提取的逻辑往往比较复杂，这就需要正则表达式技术，即通过设定有特殊意义的符号、描述字符和字符的重复行为及位置特征等来构造一种表示特定字符串的"模式"，从而准确、高效地完成字符串的匹配操作。Python 语言的 re 模块（1.5 以上版本）提供了正则表达式的所有功能。

在变量、序列和对象中的数据都是暂时保存的，程序运行结束后就会销毁这些数据。为了存储和处理成批的用户或系统数据，往往需要将数据以文件的形式存放在外存储器（磁盘、U 盘等）中，并按实际需求执行必要的读出操作或者写入操作。Python 提供了内置的文件对象及用于操作文件和文件目录的内置模块，这些模块可用于存取数据文件中的数据。

8.1 文字的计算机表示

字符编码实际上就是为每个字符都确定一个相应的整数值。由于字符与整数值之间没有必然联系，哪个字符对应哪个整数完全是人为规定的，因此，有必要建立大家共同遵守的标准。为了保证信息交换过程中的统一性，世界上已经建立了一些字符编码标准，常用的有 ASCII（American Standard Code for Information Interchange，美国标准信息交换码）、GB2312—80（早期的中文字符集编码标准）、GB18030—XXXX（GB18030—2000 或 GB18030—2005）和 Unicode 等多种标准。

8.1.1 ASCII 码

ASCII 是 ANSI（American National Standard Institute，美国国家标准学会）制定的文字编码规范，其中规定了英文字符及一些"控制字符"（各有控制计算机操作的不同功能）的二进制编码，是不同计算机相互通信时共同遵守的字符编码标准，已被 ISO 认定为国际标准，称为 ISO 646 标准。

1. 标准 ASCII 码

ASCII 码使用 7 位二进制数来表示所有的大写字母和小写字母、数字 0～9、标点符号，以及美式英语中使用的特殊控制字符。ASCII 码字符及其相应编码如表 8-1 所示。

表 8-1　ASCII 码字符及其相应编码

低位	高位							
	000	001	010	011	100	101	110	111
0000	NUL	DLE	SP	0	@	P	`	p
0001	SOH	DC1	!	1	A	Q	a	q
0010	STX	DC2	”	2	B	R	b	r
0011	ETX	DC3	#	3	C	S	c	s
0100	EOT	DC4	$	4	D	T	d	t
0101	ENQ	NAK	%	5	E	U	e	u
0110	ACK	SYN	&	6	F	V	f	v
0111	BEL	ETB	'	7	G	W	g	w
1000	BS	CAN	(	8	H	X	h	x
1001	HT	EM	)	9	I	Y	i	y
1010	LF	SUB	*	:	J	Z	j	z
1011	VT	ESC	+	;	K	[	k	{
1100	FF	FS	,	<	L	\	l	|
1101	CR	GS	−	=	M	]	m	}
1110	SO	RS	.	>	N	(↑)^	n	~
1111	SI	US	/	?	O	(←)-	o	DEL

在 ASCII 码中，规定 1 字节（8 个二进制位）的最高位为 0，其中 7 位可以给出 128 个编码，用来表示 128 种不同的字符。其中，95 个编码与能用键盘输入且可以显示和打印出来的 95 个字符一一对应。

- 编码 0100000 表示空格（Space 键），对应的十进制数是 32。
- 编码 1000001 表示 "A" 字母，对应的十进制数是 65。
- 编码 1100001 表示 "a" 字母，对应的十进制数是 97。
- 编码 0110001 表示数字 "1"，对应的十进制数是 49。

95 个字符可分为以下几类。

- 26 个大写英文字母和 26 个小写英文字母。
- 0～9 共 10 个数字。
- 通用运算符和标点符号＋、－、×、／、＞、＝、！等。

另外的 33 个字符，其编码值为 0～31 和 127，即 0000000～0000001 和 1111111，不对应任何一个可显示或可打印的实际字符，而是用作控制码，控制计算机某些外围设备的工作特性和某些计算机软件的运行情况。例如，编码 0001010（码值为 10）表示 "换行"，编码 0000111 表示 "嘟"（响一声）。

注：程序设计语言往往提供 ASCII 字符和 ASCII 值的转换函数，例如，在 Python 语言中，函数 chr(65)的值为字符 A，函数 ord('A')的值为 65，函数 chr(10)求值的结果为换一行。

2．扩充 ASCII 码

计算机内部的存储和处理常以字节（即 8 个二进制位）为单位，标准 ASCII 码只使用了前 7 位。当最高位为 1 时，又可引出 128～255 共 128 个编码，这些编码可用来在特定的计算机上定义其他字符。

例如，在法语中，字母上方的符号无法用 ASCII 码表示，这时可以利用字节中闲置的最高位编入新的符号。于是，法语中的 é 的编码就用 130（二进制数 10000010）来表示。欧洲另一些国家也在 256 个符号范围内规定了自己的编码体系。

这样做又引出了新的问题：不同国家有不同的字母，虽然都使用 256 个符号的编码方式，代表的字符却不一样。例如，130 在法语编码中代表了 é，在希伯来语编码中却代表了字母ג（Gimel），在俄语编码中又会代表另一个字符。但无论如何，所有这些编码方式中，0～127 表示的符号是相同的，不同的只是 128～255。

3．字符处理

计算机中存储和处理英文字符时，实际上存储和处理的是字符对应的 ASCII 码。例如，当计算机处于待输入状态时，按一下键盘上的 A 键，字母 A 所对应的 ASCII 码 01000001 就会输入计算机；将一篇英文文章中的所有字符录入计算机后，计算机中存储的实际上是这些字符对应的一大串 ASCII 码；在计算机中，比较英文字母 A 和 E 的大小时，实际上比较的是 A 和 E 的 ASCII 码 65 和 69。总之，计算机对字符的处理实际上是对字符的 ASCII 码进行处理。

8.1.2 GB 2312—80 汉字编码标准

英文也称为拼音文字，一个不超过 128 种字符的字符集即可满足英文处理的需要。汉字是平面结构，其数量多，且字形复杂，不便于计算机存储和处理，因此常有一些知名人士主张用拼音文字来取代汉字。经过我国科技工作者的不懈努力，这个问题已得到了解决，我国已有成熟的汉字信息处理方法，并且得到了广泛应用。

用计算机处理汉字，首先要解决汉字在计算机中如何表示的问题，即汉字编码问题。据统计，在我们的日常生活和工作中经常使用的汉字约有四五千个，汉字字符集是比英文字符集大得多的集合，故计算机中至少需要 2 字节才能为汉字编码。原则上，2 字节可表示 256×256＝65536 种不同的符号，但考虑到汉字编码与 ASCII 等国际通用编码的兼容性，我国采用了加以修正的 2 字节汉字编码方案，即只使用 2 字节的低 7 位。这个方案可以容纳 128×128=16384 种不同的汉字，而且每个字节中均未使用 32 个控制功能码、码值为 32 的空格及码值为 127 的操作码，所以每个字节都只能有 94 个编码。这样，双 7 位实际能够表示的汉字数是 94×94＝8836 个。

1．国家标准 GB 2312—80

19 世纪 80 年代，我国根据当时汉字的使用情况，确定了一级汉字字符集和二级汉字字符集，规定了相应的编码，并于 1981 年公布了国家标准 GB 2312—80《信息交换用汉字编码字符集基本集》，其中收录汉字和各种图形符号共 7445 个，分为以下几种类型。

- 一般符号 202 个：包括间隔符、标点、运算符和制表符号。
- 数字序号 60 个：包括 1～20（20 个）、(1)～(20)、①～⑩和（一）～（十）。
- 数字 22 个：0～9、I～XII。
- 英文字母 52 个，希腊字母 48 个，日文假名 169 个，俄文字母 66 个。
- 汉语拼音符号 26 个，汉语注音字母 37 个。
- 一级汉字 3755 个：按汉语拼音字母顺序排列，若同音，则按笔画顺序排列。
- 二级汉字 3008 个：按部首顺序（根据新华字典）排列。

每个汉字或符号都用 2 字节表示。其中每个字节的编码取值范围均为 20H～7EH，即十进制数字的 33～126，这与 ASCII 编码中可打印字符的取值范围一致，都是 94 个。这样 2 字节可以表示的不同字符总数为 8836 个。而国标字符集共有 7445 个字符，因此上述编码范围中实际上还有一些空位。

GB 2312—80 字符集的划分如表 8-2 所示。其中，序号用 2 字节表示，第 1 字节可视为存放位置的行号，范围为 21H～7EH；第 2 字节可视为存放位置的列号，范围为 21H～7EH。如"啊"字，位于第 30H 行的第 21H 列，则其序号为 3021H。

表 8-2　GB 2312—80 字符集的划分

行	列									7F
	00～20	21	22	23	24	25	26 … 7C	7D	7E	
00～20	区	位								—
		1	2	3	4	5	6 … 92	93	94	
21～2F	1～15	常用符号、数字序号、俄文字母、法文字母、希腊字母、日文假名等								—
30～57	16～55	一级汉字（3755 个）								—
58～77	56～87	二级汉字（3008 个）								—
78～7E	88～94	空白区								—
7F		—								—

将表 8-2 中有用部分的行和列重新编号，称为区号和位号。汉字的区位码是汉字所在区号和位号相连得到的。如"啊"字的区位码为 1601，"丞"字的区位码为 5609。汉字国标码是直接由第 1 字节和第 2 字节编码得到的，通常用十六进制数表示。例如

汉字	第 1 字节	第 2 字节	国标码	区位码
啊	00110000	00100001	3021	1601
水	01001011	00101110	432E	4314

2．GB 2312—80 与 ASCII 码的兼容性

汉字国标码（简称国标码）作为一种国家标准，是所有汉字编码都必须遵循的统一标准，但由于国标码中每个字节的最高位都是"0"，与国际通用的标准 ASCII 码无法区分。例如，"天"字的国标码是 01001100　01101100，即两个字节分别为十进制数 76 和 108，十六进制数 4CH 和 6CH。而英文字符"L"和"l"的 ASCII 码也恰好是 76 和 108，因此，若内存中有 2 字节，即 76 和 108，则难以确定到底是汉字"天"，还是英文字符"L"和"l"。

解决这个问题的一般方法是：将 2 字节的最高位都设定为 1（低 7 位采用国标码）。例如，汉字"天"的机内码是 11001100 和 11101100，写成十六进制数是 CCH 和 ECH。即十

进制数为 204 和 236。但这种用法对国际通用性及 ASCII 码在通信传输时加奇偶检验位等都会产生不利影响。

8.1.3　GB 18030 汉字编码标准

随着国际交流与合作的深入，信息处理应用对字符集提出了多文种、大字量、多用途的要求。1993 年，ISO 发布了 ISO/IEC 10646—1—2000《信息技术通用多八位编码字符集 (UCS) 第一部分：体系结构与基本多文种平面》。我国采用此标准制定了 GB 13000.1—1993。该标准采用多文种编码体系，收录了 20902 个中国、日本、韩国三个国家的文字。由于这种编码体系与多数操作系统和外部设备都不兼容，因此其完全实现尚待时日。

考虑到 GB 13000.1 的实现问题、GB 2312 的延续性，以及现有资源和系统的有效利用与平稳过渡，我国有关部门采用了扩充 GB 2312 并在词汇上与 GB 13000.1 兼容的方式，于 1995 年研制发布了 GBK（汉字内码扩展规范），GBK 在 GB 2312—80 的基础上，提供对繁体汉字等汉字字符的支持，将编码范围扩容到 22014 个，其中包含 21003 个汉字。GBK 的文字编码是用双字节来表示的，即不论是中文还是英文字符，均使用双字节表示。为了区分中、英文字符，将其最高位都设置为 1。

国家标准 GB 18030—2000《信息技术　信息交换用汉字编码字符集　基本集的扩充》是我国继 GB 2312—80 和 GB 13000.1—1993 之后最重要的汉字编码标准，是我国计算机系统必须遵循的基础标准之一。目前，GB 18030 有两个版本：GB 18030—2000 和 GB 18030—2005。GB 18030—2000 是 GBK 的取代版本，它的主要特点是在 GBK 基础上增加了 CJK 统一汉字扩充 A 的汉字。GB 18030—2005 的主要特点是在 GB 18030—2000 基础上增加了 CJK 统一汉字扩充 B 的汉字

💡注：CJK 统一汉字是指中、日、韩统一表意文字，目的是要把分别来自中文、日文、韩文中本质相同、形状一样或稍异的表意文字（主要为汉字，但也有仿汉字如日本国字、韩国独有汉字）于 ISO 10646 及 Unicode 标准内赋予相同编码。越南文后来加入此计划，故有"CJKV"的称呼。目前，CJK 统一汉字的正表中有 29000 多个汉字，还有 4 个扩展区。这 4 个扩展区中的绝大多数汉字尚不能在计算机上显示。

1. 国家标准 GB 18030—2000

GB18030—2000 编码标准是信息产业部和原国家质量技术监督局于 2000 年 3 月 17 日联合发布的，其中收录了 27533 个汉字，还收录了藏、傣、彝、朝鲜、蒙古、维吾尔等主要少数民族文字，作为国家标准于 2001 年 1 月强制执行。GB18030—2000 国家标准作为 GBK 编码方案的更新及 GB 2312—80 国家标准的扩展，向下同时兼容 GBK 方案和 GB 2312—80 标准。GB18030—2000 标准收录的字符分别以单字节、双字节和四字节编码。

（1）单字节部分：收录了 GB11383 标准中 0x00～0x7F 的全部 128 个字符及单字节编码的欧元符号。

💡注：GB 11383—1989《信息处理　信息交换用八位代码结构和编码规则》是由国家技术监督局发布的国家标准，其中，为每个字符至少指定一个名称，对每个控制字符和间隔字符规定一个缩写符号，对每个图形字符规定一个图形符号。按习惯只有中文黑体字及大写英文字母、小写英文字母的图形符号和连字符用于书写字符的名称。

（2）双字节部分：收录内容如下。

- GB 13000.1 的全部 CJK 统一汉字字符。
- GB 13000.1 的 CJK 兼容区挑选出来的 21 个汉字。
- GB 13000.1 中收录而 GB 2312 未收录的我国台湾地区使用的图形字符 139 个。
- GB 13000.1 收录的其他字符 31 个。
- GB 2312 中的非汉字符号。
- GB 12345 的竖排标点符号 19 个。
- GB 2312 未收录的 10 个小写罗马数字。
- GB 2312 未收录的带音调的汉语拼音字母 5 个及 a 和 g。
- 汉字数字“零”。
- 表意文字描述符 13 个。
- 增补汉字和部首/构件 80 个。
- 双字节编码的欧元符号。

（3）四字节部分：收录了上述除双字节字符外，包括 CJK 统一汉字扩充 A 在内的 GB 13000.1 中的全部字符。

GB18030—2000 中的汉字的码位范围、字符数和字符类型等内容如表 8-3 所示。

表 8-3　GB 18030—2000 中的汉字码位

类别	码位范围	码位数/个	字符数/个	字符类型
双字节部分	第 1 字节 0xB0～0xF7 第 2 字节 0xA1～0xFE	6768	6763	汉字
	第 1 字节 0x81～0xA0 第 2 字节 0x40～0xFE	6080	6080	汉字
	第 1 字节 0xAA～0xFE 第 2 字节 0x40～0xA0	8160	8160	汉字
四字节部分	第 1 字节 0x81～0x82 第 2 字节 0x30～0x39 第 3 字节 0x81～0xFE 第 4 字节 0x30～0x39	6530	6530	CJK 统一汉字扩充 A

汉字总数=6763+6080+8160+6530=27533。其中双字节部分的 6763+6080+8160=21003 个汉字就是 GBK 方案中的 21003 个汉字。

注：在 Unicode 中，CJK 统一汉字扩充 A 有 6582 个汉字。因为 GBK 的双字节部分已经收录了 CJK 统一汉字扩充 A 的 52 个汉字，所以这里收录了剩余的 6530 个汉字。

2. 国家标准 GB 18030—2005

GB 18030—2005《信息技术　中文编码字符集》是 GB 18030—2000 国家标准的修订版。由国家质量监督检验总局和中国国家标准化管理委员会于 2005 年 11 月 8 日发布，2006 年 5 月 1 日起实施。它在 GB 18030—2000 的四字节字符表中增加了 CJK 统一汉字扩充 B（42711 个汉字）和已在 GB 13000 中编码的我国少数民族文字字符的字形（GB 18030—2000 映射了这些码位但未给出字形），增加的这些内容是推荐性的。

注：原标准 GB 18030—2000 是强制性的，市场上销售的产品必须符合该标准。

GB18030—2005 为部分强制性标准，自发布之日起代替 GB 18030—2000。GB 18030—2005 的单字节和双字节编码部分及四字节编码部分的 CJK 统一汉字扩充 A（即 0x8139EE39～0x82358738）部分是强制性的。

GB 18030—2005 标准收录的字符分别以单字节、双字节或四字节编码。

（1）单字节部分：收录了 GB/T 11383—1989《信息处理 信息交换用八位代码结构和编码规则》中从 0x00 到 0x7F 的全部 128 个字符。

（2）双字节部分：收录内容如下。

- GB 13000.1－1993 中全部 CJK 统一汉字字符。
- GB 13000.1－1993 中 CJK 兼容区挑选出来的 21 个汉字。
- GB 13000.1－1993 中收录而 GB 2312 中未收录的我国台湾地区使用的图形字符 139 个。
- GB 13000.1－1993 收录的其他字符 31 个。
- GB 2312 中的非汉字符号。
- GB 12345 中竖排标点符号 19 个。
- GB 2312 未收录的 10 个小写罗马数字。
- GB 2312 未收录的带音调的汉语拼音字母 5 个，以及 a 和 g。
- 汉字数字"零"。
- 表意文字描述符 13 个。
- 对 GB 13000.1－1993 增补的汉字和部首/构件 80 个。
- 双字节编码的欧元符号。

（3）四字节部分：收录了除上述双字节字符外，GB 13000 的 CJK 统一汉字扩充 A、CJK 统一汉字扩充 B 及已在 GB13000 中编码的我国少数民族文字的字符。

GB18030—2005 收录了 70244 个汉字，其码位范围、字符个数和字符类型等如表 8-4 所示。

表 8-4　GB 18030—2005 中的汉字码位

类别	码位范围	码位数/个	汉字数/个	字符类型
双字节部分	第 1 字节 0xB0～0xF7 第 2 字节 0xA1～0xFE	6768	6763	汉字
	第 1 字节 0x81～0xA0 第 2 字节 0x40～0xFE	6080	6080	汉字
	第 1 字节 0xAA～0xFE 第 2 字节 0x40～0xA0	8160	8160	汉字
四字节部分	第 1 字节 0x81～0x82 第 2 字节 0x30～0x39 第 3 字节 0x81～0xFE 第 4 字节 0x30～0x39	6530	6530	CJK 统一汉字扩充 A
	第 1 字节 0x95～0x98 第 2 字节 0x30～0x39 第 3 字节 0x81～0xFE 第 4 字节 0x30～0x39	42711	42711	CJK 统一汉字扩充 B

汉字总数=6763+6080+8160+6530+42711=70244（个）。

8.1.4　Unicode 标准

Unicode 标准是为支持现代世界上来自于不同语种及技术领域中的文本的全球交换、处理及显示而设计的字符编码系统，也可以支持各种书面语言的经典和历史文本。Unicode 标准是由 ISO 和统一码联盟（由多种语言的软件制造商组成）协同创立的，于 1990 年开始研制，1994 年正式公布，2015 年 6 月 17 日发布了 Unicode 8.0.0 版本，其中收录了 129 种语言的 120000 多个字符。

1．传统字符编码方案的局限

ASCII 是英文字符的编码规范，每个 ASCII 字符占用 1 字节，英文字符只需要最高位为 0 时的前 128 个编码，其中包括了控制字符、数字、大小写字母及其他符号的编码，称为标准 ASCII 码。

最高位为 1 的另外 128 个字符编码称为扩展 ASCII 码，可用于存放制表符、一些音标字符等各种符号。这些字符编码也可用于为法文、德文、俄文、西班牙文等各种欧洲文字的字符集编码（不能与英文通用）。

面对中文、阿拉伯文之类复杂的文字，不能只用 1 字节为其字符集编码。于是，各国家和地区纷纷制定自己的文字编码规范，例如，汉字编码规范 GB 2312—80 是一种与 ASCII 码兼容的编码规范，其实就是利用扩展 ASCII 并未标准化这一点，将一个中文字符用两个扩展 ASCII 字符来表示。

这种方法在处理汉字和英文字符混合的文本时会出现兼容性问题。例如，扩展 ASCII 码（PC 中有一个事实标准）的某些编码表示制表符，不少软件都用它们来画表格。若把这种软件用于汉字系统，则会因制表符被当作汉字而破坏版面。另外，统计中英文混合字符串中的字数时，需要判断一个 ASCII 码是否扩展及下一个 ASCII 码是否扩展，然后"猜"是否可能是一个汉字。从这个意义上来说，这种编码实际上并不是属于汉字自身的编码。

可见，要真正解决汉字编码问题，仅从扩展 ASCII 码的角度入手，或者仅靠中国自身的努力都是不够的。最好能够研制一个兼容中文、英文、法文、俄文、日文、德文、韩文等各种文字的统一的编码系统，其中每种文字的每个字符都要指定唯一的编码。

2．Unicode 的特点及其兼容性

Unicode 标准是为解决各种传统字符编码方案的局限而创立的。例如，ISO 8859 所定义的字符虽然在不同国家中广泛使用，但是在不同国家间却经常出现不兼容的情况。很多传统编码方式都有一个共同的问题，即容许计算机处理双语环境，但却无法同时支持多语言环境。例如，GB 2312—80 标准支持汉字和英文字符混用的文本处理，但当文本中掺杂法文、西班牙文等西方文字，日文、朝鲜文等东亚文字，甚至中文繁体字时，就无能为力了。

💡注：ISO 8859 是一整套字符编码标准。这套字符集与 ASCII 相容（低位都不用），共同特点是以同样的码位对应不同的字符集，每个字符集都收录欧洲某个地区的共同常用字符。例如，ISO-8859-1 字符集是西欧常用字符，包括德法两国的字母；ISO-8859-2 字符集收集了东欧字符；ISO-8859-5 字符集收集了斯拉夫语系字符；ISO-8859-6 字符集收集了

阿拉伯语系字符；ISO-8859-7 字符集收集了希腊字符。

Unicode 起源于一个简单的想法：将世界上所有字符收录到一个集合中，计算机只要支持这个字符集，就能显示所有的字符而不会有乱码了。Unicode 为字符集中的每个字符均指定一个整数作为唯一的代码，称为"码点（Code Point）"。例如，最小的码点 0 表示的符号是 null（指所有二进制位都是 0），记作"U+0000=null"，其中"U+"后面的十六进制数就是 Unicode 的码点。另外，作为码点的整数代表的是字符而非字形。也就是说，Unicode 是以一种抽象的方式（即数字）来处理字符的，视觉上的演绎工作（字符的大小、形状、字体、文体等）是由其他软件（网页浏览器、文字编辑器等）来处理的。

为了与几乎所有计算机系统都支持的基本拉丁字母及多种不同的编码方式相互兼容，Unicode 将最前面的 256 个字符码留给 ISO-8859-1 定义的字符，使既有的西欧语系文字的转换十分方便，并为大量相同的字符重复指定不同的字符码，同时多种旧方式的编码可与Unicode 编码直接转换而不丢失任何信息。例如，全角格式区段包含了主要拉丁字母的全角格式，在汉文、日文以及韩文字形中，这些字符呈现为全角形式而不是常见的半角形式，有利于竖排文字和等宽排列文字的处理。

💡注：Unicode 编码中包含了不同写法的字，如"α/a"、"户/户/戶"。这在汉字方面引起了一字多形的认定争议。

大体上，全世界现有的字符中，三分之二以上来自汉、日、韩等东亚文字。例如，汉字"好"的码点是十六进制的 597D，即"U+597D=好"。这么多符号，Unicode 并非一次性定义的，而是分区定义的。每个区可以存放 65536 个（2^{16}）字符，称为一个平面（Plane）。目前，一共有 17 个（$<2^5$ 个）平面，也就是说，整个 Unicode 字符集的大小是 2^{21}。

最前面的 65536 个字符位称为基本平面，是 Unicode 最先定义和公布的一个平面。其码点范围为 0～2^{16}-1，即 U+0000～U+FFFF。最常见的字符都位于这个平面内，剩下的字符都放在辅助平面内，码点范围为 U+010000～U+10FFFF。

3. ISO 10646 标准

曾经有两个创立统一字符集的尝试，一个是国际标准化组织的 ISO/IEC 10646 （简称为 ISO 10646）项目，另一个是统一码联盟的 Unicode 项目。1991 年前后，两个项目的参与者合并双方的工作成果，并为创立单一编码表而协同工作。两个项目虽然都存在且独立公布各自的标准，但保持了 Unicode 标准和 ISO 10646 标准的码表兼容，并紧密配合以保证之后的扩展也一致。

由 ISO 10646 定义的字符集称为 UCS（Universal Character Set，通用字符集），它指定了以下 3 种实现级别。

（1）级别 1：不支持组合字符和谚文字母（朝鲜语的表音文字）字符。

（2）级别 2：类似于级别 1，但允许某些文字中出现一列固定的组合字符，因为有了最起码的几个组合字符后，UCS 才能完整地表达这些语言。

（3）级别 3：支持所有的通用字符集字符，例如，可在任意一个字符上加上一个箭头或一个鼻音化符号。实际使用中，实现第一级别就有可能涵盖平常所用到的大部分字符了。

ISO 10646 定义了两套标准，一套称为 UCS-2（Unicode-16），用 2 字节为字符编码；另一套称为 UCS-4（Unicode-32），用 4 字节为字符编码。以目前常用的 UCS-2 为例，它可以表示的字符数为 2^{16}=65535 个，基本上可以容纳所有欧美字符和绝大部分亚洲字符。

注：ISO 10646 定义了一个 31 位的字符集，但目前只分配了前 65534 个码位（0x0000～0xFFFD），这个 UCS 的 16 位子集称为 BMP（Basic Multilingual Plane，基本多语言面）。编码在 16 位 BMP 以外的字符都是特殊的字符（象形文字等）。

4．Unicode 标准

统一码联盟公布的 Unicode 标准包含了 ISO/IEC 10646-1 实现级别 3 的基本多文种平面 BMP。在两个标准里，所有的字符都有相同的名字且处于相同的位置。

ISO 10646 标准只是一个简单的字符集表，它定义了一些编码的别名，指定了一些与标准有关的术语，并包括了规范说明，指定了怎样使用 UCS 连接其他 ISO 标准的实现（如关于 UCS 字符串排序的 ISO/IEC 14651 标准）。而 Unicode 标准额外定义了许多与字符有关的语义符号学内容。Unicode 详细说明了绘制某些语言（如阿拉伯语）表达形式的算法、处理双向文字（如拉丁文和希伯来文的混合文本）的算法及排序与字符串比较的算法等。故可理解为：ISO 10646 定义了编码规则，定义了哪些值对应哪些字符，而 Unicode 不仅定义了这些编码规则，还定义了其他一些关于文字处理的细节算法等内容。即

Unicode=ISO 10646 的编码规则+某些语言的细节处理算法

对于一般用户来说，可以简单地理解为

Unicode=ISO 10646 编码标准=标准所制定的 UCS 字符集

8.1.5　Unicode 字符的存储格式

Unicode 只是一个字符集，它规定了符号的二进制代码，却没有规定这个二进制代码应该如何存储。例如，汉字"严"的 Unicode 编码是十六进制数 4E25，转换成二进制数则有 15 位（100 1110 0010 0101），至少需要 2 字节来表示它。表示其他字符时，可能需要 3 字节、4 字节甚至更多字节。这就带来以下两个问题。

（1）当 Unicode 码和 ASCII 码混用时，如何区分 3 字节表示的是一个 Unicode 字符，还是 3 个 ASCII 字符？

（2）若 Unicode 统一规定，每个字符用 3 字节或 4 字节，则只需要 1 字节的英文字母的编码必然会浪费字节，文本文件的大小会因此扩大两三倍。

为了解决这些问题，可使用多种不同的二进制格式来存储 Unicode 字符。

1．UTF-32 编码方式

存储 Unicode 字符的最直观的方法是：每个码点使用 4 字节表示，字节内容一一对应码点。这种编码方法称为 UTF-32（UCS Transformation Format-32，UCS 传输格式-32）。例如，码点 0 用 4 字节的 0 表示，码点 597D 在前面加 2 字节 0，即

U+0000 = 0x0000 0000
U+597D = 0x0000 597D

UTF-32 的优点在于：转换规则简单直观，查找效率高。缺点是浪费存储空间，同样内容的英语文本占用的存储空间会比 ASCII 编码占用的存储空间大 4 倍。因为这个缺点，实际上无人使用这种编码方法。例如，HTML 5 标准规定网页不用 UTF-32 编码。

2．UTF-8 编码方式

为节省存储空间，UTF-8 应运而生。UTF-8 是一种变长编码方式，可用 1～4 字节表示一个符号，根据不同的符号而变化字节长度，越是常用的字符其字节越短。UTF-8 的编码

267

规则如下。

（1）对于单字节符号，第 1 位设为 0，后面 7 位为该符号的 Unicode 码。故对英语字母来说，UTF-8 编码与 ASCII 码是相同的。

（2）对于 n 字节符号（n>1），第 1 字节的前 n 位为 1，第 n+1 位为 0，后面字节的前两位一律为 10。其余未提及的二进制位全部为该符号的 Unicode 码。

Unicode 与 UTF-8 的编码映射关系如表 8-5 所示。

表 8-5 Unicode 与 UTF-8 的编码映射关系

Unicode 符号范围（十六进制数）	UTF-8 编码方式（二进制数）	字节数
0000 0000～0000 007F	0xxxxxxx	1
0000 0080～0000 07FF	110xxxxx 10xxxxxx	2
0000 0800～0000 FFFF	1110xxxx 10xxxxxx 10xxxxxx	3
0001 0000～0010 FFFF	11110xxx 10xxxxxx 10xxxxxx 10xxxxxx	4

💡注：理论上，UTF-8 编码的最大长度可达 6 字节，可容纳 31 位二进制数，Unicode 的最大码位 0x7FFFFFFF 也是 31 位，但 16 位 BMP 字符最多只用到 3 字节。

例如，汉字"严"的 Unicode 码是 4E25（100111000100101），按表 8-5，4E25 处在第 3 行范围内（0000 0800～0000 FFFF），故"严"字的 UTF-8 编码需要 3 字节。按格式

$$1110xxxx \ 10xxxxxx \ 10xxxxxx$$

从末位开始，依次向前填入格式中的 x，多出的位补 0。即可得到 UTF-8 编码

$$11100100 \ 10111000 \ 10100101$$

转换成十六进制数即为 E4B8A5。

3．UTF-16 编码方式

UTF-16 编码方式介于 UTF-32 与 UTF-8 之间，兼有定长和变长两种编码方法的特点。其编码规则很简单，即基本平面的字符占用 2 字节，辅助平面的字符占用 4 字节。也就是说，UTF-16 的编码长度要么是 2 字节（U+0000～U+FFFF），要么是 4 字节（U+010000～U+10FFFF）。

这带来了一个问题：当遇到 2 字节时，是把它本身当作一个字符，还是跟其他 2 字节一起解读为一个字符呢？

很巧妙地，在基本平面内，从 U+D800 到 U+DFFF 是一个空段，这些码点不对应任何字符，可用于映射辅助平面的字符。具体说，辅助平面的字符位共有 2^{20} 个，对应这些字符至少需要 20 个二进制位。UTF-16 将这 20 位拆成两部分，前 10 位（空间大小为 2^{10}）的映射范围为 U+D800～U+DBFF，称为高位（H）；后 10 位（空间大小为 2^{10}）的映射范围为 U+DC00～U+DFFF，称为低位（L）。这意味着，一个辅助平面的字符被拆成两个基本平面的字符表示。

因此，UTF-16 的编码规则是：利用 Unicode 编码中 U+D800～U+DFFF 的空段，将编码大于 0xFFFF 的字符中的一半映射在 0xD800～0xDBFF，另一半映射在 0xDC00～0xDFFF。故当遇到 2 字节，若发现它的码点在 U+D800 到 U+DBFF 之间，则可断定：紧跟在后面的 2 字节的码点，应该在 U+DC00 到 U+DFFF 之间，这 4 字节必须放在一起解读。

例 3-9 分析"汉"字的 UTF-8 编码和 UTF-16 编码。

（1）用 UTF-8 编码表示"汉"字

程序首先一个字节一个字节地读取编码，然后根据字节中开头的位标志来识别，应将 1 字节、2 字节还是 3 字节作为一个单元来处理？

- 对于 0xxxxxxx 这样的编码，因为以 0 开头，则将 1 字节作为一个单元，与 ASCII 码完全相同。
- 对于 110xxxxx 10xxxxxx 这样的编码，将 2 字节当作一个单元。
- 对于 1110xxxx 10xxxxxx 10xxxxxx 这样的编码，将 3 字节当作一个单元。

由于 UTF-8 编码中有额外的标志信息，因此 1 字节表示 2^7=128 个字符；2 字节表示 2^{11}=2048 个字符，3 字节能表示 2^{16}=65536 个字符。"汉"字的编码为 27721（0x6C49），大于 2048（0x0800），故需 3 字节表示，即使用 1110xxxx 10xxxxxx 10xxxxxx 这种格式，将编码 27721 对应的二进制数填充进去，即

$$\underline{1110}\ \mathbf{0110}\ \underline{10}\ \mathbf{110001}\ \underline{10}\ \mathbf{001001}$$

这样，"汉"字的 UTF-8 编码为 0xE6B189。

（2）用 UTF-16 编码表示"汉"字

UTF-16 编码为 01101100 01001001（16 位，2 字节）。程序解析时，若为 UTF-16 编码，则把 2 字节当成一个单元来解析。UTF-16 不需要用其他字符作标志，故 2 字节能表示 2^{16}=65536 个字符。

填充时，可以从左到右，也可以从右到左，于是就出现了大端（Big-Endian）优先和小端（Little-Endian）优先两种不同的方式。按大端优先方式填充时，"汉"字的编码为 0x6C49；按小端优先方式填充时，"汉"字的编码为 0x496C。

由此可见，因为 UTF-8 编码需要判断每个字节中的开头标志信息，因此当某个字节在传送过程中出错时，就会导致后面的字节也解析出错。而 UTF-16 编码不必判断开头标志，错也只错一个字符，故容错能力强。

💡注：在 Windows 操作系统中，使用"记事本"编辑文本时，可在"另存为"对话框的"编码"下拉列表中选择 4 种编码之一：ANSI、Unicode、Unicode big endian 和 UTF-8。

8.2 正则表达式

正则表达式（Regular Expression）是特殊的字符序列，常用于文本编辑器或者其他程序中，检查一个字符串是否匹配某种模式，从而实现检索、替换等各种功能。在操作某些自有规律的字符串（网址、身份证号、手机号码等）时，往往难以用简单的判断表达式来描述，则可使用正则表达式来简捷、准确地表达其组成规律，从而简捷、高效地操作与之匹配的字符串。

💡注：正则表达式是处理字符串的专门工具，自有独特的语法和独立的处理引擎，故在支持正则表达式的不同语言中，其语法都是一样的，区别只在于不同的语言支持的语法数量不同而已。

8.2.1 正则表达式概念

正则表达式是一种文本模式，即是由一些特定字符组合成的"规则字符串"。其中，包

含元字符（正则语法对应的字符）及数字、英文字符和汉字等普通字符，用于检索、提取或者替换与之匹配的字符串。

正则表达式的匹配过程大致为：逐个比较表达式和文本中的字符，若每个字符都匹配，则匹配成功；若一旦发现有匹配不成功的字符，则匹配失败。若表达式中有量词或边界，则会稍有不同，但也不难理解。

例 8-1 正则表达式"第+[0-9]+.+生$"的意义及应用。

该正则表达式中的各个字符的意义如下。

- 元字符"$"：分别匹配输入字符串起始处和结束处。
- 普通字符"第"和"生"：若字符串相应位置上是该字符，则匹配。
- 元字符"+"：匹配前一个元字符 1 次或多次。
- "[0-9]+"：匹配多个数字。
- 元字符"."：匹配任意 1 个字符（除\n 外）。

在 Python 程序中，需要导入 re 模块，才能通过正则表达式来查找和操作字符串。例如，系列命令

```
>>> from re import *
>>> answer=match("第+[0-9]+.+生$","第 35 组全体学生")
>>> answer.group()
'第 35 组全体学生'
>>> answer.span()
(0, 8)
>>>
```

按顺序完成了以下任务。

- 导入 re 模块。
- 调用 re.match()方法，在字符串"第 35 组全体学生"中，从头开始查找与指定正则表达式匹配的子串。
- 调用 re.group()方法输出查找结果：与正则表达式匹配的子串。
- 调用 re.span()方法输出查找结果：由子串起始和结束位置构成的元组。

💡注：一个汉字与一个英文字符一样，都算作一个字符。

例 8-2 正则表达式"至少\d 冬"的意义及应用。

这个正则表达式中包括了元字符"\d"，指定匹配一个数字，相当于写成"[0-9]"或者[0123456789]。系列命令

```
>>> from re import *
>>> answer=search("至少\d 冬","要让木头说话，至少 3 冬 3 夏！")
>>> answer.group()
'至少 3 冬'
>>>
```

其中，调用 re.search()方法，在指定字符串中查找与这个正则表达式匹配的子串。这里调用的 re.search()方法与上例中的 re.match()方法都用于查找字符串，但 re.search()搜索整个字符串中的所有匹配，而 re.match()则从起始位置匹配。

8.2.2 正则表达式模式

所谓表达式，就是数字、字符与逻辑值等各种操作数，或者由运算符连接操作数而成

的式子。构建表达式的一般方法是：用运算符将操作数与较小的表达式连接起来，形成更大的表达式。

正则表达式是由普通字符（字符 a～z、A～Z、数字 0～9 等）及称为"元字符"的特殊字符构成的文字模式，用于描述查找文本时需要匹配的一个或多个字符串。元字符在正则表达式中各有特定意义，丰富了正则表达式的描述能力。例如，在正则表达式 r'a.c'中，字符"a"和"c"是普通字符，"."是元字符，可以指代任意字符，因此该正则表达式能够匹配"a1c""a2c""abc""axc""a 阿 c"等。

1．模式字符串

模式字符串使用特定语法来表示一个正则表达式。

- 字母和数字表示其自身，也就是说，一个正则表达式中的字母和数字匹配相同的字符串。
- 多数字母和数字前加一个反斜杠，会拥有不同的含义。
- 标点符号只有被转义时才匹配自身，否则它们表示特殊的含义。
- 反斜杠本身需要使用反斜杠转义。由于正则表达式通常都包含反斜杠，因此最好使用原生字符串来表示这些正则表达式。

若 Python 字符串前面加上"r"字符，则表示原生字符串。Python 原生字符串很好地解决了"反斜杠困扰"问题。例如，可以用表达式"r'\t'"代替"'\\t'"。

💡注：有了原生字符串，不必再担心漏写反斜杠了，写出来的表达式也更直观。

2．普通字符

普通字符包括没有显式指定为元字符的所有打印字符和非打印字符。包括所有大写和小写英文字母、所有数字、所有标点符号及其他符号。

非打印字符也可以是正则表达式的组成部分。非打印字符的含义如表 8-6 所示。

表 8-6　非打印字符的含义

字符	意义
\cx	匹配由 x 指定的控制字符。例如，\cM 匹配一个 Ctrl+M 或者回车符 x 的值必须为 A～Z 或 a～z 之一；否则将 c 当成一个原义的'c'字符
\f	匹配一个换页符。等价于\x0c 和\cL
\n	匹配一个换行符。等价于\x0a 和\cJ
\r	匹配一个回车符。等价于\x0d 和\cM
\S	匹配任意非空白字符。等价于[^ \f\n\r\t\v]
\t	匹配一个制表符。等价于\x09 和\cI
\v	匹配一个垂直制表符。等价于\x0b 和\cK

例 8-3　单个字母与数字的匹配。

本例中使用元字符及单个字母或数字构成简单的正则表达式。

```
#例 8-3_ 单个字符或数字的匹配
import re
#大写英文字母 R 与小写英文字母 r 都匹配
ans=re.match(r'[rR]',"Regular Expression")
print(ans.group())
ans=re.match(r'[rR]',"regular expression")
```

```
print(ans.group())
ans=re.match(r'[rR]egular Expression',"Regular Expression")
print(ans.group())
#匹配0到9（第一种写法）
ans=re.match(r'[0123456789]Regular Expression',"7Regular Expression")
print(ans.group())
#匹配0到9（第二种写法）
ans=re.match(r'[0-9]Regular Expression',"7Regular Expression")
print(ans.group())
ans=re.match(r'[0-35-9]Regular Expression',"7Regular Expression")
print(ans.group())
#不能匹配数字4的正则表达式（ans的值为None）
ans=re.match(r'[0-35-9]Regular Expression',"4Regular Expression")
print(ans.group())
```

程序的运行结果如图8-1所示。

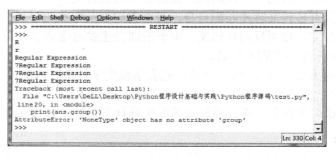

图 8-1 程序的运行结果

可以看出，最后一个正则表达式因为与目标字符串不匹配而发生了错误。

8.2.3 正则表达式中的元字符

正则表达式中的元字符包括限定符（*、+、？等）、定位符（^、$、\b 等）及需要与转义符"\"一起使用的特殊字符，如表8-7所示。

表 8-7 正则表达式中的元字符

字符	功能
.	匹配除\n外的任意1个字符
^	匹配起始处，多行模式时匹配每一行的起始处
$	匹配结束处，多行模式时匹配每一行的结束处
*	匹配前一个元字符0到多次
+	匹配前一个元字符1到多次
?	匹配前一个元字符0到1次
{m,n}	匹配前一个元字符m到n次
\\	转义符，其后字符失去特殊元字符含义，如\\.只匹配.，不再匹配任意字符
[]	字符集，一个字符的集合，可匹配其中任意一个字符
|	逻辑或，如a|b表示可匹配a或者b
(...)	分组。默认为捕获，即被分组内容可单独取出，默认每个分组有一个索引，从1开始，按"("的顺序决定索引值

（续表）

字符	功能
(?iLmsux)	分组中可设置模式，iLmsux 中每个字符代表一个模式
(?:...)	分组的不捕获模式，计算索引时跳过该分组
(?P<name>...)	分组的命名模式，取该分组中内容时可用索引也可用 name
(?P=name)	分组的引用模式，可在同一个正则表达式中引用前面命名过的正则表达式
(?#...)	注释，不影响正则表达式其他部分
(?=...)	顺序肯定环视，表示所在位置右侧能够匹配括号内正则表达式
(?!...)	顺序否定环视，表示所在位置右侧不能匹配括号内正则表达式
(?<=...)	逆序肯定环视，表示所在位置左侧能够匹配括号内正则表达式
(?<!...)	逆序否定环视，表示所在位置左侧不能匹配括号内正则表达式
(?(id/name)yes|no)	若前面指定 id 或 name 的分区匹配成功，则执行 yes 处的正则表达式；否则执行 no 处的正则表达式
\number	匹配与前面索引为 number 的分组捕获到的内容相同的字符串
\A	匹配字符串起始处，忽略多行模式
\Z	匹配字符串结束处，忽略多行模式
\b	匹配位于单词开始或结束处的空字符串
\B	匹配不位于单词开始或结束处的空字符串
\d	匹配一个数字，相当于[0-9]
\D	匹配非数字，相当于[^0-9]
[]	匹配[ ]中列举的字符
\s	匹配任意空白字符，相当于[\t\n\r\f\v]
\S	匹配非空白字符，相当于[^\t\n\r\f\v]
\w	匹配单词字符，即数字、字母、下画线中任意一个字符，相当于[a-zA-Z0-9_]
\W	匹配非单词字符，即非数字、字母、下画线中的任意字符，相当于 [^a-zA-Z0-9_]

例 8-4 多种元字符的使用。

本例中分别使用不同元字符构成多个正则表达式，分别检测字符串中各种不同的字符及字符串边界。

```
#例 8-4_ 元字符的使用
from re import*
#匹配一个长度是 5、首字符和末字符分别为 a 和 b 的字符串
s1=r'a..b'
ans=match(s1,r'a3\nb')
print(ans)
#匹配一个首字符为数字、字母或下画线的字符串
s2= r'\w...'
ans=match(s2,'o8js')
print(ans)
#匹配一个首字符为 a，次字符为空白，末字符为 b 的字符串
s3=r'a\sb'
ans=match(s3,'a\nb')
print(ans)
s4=r'\d\d\d'
ans=match(s4,'282')
print(ans)
```

273

```
#检测边界：串开始、串结尾、空格、换行、标点符号及隔开单词的字符都看成单词边界
#检测一个前3位为abc，第4位为空白，后面是aaa，且c后面为单词边界的字符串
s5=r'abc\b\saaa'
ans=match(s5,'abc aaa')
print(ans)
#检测一个字符串是否以3个数字开头
s6=r'^\d\d\d'
ans=match(s6,'123Start')
print(ans)
#检测是否以字符串结尾
s7=r'abcdef$'
ans=match(s7,'abcdef')
print(ans)
#检测非字母、数字、下画线
s8=r'\Wabc'
ans=match(s8,'#abc')
print(ans)
#检测非空白字符
s9=r'\S...'
ans=match(s9,'2jkh')
print(ans)
#匹配非数字字符
s10=r'\D\w\w\w'
ans=match(s10,'#h7_')
print(ans)
#检测是否为非单词边界
s11=r'and\BYou'
ans=match(s11,'andYou')
print(ans)
```

程序的运行结果如图 8-2 所示。

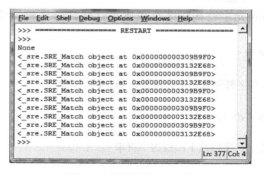

图 8-2　程序的运行结果

8.2.4　正则表达式对象

Python 的 re 模块（1.5 以上版本）提供了 Perl 风格的正则表达式模式。使得 Python 语言拥有了全部正则表达式功能。re 模块的 compile()根据一个模式字符串和可选的标志参数生成一个正则表达式对象。该对象提供一系列方法，用于正则表达式的匹配和替换。re 模块本身也提供了与这些方法功能完全一致的函数，这些函数都使用一个模式字符串作为它

们的第一个参数。

💡注：Perl 是一种功能丰富的程序设计语言。Perl 吸取了 C 语言和 sed、awk、shell 脚本描述语言及多种程序语言的特点，其中最重要的特点是内部集成了正则表达式的功能及巨大的第三方代码库 CPAN。也就是说，Perl 像 C 语言一样强大，像 awk、sed 等脚本描述语言一样方便，常被称为实用报表提取语言。

1．compile()

Python 程序在使用正则表达式执行匹配前，需要将其编译成正则表达式对象。若比较之前先行编译（预编译过程），则可提高程序的运行效率。re 模块的 compile()用于编译正则表达式生成对象。引用该函数的一般形式为

```
compile(pattern[, flags=0])
```
其中，该函数参数的意义如下。

（1）pattern：一个字符串形式的正则表达式。

（2）flags：可选参数。表示匹配模式，如忽略英文字母的大小写、多行模式等。可在几种正则表达式修饰符中选择其值，默认为 0，即不使用任何模式。

compile()返回一个 re 模块内置的 SRE_Pattern 对象。这个对象可以调用其他函数来完成匹配。因此，若先用该函数预编译出一个正则模式，则以后就可以反复使用该模式。例如，以下命令序列中，创建了名为 regex 的正则表达式对象。

```
>>> from re import *
>>> regex=compile(".+")
>>> print(regex)
<_sre.SRE_Pattern object at 0x00000000030ABAB0>
>>>
```

2．正则表达式修饰符（可选标志）

正则表达式可以包含一些可选标志修饰符来控制匹配的模式。修饰符被指定为一个可选标志。多个标志可以通过按位或"|"来指定。例如，可使用"re.I|re.M"设置成 I 和 M 标志。正则表达式修饰符如表 8-8 所示。

表 8-8　正则表达式修饰符

修饰符	功能
re.I	忽略英文字母的大小写（使匹配对英文字母的大小写不敏感）
re.L	做本地化识别（locale-aware）匹配。影响\w、\W、\b、\B、\s、\S（依赖于当前环境）
re.M	多行匹配。影响^和$
re.S	使"."匹配包括换行符在内的所有字符
re.U	根据 Unicode 字符集解析字符。影响\w、\W、\b、\B、\d、\D、\s、\S（依赖于 Unicode 字符属性数据库）
re.X	为增加可读性，可忽略空格和"#"后面的注释。

3．显示正则表达式对象

正则表达式对象可使用以下函数显示出来。

（1）group()：返回对象所匹配的字符串。

（2）start()：返回匹配字符串的开始位置。

（3）end()：返回匹配字符串的结束位置。

（4）span()：返回一个由开始位置和结束位置构成的元组。

例如，对于由 compile()生成的正则表达式对象 regex，可以调用 span()显示它所匹配的字符串的位置。

```
>>> from re import *
>>> regex=compile(".+")
>>> r=regex.match('a+b=360')
>>> r.span()
(0, 7)
>>>
```

例 8-5 多种元字符的使用。

本程序调用 compile()，生成正则表达式对象，在指定字符串中查找一个或多个数字，并显示查找结果。

```
#例 8-5_ 正则表达式对象
import re
#生成正则表达式（匹配一个或多个数字）对象
objPtn=re.compile(r'\d+')
#从首字符开始查找，无匹配
m=objPtn.match('Zhang96WangWen87Zhou')
print(m)
#从字符'n'处开始查找，无匹配
m=objPtn.match('Zhang96WangWen87Zhou',3,12)
print(m)
#从字符'9'处开始查找，正好匹配
m=objPtn.match('Zhang96WangWen87Zhou',5,12)
#输出查找结果
print(m)
print(m.group(0))
print(m.start(0))
print(m.end(0))
print(m.span(0))
```

程序运行结果如图 8-3 所示。

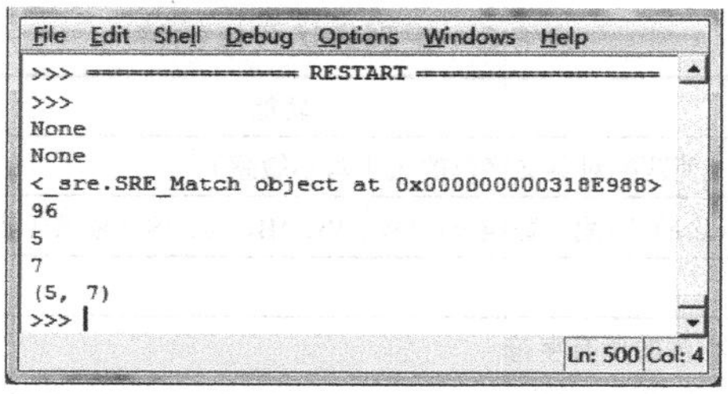

图 8-3 程序的运行结果

8.2.5 正则表达式的匹配

除 compile()外，re 模块还提供了 match()、search()和 findall()这些函数的用于正则表达式的匹配和替换。与 compile()一样，这些函数也包含 pattern 参数（正则表达式）和 flag 参数（匹配模式，可选），其中 flag 参数通常是选择一种或多种正则表达式修饰符作为其值的。

1．三种函数的调用方法

从前几章的讲解和例子中可以看出，match()、search()和 findall()通常有以下两种使用方法。

（1）直接调用：调用这三个方法的一般形式如下。

```
re.match(pattern, string[, flag]])
re.search(pattern, string[, flag]])
re.findall(pattern, string[, flag]])
```

若匹配不成功，则这三个方法都会返回 None。所不同的是：

- match()从起始处匹配。
- search()搜索整个字符串的所有匹配，若匹配成功，则调用 span()返回由匹配起始处和结束处序号构成的元组。
- findall()在匹配成功后，以列表形式返回所有适配子串。

（2）作为正则表达式编译对象 obj 的方法调用如下。

```
obj.match(string[, start[, end]])
obj.search(string[, start[, end]])
obj.findall(string[, start[, end]])
```

若不指定 start 值和 end 值，则默认为 0 和 len(string)，即从串首搜索到串尾。

2．贪婪与非贪婪匹配

Python 程序中，数量词默认为贪婪匹配（少数语言中也可能默认非贪婪），即总是尝试匹配尽可能多的字符。例如，r'[0-9A-Za-z_]+' 可匹配至少一个数字、字母或者下画线组成的字符串，如'A'、'b'、'1_9'和'_name_'等。

实际应用中，经常有精确匹配的需求，可使用"?"字符将贪婪匹配转换为精确匹配。可以在字符"*""?""+"和"{m,n}"后面加上"?"，使得贪婪变成非贪婪，即要求正则匹配的越少越好。

例 8-6　贪婪匹配与非贪婪匹配的比较。

```
#例8-6_ 贪婪与非贪婪匹配
import re
#贪婪（.+）与非贪婪（.+?）匹配对比
str="This is a number 345-236-77-963"
ans1=re.match(".+(\d+-\d+-\d+-\d+)",str)
print(ans1.group(1))
ans1=re.match(".+?(\d+-\d+-\d+-\d+)",str)
print(ans1.group(1))
#贪婪与非贪婪（一个分组有?符）匹配对比
ans2=re.match(r"aa(\d+)","aa5678ccc").group(1)
print(ans2)
ans2=re.match(r"aa(\d+?)","aa5678ccc").group(1)
print(ans2)
ans2=re.match(r"aa(\d+)ccc","aa5678ccc").group(1)
print(ans2)
ans2=re.match(r"aa(\d+?)ccc","aa5678ccc").group(1)
print(ans2)
#指定范围（有{}符号）的匹配
ans3=re.match("[a-zA-Z0-9_]{8}","123a456g78910")
print(ans3.group())
```

```
ans3=re.match("[a-zA-Z0-9_]{8,21}","abc12def345ijk678wtxyz")
print(ans3.group())
```

程序的运行结果如图 8-4 所示。

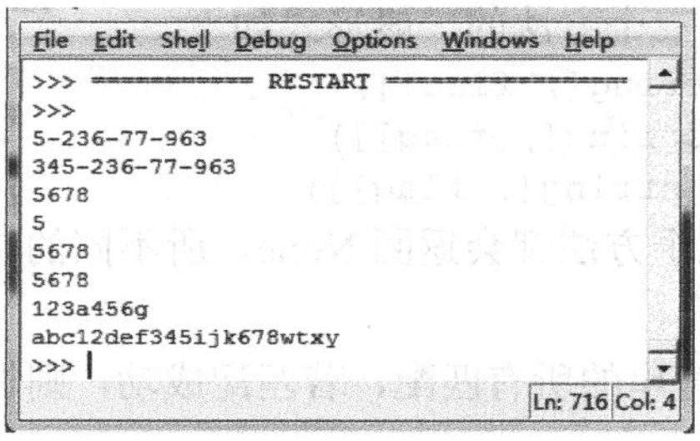

图 8-4　程序的运行结果

8.2.6　正则表达式的切分、分组与替换

re.split()用于将一个字符串切分开来。re.group()用于提取正则表达式中多组括号"()"表达的不同分组所匹配的子字符串。re.sub()用于替换指定的子字符串。

1．split()

实际应用中，常遇到来自不同数据源且由不同分隔符（空格、逗号、分号上、制表符等）隔开的字符串。可使用 re.split()来切分，并以字符串列表形式返回结果。该函数的一般形式为

```
re.split(pattern,string[,maxsplit]])
```

其中，前两个参数与 match()等函数中相应参数的意义相同，可选参数 maxsplit 为最大切分次数。

该函数使用给定正则表达式寻找切分字符串位置，返回包含切分后子串的列表，若无法匹配，则返回包含原字符串的一个列表。例如

```
>>> import re
>>> re.split('[\s\t\,\;]+','aabbc def,;12345 678,xyz' )
['aabbc', 'def', '12345', '678', 'xyz']
>>>
```

2．分组

除简单地判断是否匹配外，正则表达式还有提取子串的强大功能。用括号()表示的就是要提取的分组（Group）。使用 group()可将 re.match()或 re.search()匹配成功的正则表达式的返回对象按照正则表达式的分组提取子字符串。例如，可以从电话号码中提取区号和本地号码，程序如下。

```
>>> import re
>>> m=re.search('^(\d{3})-(\d{3,8})$','029-82668936')
>>> m.group(0)
'029-82668936'
>>> m.group(1)
'029'
>>> m.group(2)
'82668936'
>>> m.group()
```

```
'029-82668936'
>>>
```

3．替换

使用 re.sub() 与 re.subn() 可将正则表达式匹配的字符串内容替换为指定字符串内容。引用这两个函数的一般形式如下。

```
re.sub(pattern,rep1,string[,count,flags])
re.subn(pattern,rep1,string[,count,flags])
```

其中，rep1 为将要替换掉的字符串

例 8-7　字符串的替换。

本程序中，使用 re.sub() 与 re.subn() 将字符串所有连续 5 位数字替换为字符串 "*****"。

```
#例 8-7_ re.sub()实现字符串的替换
import re
objPtn=re.compile('[\d]{5}')
Str='23456abcdef123456ijkmn33356wstyz'
objPtn.sub('*****',Str)
print(objPtn.sub('*****',Str))
print(objPtn.subn('*****',Str))
```

程序的运行结果如图 8-5 所示。

图 8-5　程序的运行结果

8.3　数据文件的存取

在应用程序中，经常会按实际需求将数据批量存入位于外存储器（磁盘、U 盘等）上的数据文件，并在必要时读取其中数据，进行必要的处理。Python 中的文件操作主要包括两个方面：一是对文件本身进行操作；二是对文件内容进行操作。

Python 提供了内置的文件对象及用于操作文件和文件目录的内置模块，可以很方便地存取数据文件中的数据。

8.3.1　数据文件的概念

键盘和显示器这样的设备只适用于进行少量且无须长期保存的数据的输入和输出。若需要存储和处理大批量数据，则需要使用外存储器（简称外存）作为数据的存储介质。数据在外存储器上是以文件形式存放的。

1．文件名

外存上保存的信息是按文件形式组织的，每个文件都对应一个文件名，存放于某个物理盘或逻辑盘的目录层次结构中的一个确定目录中。文件名是由圆点隔开的文件主名和文件扩展名两部分组成的，其中，文件主名是用户命名的有效标识符。一般地，文件主名为不超过 8 个有效字符的标识符，以便同其他软件系统兼容。文件扩展名也是由用户命名的、1～3 个字符组成的、有效的标识符，通常用它区分文件的类型。文件扩展名可以省略（需同时省略掉前面的圆点）。对于用户建立的用于保存数据的文件，通常用.dat 作为文件扩展名，若该文件是由字符构成的文本文件，则可用.txt 作为文件扩展名；若该文件是由字节构成的、能够进行随机存取的内部格式文件，则可用.ran 作为文件扩展名。

2．字符文件和二进制文件

操作系统命令一般是将文件作为一个整体来处理的，如删除文件、复制文件等，而应用程序往往要求对文件的内容进行处理。程序中存取的数据文件可按其存储格式分为两种类型：字符文件和二进制文件。字符文件又称为 ASCII 码文件或文本文件，其中每个字节单元的内容都是字符的 ASCII 码，从文件中读出后能够直接送到显示器上显示出来或在打印机上打印出来直接阅读。Python 的源程序文件、用户建立的文本文件及各种软件系统中的帮助文件等，都是 ASCII 码文件，都可以作为字符文件使用。

二进制文件中，文件内容是数据的内部表示，是从内存中直接复制过来的。对于字符数据来说，数据的内部表示就是 ASCII 码，所以字符文件和二进制文件中保存的字符数据没有差别，但对于数值数据来说，由于它们的内部表示不是 ASCII 码，因此两种文件中保存的方式截然不同。例如，在字符文件中，整型数 867 将被拆成 3 个数字字符'8'、'6'和'7'，依次存放在 3 字节中，而在二进制文件中，867 将被转换为等值的二进制数，存放在 2 字节或 4 字节中。

从内存向字符文件输出数值数据时，需要自动转换成它的 ASCII 码表示，相反地，从字符文件向内存输入数值数据时，也需要自动将它转换为内存表示。但对于二进制文件来说，输入/输出时直接进行内存和外存之间的复制即可。因此，若需要创建的文件主要用于数据处理，则将其创建为二进制文件较好；若需要创建的文件主要用于显示或打印出来给用户看或者是为了供其他软件使用，则将其创建为字符文件较好。另外，当向字符文件输出一个换行符'\n'时，将被看成输出了回车'\r'和换行'\n'两个字符；相反地，当从字符文件中读取回车和换行两个连续字符时，也被看成读取了一个换行符。

计算机系统中，也将各种外部设备看成相应的文件。例如，将键盘和显示器看成标准输入/输出文件，其文件名（又称为设备名）为 con。从文件 con 输入信息就是从键盘输入，向文件 con 输出信息就是在显示器上显示出来。由于键盘和显示器都属于字符设备，因此它们都属于字符格式的文件。

💡注：一般来说，对字符文件的访问操作也适应于键盘和显示器，同样地，对键盘（cin）和显示器（cout）的访问操作也适应于字符文件。

3．文件缓冲区

由于磁盘的读/写速度比内存处理速度要慢一个数量级，因此需要在内存中划出一片存储单元，该存储单元称为缓冲区。从磁盘中读取的数据先放到缓冲区中，然后再将具体的数据复制到应用程序的变量中。下次读取数据时，首先判断数据是否在缓冲区中，若在，则直接从缓冲区中读取；否则继续从磁盘中读取。向磁盘中写数据时，数据总是先写入缓冲区，直到缓冲区写满后再一起送入磁盘。

为了能使应用程序同时处理若干个文件，就必须在内存中开辟多个缓冲区。对缓冲区的管理与操作是由操作系统完成的，编写程序代码时不必考虑。

4．数据文件的访问

数据文件的访问操作包括输入和输出两种操作，输入操作是指从外部文件向内存变量输入数据，实际上是系统先将文件内容读入到该文件的内存缓冲区中，然后从内存缓冲区中取出数据并赋予相应的内存变量，用于输入操作的文件称为输入文件。输出操作是指将内存变量或表达式的值写入到外部文件中，实际上是先写入到该文件的内存缓冲区中，在缓冲区写满后，再由系统一次写入到外部文件中，用于输出操作的文件称为输出文件。

数据文件中保存的内容是按字节从数值 0 开始顺序编址的，一个文件开始位置的字节地址为 0，若文件长度为 n（包含 n 字节），则文件内容的最后一个字节的地址为$(n-1)$，文件最后存放的文件结束符的地址为 n，它也是当前文件的长度值。当一个文件为空时，它的起始位置和结束位置（即文件结束符位置）同为 0 地址的位置。

5．文件指针

一个数据文件打开后，就会产生一个相应的文件指针。开始时，它指向由具体的打开方式确定的隐含的位置。每当向该文件写入数据或从中读出数据时，都从当前文件指针所指的位置开始。在写入或读出若干字节后，文件指针后移若干字节。若文件指针移到了文件末尾处，即读出了文件结束符，则可调用相应的函数（如 eof()）进行测试（返回非 0 值等）。

💡注：文件结束符占用 1 字节，当利用字符变量依次读取字符文件中的字符时，若读取到的字符等于文件结束符 EOF（End Of File），则文件访问结束。

8.3.2　文件的打开和关闭

计算机中的 I/O（Input/Output，输入/输出）操作是相对于内存而言的。输入是指数据从外（磁盘、网络）流进内存，输出是指数据从内存流出到外面（磁盘、网络）。程序运行时，数据都是在内存中驻留，并由 CPU 这个超快的计算核心来执行的，涉及到数据交换的地方（通常是磁盘、网络操作）就需要 I/O 接口。操作系统屏蔽了底层硬件，向上提供通用接口。因此，操作 I/O 接口的能力是由操作系统提供的，每种程序设计语言都会把操作系统提供的低级接口封装起来，并提供给开发者使用。

Python 中内置了文件对象，使用文件对象前，先要通过内置的 open()方法创建一个文件对象，然后通过该对象提供的方法来完成文件的基本操作。该函数的格式为

```
file = open(filename[,mode[,buffering]])
```
其中，各参数的意义如下。
- filename 为文件名。
- mode 为可选参数，用于指定文件的打开模式。
- buffering 为可选参数，用于指定读/写文件的缓冲模式，若值为 0 则为不缓存，若值为 1 则为缓存；若值大于 1，则表示缓冲区的大小。

总之，该函数的功能为：打开或者创建一个文件。

1．打开或者创建文件

使用 open()打开一个文件时，若该文件不存在，则先创建同名文件，然后再打开它。例如：语句

```
file=open('message.txt','w')
```
打开默认文件夹中名为"message.txt"的文件，准备向其中写入数据。若找不到这个文件，则创建之。

使用 open()，既可以按文本形式打开文本文件，又可以按二进制形式打开非文本文件。例如，语句
```
file=open('picture.png'.'rb')
```
打开默认文件夹中名为"picture.png"的文件，准备读出其中数据。

在使用 open()打开文件时，默认采用 GBK 编码，当被打开的文件不是 GBK 编码时，将抛出异常，可以通过添加 encoding='utf-8'参数来将编码指定为 UTF-8。

2. 关闭文件

打开文件后，需要及时关闭，以免对文件造成不必要的破坏。文件对象的 close()方法用于刷新缓冲区中任何尚未写入的信息，并关闭该文件。其一般格式为
```
file.close()
```
当一个文件对象的引用被重新指定给另一个文件时，Python 也会关闭之前的文件。主动调用 close()方法来关闭文件是一个好习惯。

若程序中使用了 with 语句，则无论是否抛出错误，都能够保证 with 语句执行完毕后关闭已经打开的文件，其一般格式为
```
with expression as target
    with-boby
```
其中，expression 用于指定一个表达式；target 用于指定一个变量；with-boby 用于指定 with 语句体。

3. 文件的打开/保存路径

打开文件时，可以在 open()中指定文件所在的文件夹，即给出完整的文件路径名。例如，命令
```
file=open( 'D:\Python3\Student.txt', 'r' )
```
以只读方式打开位于"D:\Python3\"文件夹中的"Student.txt"文件。

若要打开的文件与本程序（*.py 源程序文件）位于同一个文件夹内，则不必指定文件路径，直接写出文件名即可。

8.3.3 文件的打开模式

使用 open()方法打开文件时，除指定"文件路径名"参数外，还需要设置一个 mode 参数，即指定打开文件时的模式。常见的文件打开模式有：只读、只写、可读可写、只追加，具体说明如表 8-9 所示。

表 8-9 文件打开模式及其说明

模式	说明
r	以只读模式打开文件，文件指针指向文件头。若文件不存在，则会报错
w	以只写模式打开文件，件指针指向文件头。若文件存在，则将其内容清空；若文件不存在，则创建该文件
a	以只追加可写模式打开文件，文件指针指向文件尾部。若文件不存在，则创建该文件
r+	在 r（只读）基础上增加可写功能

（续表）

模式	说明
w+	在 w（只写）基础上增加可读功能
a+	在 a（只追加可写）基础上增加可读功能
b	读/写二进制文件（默认是 t，表示文本），需要与上面几种模式搭配使用，如 ab、wb、ab、ab+等

其中，r+、w+和 a+都可以完成读/写文件的任务，其功能区别如下。

- r+模式会覆盖当前文件指针指向的字符。假定原来文件内容是"Hello，World"，则当打开文件写入"hi"后，文件内容变成"hillo, World"。
- w+模式与 r+模式有所不同。w+模式打开文件时，会先将文件内容清空。
- a+模式与 r+模式也有所不同。a+模式只能写到文件末尾（无论当前文件指针在哪里）。

例 8-8　读取并输出文本文件的内容。

本程序中，以只读方式打开预先保存在与本程序同在一个文件夹中的文本文件，并输出该文件中的内容。

```
#例 8-8_ 读出文本文件的内容
#import os
fo=''
#打开与本程序文件同在一个文件夹的文本文件
try:
    #以只读方式打开文本文件"长河忆.txt"('utf-8'编码)
    fo=open('长河忆.txt','r',encoding='utf-8')
    print(fo.read())
except:
    print('出错了！')
finally:
    print('>>>>>>finally')
    if fo:
        fo.close()
```

程序运行前，先用记事本编辑一个如图 8-6(a)所示的文本文件，然后存入本程序所在的文件夹（如 D:\Python3），保存文件对话框如图 8-6(b)所示。

程序运行后，若同一个文件夹中有名为"长河忆.txt"、编码为"UTF-8"的文本文件，则会打开该文件并显示其内容，如图 8-6(c)所示。若在同一个文件夹中找不到这个文本文件，则会出错，即显示如图 8-6(d)所示的信息。

(a)

(b)

图 8-6　程序的运行结果

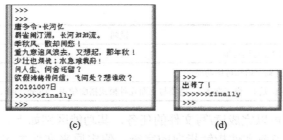

(c)   (d)

图 8-6   例 8-8 程序的运行结果（续）

8.3.4   文件对象的属性

打开一个文件后，就有了一个文件对象，可就此得到有关该文件的各种信息，如文件名、访问模式等。文件对象 f 的属性如表 8-10 所示。

表 8-10   文件对象 f 的属性

属性	说明
f.closed	若文件已被关闭，则返回 true；否则返回 false
f.mode	文件对象打开时的访问模式
f.name	文件对象的文件名（也可能没有）
f.encoding	bytes 与 str 之间转换时使用的编码
f.newlines	文本文件中的换行字符串的类型

其中，file.encoding 属性和 file.newline 属性分别对应 open() 中的 encoding 参数和 newline 参数。

（1）encoding 参数只用于文本文件。可将未编码的文件内容按照 encoding 指定的编码表来编码。Windows 系统默认编码为 GBK，可设置为"utf8"（也可写成 utf-8）。

（2）newline 参数将文件中的换行符变成当前系统支持的换行符。

- newline 的默认值为 None，即将换行符转换成当前系统支持的换行符并断开。
- newline="表示什么都不做。
- newline='/r/n'表示以'/r/n'作为换行符并断开。
- newline='/n'表示以'/n'作为换行符并断开，换行符也变成'/n'。

例 8-9   打开文本文件，显示其属性。

为了避免忘记关闭文件或者每次都手动关闭文件，可以使用 with 语句。该语句会在其代码块执行完毕后自动关闭文件。

💡注：with 是一种语法糖。语法糖语句通常是为了简化某些操作而设置的。

假定本程序所属文件夹中有一个名为"放翁情"的文本文件，则可用以下程序读出其内容并显示文件对象的属性。

```python
#例 8-9  读出文本文件的内容并显示其属性
fo=''
#打开与本程序文件同在一个文件夹中的文本文件
with open('放翁情.txt','r', encoding='utf-8') as fo:
    print(fo.read())
#显示文件对象的属性
print(fo.closed)
print(fo.encoding)
```

```
s=fo.newlines
print((s[0],s[1]))
```

程序的运行结果如图 8-7 所示。

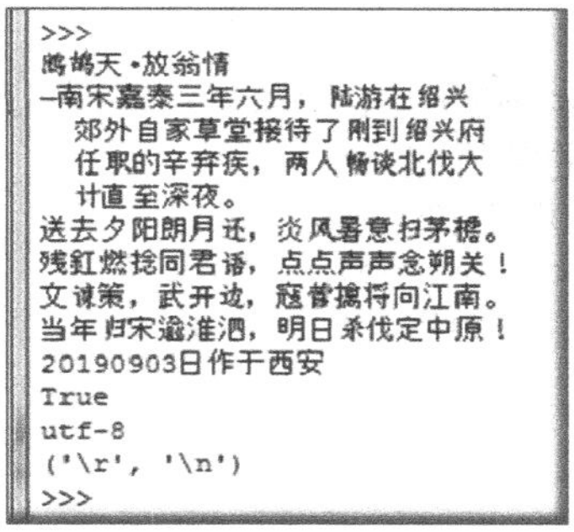

图 8-7　程序的运行结果

8.3.5　文件的读取和写入

Python 提供了一系列方法，用于从数据文件中读取数据，或者向数据文件写入和追加数据。对象 f 的读/写方法如表 8-11 所示。

表 8-11　文件对象 f 的读/写方法

属性	说明
f.__next__()	返回 f 中的下一行，多数情况下，该方法是隐式使用的，如返回 f 中的 n 字节而不移动文件指针
f.peek(n)	返回 n 字节而不移动文件指针
f.read(count)	从 f 中读取至多 count 个字符。若未指定 count，则读取当前文件指针处直到末尾的每个字节。以二进制模式读取时返回 bytes 对象；以文本模式读取时返回 str 对象；再有无可读内容（到文件结尾）时返回一个空 bytes 或 str 对象
f.readable()	若 f 已经打开并等待读取，则返回 True
f.readinto(ba)	将至多 len(ba)字节读入 bytearray 对象 ba 中，并返回读入的字节数。若在文件结尾，则为 0（仅二进制模式时可用）
f.readline(count)	读取下一行（若指定 count，并在\n 字符前满足这个数值，则至多读入 count 字节），包括\n
f.readlines(sizehint)	读入文件结尾前的所有行，并以列表形式返回。若给定 sizehint，则至多读取约为 sizehint 字节（底层文件对象支持时）
f.seek(offset,whence)	若未给定 whence，或其值为 os.SEEK_SET，则按给定 offset 移动文件指针（作为下次读/写的起点）；若 whence 值为 os.SEEK_CUR，则相对于当前文件指针位置将其移动 offset（可为负值）个位置；若 whence 值为 os.SEEK_END，则为相对文件结尾。追加"a"模式时，写入总在结尾处进行，而不管文件指针在何处。文本模式下，只使用 tell()方法的返回值作为 offset
f.seekable()	若 f 支持随机存取，则返回 True
f.tell()	返回当前指针位置（相对文件起始处）
f.truncate(size)	截取文件到当前文件指针所在位置，若给定 size，则到 size 大小处
f.writable()	若 f 是为写操作而打开的，则返回 True
f.write(s)	将 bytes/bytearray 对象 s 写入文件（该文件以二进制模式打开），或者将 str 对象 s 写入文件（该文件以文本模式打开）
f.writelines(seq)	将对象序列（对文本文件而言是字符串，对二进制文件而言是字节字符串）写入文件

注：使用 f.readlines()时，因为 os 模块有一个属性 DEFAULT_BUFFER_SIZE，其大小为 8K（8192）字节，故该函数每次读入大小约为 DEFAULT_BUFFER_SIZE 的一个近似值，而并不是读入所有内容。

例 8-10 打开文本文件，读其指定行的内容。

本程序使用 read()、readline()和 seek()等函数，读取文本文件"放翁情.txt"中指定行、指定个数的字符，并显示读出的字符串。

```
#例 8-10  读出文本文件中的某些内容
fo=open("放翁情.txt", "r+",encoding='utf-8')
#从当前文件指针处开始，读取至多 10 个字符
str=fo.read(10)
print("从头读取 10 个以内的字符：", str)
#查找当前位置
position=fo.tell()
print("当前文件指针位置：", position)
#从当前文件指针处开始，读取至多 10 个字符
str=fo.readline()
print("读取当前文件指针处一行：", str)
#文件指针重新定位到文件开头
position=fo.seek(0,0)
str=fo.read(30)
print("再次从头读取 25 个字符：\n", str)
#关闭打开的文件
fo.close()
```

程序运行后，显示如图 8-8 所示的运行结果。

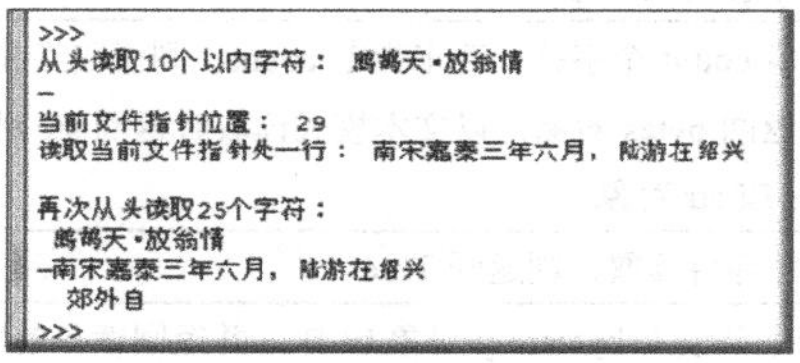

图 8-8　程序的运行结果

8.4　简单爬虫

网络爬虫也称网络蜘蛛（Web Spider），是按照一定规则自动请求 WWW（World Wide Web，万维网）网站并提取网络数据的程序或脚本。网络爬虫程序首先抓取相关网页，即将 URL（Uniform Resource Locator，统一资源定位器）地址中指定的网络资源从网络流中读出来；然后使用正则表达式及其他手段，搜集必要的信息，保存到本地计算机中。

在 Python 程序中，调用内置的 urlib 库，配合正则表达式的应用，可以简单地抓取静态网页。

8.4.1　HTTP 协议与 URL 网址

HTTP（Hyper Text Transfer Protocol，超文本传输协议）是从万维网服务器到本地浏览器的超文本传输协议。HTTP 协议工作于客户端/服务端架构之上，浏览器作为 HTTP 客户

端，通过 URL 向 HTTP 服务端（即 Web 服务器）发送所有请求。Web 服务器根据接收到的请求，向客户端发送相应信息。

HTTP 使用 URL（Uniform Resource Locator，统一资源定位器）来传输数据和建立连接。URL 因特网上标识某处资源的地址。

💡注：HTTP、URL 等因特网常用名词都来自于对应英文单词的缩写，但使用时尤其是在 Python 这种英文字母大小写敏感的程序中使用时，常为小写英文字母形式。为了便于理解，本书会在不同的语境中采用不同的形式。

URI（Uniform Resource Identifier，统一资源标识符）用于唯一地标识一个资源。Web 网（与 WWW 和万维网意义相同）上可用的每种资源（如 HTML 文档、图像、程序和视频片段等）都用一个 URI 定位。

URL 是一种具体的 URI，也就是说，URL 不仅用于标识一个资源，还用于指明如何定位该资源。有了 URL，就可用一种统一的格式来描述各种信息资源，如文件、服务器的地址和目录等。URL 的一般格式为

```
protocol://hostname[:port]/path/[;parameters][?query]
```

例 8-11 一个完整的 URL 如下。

http://www.aspxfans.com:8080/news/index.asp?boardID=5&ID=24618&page=1#name
这个 URL 由以下几部分组成。

（1）协议：这个由 URL 标识的网页使用 HTTP 协议。因特网中可以使用多种协议，如 HTTP、FTP 等，分别表示因特网所能提供的不同种类的服务方式。例如，百度使用的是 HTTPS 协议。

（2）域名：这个 URL 的域名为"www.aspxfans.com"。IP 地址常用作一个 URL 中的域名。例如，百度的主机名为 www.baidu.com，这是服务器的地址。

（3）端口号：在域名后面的是端口号，域名和端口之间使用":"作为分隔符。端口号是 URL 中的可选参数，一般网站默认的端口号为 80。

（4）虚拟目录：从域名后的第一个"/"开始直到最后一个"/"为止，是虚拟目录部分。虚拟目录也是 URL 中的可选参数。本例中的虚拟目录是"/news/"。

（5）文件名：从域名后的最后一个"/"开始到"？"为止，是文件名。本例中的文件名是"index.asp"。

- 若没有"?"，则从域名后最后一个"/"开始直到"#"为止，是文件名。
- 若没有"？"和"#"，则从域名后最后一个"/"开始直到结束，都是文件名。
- 文件名也是 URL 中的可选参数，若省略该部分，则使用默认的文件名。

（6）锚：从"#"开始直到最后，都是锚。本例中的锚是"name"。锚也是 URL 中的可选参数。

（7）参数：从"？"开始直到"#"为止，是参数部分，又称为搜索部分、查询部分。本例中的参数为"boardID=5&ID=24618&page=1"。允许有多个参数，参数与参数之间用"&"隔开。

8.4.2 HTTP 请求与响应

HTTP 协议定义 Web 客户端从 Web 服务器请求 Web 页面，以及服务器将 Web 页面传送给客户端的方式。HTTP 协议以请求/响应模式工作。

（1）客户端向服务器发送一个请求报文，请求报文包含请求的方法、URL、协议版本、请求头部和请求数据。

（2）服务器以一个状态行作为响应，响应的内容包括协议的版本、成功或者错误代码、服务器信息、响应头部和响应数据。

1．HTTP 请求消息 Request

客户端发送一个 HTTP 请求到服务器的请求消息包括 4 部分：请求行（Request Line）、请求头部（Request Header）、空行和请求数据。

例 8-12 一个 GET 请求的例子。

下面是一个 GET 抓取 Request 的内容。

```
GET/562f25980001b1b106000338.jpgHTTP/1.1
Host img.mukewang.com
User-Agent Mozilla/5.0(WindowsNT10.0;WOW64)AppleWebKit/537.36(KHTML,likeGecko)
Chrome/51.0.2704.106Safari/537.36
Accept image/webp,image/*,*/*;q=0.8
Referer http://www.imooc.com/
Accept-Encoding gzip,deflate,sdch
Accept-Languag ezh-CN,zh;q=0.8
```

（1）请求行：用于说明请求类型、待访问资源及所使用的 HTTP 版本。本例中，请求类型为 "GET,[/562f25980001b1b106000338.jpg]"，是待访问资源。该行最后一部分说明使用的是 HTTP 1.1 版本。

（2）请求头部：紧接着请求行（第 1 行），从第 2 行起为请求头部。用于说明服务器所使用的附加信息。

- Host 指出请求目的地。

- User-Agent（UA，用户代理）：是浏览器类型检测逻辑的重要基础。由所用浏览器定义且在每个请求中自动发送。服务器端脚本和客户端脚本均可访问。

（3）空行：请求头部后面必须有空行。即使第 4 部分请求数据为空也要有。

（4）请求数据也称为主体，可以添加任意其他数据。本例请求数据为空。

2．HTTP 响应消息 Response

一般情况下，服务器接收并处理客户端发过来的请求后，会返回一个 HTTP 的响应消息。HTTP 响应也由 4 部分组成：状态行、消息报头、空行和响应正文。

例 8-13 一个 HTTP 响应的例子。

```
HTTP/1.1200OK
Date:Fri,22May200906:07:21GMT
Content-Type:text/html;charset=UTF-8
<html>
<head></head>
<body>
<!--body goes here-->
</body></html>
```

（1）状态行（第 1 行）：包括 HTTP 协议版本号、状态码和状态消息三部分。本例中，状态行指定 HTTP 版本为 1.1、状态码为 200、状态消息为 OK。

（2）消息报头（第 2 行与第 3 行）：指定客户端要使用的一些附加信息。

- Date 指定生成响应的日期和时间。
- Content-Type 指定 MIME 类型的 HTML(text/html)，编码类型为 UTF-8。

（3）空行：消息报头后面必须有空行。

（4）响应正文：是服务器返回给客户端的文本信息。空行后面的 html 部分即为响应正文。

3．HTTP 请求方法

HTTP 请求可以使用多种方法。其中，HTTP 1.0 定义了 3 种请求：GET 请求、POST 请求和 HEAD 请求。HTTP 1.1 新增了 5 种请求：OPTIONS 请求、PUT 请求、DELETE 请求、TRACE 请求和 CONNECT 请求。

（1）GET 请求：请求指定的页面信息，并返回实体主体。

（2）HEAD 请求：类似于 GET 请求，只不过返回的响应中没有具体内容，用于获取报头。

（3）POST 请求：向指定资源提交数据，如提交表单或上传文件等，数据被包含在请求体中。POST 请求可能会导致新资源的建立或者已有资源的修改。

8.4.3　爬取静态网页

若将因特网比作蜘蛛网，则网络爬虫就是在网上爬来爬去的蜘蛛，它是根据网页地址 URL 来寻找网页的。在 Python 程序中，调用内置的 urllib 库，可以简单地抓取静态网页。urllib 库是一个 Web 交流库，其核心功能是模仿 Web 浏览器等客户端去请求相应资源，并返回一个类文件对象。urllib 库支持各种 Web 协议（如 HTTP、FTP、Gopher），同时也支持对本地文件的访问。多用于爬虫的编写。

💡注：若要爬取 JS（JavaScript）动态生成的内容，如 JS 动态加载的图片，则还需要一些高级技巧。

1．urllib 库

urllib 库是一个 URL 处理包，可以简单地实现静态网页的自动下载。这个包中集合了一些处理 URL 的模块。

（1）urllib.request 模块：最基本的 HTTP 请求模块。可用于模拟发送一个请求，就像在浏览器中输入网址然后敲击回车键一样，只需要给库方法传入 URL 和额外的参数就可以模拟实现这个过程了。

（2）urllib.error 模块：异常处理模块。若出现请求错误，则可以捕获这些异常，然后重试或进行其他操作，保证程序不会意外终止。

（3）urllib.parse 模块：工具模块。提供了许多 URL 处理方法，如拆分、解析、合并等。

（4）urllib.robotparser 模块：主要是用于识别网站的 robots.txt 文件，然后判断哪些网站可以爬，哪些网站不可以爬，该模块使用比较少。

2．urlopen()

通过 Request 模块中的 urlopen()可以打开一个网页并获取内容。该函数的一般格式如下。

```
urlopen(url, data=None, timeout=<object object at 0x000001D4652FE140>, *,
        cafile=None, capath=None, cadefault=False, context=None).
```

其中，常用的参数如下。

（1）url 参数：可以是一个表示 URL 的字符串，如 http://www.xxxx.com/。

（2）data 参数：指定发往服务器请求中的额外信息，如在线翻译、在线答题等提交的内容。

例 8-14 打开一个 UTF-8 编码的网页，解码其信息并显示出来。

查看网页编码方式的人为操作法：在网页上单击鼠标右键，选择"检查"命令，显示如图 8-9(a)所示的网页源代码。查看 head 标签开始位置的 chareset 值，即可知道网页是何种编码了。

本程序完成以下任务。

- 调用 request.urlopen()方法，打开网址为 https://fanyi-pro.baidu.com/index 的百度翻译网站首页，返回如同一个文本对象的 Response 对象。
- 调用 read()方法读取该对象内容。
- 调用 decode()方法来解码（UTF-8 编码）网页的信息。
- 输出网页信息。

```
#例 8-14_ 打开百度翻译首页，显示其源代码
-*- coding: UTF-8 -*-
from urllib import request
if __name__ == "__main__":
    response=request.urlopen("https://fanyi-pro.baidu.com/index")
    html=response.read()
    html=html.decode("utf-8")
    print(html)
```

程序中调用 read()读取文件的全部内容，将其赋给一个字符串变量。也可以调用 readlines()读取全部内容，将其赋给一个列表变量；或者调用 readline()读取文件的一行内容。

程序运行的结果如图 8-9(b)所示。

(a) (b)

图 8-9　程序的运行结果及网页源代码

8.4.4　Request 对象

可以单纯使用 urlopen()方法请求一个网址，但当需要携带更多数据去请求服务器时，要将网址连同必要的数据包装成 Request 对象，再将整个对象发送过去。

也就是说，虽然单独使用 urlopen(url)方法比较方便，但当执行更复杂的操作时，如添加请求头部（HTTP 报头），就需要将网址等数据包装成 Request 对象（实例），再将该对象

作为 urlopen()的参数，而需要访问的 URL 地址则作为 Request 对象的参数。

💡注：这里的 Request 不同于第三方模块 Requests，需要将两者区分开来。

1. 创建 Request 对象

创建 Request 对象时，必须有 url 参数，还可设置以下两个参数。

● data 参数：是伴随 url 提交的数据，默认为空。同时 HTTP 请求将从 GET 方式改为 POST 方式。

● headers 参数：是一个字典，默认为空。包含要发送的 HTTP 报头的键值对。

2. 用户代理

用户代理（User Agent，UA）是一个特殊字符串头，用于服务器识别用户使用的操作系统及其版本、CPU 类型、浏览器及其版本、浏览器渲染引擎、浏览器语言，以及浏览器插件等。

有些网站常通过判断 UA 来给不同的操作系统、不同的浏览器发送不同的页面，这样有可能造成某些页面无法在某个浏览器中正常显示，可通过伪装 UA 来绕过检测。浏览器 UA 字符串的标准格式如下。

浏览器标识（操作系统标识；加密等级标识；浏览器语言）渲染引擎标识 版本信息

由于很多网站在 UA 检测时忽略两位数版本号，有可能造成某些版本的浏览器收到混乱的页面，故自浏览器 10 版本后，前面的"浏览器标识"项指定浏览器，而在 UA 字符串尾部添加真实版本信息。

HTTP 规范规定：浏览器应该发送简短的用户代理字符串，指定浏览器名称和版本号。但实际情况却因开发商和版本的种类繁多而变得十分复杂。

（1）1993 年，美国国家超级计算机中心发布了第一款 Web 浏览器 Mosaic，其 UA 字符串为 Mosaic/0.9。

（2）Netscape 公司进入浏览器开发领域后，将自己的产品代号定名为 Mozilla（Mosaic Killer），其 UA 字符串格式如下。

Mozilla/版本号 [语言] (平台；加密类型)

（3）Microsoft 发布第一款赢得广泛认可的 Web 浏览器 IE3 时，Netscape 公司已经占据了绝对市场份额，为了让服务器能够检测到 IE，便将 UA 字符串修改成兼容 Netscape 的形式，即

Mozilla/2.0(compatible; MSIE 版本号；操作系统)

目前仍在使用的 IE 9 的 UA 字符串为

Mozilla/5.0 (compatible; MSIE 9.0; Windows NT 6.1; Trident/5.0)

例 8-15 创建 Request 对象，打开并显示百度主页。

以下代码构建了一个最简单的 Request 对象，即仅传入 URL。

```
#例 8-15_ 仅传入 URL 的 Request 对象
import urllib.request
url='http://www.baidu.com'
reqObj=urllib.request.Request(url)
response=urllib.request.urlopen(reqObj)
print(type(response.read()))
```

程序运行后，输出如图 8-10(a)所示的对象类型。

修改代码，为 Request 对象添加请求头部信息。

```
#例 8-15 改_ 添加了请求头部的 Request 对象
import urllib.request
url='http://www.baidu.com'
header={"User-agent":"Mozilla/5.0(compatible;MSIE 9.0;Windows NT 6.1;
Trident/5.0;"}
reqObj=urllib.request.Request(url,headers=header)
response=urllib.request.urlopen(reqObj)
print(type(response.read()))
```

程序运行后，同样输出如图 8-10(a)所示的对象类型。也可以使用 add_header()方法添加请求头部信息。

```
#例 8-15 改1_ 以 add_header()方法添加请求头的 Request 对象
import urllib.request
url='http://www.baidu.com'
header={"User-agent":"Mozilla/5.0(compatible;MSIE 9.0;Windows NT 6.1;
Trident/5.0;"}
reqObj=urllib.request.Request(url,headers=header)
reqObj.add_header("Connection","keep-alive")
print(reqObj.headers)
response=urllib.request.urlopen(reqObj)
print(type(response.read()))
```

程序运行的结果如图 8-10(b)所示。

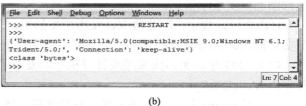

(a)   (b)

图 8-10   程序的运行结果及对象类型

8.4.5   爬虫基本流程

如果说网络像一张网，那么爬虫就像网络上爬行的小虫子，遇到了合乎自拟规则的数据就把它爬取下来。这里的数据是指因特网上公开且可访问的网页信息，而非网站中无权访问的后台信息，更不是非公开的用户注册信息。

1．数据爬虫的基本流程

在网站上爬取数据的一般过程如下。

（1）发起请求。通过 HTTP 库向目标站点发送请求，即发送一个 Request，请求可包含额外的头部信息等必要信息，然后等待服务器的响应。

（2）获取响应内容。若服务器可以正常响应，则会得到一个 Response，其内容就是所要获取的页面内容，类型可能有 HTML、Json 字符串，或者图片、视频等类型的二进制数据。

（3）解析内容。获取的内容有以下多种可能。

- 若获取的内容是 HTML，则可使用正则表达式、网页解析库来解析。
- 若获取的内容是 Json，则可直接转为 Json 对象解析。

- 若获取的内容是二进制数据，则可保存或者进一步处理。

（4）保存数据。保存形式多样，可存为文本，也可保存到数据库中，还可保存为特定格式的文件。

2．请求

浏览器发送消息给该网址所在的服务器，这个过程称为 HTTP 请求。

（1）请求方式：主要是 GET（获取）和 POST（传送）两种类型，还有 HEAD、PUT、DELETE 和 OPTIONS 等类型。

（2）请求 URL：一个网页文档、一张图片或者一个视频等，都可以用 URL 唯一地确定。

（3）请求头：包含请求时的头部信息，如 User-Agent、Host 和 Cookies 等信息。

（4）请求体：请求时额外携带的数据，如表单提交时的表单数据等。

3．响应

服务器接收到浏览器发送的消息后，能够根据浏览器发送消息的内容做相应处理，然后将消息回传给浏览器，这个过程称为 HTTP 响应。浏览器接收到服务器的响应信息后，会对信息进行相应处理，然后将信息显示出来。

（1）响应状态：有多种响应状态，例如，200 表示成功、301 表示跳转、404 表示找不到页面、502 表示服务器错误等。

（2）响应头部：包括内容的类型、长度、服务器信息、设置 Cookie 等。

（3）响应体：是最主要部分，包含了请求资源的内容，如网页 HTML、图片二进制数据等。

4．可爬取的数据种类及保存数据的方式

可爬取的数据及保存数据的方式主要有以下 3 种。

（1）网页文本：如 HTML 文档、Json 格式的文本等。

（2）图片：可获取的是二进制文件，保存为图片格式。

（3）视频：可获取的也是二进制文件，保存为视频格式即可。

实际上，只要是能够请求到的数据种类，都能够获取。

5．保存爬取数据的形式

爬取的数据可保存为以下 4 种形式。

（1）文本：如纯文本文档、Json 文档、Xml 文档等。

（2）关系型数据库：如 MySQL、Oracle、SQL Server 等关系数据库（具有结构化表头的数据表）中。

（3）非关系型数据库：如 MongoDB、Redis 等 Key-Value 数据库中。

（4）二进制文件：如图片、视频、音频等具有特定格式的文档。

💡注：爬取的内容往往与从浏览器中看到的不一样，其原因主要是：网页通过浏览器解析时，需要加载 CSS（Cascading Style Sheets，层叠样式表）与 JS 等文件对网页解析渲染，才能得到绚丽的网页，而爬取的文件只是一些代码，CSS 文件无法调用，因此其样式无法表现出来，网页就会出现错位等各种问题。

例 8-16　打开一个已知 URL 的网页，获取 URL 参数信息（URL、以 meta 标记的元信息及编码方式等），并将网页保存到当前文件夹中。

```
#例 8-16_ 打开指定 URL 的网页，打印 URL 参数信息并保存网页
from urllib import request
if __name__ == "__main__":
    #打开指定 URL 的网页
    file=request.urlopen("https://bbs.csdn.net/home")
    #获取 URL 参数信息
    getUrl=file.geturl()
    metaInfo=file.info()
    getCode=file.getcode()
    print("网址 URL: %s"%getUrl)
    print("********************************")
    print("meta 标记的元信息：%s"%metaInfo)
    print("********************************")
    print("HTTP 状态码（200 为请求成功）：%s"%getCode)
    #保存爬取的网页
    html=file.read()
    fileHtml=open('webPage.html','wb')
    fileHtml.write(html)
    #关闭已保存的文件
    fileHtml.close()
```

本程序中，也可用以下代码直接将指定 URL 的网页存入当前文件夹中。

```
file=request.urlretrieve('https://blog.csdn.net/home',filename='webPage.html')
request.urlcleanup()    #清除缓存信息
```

程序运行的结果如图 8-11 所示。

图 8-11　程序的运行结果

程序解析 8

本章解析以下 3 个程序。

（1）构造多个正则表达式，并以多种不同的方式来查找与之匹配的字符串。

（2）请求 HTTP 服务器，打开一个指定 URL 的网页，依据给定的正则表达式爬取一个网页上的所有图片，并将这些图片存入本地计算机的一个文件夹中。

（3）利用网页中具有多个分页的 URL 网址的特点，连续爬取并显示多个分页。

阅读并运行这三个程序，进一步理解正则表达式的概念，掌握其使用方法；理解数据文件的概念，掌握读取和写入数据的方法；理解万维网的一般工作方式，并掌握抓取网页及找出其中数据的方法。

程序 8-1　正则表达式的使用

本程序中，构造多个包含不同元字符（通配符、分组符、常规字符等）的正则表达式，调用不同功能的函数（findall()、split()等），以直接检索或者先创建对象再检索的方式，查找与之匹配的字符串。

1. 算法与程序结构

本程序包含多个正则表达式匹配的例子，按顺序完成以下操作。

（1）导入 re 模块。

（2）调用函数 findall()，在整个字符串内查找与正则表达式"r'(\d[A-Za-z]+)789'"匹配的所有字符串。

（3）调用 compile()，编译正则表达式"r'(\d)[a-z]+'"对象，然后调用 search()，在整个字符串内查找匹配的字符串。

（4）找出一个字符串中的所有数字串，即循环找出一个字符串中与正则表达式 r'\d+' 匹配的所有子串。

（5）在一个字符串中找出与包含多个分组的正则表达式匹配的字符串，各分组匹配的结果作为一个元组的元素。

① 查找有两个分组的正则表达式"r'(\d+)W([a-d]+)'"所匹配的所有字符串。

② 查找有一个分组的正则表达式"r'(\d+)W[a-d]+'"所匹配的所有字符串。

③ 查找无分组符（圆括号）的正则表达式"r'\d+W[a-d]+'"所匹配的所有字符串。

（6）调用 split()，找出含指定分隔符的正则表达式"r'[-+]'"所匹配的所有字符串。

2. 程序

```
#程序 8-1_ 正则表达式的匹配
from re import *
#直接调用函数，从头开始比对
ans=findall(r'(\d[A-Za-z]+)789', '5Book6Book789')
print(ans)
#编译对象调用函数，在整个字符串内搜索
objPtn=compile(r'(\d)[a-z]+',I)
p=search(objPtn,'Zhang2Student+985nf')
print(p.group(0))
print(p.group(1))
print(p.string)
#找出一个字符串中所有的数字串
reStr =r'\d+'
str1='李明方 123 皇甫富强 8567 白音巴特尔 93 温丽晨 980 好'
ans=search(reStr,str1)
while ans:
    print(ans.group(),end=' ')
    str1=str1[ans.end():]
```

```
    ans=search(reStr,str1)
print()
#有多个分组时，各分组匹配的结果作为一个元组的元素
#有两个分组
reStr=r'(\d+)W([a-d]+)'
str1='abc123Wkind8567Waabbcc 分组 93WWW980Waaa'
ans=findall(reStr, str1)
print(ans)  # [('8923', 'abc'), ('890', 'aa')]
#含一个分组
reStr=r'(\d+)W[a-d]+'
str1='abc123Wkind8567Waabbcc 分组 93WWW980Waaa'
ans=findall(reStr, str1)
print(ans)  # ['8923', '890']
#未分组（一个分组）
reStr=r'\d+W[a-d]+'
str1='abc123Wkind8567Waabbcc 分组 93WWW980Waaa'
ans=findall(reStr, str1)
print(ans)  # ['8923kabc', '890kaa']
#字符串按正则表达式条件的子串分割
str1='Zhang1Wang2-Wen3LiSheng+93ma4heng5-8zhou7+89Huang-'
ans=split(r'[-+]',str1)
print(ans)
```

3. 程序的运行结果

程序的运行结果如图 8-12 所示。

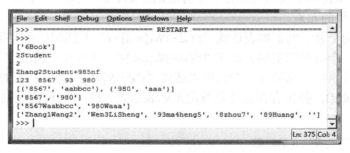

图 8-12　程序的运行结果

程序 8-2　爬取一个网页上的所有图片

本程序中，将 URL 报头与 HTTP 报头包装成 Request 对象，请求服务器打开一个网页，依据给定的正则表达式检索出网页上的图片，再将这些图片保存在本地计算机的一个文件夹中。

1. 算法与程序结构

本程序按顺序完成以下操作。

（1）导入以下几个内嵌模块
- 用于处理正则表达式的 re 模块
- 用于文件、文件夹操作的 os 模块
- 用于爬虫的 urllib 模块
- 用于 HTTP 请求的 urllib.request 模块

（2）将 URL 网址等数据包装成 Request 对象（类的实例），伪装成 Google 浏览器，向服务器请求指定网页

　　（3）字符串变量 html←调用 read()，读取该网页全部内容

　　（4）字符串变量 regular←过滤图片的正则表达式

　　（5）创建保存图片的文件夹

　　（6）列表 imglist←调用 findall()，查找网页上所有图片地址

　　（7）循环（依据 imgList 列表中的所有地址）：

　　　　　　　逐个打开 imgList 中图片网址下载图片

　　　　　　　逐个保存到指定文件夹中

　　（8）算法结束

2. 程序

程序源代码如下。

```
#程序 8-2_ 批量爬取网页上的图片
#导入各种功能（正则表达式、操作系统、爬虫、请求服务器）模块
import re,os,urllib,urllib.request
#getHtml()：按给定的 URL 得到网页源代码
def getHtml(url):
    page=urllib.request.Request(url)
    #添加头部（URL 报头与 HTTP 报头包装成 Request 对象）伪装成 Google 浏览器
    UA='Mozilla/5.0 (Windows NT 10.0;WOW64) AppleWebKit/537.36 \
        (KHTML,like Gecko) Chrome/65.0.3325.181 Safari/537.36'
    page.add_header('user-agent',UA)
    response=urllib.request.urlopen(page)
    html=response.read()
    return html.decode('UTF-8')
#getImg()：查找网页上所有图片，存入指定文件夹中
def getImg(html):
    regular=r'src="(.+?\.jpg)" pic_ext'
    imgre=re.compile(regular)
    #查找网页上所有图片地址，赋予 imglist 列表
    imgList=imgre.findall(html)
    k=0
    path='D:\\jpgImages'
    #确认或创建 D:\\jpgImages 文件夹
    if not os.path.isdir(path):
        os.makedirs(path)
    paths=path+'\\'
    #将图片逐个存入 D:\\jpgImages 文件夹中
    for imgurl in imgList:
        #逐个打开 imgList 中的图片网址，下载并保存图片
        urllib.request.urlretrieve(imgurl,'{}{}.jpg'.format(paths,k))
        k=k+1
    return imgList
if __name__ == "__main__":
    #调用 getHtml()，获取网页源代码
    html=getHtml("https://tieba.baidu.com/p/2460150866?red_tag=1548220965")
    #调用 getImg()，找出并保存网页上的所有图片
    getImg(html)
```

3．程序的运行结果

程序的运行结果如图 8-13 所示。

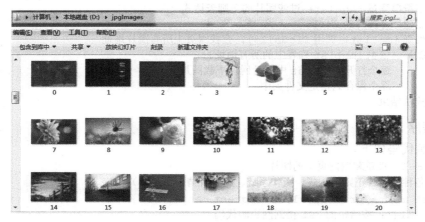

图 8-13　程序的运行结果

程序 8-3　爬取同一个 URL 的多个分页

有些网页包含多个分页，它们的 URL 网址相同，区别仅在于不同的页面有不同的序号。例如，在浏览器地址栏输入 URL 网址"https://tieba.baidu.com/f?ie=utf-8&kw=西安&pn=0"，进入百度贴吧"西安吧"首页，可以显示其中的帖子。在这个网址中，"西安"是搜索关键字；"https://tieba.baidu.com/f"为基础部分；"kw=西安&pn=0"为参数部分，其中"pn"值与该贴吧的页码有关。假定 n 为页码，则第 n 页的 pn=(n-1)×50。也就是说，该贴吧前三页的 URL 网址分别为"https://tieba.baidu.com/f?ie=utf-8&kw=西安&pn=0""https://tieba.baidu.com/f?ie=utf-8&kw=西安&pn=50""https://tieba.baidu.com/f?ie=utf-8&kw=西安&pn=100"。

本程序根据这个规律（每个分页的请求地址相同，改变 pn 值即可进入下一页），爬取该贴吧的前三个页面。

1．算法与程序结构

本程序按顺序完成以下操作。

```
（1）导入 urllib.request 模块
（2）URL←URL 基础部分 "http://tieba.baidu.com/f?"
（3）kwURL←输入贴吧名并构造关键字（如 kw=西安）
（4）输入将要爬取的首页序号和末页序号（如 onePage=1、endPage=5）
（5）循环（iPage 从 onePage 到 endPage）：
        ① pnKwUrl←构造 URL: kwURL+"&pn="+str((iPage-1)*50)
        ② UA←{"User-Agent":"Mozilla/5.0(compatible;MSIE 9.0; \
               Windows NT 6.1;Trident/5.0;"}
        ③ UA 与 URL 包装成 Request 对象（伪装成浏览器）
        ④ html←以 URL 和 UA 为参数，调用 urllib.request.Request()下载网页
        ⑤ file←构造文件名"贴吧第"+str(iPage)+"页.html"
        ⑥ 当前文件夹中的 file 文件←html 字符串（下载的网页）
（6）算法结束
```

2．程序

程序源代码如下。

```python
#程序8-3_ 爬取指定网页的多个分页
import urllib.request
#函数 Spider()，爬取指定贴吧的多个网页
def Spider(url):
    #输入要爬取的贴吧名、为 URL 追加 kw 值
    nameTieba=input("贴吧名？ ")
    KW=urllib.parse.urlencode({"kw": nameTieba})
    kwUrl=url+KW
    #输入要爬取的首页和末页
    onePage=int(input("首页？ "))
    endPage=int(input("末页？ "))
    #连续爬取该贴吧从 onePage 到 endPage 的页面
    for iPage in range(onePage,endPage+1):
        nameFile="贴吧第"+str(iPage)+"页.html"
        #为 url 追加 PN 值
        PN="&pn="+str((iPage-1)*50)
        pnKwUrl=kwUrl+PN
        print(pnKwUrl)
        #发送获取 HTML 页面的请求
        html=Load(pnKwUrl, nameFile)
        #下载 HTML 页面并写入本地文件
        Save(html, nameFile)
#函数 load()，下载指定网页
def Load(url,file):
    print("正下载"+file)
    #添加头部，包装成 Request 对象，伪装成浏览器
    UA={"User-Agent":"Mozilla/5.0(compatible;MSIE 9.0; \
        Windows NT 6.1;Trident/5.0;"}
    request=urllib.request.Request(url,headers=UA)
    response=urllib.request.urlopen(request)
    return response.read()
#函数 Save()，将网页存入磁盘文件中
def Save(html,file):
    print("正保存"+file)
    #将网页存入当前文件夹中
    with open(file,'wb') as f:
        f.write(html)
    print("-" * 20)
if __name__ == "__main__":
    #指定 URL，调用 Spider()，下载并保存几个网页
    URL="http://tieba.baidu.com/f?"
    Spider(URL)
```

3．程序的运行结果

程序运行后，Python Shell 中显示如图 8-14(a)的运行结果。打开当前文件夹（.py 文件所在的文件夹），可以看到如图 8-14(b)所示的三个文件。

(a)   (b)

图 8-14　程序的运行结果

实验指导 8

　　本章安排 3 个实验，分别练习正则表达式中元字符的使用；正则表达式的综合应用；简单爬虫及数据文件读/写。

　　通过这些实验，需要掌握以下内容。

● 进一步理解正则表达式的概念、功能及检索和操作字符串的方式。掌握通过特殊字符和普通字符构造正则表达式的一般方法。

● 进一步理解文件的概念、文件的类型及文件的读/写方式。掌握创建文件和读/写文件的一般方法。

● 理解万维网、HTTP 协议及 URL 的概念和工作原理，掌握通过 urllib 库编写简单爬虫，获取网页信息的一般方法。

实验 8-1　正则表达式中元字符的使用

1．元字符 "." 的使用

（1）编辑并运行包含以下代码的程序，并分析运行结果。

```
from re import *
reStr = r'a.b'
result = findall(reStr, 'a|b')
print(result)
```

（2）仿照（1），编写程序实现以下功能：匹配一个长度为 4、第一个字符和最后一个字符分别是'a'和'b'，且中间是任意两个字符的字符串（自拟三个待匹配字符串）。

2．元字符 "\w" "\s"（空白）和 "\d" 的使用

💡注：空格、制表符（\t）、回车（\n）等均表示空白。

（1）编辑并运行包含以下代码的程序，分析运行结果。

```
from re import *
reStr = r'\w...'
result = findall(reStr, 'o8js')
print(result)
```

（2）编程序实现：匹配字符串，其中第一个字符为'a'，第二个字符为空白（空格、制

表符、回车等），最后一个字符为'b'的字符串（自拟三个待匹配字符串）。

（3）编写程序实现以下功能：匹配数字，其中包括三位整数部分，一个小数点，两位小数部分（自拟三个待匹配数字）。

3．元字符 "\b" "^" 和 "$" 的使用

💡注：字符串开始、结尾、空格、换行、标点符号等均可将两个单词隔开，都属于单词边界。

（1）编辑并运行包含以下代码的程序，分析运行结果。

```
from re import *
reStr= r'abc\b\saaa'
result = findall(reStr, 'abc aaa')
print(result)
```

（2）编写程序实现以下功能：判断一个字符串是否以三个数字开头（自拟三个待匹配字符串）。

（3）编写程序实现以下功能：判断字符串是否以"end"结尾（自拟三个待匹配字符串）。

4．元字符 "\W" "^" 和 "$" 的使用

（1）编辑并运行包含以下代码的程序，分析运行结果。

```
from re import *
re_str = r'\Wabc'
result = findall(re_str, '#abc')
print(result)
```

（2）编写程序实现以下功能：自拟三个与正则表达式 "r'\Wabc'" 匹配的字符串，查找并输出匹配的结果。

（3）编写程序实现以下功能：自拟若干个与正则表达式 "r'\S…'" 匹配的字符串，查找并输出匹配的结果。

（4）编写程序实现以下功能：自拟三个与正则表达式 "r'\D\w\w\w'" 匹配的字符串，查找并输出匹配的结果。

（5）编写程序实现以下功能：自拟三个与正则表达式 "r'and\BYou'" 匹配的字符串，查找并输出匹配的结果。

5．元字符 "[]" 的使用

编写程序实现以下功能：分别检查给定的正则表达式是否匹配若干个自拟的字符串，输出并分析匹配的结果。

💡注：方括号中两个字符之间的 "-" 表示范围。"\u" 后的数字为 Unicode 码值。

（1）r'[abc] , [\d+]'：匹配'a,9'。

（2）r' [\u0031-\u0039]'：匹配数字 1～9。

（3）r' [\u4E00-\u9fa5]'：匹配所有汉字。

（4）r'[abc]aaa'：匹配'caaa'。

（5）r'[1-4]\d\d\d'：匹配'1989'。

（6）r'[\u0031-\u0039][a-z]'：匹配'1989'。

（7）r'[\u4E00-\u9fa5][\u4E00-\u9fa5][\u4E00-\u9fa5]'：匹配'2h'。

（8）r'[91-]'：匹配'-'。

（9）r'[\w\s]'：匹配'u'。

（10）r'[^abc]…'：匹配'汉 678'。

实验 8-2　正则表达式的综合应用

1．通配符 "*" "+" 和 "?" 的使用

（1）编辑并运行包含以下代码的程序，并分析运行结果。

```
from re import *
reStr = r'\d*'
result = findall(reStr, '123')
print(result)
```

（2）编写程序实现以下功能：用一个正则表达式检测自拟的三个标识符是否符合要求，即由数字、字母、下画线组成，且不能以数字开头（位数至少 1 位）。

提示：使用正则表达式 "r'[a-zA-Z_]\w*'"。

（3）编写程序实现以下功能：匹配 abc 前面有一个或者多个数字的自拟字符串。

提示：使用正则表达式 "r'\d+abc'"。

（4）编写程序实现以下功能：自拟与正则表达式 r'\S…'匹配的字符串，查找并输出匹配结果。

（5）编写程序实现以下功能：构造一个匹配所有整数的正则表达式。

提示：使用正则表达式 "r'[-+]?[1-9]\d*'"。

2．元字符 "{}" 的使用

💡注：{N}为匹配 N 次；{M,N}为匹配 M 到 N 次；{M,}为至少匹配 M 次；{,N}为最多匹配 N 次。

（1）编辑并运行包含以下代码的程序，并分析运行结果。

```
from re import *
reStr = r'\d{3}'
result = findall(reStr, '123')
print(result)
```

（2）编写程序实现以下功能：自拟与正则表达式 "r'\d{3,}'" 匹配的字符串，查找并输出匹配的结果。

（3）编写程序实现以下功能：自拟与正则表达式 "r'\d{,3}'" 匹配的字符串，查找并输出匹配的结果。

（4）编写程序实现以下功能：自拟与正则表达式 "r'[a-z]{2,5}'" 匹配的字符串（如'aajk'），查找并输出匹配结果。

（5）编写程序实现以下功能：判断密码是否符合要求，密码是由数字和字母组成的，并且位数是 6～16 位。

提示：使用正则表达式 "r'[\da-zA-Z]{6,16}'"。

3．切分和分组

（1）编辑并运行包含以下代码的程序，分析运行结果。

```
from re import *
str1='ahsb1sssa8-jjhd7nhs+90nsjhf3-4hhh7+8kjj-'
result=split(r'[-+]',str1)
```

```
print(result)
```
（2）编辑并运行包含以下代码的程序，分析运行结果。
```
from re import *
re_str = r'[a-z]{3}|[A-Z]{3}'
result = findall(re_str, 'AHD')
print(result)
```
（3）编写程序实现以下功能：自拟若干个与正则表达式"r'abc|d|aaa'"匹配的字符串，查找并输出匹配的结果。

（4）编写程序实现以下功能：自拟若干个与正则表达式"r'abc(W|H|Y)'"匹配的字符串（如'abcY'），查找并输出匹配的结果。

（5）编写程序实现以下功能：匹配一个字符串，以数字、字母的组合出现 3 次。

提示：使用正则表达式"r'(\d[a-zA-Z]){3}'"，字符串'2h8h7j'可匹配。

（6）编写程序实现以下功能：自拟若干个与正则表达式"r'(\d{3})abc'"匹配的字符串（如'773abc'），查找并输出匹配结果。

（7）编写程序实现以下功能：自拟若干个与正则表达式"r'([a-z]{3})-(\d{2})\2'"匹配的字符串（如'hsn-2323'），查找并输出匹配结果。

4．转义符

（1）编辑并运行包含以下代码的程序，分析运行结果。
```
from re import *
re_str = r'\d{2}\.\d{2}'
result = findall(re_str, '12=34')
print(result)
```
（2）编写程序实现以下功能：自拟若干个与正则表达式"r'\d\+\d'"匹配的字符串（如'3+7'），查找并输出匹配结果。

（3）编写程序实现以下功能：自拟若干个与正则表达式"r'(\d{3})\1([a-z]{2})\2\1'"匹配的字符串（如'123123bbbb123'），查找并输出匹配结果。

5．综合练习

（1）编写程序实现以下功能：调用 search()，找出一个字符串中所有匹配的数字字符串，计算并输出这些数字之和。例如，可先找出字符串"abc34jshd8923jkshd9lkkk890k"中的 34、8923、9 和 890，然后求和。

（2）编程序实现以下功能：调用 sub()，将自拟字符串中满足正则表达式条件的子串替换成 repl，然后返回替换后的字符串。

（3）一个 IP 地址由 4 个数字组成，每个数字之间用"."连接。每个数字的大小为 0～255。按照这个规则编写程序：构造一个能够判断字符串是否为 IP 地址的正则表达式，判断若干个自拟的字符串是否为 IP 地址。

提示：使用正则表达式"r'((\d|[1-9]\d|1\d{2}|2[0-4]\d|25[0-5])\.){3}(\d|[1-9]\d|1\d{2}|2[0-4]\d|25[0-5])'"。

实验 8-3 简单爬虫及数据文件读/写

1．读出文件内容，简单处理后再写回文件

（1）打开 Windows 附件中的"记事本"，编辑如图 8-15 所示的文本文件，然后将其存

入 D 盘 python3 文件夹中，文件名为"过渭河.txt"。

（2）编程序完成以下任务。

① 读出该文件内容。

② 去除每行开头的数字

③ 将修改过的内容存入该文件中。

提示： 可使用语句

图 8-15　文本文件

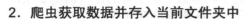

打开文本文件，将其内容（字符行序列）赋值给"文件对象
名"。然后逐行取出文件对象名的内容，逐行去除行首数字，再逐行写入文件。

2．爬虫获取数据并存入当前文件夹中

按以下步骤编写并运行程序。

（1）导入模块 urllib.request 和 import urllib。

（2）输入 URL 网址 https://tieba.baidu.com/index.html。

（3）以 URL 为参数，创建 Request 对象。

（4）调用 urllib.request.urlopen()，发送网页请求获取结果。

（5）调用 decode()，设置编码方式为 UTF-8。

（6）调用以下函数输出爬取网页的结果，print ()、type()、geturl()、info()、getcode()。

（7）将爬取的数据存入当前文件夹的"贴吧.html"文件中，然后关闭该文件。

3．爬取网页上的图片并存入当前文件夹中

按以下步骤编写并运行程序。

```
（1）导入模块 urllib.request、re、os 和 time
（2）爬取网页
    ① 输入 URL 网址（一个图片较多的网页的网址）
    ② ur←调用 urllib.request.urlopen()，以 URL 为参数，请求网页
    ③ content←ur.read()读取网页数据
    ④ Str←调用 decode()，设置编码方式为 UTF-8
    ⑤ ur.close 关闭读取对象
（3）找出网页上的图片
    ① p←正则表达式 r'(http:\s{1,}.jpg)'
    ② pattern←re.compile(p)，将正则表达式编译为 pattern 实例
    ③ 列表 List←re.findall(pattern,Str)
    ④ 输出列表 List。
（4）创建一个文件夹：os.makedirs('D://图片/',exist_ok=True)
（5）循环（a 从 List[0]到 len(List[0])-1）：
    ① b=a.split('/')[-1]
    ② 保存图片：urllib.request.urlretrieve(a, 'D://图片/'+b+ ".jpg", )
    ③ 延时 2s 等待图片下载：time.sleep(2)
```

第 9 章

数据库连接与操纵

数据库系统是一种有组织地、动态地存储大量关联数据，方便用户访问的、由计算机软件和硬件资源组成的系统。在数据库系统中，数据按照某种数据模型（如关系模型）组织在一起，保存在一个或多个数据库文件中。数据库系统对数据的完整性、唯一性、安全性提供统一而有效的管理手段。并对用户提供一系列管理和控制数据的简单明了的操作命令。

用户使用数据库时，要对其中数据执行各种各样的操作，如查询、添加、删除、更新数据及定义或修改数据模式等。目前流行的 DBMS（Database Management System，数据库管理系统）都配有非过程关系数据库语言，其中应用最广泛的是 SQL（Structured Query Language，结构化查询语言）。用户可以使用标准 SQL 的主要命令来执行数据定义（创建数据库）、数据查询和数据更新（插入、删除、修改）等任务，还可以将通用程序设计语言（如 Python、C#、Java 等）编写的应用程序与数据库中的数据绑定在一起，充分利用 SQL 和程序设计语言各自的优点，从而更好、更快地完成数据处理任务。

9.1　数据库系统组成

数据库技术是使用计算机进行数据处理的主要技术，它广泛地应用于人类社会的各个方面。在以大批量数据的存储、组织和使用为其基本特征的仓库管理、销售管理、财务管理、人事档案管理及企事业单位的生产经营管理等事务处理活动中，都要使用 DBMS 构建专门的数据库系统，并在 DBMS 的控制下组织和使用数据，从而执行管理任务。不仅如此，在情报检索、专家系统、人工智能、计算机辅助设计等各种非数值计算领域及基于计算机网络的信息检索、远程信息服务、分布式数据处理、复杂市场的多方面跟踪监测等方面，数据库技术也都得到了广泛应用。时至今日，基于数据库技术的管理信息系统、办公自动化系统及决策支持系统等，已经成为经大多数企业、行业或地区从事生产活动乃至日常生活的重要基础。

9.1.1　数据库的概念

现代社会中，需要管理和利用的数据资源越来越庞杂。例如，一所大学要将描述学生、课程、教师、学生选课及教师授课等各种事物的数据有机地组织起来，以便随时查询、更新和抽取，从而指导日常教学。又如，一个商贸公司要将描述商品、客户、雇员和订单的数据组织起来，用于指导经营活动。为了有效地收集、组织、存储、处理和利用来自生产活动和日常生活中的各种数据，数据库技术应运而生，并成为当今数据处理的主要技术。

简单地说，数据库是按照一定方式组织、存储和管理数据的"仓库"，而数据库是由 DBMS 统一管理的。用户根据自己的业务需求选择某种适用的 DBMS（如 Microsoft SQL Server、MySQL 等），按照它所提供的操作界面来创建数据库并随时存取或更新其中的数据。一般来说，一个数据库是基于相应业务涉及的多个部门或个人之间的所有数据而构建的，其中的数据自然要为每个部门或个人用户所共享。当然，不同部门和个人之间需要存放和操纵的数据的范围可以有所不同。

例 9-1　一所大学的数据库。

大学需要存储和处理教师、学生、课程等各方面的相关数据，这些数据存储在利用某种 DBMS 创建的数据库中，并分别由人事处、教务处、学生处以及学术评议部门根据自己的业务来存取和操纵相关范围内的数据，其数据库系统如图 9-1 所示。

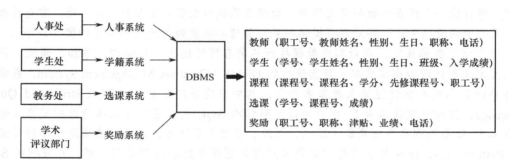

图 9-1　一所大学的数据库系统

目前，数据库系统基本上都是按照"关系数据模型"来组织数据的。这种方式将满足所有下属部门业务需求的数据存放在多个称之为"关系"的数据表中，相关人员通过 DBMS 来存取、查询或更新（插入、删除或修改）其中的数据。例如，可以将学生、课程和选课的相关数据分别存放在如图 9-2 所示的三个表中。

学号	学生姓名	性别	生日	班级	入学成绩
10100131	张卫	男	1990-1-1	材料82	656
10600101	王蓉	女	1990-1-10	能动81	668
10600110	郑坤	男	1905-6-1	材料82	
10800101	李玉	女	1989-7-1	自控81	678
10800102	林乾	男	1989-12-2	自控81	699
10800103	方平	男	1990-3-3	自控81	673

(a) 学生表

课程号	课程名	学分	先修课程号	职工号
030100	组合数学	5	040001	王君
030102	计算全息	5	040100	温国富
120011	英语写作	6	020001	陈方奇
250012	数据库技术	12	050002	张静
250102	Java程序设计	4	050002	袁晓军

(b) 课程表

学号	课程号	成绩
10800101	030100	86
10800101	250012	91
10800101	250102	82
10800102	250012	80
10800102	250102	73
10800103	030100	70
10800103	250012	80

(c) 选课表

图 9-2　数据库中的学生表、课程表和选课表

这三个表中，有些数据项（栏目、列）同名且存放相同类型数据，这些项用于建立表与表之间的联系，如图 9-3 所示。

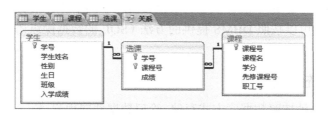

图 9-3　数据库中三个表之间的联系

9.1.2　数据库系统的功能

数据库（特指按照关系模型创建的数据库）的基本成分是一些存放数据的表。数据库中的表从逻辑结构上看相当简单，它是由若干行和若干列简单交叉形成的，但是不能表中套表。数据库要求表中每个单元都只包含一个数据，可以是字符串、数字、货币值、逻辑值和时间等较为简单的数据。

表中的一行称为一个记录，记录的集合即为表的内容。一个记录的内容是描述一类事物中的一个具体事物的一组数据，如一名学生的学号、姓名、入学成绩等。一般地，一个记录由多个数据项构成，数据项的名称、顺序、数据类型等由表的标题决定。表名及表的标题是相对固定的，而表中记录的数量和多少则是经常变化的。

💡注：数据库中的表与外形相似的 Excel 中的"工作表"是不一样的。工作表可看成单元格的集合，每个单元格都可以随意存放不同类型的数据，也可以使用公式求得数据。而数据库表中的每个记录都具有相同结构，并且每个单元格都受标题的约束，只能存放符合条件的数据。

表与表之间可以通过彼此都具有的相同字段联系起来。例如，学生表和选课表都有"学号"字段，选课表中的一条记录就可联系到学生表中的一条记录。这样就不必在选课表中重复包含学生的其他信息，减少了数据冗余。

数据库系统是将累积了一定数量的记录管理起来以便再利用的数据处理系统，故不难推测，建立数据库的主要目的如下。

（1）输入记录：规定了表的格式或者说创建了表的结构后，就可以按照这种规定来"填充"表中的数据了。DBMS 提供相应的输入方式（操作命令界面或图形用户界面），使得用户可以方便地输入每个记录。例如，在 Microsoft Access 中，打开类似于如图 9-2(a)所示的学生表，即可逐个输入每名学生的记录。

（2）输出报表：报表是按照某种条件筛选记录后形成的记录的集合，可以打印成文档、形成电子文档或者作为某种数据处理系统的加工对象。DBMS 提供输出报表的各种方式，用户可以按照需求选择不同的内容及输出格式。例如，可以逐行打印出某个班级所有学生某门课程的成绩。

（3）查询：按照 DBMS 规定的格式设置查询条件并找出符合条件的记录。例如，在 Microsoft Access 中，输入一个 SQL（将在 9.2 节讲解）的查询语句作为操作命令，即

```
SELECT 课程号，课程名，学分
FROM 课程
WHERE 学分>5
```

可在课程表中查询那些大于 5 学分的课程的课程号、课程名和学分。

（4）修改记录：现实世界中的事物是不断变化的，相应数据库中的数据也应该随之而变。例如，一所大学中，每年都有毕业的学生和新入学的学生，故数据库中的学生表应该随时调整。相关人员可以按照 DBMS 提供的方法（SQL 的数据操纵语句或图形化用户操作界面）进行调整。

9.1.3　数据库系统组成

数据库系统是一种按照数据库方式存储、管理数据并向用户或应用系统提供数据支持的计算机应用系统，是存储数据的介质、数据处理的对象和管理系统的集合体。这种系统通常由存储数据的数据库、操纵数据的应用程序及数据库管理人员等各种人员组成，在 DBMS 软件的统一管理下工作，数据库系统如图 9-4 所示。

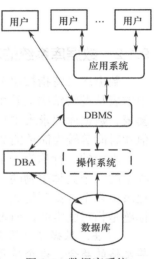

图 9-4　数据库系统

1．数据库

数据库是一个单位或组织按某种特定方式存储在计算机内的数据集合，如工厂中的产品数据、政府部门的计划统计数据、医院中的病人和病历数据等。该数据集合按照能够反映出数据的自然属性、实际联系及应用处理的要求的方式有机地组织成一个整体存储，并提供给该组织或单位内的所有应用系统（或人员）共享使用。

应该注意的是：数据库中的数据是一种处理用的中间数据，称为业务数据，它与输入/输出数据不同。当然，可以将输入数据转变为业务数据存入数据库中，也可以从数据库中的数据推导产生输出数据。

数据库通常由两大部分组成：一是有关应用所需要的业务数据的集合，称为物理数据库，它是数据库的主体；二是关于各级数据结构的描述数据，称为描述数据库，通常由一个数据字典系统管理。

运行数据库系统的计算机要有足够大的内存储器、大容量磁盘等联机存储设备和具有较高传输速率的硬件设备。若要支持对外存储器的频繁访问，则还需要有足够数量的脱机存储介质，如软盘、外接式硬盘、磁带、可擦写式光盘等存放数据库备份。

2．DBMS 及其软件支持系统

DBMS 是数据库系统的核心。DBMS 一般是通用软件，由专门的厂家提供。DBMS 负责统一管理和控制数据库，执行用户或应用系统交给的定义、构造和操纵数据库的任务，并将执行的结果提供给用户或应用系统。

DBMS 是在操作系统（可能还包括某些实用程序）支持下工作的。因为计算机系统的硬件资源和软件资源是由操作系统统一管理的，所以当 DBMS 进行分配内存、创建或撤销进程、访问磁盘等操作时，必须通过系统调用请求操作系统为其服务。操作系统从磁盘取出来的是物理块，对物理块的解释则是由 DBMS 完成的。

数据库系统中的软件通常还包括数据库应用程序，数据库应用程序是通过 DBMS 访问

数据库中的数据并向用户提供服务的程序。简单地说，它是允许用户插入、删除和修改并报告数据库中数据的程序。这种程序由程序设计人员通过程序设计语言或某些软件开发工具（如 Python、Java、Delphi、Visual C++等）按照用户要求编写的。

DBMS 将数据和操纵数据的程序隔离开。程序必须与 DBMS 连接才能对数据库中的数据进行查询、插入、删除、更新等各种操作。因此可以由 DBMS 集中实施安全标准，以保证数据的一致性和完整性。另外，用户不必考虑数据的存储结构，可以将注意力集中在数据本身的组织和使用上。

3．人员

开发、管理和使用数据库系统的人员主要有：数据库管理员（DBA）、系统分析员、数据库设计人员、应用程序设计人员和最终用户。

（1）DBA（Data Base Administrator，数据库管理员）：对于较大规模的数据库系统来说，必须有人全面负责建立、维护和管理数据库系统，承担这种任务的人员称为 DBA。DBA 是控制数据整体结构的人，负责保护和控制数据，使数据库能为任何有权使用的用户所共享。DBA 的职责包括：定义并存储数据库中的内容，监督和控制数据库的使用，负责数据库的日常维护，必要时重新组织和改进数据库等。

DBA 负责维护数据库，但不负责维护数据库中的内容。而且，为了保证数据的安全性，数据库中的内容对 DBA 应该是封锁的。例如，DBA 知道职工记录类型中含有工资数据项，他可以根据应用的需要将该数据项类型由 6 位数字型扩充到 7 位数字型，但是他不能读取或修改任意一位职工的工资值。

（2）系统分析员和数据库设计人员：系统分析员负责应用系统的需求分析和规范说明，要与用户及 DBA 配合，确定系统的软件和硬件配置，并参与数据库的概要设计。

数据库设计人员负责确定数据库中的数据，并在用户需求调查和系统分析的基础上，设计出适用于各种不同种类的用户需求的数据库。在很多情况下，数据库设计人员是由 DBA 担任的。

（3）应用程序设计人员：他们具备一定的计算机专业知识，可以编写应用程序来存取并处理数据库中的数据。例如，库存盘点处理、工资处理等通常都是这类人员完成的。

（4）最终用户：最终用户指的是为了查询、更新，以及产生报表而访问数据库的人员，数据库主要是为他们的使用而存在的。最终用户可分为以下三类。

● 偶然用户：主要包括一些中层或高层管理者或其他偶尔浏览数据库的人员。他们通过终端设备，使用简便的查询方法（命令或菜单项、工具按钮）来访问数据库。他们对数据库的操作以数据检索为主，如询问库存物资的金额、某个人的月薪等。

● 简单用户：这类用户较多，银行职员、旅馆总台服务员、航空公司订票人员等都属于这类用户。他们的主要工作是经常性地查询和修改数据库，一般都是通过应用程序设计人员设计的应用系统（程序）来使用数据库的。

● 复杂用户：包括工程师、科技工作者、经济分析专家等资深的最终用户。他们全面地了解自己工作范围内的相关知识，熟悉 DBMS 的各种功能，能够直接使用数据库语言，甚至有能力编写自己的程序来访问数据库，进而完成复杂的应用任务。

典型的 DBMS 会提供多种存取数据库的工具。简单用户很容易掌握它们的使用方法；偶然用户只需会使用一些经常用到的工具即可；复杂用户则应尽量理解大部分 DBMS 工具的使用方法，以满足自己的复杂需求。

9.2 数据库管理系统

DBMS 是为数据库的建立、使用和维护而配置的软件系统，是数据库系统的核心组成部分，可看作用户与数据库之间的接口。目前，常用的 DBMS 大都是关系型的，称为 RDBMS（Relational Database Management System，关系数据库管理系统）。

DBMS 建立在操作系统的基础上，负责对数据库进行统一的管理和控制。数据库系统的一切操作，包括查询、更新及各种控制等，都是通过 DBMS 进行的。用户或应用程序发出的各种操作数据库中数据的命令也要通过 DBMS 来执行。DBMS 还承担着数据库的维护工作，能够按照 DBA 的规定和要求，保障数据库的安全性和完整性。

9.2.1 关系数据库

目前，绝大多数数据库都是关系数据库，即以关系（特定形式的二维数据表）的形式来表现数据与数据之间的联系，并在关系型 DBMS 的支持下进行关系的创建及其中数据的查询、存取和更新等操作。

例 9-2 Northwind 数据库。

Northwind 数据库是 Microsoft Access 软件的一个示例数据库。其中，包含虚构的 Northwind 商贸公司的业务数据。该公司进行世界范围内的食品采购与销售，这些食品分属于饮料、点心和调味品等几大类。分别由多个供应商提供，并由销售人员通过填写订单销售给客户。所有业务数据分别存放在 Northwind 数据库中的产品、类别、供应商、雇员、订单、订单明细及客户等几个表中。其中产品表和类别表如图 9-5 所示。

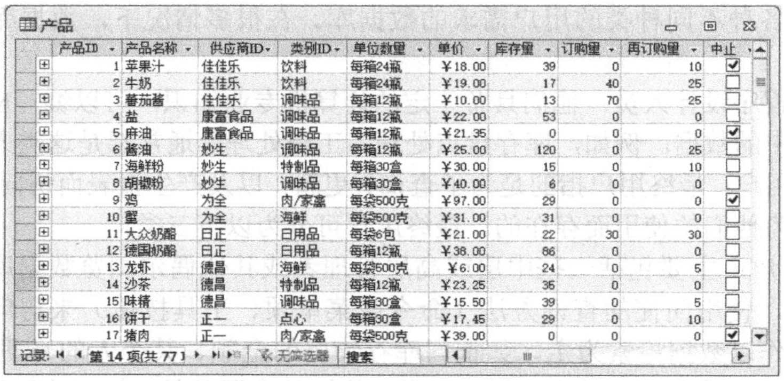

产品ID	产品名称	供应商ID	类别ID	单位数量	单价	库存量	订购量	再订购量	中止
1	苹果汁	佳佳乐	饮料	每箱24瓶	￥18.00	39	0	10	✓
2	牛奶	佳佳乐	饮料	每箱24瓶	￥19.00	17	40	25	
3	蕃茄酱	佳佳乐	调味品	每箱12瓶	￥10.00	13	70	25	
4	盐	康富食品	调味品	每箱12瓶	￥22.00	53	0	0	
5	麻油	康富食品	调味品	每箱12瓶	￥21.35	0	0	0	✓
6	酱油	妙生	调味品	每箱12瓶	￥25.00	120	0	25	
7	海鲜粉	妙生	特制品	每箱30盒	￥30.00	15	0	10	
8	胡椒粉	妙生	调味品	每箱30盒	￥40.00	6	0	0	
9	鸡	为全	肉/家禽	每袋500克	￥97.00	29	0	0	✓
10	蟹	为全	海鲜	每袋500克	￥31.00	31	0	0	
11	大众奶酪	日正	日用品	每袋6包	￥21.00	22	30	30	
12	德国奶酪	日正	日用品	每箱12瓶	￥38.00	86	0	0	
13	龙虾	德昌	海鲜	每袋500克	￥6.00	24	0	5	
14	沙茶	德昌	特制品	每箱12瓶	￥23.25	35	0	0	
15	味精	德昌	调味品	每箱30盒	￥15.50	39	0	5	
16	饼干	正一	点心	每箱30盒	￥17.45	29	0	10	
17	猪肉	正一	肉/家禽	每袋500克	￥39.00	0	0	0	✓

（a）产品表

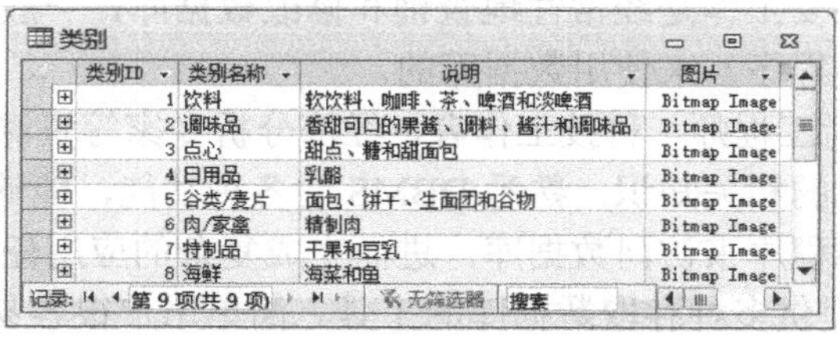

类别ID	类别名称	说明	图片
1	饮料	软饮料、咖啡、茶、啤酒和淡啤酒	Bitmap Image
2	调味品	香甜可口的果酱、调料、酱汁和调味品	Bitmap Image
3	点心	甜点、糖和甜面包	Bitmap Image
4	日用品	乳酪	Bitmap Image
5	谷类/麦片	面包、饼干、生面团和谷物	Bitmap Image
6	肉/家禽	精制肉	Bitmap Image
7	特制品	干果和豆乳	Bitmap Image
8	海鲜	海菜和鱼	Bitmap Image

（b）类别表

图 9-5 Northwind 数据库中的产品表和类别表

1．关系数据库的层次结构

完整的关系数据库可以分为 4 级：数据库（Database）、表（Table）与视图（View）、记录（Record）、字段（Field），相应的关系理论中的术语是：数据库、关系、元组和属性。

（1）数据库：数据库可按其数据存储方式及用户访问方式分为两种：本地数据库和远程数据库。本地数据库（如 dBASE、Access 等）驻留于本机或局域网中。若多个用户并发访问数据库，则采取基于文件的锁定（防冲突）策略，该数据库又称为基于文件的数据库。

远程数据库通常驻留于其他机器中，而且往往分布于不同的服务器上。用户在自己的机器上通过 SQL 访问其中的数据，故又称为 SQL 服务器。典型的 SQL 服务器有 Oracle、IBM DB2、Informix 及 SQL Server 等。

（2）表与视图：关系数据库的基本成分是一些存放数据的表（行/列结构的数据集，关系理论中称为关系）。表是由若干行、若干列数据简单交叉形成的（不能表中套表）。表中每个单元都只包含一个数据，如字符串、数字、货币值、逻辑值、时间等。

表的标题也称为关系模式，即组成关系的属性的集合。数据库中所有关系模式的集合构成了数据库模式。对于不同的数据库系统来说，数据库对应物理文件的映射是不同的。例如，在 dBASE 和 Paradox 数据库中，一个表就是一个文件，索引及其他一些数据库元素也都存储在各自的文件中。而在 Access 数据库中，所有表及其他成分都聚集在一个文件中。

为了方便地使用数据库，很多 DBMS 都提供对于视图（Access 中称为查询）的支持。视图是能够从一个或多个表中提取数据的数据定义。数据库中只存放其定义，而数据仍存放在作为数据源的基表中。故当基表中数据发生变化时，视图中的数据也随之变化。

（3）记录：表中的一行称为一个记录（关系理论中称为元组）。一个记录是一组数据，用于描述一类事物中的一个具体事物，如一种产品的编号、名称、单价等，以及一次商品交易过程中的订单编号、商品名称、客户名称、单价、数量等。

一般地，一个记录由多个数据项（字段）构成，记录中的字段结构由表的标题（关系模式）决定。记录的集合（元组集合）称为表的内容。值得注意的是，表名及表的标题是相对固定的，而表中记录的数量则是经常变化的。

（4）字段：表中一列称为一个字段（表示实体的属性）。每个字段表示表中所描述的对象的一个属性，如产品名称、单价、订购量等。每个字段都有相应的描述信息，如字段名、数据类型、数据宽度、数值型数据的小数位数等。由于每个字段都包含了数据类型相同的一批数据，因此，字段名相当于一种多值变量。字段是数据库操纵的最小单位。

2．主键与索引

一个关系数据库中常有多个表。每个表中都需要挑选一个或多个字段来标识记录，该字段称为主键或主码。例如，在产品表中，一个产品对应一条记录，"产品 ID"作为主键，唯一地标识每种产品的记录。又如，在类别表中，"类别 ID"作为主键，唯一地标识一类产品。可以看出，每个记录中，作为主键的字段的值都不能省略；多个记录中，作为主键的字段的值都不能相同。

当某个或某些字段被当成查找记录或排序的依据时，可将其设定为索引。一个表中可建立多个索引，每个索引确定表中记录的一种逻辑顺序。既可为单个字段创建索引，又可在多个字段上创建索引。

3．表与表之间的联系

表与表之间可以通过彼此都具有的相同字段联系起来。例如，类别表和产品表都有"类别 ID"字段，类别表的一条记录可以联系产品表的多条记录。所谓关系数据库主要就是通过表与表之间的联系来体现的，这种联系反映了现实世界中客观事物之间的联系。Northwind 数据库中表与表之间的关系如图 9-6 所示。

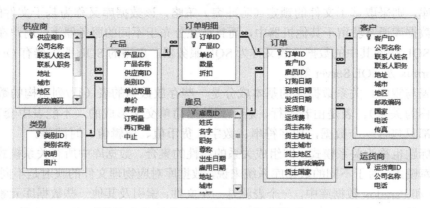

图 9-6　Northwind 数据库中表与表之间的关系

可以看出，类别表字段列表中的"类别 ID"字段与产品表字段列表中的"类别 ID"字段之间由一条线连接起来了，而且类别表标记为一方（1），产品表标记为多方（∞）。这就意味着：一个类别 ID 可以在产品表中出现多次，但只能在类别表中出现一次，这种符号所描述的实际意义是：一种类别可以包含多种产品。

对于产品表来说，"类别 ID"字段将本表与另一个表关联在一起，同时又是另一个表的主键，称之为外键。外键在两个表之间创建了一种"约束"，使得本表中指定字段的每个值都必须是关联表中已经有的值，该过程称为引用（或参照）完整性。

9.2.2　数据库管理系统的功能

DBMS 种类繁多，不同类型的 DBMS 对硬件资源、软件环境的适应性各不相同，因此其功能也有差异，但一般来说，DBMS 应该具备以下几方面的功能。

1．数据库定义功能

数据库定义也称为数据库描述，是对数据库结构的描述。利用 DBMS 提供的 DDL（Data Definition Language，数据定义语言）可以从用户、概念和物理三个不同层次出发定义数据库（这些定义存储在数据字典中），完成了数据库的定义后，就可以根据概念模式和存储模式的描述，把实际的数据库存储到物理存储设备上，最终完成建立数据库的工作。

2．数据库操纵功能

数据库操纵功能是 DBMS 面向用户的功能，DBMS 提供了 DML（Data Manipulation Language，数据操纵语言）及其处理程序，用于接收、分析和执行用户对数据库提出的各种数据操作要求（检索、插入、删除、更新等），进而完成数据处理任务。

3．数据库运行控制功能

数据库控制包括执行访问数据库时的安全性检查和完整性检查，以及数据共享的并发控制等，目的是保证数据库的可用性和可靠性。DBMS 提供以下 4 方面的数据控制功能。

（1）数据安全性控制功能：是对数据库的一种保护措施，目的是防止非授权用户存取数据而造成数据泄密或破坏。例如，设置口令，确定用户访问密级和数据存取权限，系统审查通过后才执行允许的操作。

（2）数据完整性控制功能：是 DBMS 对数据库提供保护的另一个方面。完整性是数据的准确性和一致性的测度。在将数据添加到数据库时，对数据的合法性和一致性的检验将会提高数据的完整性。这种检验并不一定要由 DBMS 来完成，但大部分 DBMS 都具有能用于指定合法性和一致性规定并在存储和修改数据时实施这些规定的机构。

（3）并发控制功能：数据库是提供给多个用户共享的，用户对数据的存取可能是并发的，即多个用户同时使用同一个数据库，DBMS 应对多用户并发操作加以控制、协调。例如，当一个用户正在修改某些数据项时，若其他用户同时存取，则可能导致错误。DBMS 应对要修改的记录采取一定的措施，如加锁，该操作暂时不让其他用户访问，等修改完成并存盘后再开锁。

（4）数据库恢复功能：在数据库运行过程中，可能会出现各种故障，如停电、软件或硬件错误、操作错误、人为破坏等，系统应提供恢复数据库的功能。如定期转储、恢复备份等，使系统有能力将数据库恢复到损坏之前的某个状态。

4．数据字典 DD（Data Dictionary）

数据库本身是一种复杂对象，因此可将数据库作为对象建立数据库，数据字典就是这样的数据库。数据字典也称为系统目录，其中存放着对数据库结构的描述。假设数据库为三级结构，那么，以下内容就应当包含在数据字典中。

（1）有关内模式的文件、数据项及索引等信息。

（2）有关概念模式和外模式的表、属性、属性类型、表与表之间的联系等模式信息，且应易于查找属性所在的表，或表中包含的属性等信息。

（3）其他方面的信息，如数据库用户表、关于安全性的用户权限表、公用数据库程序及使用它们的用户名等信息。另外，当同一对象不同名时，数据字典中也应有相应的信息。

数据字典中的数据称为元数据（数据库中有关数据的数据）。一般来说，为了安全性，只允许 DBA 访问整个数据字典而其他用户只能访问其中一部分，因此 DBA 能用它来监视数据库系统的使用。数据库本身也使用数据字典。例如，Oracle（关系数据库管理系统）的数据字典是 Oracle 数据库的一部分，由 Oracle 系统建立并自动更新。Oracle 数据字典中有一些允许用户访问的表，用户可从中得知自己拥有的表（关系）、视图、列、同义词、数据存储及存取权限等信息。还有一些表只允许 DBA 访问，如存放所有数据的存储分配情况的表和存放所有授权用户及其权限的表等。

💡注：视图是一种仅有逻辑定义的虚表，可在使用时根据其定义从其他表（包括视图）中导出，但不作为一个表显式地存储在数据库中。

在有些系统中，把数据字典单独取出来并自成系统，成为一个软件工具，使得数据字典提供了一个更高级的用户和数据库之间的接口（相对于 DBMS 而言）。

9.2.3　常见数据库管理系统

目前流行的 DBMS 种类繁多，各有不同的适用范围。例如，Microsoft Access 是运行在

Windows 操作系统上的桌面型 DBMS，便于初学者学习和数据采集，适合于小型企事业单位、家庭及个人用户使用；以 IBM DB2 和 Oracle 为代表的大型 DBMS 更适合于大型中央集中式或分布式数据管理的场合；以 SQL Server 为代表的客户/服务器结构的 DBMS 顺应了计算机体系结构的发展潮流，为中小型企事业单位构建自己的信息管理系统提供了方便。另外，随着计算机应用和计算机产业的发展，开放源代码的 MySQL 数据库、跨平台的 Java 数据库等也不断涌现，为不同种类的用户提供了各种不同的选择。下面介绍几种不同类型的数据库管理系统。

1．Microsoft Access

Access 是微软（Microsoft）公司于 1994 年推出的一种工作于 Windows 操作系统之上的桌面型关系数据库管理系统（RDBMS），具有界面友好、易学易用、开发简单、接口灵活等特点。Access 使用单一的数据库文件来管理一个数据库。用户将所有业务数据分门别类地保存在不同的表中，并通过共有字段将表与表有机地关联在一起。既可以使用标准 SQL 语句或 Access 提供的图形化界面来检索自己所需要的数据，又可以使用报表以特定的版面布置来分析及打印数据，还可以将数据发布到因特网上。

Access 提供了多种不同功能的向导、生成器和模板，使得数据存储、数据查询、界面设计及报表生成等各种操作规范化且简单易行，普通用户不必编写代码即可完成大部分数据管理任务。另外，Access 是微软的 Office 软件包中的一种，可以实现与其中的 Word、Excel 等软件的数据共享。例如，将 Excel 表格导入为 Access 数据库中的表或将 Access 数据库中的表导出为 Word 文档，都是十分方便的。

2．Oracle（大型 DBMS）

Oracle 是目前世界上最为流行的大型 DBMS 之一，具有功能强、使用方便、移植性强等特点，适用于各类计算机，包括大/中型机、小型机、微机和专用服务器环境。Oracle 具有许多优点，例如，采用标准的 SQL 结构化查询语言、具有丰富的开发工具、覆盖开发周期的各个阶段、数据安全级别高（C2 级，最高级）、支持数据库的面向对象存储等。Oracle 适合大/中型企业使用，广泛地应用于电子政务，如电信、证券、银行等各个领域。

3．Microsoft SQL Server（客户/服务器 DBMS）

SQL Server 是微软公司推出的分布式 DBMS，具有典型的客户/服务器体系结构。SQL Server 不同于适合个人计算机的桌面型 DBMS，也不同于 IBM DB2 和 Oracle 这样的大型 DBMS。它所管理的数据库是由负责数据库管理和程序处理的"服务器"与负责界面描述和显示的"客户机"组成的。客户机管理用户界面、接收用户数据、处理应用逻辑、生成数据库服务请求，将这些请求发送给服务器，并接收服务器返回的结果。服务器接收客户机的请求、处理这些请求并将处理结果返回给客户机。这种结构的数据库系统适用于在由多个具有独立处理能力的个人计算机组成的计算机网络上运行。在这种系统中，用户既可以通过服务器取得数据，并在自己的计算机上进行处理，又可以管理和使用与服务器无关的自己的数据库。另外，因为 SQL Server 与 Access 都是微软公司的产品，由它们创建和管理的数据库之间的数据传递和互相转换是十分方便的。

4．MySQL（开放源代码的 DBMS）

MySQL 是一种小型的分布式 DBMS，具有客户/服务器体系结构，是由 MySQL 开放式源代码组织提供的。它可运行在多种操作系统平台上，适用于网络环境，且可在因特网上共享。由于它追求的是简单、跨平台、零成本和高执行效率，因此该数据库适合于互联网企业（如动态网站建设），许多互联网上的办公和交易系统都采用 MySQL 数据库。

5. SQLite 数据库管理系统

SQLite 是目前流行的一种开放源代码的嵌入式数据库，与其他嵌入式数据库引擎（如 NoSQL）相比，SQLite 可以很好地支持关系型数据库所具备的主要功能，如标准 SQL 语法、事务处理、数据表及索引等。SQLite 的主要特征如下。

- 管理简单，甚至可以认为无须管理。
- 操作方便，SQLite 生成的数据库文件可以在各个平台无缝移植。
- 可以非常方便地以多种形式嵌入到其他应用程序中，如静态库、动态库等。
- 易于维护。

SQLite 的主要优势在于灵活、速度快且可靠性高。为了达到这一目标，在功能上做出了很多取舍，放弃了对某些 RDBMS 功能的支持，如高并发与细粒度访问控制、某些内置函数、存储过程及复杂的 SQL 语句等。

💡注：嵌入式系统是作为某种装置或设备的组成部分的专用计算机系统。通常，嵌入式系统是一个将控制程序存储在 ROM 中的嵌入式处理器控制板。几乎所有带有数字接口的设备（如手表、微波炉、录像机、汽车等）都使用嵌入式系统。大多数嵌入式系统都是由单个程序实现整个控制逻辑的，也有些嵌入式系统包含操作系统。

9.3　SQL 及其数据库操作

用户使用数据库时，要对数据库进行各种各样的操作，如查询、添加、删除、更新数据及定义或修改数据模式等。目前流行的 DBMS 都配有非过程关系数据库语言，其中应用最广的是 SQL。

SQL 提供了数据定义、数据查询、数据操纵和数据控制语句，是一种综合性的数据库语言，可以独立完成数据库生命周期中的全部活动。用户可以直接输入 SQL 命令来操纵数据库，也可将 SQL 语句嵌入高级语言（如 C、Pascal、Java 等）程序中使用。目前流行的各种 DBMS 一般都支持 SQL 或提供 SQL 接口。而且，SQL 的影响已经超出数据库领域，扩展到了其他领域。

SQLite 是以 SQL 为基础的数据库管理系统，SQLite 看成通过 SQL 的数据库引擎来创建数据库并操纵其中数据的"方言"。在 SQLite 中，用户不仅可以使用标准 SQL 的主要命令来执行数据定义（创建数据库、数据表、视图等）、数据查询和数据更新（插入、删除、修改）任务，还可以将通用程序设计语言（如 Python、C#、Java 等）编写的应用程序与数据库中的数据绑定在一起，充分利用 SQL 和程序设计语言的各自的优点，从而更好、更快地完成数据处理任务。

9.3.1　SQL 的功能与特点

SQL 是 ISO 命名的国际标准数据库语言，用于关系数据库的组织、管理及其中数据的查询、存取和更新等各种操作。一个 SQL 数据库可看成由基表、存储文件和视图构成的三级模式结构，数据分门别类地存放在多个基表中，并以一个或多个操作系统文件的形式存储在外存储器上。用户通过 SQL 命令来操纵视图或直接操纵基表中的数据。

1. SQL 数据库的结构

关系数据库系统支持三级模式结构，而 SQL 是通用的关系数据库语言，自然也不例外。在 SQL 中，概念模式（逻辑模式、模式）就是"基表"，存储模式（物理模式、内模式）就是"存储文件"，子模式（外模式）就是"视图"（View），如图 9-7 所示。

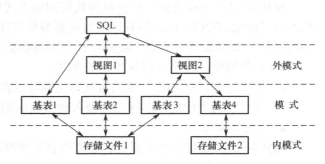

图 9-7 SQL 对数据库的三级模式结构的支持

用户可使用 SQL 对基表和视图进行查询或其他操作。基表是实际存储数据的关系，一个或多个基表对应一个存储文件。视图是由基表导出的关系（虚表），数据库中只存放其定义，而涉及的数据仍在相应基表中。一个基表可带若干个索引，索引也存放在存储文件中。存储文件的逻辑结构组成了关系数据库的内模式，逻辑结构对用户是透明的。

2. SQL 的功能

SQL 最初是用于查询的，查询至今仍然是 SQL 的重要功能，这便是以"结构化查询语言"来命名 SQL 的缘由，但 SQL 的功能早已超出了查询的范围。使用 SQL 可以创建、维护、保护数据库及其中的表、视图、索引、存储过程等各种对象，并通过这些对象来操纵数据库中的数据。可将 SQL 的功能分为以下 4 个方面。

（1）数据定义语言（Data Definition Language，DDL）：用于定义数据库的逻辑结构，包括定义数据库本身及其中的基本表、视图和索引。

（2）数据操纵语言（Data Manipulation Language，DML）：可以完成数据查询和数据更新两大类操作，其中数据更新又包括插入、删除和修改三种操作。

（3）数据控制语言（Data Control Language，DCL）：可以控制访问数据库中特定对象的用户，还可以控制用户对数据库的访问类型。对用户访问数据的控制有基本表和视图的授权、完整性规则的描述及事务控制语句等。

（4）嵌入式 SQL 的使用规定：规定 SQL 语句在宿主语言的程序中使用的规则。

3. SQL 命令的执行方式

SQL 命令有两种不同的执行方式：交互式 SQL 和嵌入式 SQL。

（1）交互式 SQL：就是直接执行 SQL 命令。一般 DBMS 都提供联机交互工具，使得用户可以直接输入 SQL 命令，由 DBMS 解释执行命令并将结果返回给用户。通过这种方式可以迅速检查数据、验证连接和观察数据库对象。

（2）嵌入式 SQL：这种方式是将 SQL 语句嵌入高级语言（宿主语言）程序，将 SQL 访问数据库的能力与宿主语言的过程处理能力结合起来，共同完成数据库操作任务。例如，可将 SQL 语句嵌入 C 语言编写的应用程序中，在编译程序前，由预处理器分析 SQL 语句并将它们从 C 程序中分离出来。SQL 语句被转换成能为 DBMS 理解的一种格式，其余的 C 程序则按照正常的方式进行编译。这种方式一般需要预编译，将嵌入的 SQL 语句转换为宿主语言编译器所能处理的语句。

9.3.2　SQL 语句

SQL 主要内容由大约 40 条语句构成，每条语句表示 DBMS 的一个特定动作。例如，创建一个新表、检索数据或将一个数据插入数据库中。每条语句都以一个描述该语句的意义的动词开始，如 CREATE、SELECT 或 INSERT 等。语句后跟一条或多条子句，用于指定更多的操作细节。每条子句也都以一个描述该子句的意义的动词开始，如 WHERE、FROM、INTO 或 HAVING 等。例如，语句

```
SELECT eID, eName, Pay
FROM Emp
WHERE Pay>=3000
ORDER Pay DESC;
```

的功能为：在 Emp 表中，找出那些 Pay 字段的值在 3000 以上的记录的 eID、eName 和 Pay 字段的值，其结果按 Pay 字段的值的降序排列。该语句中包含了 4 个子句，分别指定了需要找出的所有字段的名字、作为数据来源的基表的名字、结果记录应该匹配的查询条件及找出来的结果记录集的排序方式，其中动词"SELECT"既引出了指定字段名的子句，又在整体上指定了该语句是一个查询语句。

1．SQL 语句的一般形式

编写 SQL 语句时，在遵守其语法规定的基础上，遵从某些常用准则以提高语句的可读性，使其易于编辑。以下是一些常用的准则。

（1）SQL 语句中的英文字母不必区分大小写。但为了提高 SQL 语句的可读性，每个子句开头的关键字通常采用大写英文字母。

（2）SQL 语句可写成一行或多行，习惯上每个子句占用一行。

（3）关键字不能在行与行之间分开，并且很少采用缩写形式。

（4）SQL 语句的结束符为分号";"，分号必须放在语句中的最后一个子句后面，但可以不在同一行。

（5）SQL 中的数据项（包括字段、表和视图）分隔符为","；其字符串常数的定界符用单引号"'"表示。

2．定义关系数据库中的表

数据定义就是定义数据库中的表或视图。定义一个表时，需要指定表（关系）的名称、表中各个属性的名称、数据类型及完整性约束条件。

例 9-3　创建存放产品数据的产品表。

SQL 用 Create Table 语句来定义产品表。假定产品表由产品 ID、产品名称等几个属性组成，其中产品 ID 为主键，则创建该表的语句如下。

```
Create Table 产品
(    产品ID  Char(6) Not Null Unique Primary key,
     产品名称  Char(20),
     供应商ID  Integer,
```

```
         类别 ID  Integer,
         单位数量  Char(20),
         单价  NUMERIC(10,2)
);
```

该语句中，为每个字段定义了字段名、数据类型及各种完整性约束。例如，"产品 ID"字段定义如下。

- Char(6)：数据类型为长度不超过 6 的文本（字符串）。
- Not Null：不能取空值。
- Unique：值不能重复（创建无重复值的索引）。
- Primary key：指定该字段为主键。

这里采用列级完整性约束条件定义了主键，也可在定义了所有字段后，添加以下表级完整性约束条件来定义主键。

```
Primary key(产品 ID)
```

若要用共有字段"类别 ID"将产品表与类别表关联起来，则可添加以下的表级完整性约束条件来定义外键。

```
Foreign key(类别 ID)  REFERNCES 类别(类别 ID)
```

3. 数据查询

数据查询是数据库的核心操作。SQL 使用 SELECT 语句执行数据查询操作。

例 9-4　SQL 使用 SELECT 语句执行数据查询操作。

（1）在产品表中查询 60 元以上产品的产品 ID、产品名称和单价的 SQL 语句如下。

```
SELECT 产品 ID, 产品名称, 单价
FROM 产品
WHERE 单价>60;
```

（2）假定"坚果"类产品的类别 ID 为 6，查询所有"坚果"类产品的产品名称及打 9 折后的单价的 SQL 语句如下。

```
SELECT 产品名称, 单价*0.9
FROM 产品
WHERE 类别 ID=6;
```

这个查询语句执行后，显示两列数据，其中第 2 列数据是计算得到的数据而非表中的原始数据，该列称为计算字段。

（3）查询产品表中的记录个数的 SQL 语句如下。

```
SELECT COUNT(*)
FROM 产品
```

执行该语句后，只显示一个数字（产品表的行数）。该语句中使用了聚合函数 COUNT(*)，其中星号"*"表示所有字段。也可用某个字段名作为函数的参数，如将语句写成

```
SELECT COUNT(产品 ID)
FROM 产品
```

可套用这个语句求产品单价的平均值（用 AVG(单价)表示）、最大值（用 MAX(单价)表示）、累加值（用 SUM(单价)表示）等。

（4）数据查询往往涉及多个表。例如，查询产品 ID、产品名称和类别名称的 SQL 语句如下。

```
SELECT 产品 ID, 产品名称, 类别名称
```

```
FROM 类别, 产品
WHERE 类别.类别 ID = 产品.类别 ID;
```

这个查询涉及两个表，使用条件"产品.类别 ID=类别.类别 ID"将其连接起来。该语句也可写成

```
SELECT 产品.产品 ID, 产品.产品名称, 类别.类别名称
FROM 类别 INNER JOIN 产品 ON 类别.类别 ID = 产品.类别 ID;
```

其中，FROM 子句中的表达式用于建立两个表之间的内连接。

4．定义视图

视图是基于 SQL 语句的虚表。数据库中只保存视图的定义，即创建视图的 SQL 语句。执行该语句时，临时从它所指定的若干个表中抽取符合条件的数据，构成该视图的内容。

例 9-5 创建视图：其中包含所有 60 元以上产品的产品名称、类别名称和单价。

创建该视图的 SQL 语句如下。

```
CREATE VIEW 大于 60 元产品
    AS
SELECT 产品名称, 类别名称, 单价
FROM 产品, 类别
WHERE 单价>60 AND 产品.类别 ID=类别.类别 ID;
```

该语句以内嵌的查询语句的执行结果来创建名为"大于 60 元产品"的视图。

5．数据更新

SQL 中的数据更新包括插入数据、修改数据和删除数据，分别使用 INSERT、UPDATE 和 DELETE 三个语句来实现。

例 9-6 在产品表中插入、删除或修改数据。

（1）将一个产品的记录插入产品表。

```
INSERT
INTO 产品(产品 ID, 产品名称, 单价)
VALUES('000010', '冰峰汽水', 9);
```

该语句只给出了待插入记录中三个字段的值，其他未给值的字段一律取空值。

若待插入的产品记录中包括了产品表中的所有字段，则可省略 INTO 子句中的括号及括号中的字段名列表，并在 VALUES 子句的括号中逐个列举每个字段的值。

（2）将产品 ID 为"000103"的产品的单位数量改为 16（每箱 16 包）。

```
UPDATE 产品
SET 单位数量=16
WHERE 产品 ID='000103';
```

（3）假定"坚果"类产品的类别 ID 为 6，则将所有"坚果"类产品的单价打 9 折。

```
UPDATE 产品
SET 单价=单价*0.9
WHERE 类别 ID=6;
```

（4）删除产品 ID 为"005004"的产品记录。

```
DELETE
FROM 产品
WHERE 产品 ID='005004';
```

插入、修改和删除操作只能在一个表中进行，这是因为当操作涉及到两个表时，容易

出现数据不一致现象。例如，若在类别表中删除了"坚果"类，则产品表中所有存在"坚果"类的产品都应删除，这只能通过两条语句进行。

9.3.3 创建 SQLite 数据库

SQLite 是一种开放源代码的嵌入式关系数据库管理系统。嵌入式数据库通常与操作系统和具体应用集成在一起，无须独立运行数据库引擎，由程序直接调用相应的 API（Application Programming Interface，应用程序编程接口）函数来实现数据的存取操作。也就是说，这种数据库实际上是具备基本数据库特性的数据文件。

💡注：嵌入式数据库与其他数据库产品的主要区别是：前者是程序驱动式而后者是引擎响应式。嵌入式数据库的一个很重要的特点是其内存很小，编译后的产品也大概为几十KB，在移动设备上极具竞争力。

SQLite 是一款轻便型的数据库软件，占用的内存和 CPU 资源很少，但数据处理速度却很快。它支持目前新版的 SQL 标准、Windows/Linux/Android 等主流操作系统及当前流行的多种程序设计语言，如 Java、C、C++、C#、Python 和 PHP 等。创建和操纵 SQLite 数据库时，可以直接运行命令行控制台程序（名为 sqlite3.exe 的文件），以命令行方式进行。也可使用 SQLiteSpy、SQLinte Expert 等 GUI（Graphical User Interface，图形用户接口）软件，以图形或半图形化方式来操作。

例 9-7 创建"选修课"数据库，其中包括 3 个表，其关系模式（表的结构，即表头的样式）分别如下。

```
student(sID, sName, gender, age, sClass)
course(cID, cName, credit, priorID)
SC(sID, cID, mark)
```

本例中使用 SQLiteSpy 软件，以命令行方式来创建选修课数据库。

💡注：SQLiteSpy 是一个轻便的数据库管理软件，可在网上免费下载。运行名为 SQLiteSpy 的可执行文件（不必安装）即可打开一个创建和操纵 SQLite 数据库的 GUI 窗口。

1. 创建选修课数据库

（1）从网上下载压缩软件包，解压其中的 SQLiteSpy 可执行程序文件。

（2）双击 SQLiteSpy 图标，打开"SQLiteSpy"窗口，如图 9-8(a)所示。

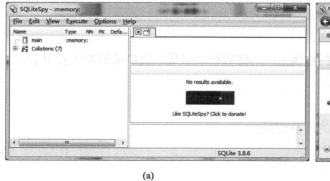

(a)　　　　　　　　　　　　　　　　(b)

图 9-8　"SQLiteSpy"窗口及"New Database"对话框

（3）依次选择菜单命令"File"→"New Database"，打开如图 9-8(b)所示的"New Database"对话框，在其中选择文件夹、输入 SQLite 数据库文件名"选修课"并单击"保存"按钮，创建一个空的数据库。

2．在选修课数据库中创建存放学生信息的 student 表

（1）在 SQLiteSpy 窗口的右上角空白区域中输入定义 student 表的数据定义语句。

```
create table student(
    sID varchar(10) primary key,
    sName varchar(10),
    gender varchar(2),
    age integer,
    sClass varchar(16)
);
```

然后依次选择菜单命令"Execute"→"Execute SQL"，运行这个数据定义语句，这时的 SQLiteSpy 窗口如图 9-9 所示，其中左侧区域显示出了 student 表的结构。

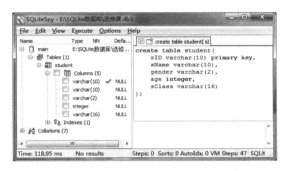

图 9-9　"SQLiteSpy"窗口

（2）在"SQLiteSpy"窗口的右上角空白区域中输入在 student 表中插入记录的数据操纵语句。

```
insert into student values("2017100131","张军","男",18,"材料72");
insert into student values("2017600101","王蔚","女",18,"能动71");
insert into student values("2017600110","郑衰","男",19,"材料72");
insert into student values("2017800101","刘静","女",19,"自控71");
insert into student values("2017800102","周冬","男",19,"自控71");
insert into student values("2017800103","张军","男",18,"自控71");
```

然后依次选择菜单命令"Execute"→"Execute SQL"，运行这个数据定义语句。

（3）在"SQLiteSpy"窗口的右上角空白区域中输入显示 student 表中全部数据的数据查询语句。

```
select * from student
```

然后运行该语句，则右侧区域显示出 student 表中全部数据，如图 9-10 所示。其中图 9-10 的左侧区域显示出了 student 表的结构。

3．创建存放课程信息的 course 表

course 表用于存储课程信息。按上述方法，可在选修课数据库中创建该表。course 表的结构及其数据如图 9-11 所示。

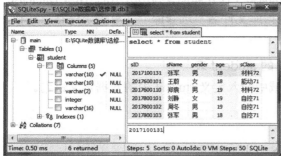

图 9-10　student 表的结构及其数据　　　　图 9-11　course 表的结构及其数据

4．创建存储学生选课信息的 SC 表

SC 表用于存储学生选课信息，创建该表的数据定义语句如下。

```
create table SC(
    sID varchar(10),
    cID varchar(10),
    mark integer,
    primary key(sID,cID),
    foreign key(sID) references student(sID),
    foreign key(cID) references course(cID)
);
```

其中，定义了两个外键 sID 和 cID。通过 sID
字段建立了 student 表和 SC 表之间的联系。通
过 cID 字段建立了 course 表和 SC 表之间的联
系。SC 表的结构及其数据如图 9-12 所示。

5．关闭数据库

数据库操作完毕后，应该关闭数据库，以
便操作的结果能够保存到数据库中。在
SQLiteSpy 窗口中关闭数据库的方法是：依次
选择菜单命令"File"→"Close Database"，关
闭当前正在操作的数据库。关闭数据库前，
SQLiteSpy 会自动关闭当前数据库中处于打开
状态的表或视图，然后再关闭当前数据库。

图 9-12　SC 表的结构及其数据

9.3.4　SQLite 数据库的数据查询与更新

创建了 SQLite 选修课数据库后，就可以通过 SQL 的数据查询语句对其中的数据进
行各种查询或者创建必要的视图，还可以在其中进行数据的添加、删除、修改等各种更
新操作。

1．打开选修课数据库

为了操作前面创建的选修课数据库中的数据，必须先打开该数据库。

（1）双击 SQLiteSpy 图标，打开"SQLiteSpy"窗口。

（2）依次选择菜单命令"File"→"Open Database"，在弹出的"Open Database"对话框中找到存放选修课数据库的文件夹及数据库文件"选修课.db3"，然后单击"打开"按钮。

打开了选修课数据库的 SQLiteSpy 窗口如图 9-13 所示。

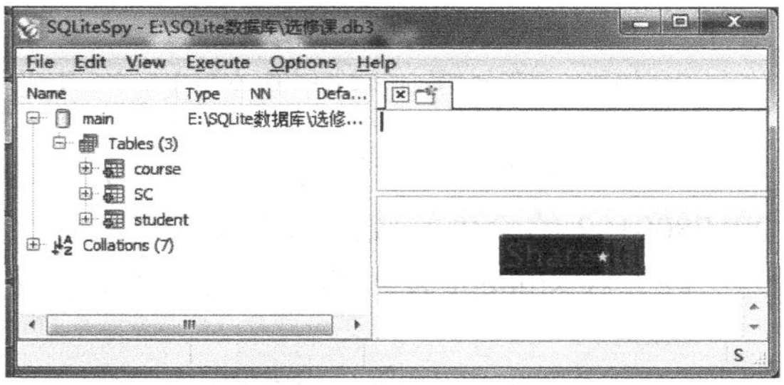

图 9-13 打开了选修课数据库的 SQLiteSpy 窗口

2. 数据查询及视图定义

例 9-8 在 student 表、course 表和 SC 表中执行各种数据查询。

（1）查询材料 72 级和自控 71 级所有学生的姓名和性别。

```
select sName, gender
from student
where sClass="材料72" or sClass="自控71"
```

（2）查询所有女生的学号、姓名和年龄，其结果按年龄排成降序。

```
select sID, sName, age
from student
where gender="女"
order by age desc;
```

（3）查询所有选修某课程的学生的学号。

```
select distinct sID
from SC;
```

其中，关键字 distinct 限定学号相同的记录只显示一个。

（4）查询课程号为 250026 的最高分和平均分。

```
select max(mark), avg(mark)
from SC
where cID="250026";
```

（5）分别统计每名学生选修了几门课程。

先将 SC 表按学号排序，然后执行以下数据查询语句。

```
select sID, count(sID)
from SC
group by sID;
```

查询结果为：每名学生的学号及其选修的课程门数。

（6）查询选择了课程号为 250026 的学生的姓名和成绩。

```
select sName, mark
from student, SC
where student.sID=SC.sID and cID="250026";
```

该语句查询的两个字段分别位于两个表中，故需要通过共有字段来建立两个表之间的联系。

3. 数据更新

例 9-9 在 student 表和 SC 表中执行插入、删除和修改操作。

（1）修改 SC 表中的学生成绩。

在 SC 表中，选修课程号为 250026 的 3 名学生的成绩是一样的，假定是登记错了，则可用以下数据更新语句来修改。

```
update SC set mark=90 where sID="2017800102";
update SC set mark=85 where sID="2017800103";
```

其中，第 1 个语句将学号为 2017800102 的学生的成绩修改为 90 分；第 2 个语句将学号为 2017800103 的学生的成绩修改为 85 分。

（2）在 student 表中插入一名学生的记录。

```
insert
into student(sID, sName, gender)
values("2016800102", "江明", "男");
```

因为待插入记录并未包括所有字段的值，所以应在表名 student 后给出将要赋值的所有字段，而且字段名的顺序应与给定的几个值一一对应。

（3）删除 student 表中的一条记录。

```
delete from student where sID="2016800102";
```

该语句删除了刚插入 student 表中学号为 2016800102 的学生的记录。

4．定义视图

例 9-10 创建一个视图，其中包括 3 个字段：学号、课程号和成绩。

这个视图可以替代 SC 表，以更直观的形式呈现学生的成绩表。创建视图的语句如下。

```
create view viewSC
    as
select sName, cName, mark
from student, SC, course
where student.sID=SC.sID and course.cID=SC.cID;
```

执行该查询语句后，选修课数据库中生成 viewSC 视图，其内容相当于 SC 表，但以学生姓名替代了 SC 表中的学号，以课程名替代了 SC 表中的课程号。

该视图的内容可用以下查询语句显示出来（见图 9-14）。

```
select * from viewSC;
```

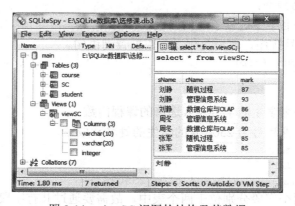

图 9-14　viewSC 视图的结构及其数据

可以看出，这个视图呈现的学生成绩表比 SC 表更符合用户的阅读习惯。另外，SC 表中原来登记错了的两个成绩也修改过来了。

9.3.5　Python 程序操作 SQLite 数据库

Python 语言支持对于 SQLite3 数据库的访问。在 Python 程序中，可以引入 sqlite3 模块，并在语句中嵌入 SQL 语句来完成数据库的创建、数据查询和数据更新（插入、删除、修改）等各种操作。

例 9-10　通过 Python 程序，在选修课数据库中创建班级表，其中包括"班名"和"班主任"两个字段。向班级表中添加数据并显示其中的数据。

1. 连接数据库

为了在 Python 程序中创建和操纵数据库，首先要将程序与将要操纵的数据库连接起来。本例中，按以下步骤连接正在编写的程序和选修课数据库。

（1）引入 sqlite3 模块。

```
import sqlite3
```

（2）建立数据库的连接对象。

```
objCon = sqlite3.connect('E:/SQLite 数据库/选修课.db3')
```

其中，括号内的字符串是将要连接的选修课数据库的文件路径名。

执行该语句时，若指定的数据库不存在，则会自动建立该数据库；若指定的数据库已存在，则打开该数据库并建立连接。

为了提高数据库的访问速度，也可以使用内存数据库，这种数据库不能永久保存。连接内存数据库的语句如下。

```
conn = sqlite3.connect(':memory: ')
```

（3）建立连接对象上的数据库游标（Cursor）对象的语句如下。

```
cursor = objCon.cursor()
```

2. 创建选修课数据库中的班级表

建立了数据库连接并创建了数据库游标对象后，就可以调用游标对象的 execute()方法来执行各种 SQL 语句了。

（1）创建班级表。

```
cursor.execute("CREATE TABLE IF NOT EXISTS 班级(\
    班名 TEXT,\
    班主任 TEXT,\
    PRIMARY KEY(班名));"
        )
```

可以看出，整个语句嵌入在圆括号中的一对引号中；可使用中文字段名；"\"为续行符，表示在下一行继续写当前语句。

（2）向班级表中插入数据。用以下 3 个嵌入在 Python 语句中的 INSERT 语句为班级表输入 3 条记录。

```
cursor.execute("INSERT INTO 班级 VALUES('材料 72', '张凌');")
cursor.execute("INSERT INTO 班级 VALUES('能动 71', '王黎');")
cursor.execute("INSERT INTO 班级 VALUES('自控 71', '李枫');")
```

3. 查询班级表中的数据

（1）用以下嵌入在 Python 语句中的 SELECT 语句查询班级表中的所有数据。

```
cursor.execute("SELECT * FROM 班级;")
```

（2）用 Python 语句显示查询得到的数据。

● 通过游标对象的 fetchone()方法可以获取查询结果中的一条记录，故以下语句可用于输出班级表中的所有数据。

```
while True:
    row=cursor.fetchone()
    if row!=None:
        print(row)
```

- 通过游标对象的 fetchall()方法可以获取全部查询结果，故以下语句也可用于输出班级表中的所有数据。

```
rows=cursor.fetchall()
print(rows[0], rows[1], rows[2])
```

其中，第 2 个语句还可写成

```
print(rows)
```

- 另外，还可以通过迭代器循环来显示全部查询结果。

```
setData=cursor.execute("SELECT * FROM 班级;")
for row in setData:
    print(row)
```

其中，第 1 个语句执行内嵌的查询语句并将查询的结果（记录集）赋值给 setData 对象。第 2 个语句逐个取出并输出记录集中的记录。

（3）操作完成后，使用连接对象的 close ()方法断开数据库的连接。

```
objCon.close()
```

程序解析 9

SQLite 是 Python 自带的轻量级关系数据库，通过 SQL 进行建库和数据访问操作。SQLite 作为后端数据库，可搭配 Python 创建网站或者制作具有数据存储需求的工具，还可用于其他领域，如 HTML5 和移动端等。

本节程序调用 sqlite3 模块，连接 SQLite 数据库，并通过嵌入 SQL 语句创建书单数据库及其中书单表和分类表，并向表中录入数据，同时查询和操控其中数据。

通过对本节程序的阅读和调试，可以进一步理解数据库及其关系数据库的概念、特点和一般应用方式，掌握编写 Python 程序来创建和操纵数据库的一般方法。

程序 9-1　创建 SQLite 数据库

本程序创建一个简单的书单数据库，其中包含以下两个表。

（1）category 表：记录书籍分类。包含 id（编号，主键）、name（分类名）和 describe（说明）字段。

（2）book 表：记录书籍信息。包含 id（编号，主键）、name（书名）、category（分类号）、isbn（国际标准书号）和 price（单价）字段。该表的 category 字段为外键，指向 category 表的主键 id。

1. 算法与程序结构

本程序按顺序完成以下任务。

```
（1）导入 sqlite3 模块
（2）调用 connect()，连接 "书单.db" 数据库
```

（若当前文件夹中找不到，则自动创建该数据库文件）。

（3）c←调用 cursor()，创建游标 cursor

（4）创建 category 和 book 表：调用 execute() 执行 SQL 语句

　　① CREATE TABLE category(id int primary key, name text, describe text)

　　② CREATE TABLE book(id int primary key,
　　　　name text, category int, isbn text, price real,
　　　　FOREIGN KEY (category) REFERENCES category(id)

（5）调用 commit() 提交事务

（6）调用 close() 关闭数据库连接

2．程序

#程序 9-1_ 在当前文件夹中创建书单数据库及 category 表和 book 表

```
import sqlite3
#连接 SQLite 数据库
#若当前文件夹中找不到该数据库，则自动创建该数据库文件
conn=sqlite3.connect("书单.db")
#创建一个 cursor
c=conn.cursor()
#创建 category 表和 book 表（执行 SQL 语句）
c.execute('CREATE TABLE category(id int primary key, \
      name text, describe text)')
c.execute('CREATE TABLE book(id int primary key, \
      name text, category int, isbn text, price real, \
      FOREIGN KEY (category) REFERENCES category(id) )'
      )
#提交事务
conn.commit()
#关闭数据库连接
conn.close()
```

3．程序运行结果

程序运行后，使用 SQLiteSpy 软件查看当前文件夹中的书单数据库，可看到其中包含书单表和分类表，表的结构如图 9-15(a)和图 9-15(b)所示。

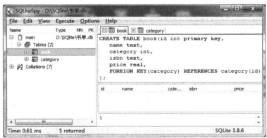

(a)　　　　　　　　　　　　　　　(b)

图 9-15　书单数据库及其中两个表中的内容

327

程序 9-2　SQLite 库的数据录入

本程序首先连接"书单.db"数据库，然后向 categroy 表和 book 表中各添加一些数据，再执行查询、修改等数据操纵命令。

1．算法与程序结构

本程序按顺序完成以下任务。

（1）导入 sqlite3 模块
（2）调用 connect()，连接"书单.db"数据库
（3）c←调用 cursor()，创建游标 cursor
（4）调用 execute() 执行 INSERT 语句，为 category 表录入以下数据

　　　　1，'文史哲'，'文学、艺术、社会科学等'
　　　　2，'科学技术'，'自然科学、数学、工程技术等'
　　　　3，'IT 科技'，'计算机及电子、通信等相关科技'

（5）调用 execute() 执行 INSERT 语句，为 category 表录入以下数据

　　　　1，'九章算术'，2，'978-7-5369-1814-3'，36.0
　　　　2，'几何原本'，2，'978-7-5447-5006-6'，42.25
　　　　3，'数据库原理及应用'，3，'978-7-302-13131-1'，29.0
　　　　4，'包法利夫人'，1，'978-7-5402-1228-4'，11.0
　　　　5，'乐府诗集'，1，'978-7-5502-8771-6'，12.0

（6）调用 commit() 提交事务
（7）调用 close() 关闭数据库连接

2．程序

程序源代码如下。

```
#程序 9-2_ 向书单库中的 category 表与 book 表中插入数据
import sqlite3
from os import*
conn=sqlite3.connect("D:/SQLite/书单.db")
c=conn.cursor()
#组织分类表数据
category=[(1,'文史哲','文学、艺术、社会科学等'),
    (2,'科学技术','自然科学、数学、工程技术等'),
    (3,'IT 科技','计算机及电子、通信等相关科技')
]
#组织书单表数据
books=[(1,'九章算术',2,'978-7-5369-1814-3',36.0),
    (2,'几何原本',2,'978-7-5447-5006-6',42.25),
    (3,'数据库原理及应用',3,'978-7-302-13131-1',29),
    (4,'包法利夫人',1,'978-7-5402-1228-4',11.0),
    (5,'乐府诗集',1,'978-7-5502-8771-6',12.0)
]
#分类表录入数据
c.executemany("INSERT INTO category VALUES(?,?,?)",category)
#书单数据表录入数据
c.executemany("INSERT INTO book VALUES (?,?,?,?,?)",books)
```

```
#提交事务
conn.commit()
#关闭数据库
conn.close()
```

本程序中，也可以执行以下代码来插入 category 表中的数据。

```
c.execute("INSERT INTO category VALUES (1, '文史哲','文学、艺术、社会科学等')")
c.execute("INSERT INTO category VALUES (?, ?, ?)", \
          (2,'科学技术','自然科学、数学、工程技术等'))
c.execute("INSERT INTO category VALUES (?, ?, ?)", \
          (3,'IT 科技','计算机及电子、通信等相关科技'))
```

💡注：若程序中使用相对路径连接数据库，则有可能会出现 "no such table: category" 这样的信息。有两个简单的解决办法：一是像本程序这样，使用完整的文件路径名；二是采用创建数据库时的程序（如程序 9-1），并将连接语句后面的创建数据库的代码替换成当前任务所需要的代码。

3．程序运行结果

程序运行后，使用 SQLiteSpy 软件查看当前文件夹中的书单数据库，可看到其中包含书单表和分类表，如图 9-16(a)和图 9-16(b)所示。

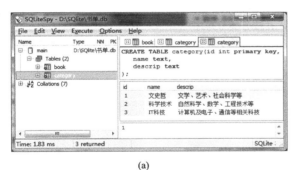

(a)　　　　　　　　　　　　　　　　　　　　(b)

图 9-16　书单数据库及其中两个表的内容

程序 9-3　SQLite 库的数据查询

本程序首先连接 "书单.db" 数据库，然后执行 SQL 语句，查询并输出 categroy 表和 book 表中的一些数据。

1．算法与程序结构

本程序按顺序完成以下任务。

（1）导入 sqlite3 模块

（2）调用 connect()，连接 "书单.db" 数据库

（3）c←调用 cursor()，创建游标 cursor

（4）调用 execute()执行 SQL 语句，查询

　　①category 表中 1 号记录的 name 值，并输出其值

　　②category 表中 2 号记录的 name 值，并输出其值

（5）调用 execute()执行 SQL 语句，查询：

　　book 表中分类号为 1 的记录，得到并输出记录列表

（6）调用 execute() 执行 SQL 语句，查询：

　　　book 表中分类号为 1 的记录，并输出该记录

（7）调用 execute() 执行 SQL 语句，查询：

　　　book 表中的 name 字段和 price 字段的值，按分类号排序，并输出这些值

（8）调用 commit() 提交事务。

（9）调用 close() 关闭数据库连接。

2. 程序

```
#程序 9-3  书单数据库数据查询
import sqlite3
#连接数据库、创建 cursor
conn=sqlite3.connect("书单.db")
c=conn.cursor()
#查询并输出 category 表的 name 字段
c.execute('SELECT name FROM category ORDER BY id')
print("category 表中 1 号记录的 name 值：",c.fetchone())
print("category 表中 2 号记录的 name 值：",c.fetchone())
#查看 book 表中分类号为 1 的记录（得到记录列表）
c.execute('SELECT * FROM book WHERE book.category=1')
print("book 表分类号为 1 的记录：\n",c.fetchall())
#查询 book 表中的 name 字段和 price 字段，并按分类号排序
print("book 表中的 name 和 price（category 为序）：")
for row in c.execute('SELECT name,price FROM book ORDER BY category'):
    print(row)
#提交事务
conn.commit()
#关闭数据库连接
conn.close()
```

3. 程序运行结果

程序运行后，显示如图 9-17 所示的运行结果。

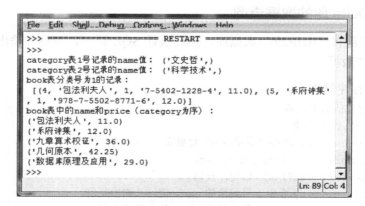

图 9-17　程序的运行结果

实验指导 9

本实验先在当前文件夹（程序所在文件夹）中创建产品数据库及其中的 category 表和 product 表，然后录入两个表中的数据，再进行数据的查询和修改操作。

实验 9-1 创建产品数据库

产品数据库中两个表的内容如图 9-18 所示。

(a)   (b)

图 9-18　产品数据库中两个表的内容

两个表的结构如下。

```
category(cID, cName, describe)
product(pID, pName, category, humber, price, store, order)
```

其中，带下画线的字段可作为主键。

- cID、cName 和 describe 分别对应类别表中的类别 ID、类别名称和说明。
- pID、pName、category、humber、price、store 和 order 分别对应产品表中的产品 ID、产品名称、类别 ID、单位数量、单价、库存量和订购量。

编写程序，创建产品数据库以及其中 category 表和 product 表。

（1）导入 sqlite3 模块

（2）调用 connect()，连接"产品.db"数据库

（3）c←调用 cursor()，创建游标 cursor

（4）创建 category 表（调用 execute() 执行 SQL 语句），表的结构如下

- cID 字段，整型，宽度为 6，设为主键
- cName 字段，字符串型，宽度为 15
- describe 字段，字符串型，宽度为 20

（5）创建 category 表（调用 execute() 执行 SQL 语句），表的结构如下

- pID 字段，整型，宽度为 9，设为主键
- pName 字段，字符串型，宽度为 20
- category 字段，整型，宽度为 6
- humber 字段，字符串型，宽度为 30
- price 字段，浮点型，宽度为 8（含两位小数）

- store 字段，整型，宽度为 6
- order 字段，整型，宽度为 6

（6）调用 commit() 提交事务

（7）调用 close() 关闭数据库连接

实验 9-2　产品数据库的数据录入、查询与修改

本实验中，先打开产品数据库，然后向 category 表和 product 表中添加数据，再查询或者修改指定内容。

1. 数据录入

本程序按顺序完成以下任务。

（1）导入 sqlite3 模块

（2）调用 connect()，连接"产品.db"数据库

（3）c←调用 cursor()，创建游标 cursor

（4）调用 execute() 执行 INSERT 语句，为 category 表录入如图 9-18(a) 所示的数据

（5）调用 execute() 执行 INSERT 语句，为 product 表录入如图 9-18(b) 所示的数据

（6）调用 commit() 提交事务

（7）调用 close() 关闭数据库连接

2. 数据查询

本程序按顺序完成以下任务。

（1）导入 sqlite3 模块

（2）调用 connect()，连接"产品.db"数据库

（3）c←调用 cursor()，创建游标 cursor

（4）调用 execute() 执行 SQL 语句，查询 category 表中的前三行数据，在"Python Shell"窗口中显示成如图 9-18(a) 所示的形式

（5）调用 execute() 执行 SQL 语句，查询 product 表中的全部数据，在"Python Shell"窗口中显示成如图 9-18(b) 所示的形式

（6）调用 execute() 执行 SQL 语句，查询 product 表中的类别 ID 值全部为 1 的数据行，在"Python Shell"窗口中显示成如图 9-18(b) 所示的形式

（7）调用 execute() 执行 SQL 语句，查询 product 表中的单价大于 30 的数据行的产品 ID、产品名称、类别 ID、单位数量、单价、库存量和订购量字段，在"Python Shell"窗口中显示成如图 9-18(b) 所示的形式

（8）调用 execute() 执行 SQL 语句，查询 product 表中的所有数据行的产品名称和单价字段，按分类号排序，并输出这些值

（9）调用 commit() 提交事务

（10）调用 close() 关闭数据库连接

3. 数据修改

本程序按顺序完成以下任务。

（1）导入 sqlite3 模块

（2）调用 connect()，连接"产品.db"数据库

（3）c←调用 cursor()，创建游标 cursor

（4）调用 execute() 执行 SQL 语句，在 product 表中插入三行数据（内容自拟），并在"Python Shell"窗口中显示该表中的全部数据

（5）调用 execute() 执行 SQL 语句，在 product 表中修改数据

　　　　　● 将"盐"修改成"每箱 20 袋"

　　　　　● 将"大众奶酪"修改成"每袋 10 包"

　　　　　● 将"龙虾"修改成单价＝60 元

（6）调用 execute()执行 SQL 语句，在 product 表中修改某些不合理的产品单价

（7）调用 execute()执行 SQL 语句，在"Python Shell"窗口显示 product 表中的全部数据

（8）调用 commit()提交事务。

（9）调用 close()关闭数据库连接。

参 考 文 献

[1] IDLE（Python GUI）环境帮助信息。

[2] 姚普选. 程序设计教程（C++）——基础、程序解析与实验指导[M]. 北京：清华大学出版社，2014.

[3] 教育部高等学校计算机基础课程教学指导委员会. 高等学校计算机基础教学发展战略研究报告暨计算机基础课程教学基本要求[M]. 北京：高等教育出版社，2009.

[4] 谭浩强. C 程序设计[M]. 北京：清华大学出版社，1991.

[5] 徐波等. Visual C++ 2008 大学教程（第二版）[M]. 北京：电子工业出版社，2009.

[6] 秦克诚. FORTRAN 程序设计[M]. 北京：电子工业出版社，1987.

[7] 姚普选. 全国计算机等级考试二级教程——公共基础教程[M]. 北京：中国铁道出版社，2006.

[8] Mark Lutz. Programming Python, Fourth Edition[M]. America：Mark Lutz，2010.

[9] C.J.DATE, IBM(UK)Laboratories Ltd. An Introduction to Database Systems, Second Edition[M]. Copyright©1977 by Addison-Wesley Publishing Company.

[10] 姚普选. 大学计算机基础教程[M]. 北京：清华大学出版社，2016.

[11] 吴文俊. 数学机械化[M]. 北京：科学出版社，2003.